내가 뽑은 원픽! 최신 출제경  서

2025

화약류관리
기사·산업기사
실기

송진혁 · 백성식 저

예문사

머리말

다년간에 걸친 화약류관리기사 · 산업기사 강의에서 수험생들로부터 가장 많이 들었던 말은 "화약류 관련 자격증은 자료가 너무 적어서 학습하기 유난히 어렵다."는 것이었습니다. 저 역시 자격증 취득을 위해 공부하던 시절, 광범위한 시험 내용과 많은 경험식, 그리고 실무 경험 없이 그저 책을 공부하는 것만으로는 합격하기 힘들다는 사실에 많은 어려움을 겪었습니다.

그래서 저는 화약류관리기사 · 산업기사 자격증 취득을 위해 도전의 첫걸음을 내딛은 여러 수험생들의 어렵고 힘든 학습 과정에 조금이라도 보탬이 되고자 시험에 출제되는 내용을 위주로 한 교재를 집필하게 되었습니다.

■ 본서의 특징

1. 최근 출제경향에 맞춘 핵심이론 및 계산문제 · 풀이 수록
2. 비전공자나 기초가 부족한 수험생들도 쉽게 학습할 수 있는 내용 구성
3. 수험생의 입장에서 효율적인 이해와 학습이 가능하도록 사진과 그림, 표를 활용하여 단순 암기가 아닌 이해식으로 전환

다만, 본서는 화약류관리기사 · 산업기사 자격증 취득을 준비하는 수험생들을 위해 집필 되었으므로, 각 과목별로 그 내용이 여타의 전문서적들에 비해서는 부족할 수 있습니다. 계속적으로 수험생들과 소통하고, 교육 일선에서 수업을 진행하면서 보완하고 개정할 것을 약속드립니다. 아울러 본서를 집필하는 과정에서 여러 서적, 논문, 연구자료 등을 사전 승인 없이 인용한 부분에 대해서는 원저자 분들에게 송구스럽게 생각합니다.

모쪼록 본서가 수험생들에게 좋은 길잡이가 되기를 기대하며, 이 책을 출간하기까지 끊임없는 성원과 배려를 해주신 예문사 사장님과 편집부 직원 여러분, 주경야독 윤동기 대표님과 직원분들께 진심으로 감사를 드립니다.

저 자
송 진 혁, 백 성 식

필답형

화약류관리기사·산업기사 실기 시험을 준비하는 수험생들이 효율적으로 학습할 수 있도록 핵심 이론을 간추려 구성하였다.

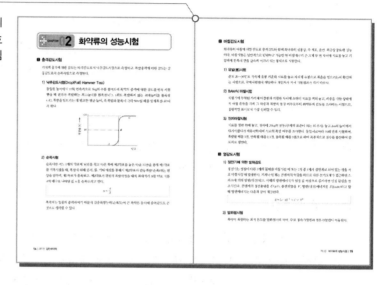

기출 및 실전문제

각 장이 끝날 때마다 기출문제를 풀어봄으로써 답안 작성 연습이 가능하도록 하였다.

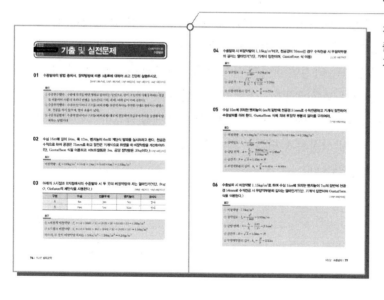

작업형

발파 설계, 모의발파 작업, 발파 소음 · 진동 계측, 시험발파 및 회귀분석 과정을 상세하게 제시하였다.

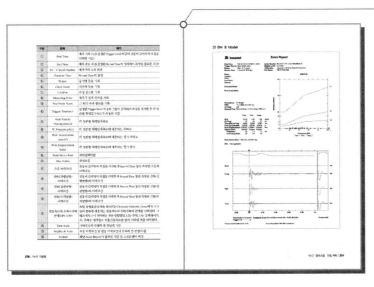

과년도 기출문제

최신 기출문제를 실제 시험과 동일한 조건에서 풀어볼 수 있도록 2019년 이후의 기출문제를 회차별로 수록하였다.

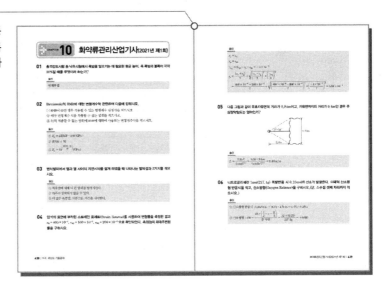

» 출제기준

>>> 화약류관리기사 실기

직무 분야	광업자원	중직무 분야	채광	자격 종목	화약류관리기사	적용 기간	2021.1.1.~2025.12.31.

○ 직무내용 : 광업분야, 건설 및 산업분야에 화약류의 저장, 취급, 운반 등의 안전관리를 위한 화약류 저장 및 취급의 규정 준수를 위해 예방 규정, 안전교육 및 정기안전점검 등과 같은 활동을 지도, 감독 업무를 수행
○ 수행준거 : 1. 화약류와 대상 지반에 대한 전문지식을 바탕으로 화약류를 사용할 수 있다.
　　　　　　 2. 화약류와 대상 지반에 대한 전문지식을 바탕으로 발파작업을 할 수 있다.
　　　　　　 3. 화약류와 대상 지반에 대한 전문지식을 바탕으로 굴착작업을 효율적이고 안전하게 수행할 수 있다.
　　　　　　 4. 화약류와 대상 지반에 대한 전문지식을 바탕으로 발파에 수반되는 소음, 진동, 암석 비산 등 공해에 대한 측정 및 방지대책을 수립할 수 있다.

실기검정방법	복합형	시험시간	3시간 30분 정도 (필답형 : 2시간, 작업형 : 1시간 30분 정도)

실기과목명	주요항목	세부항목	세세항목
화약류취급 및 발파작업	1. 화약류 사용	1. 화약류의 취급 작업하기	1. 화약류의 성질을 이해할 수 있다. 2. 화약류 검사 및 처리를 할 수 있다. 3. 화약류 운반에 관한 법적사항을 이해할 수 있다. 4. 화약류저장소의 설치 운영에 관한 법적사항을 이해할 수 있다. 5. 화약류의 보관방법 등을 이해할 수 있다.
		2. 화약류의 시험법 및 측정법 이해하기	1. 화약류의 시험방법을 이해할 수 있다. 2. 시험기기의 사용 및 측정법을 이해할 수 있다.
	2. 발파작업	1. 화약류에 의한 발파하기	1. 발파이론을 이해할 수 있다. 2. 발파계획을 수립할 수 있다. 3. 현장조건에 맞는 발파방법을 선택하여 발파할 수 있다.
		2. 발파공해 측정 및 방지대책 수립하기	1. 발파진동 · 소음 · 비산에 대해 이해하고 측정할 수 있다. 2. 발파에 의한 피해 방지대책을 수립할 수 있다.
		3. 발파작업과 안전관리 하기	1. 현장 조건에 맞는 화약류를 선정할 수 있다. 2. 발파준비 및 발파 후 처리를 할 수 있다. 3. 발파작업 및 굴착작업을 하거나 지시할 수 있다. 4. 안전관리 계획을 수립할 수 있다. 5. 안전교육을 할 수 있다. 6. 안전점검을 할 수 있다.
		4. 시험발파 및 진동 · 소음 측정하기	1. 시험발파를 설계할 수 있다. 2. 소음 및 진동 측정을 할 수 있다. 3. 진동 · 소음 예측 및 지발당 장약량을 산정할 수 있다.

실기과목명	주요항목	세부항목	세세항목
화약류취급 및 발파작업	3. 지반의 물리적·역학적 특성 및 해석	1. 암석의 물성 및 변형·파괴 거동 이해하기	1. 물리적 성질을 이해할 수 있다. 2. 강도와 시험법을 이해할 수 있다. 3. 변형 및 파괴에 대해 이해할 수 있다. 4. 파괴이론을 이해할 수 있다. 5. 탄성론을 이해할 수 있다.
		2. 지반 기초 이론의 이해 및 해석하기	1. 암석의 구조를 이해하고 분류할 수 있다. 2. 암반의 공학적 특성 및 분류법을 이해할 수 있다. 3. 사면 안전성 해석을 할 수 있다. 4. 공동 주변 암반의 응력 및 변형해석을 이해할 수 있다. 5. 지중응력 분포를 이해할 수 있다. 6. 초기응력을 이해할 수 있다. 7. 흙 및 암반의 강도 및 변형시험을 이해할 수 있다. 8. 흙의 기본적인 성질을 이해하고, 분류할 수 있다. 9. 흙의 압축, 압밀 및 전단의 특성을 이해할 수 있다. 10. Rankine 토압론을 이해할 수 있다. 11. 각종 계측에 대해 이해할 수 있다.

≫ 출제기준

≫≫≫ 화약류관리산업기사 실기

직무 분야	광업자원	중직무 분야	채광	자격 종목	화약류관리산업기사	적용 기간	2021.1.1.~2025.12.31.

○ 직무내용 : 화약류 관리 및 발파에 관한 이론적 지식과 현장경험을 바탕으로 광업분야, 건설 및 산업분야에서 화약류를 이용하여 구조물이나 암석을 발파 · 해체작업을 수행하고 화약류 보관과 취급상의 안전을 위해 화약류관리 업무를 수행
○ 수행준거 : 1. 화약류와 대상 지반에 대한 전문지식을 바탕으로 화약류를 사용할 수 있다.
        2. 화약류와 대상 지반에 대한 전문지식을 바탕으로 발파작업을 할 수 있다.
        3. 화약류와 대상 지반에 대한 전문지식을 바탕으로 굴착작업을 효율적이고 안전하게 수행할 수 있다.
        4. 화약류와 대상 지반에 대한 전문지식을 바탕으로 발파에 수반되는 소음, 진동, 암석 비산 등 공해에 대한 측정 및 방지대책을 수립할 수 있다.

실기검정방법	복합형	시험시간	3시간 30분 정도 (필답형 : 2시간, 작업형 : 1시간 30분 정도)

실기과목명	주요항목	세부항목	세세항목
화약류취급 및 발파작업	1. 화약류 사용	1. 화약류의 취급 작업하기	1. 화약류의 성질을 이해할 수 있다. 2. 화약류 검사 및 처리를 할 수 있다. 3. 화약류 운반에 관한 법적사항을 이해할 수 있다. 4. 화약류저장소의 설치 운영에 관한 법적사항을 이해할 수 있다. 5. 화약류의 보관방법 등을 이해할 수 있다.
		2. 화약류의 시험법 및 측정법 이해하기	1. 화약류의 시험방법을 이해할 수 있다. 2. 시험기기의 사용 및 측정법을 이해할 수 있다.
	2. 발파작업	1. 화약류에 의한 발파하기	1. 발파이론을 이해할 수 있다. 2. 발파계획을 수립할 수 있다. 3. 현장조건에 맞는 발파방법을 선택하여 발파할 수 있다.
		2. 발파공해 측정 및 방지대책 수립하기	1. 발파진동 · 소음 · 비산에 대해 이해하고 측정할 수 있다. 2. 발파에 의한 피해 방지대책을 수립할 수 있다.
		3. 발파작업과 안전관리하기	1. 현장 조건에 맞는 화약류를 선정할 수 있다. 2. 발파준비 및 발파 후 처리를 할 수 있다. 3. 발파작업 및 굴착작업을 하거나 지시할 수 있다. 4. 안전관리 계획을 수립할 수 있다. 5. 안전교육을 할 수 있다. 6. 안전점검을 할 수 있다.
		4. 시험발파 및 진동 · 소음 측정하기	1. 시험발파를 설계할 수 있다. 2. 소음 및 진동 측정을 할 수 있다. 3. 진동 · 소음 예측 및 지발당 장약량을 산정할 수 있다.

실기과목명	주요항목	세부항목	세세항목
화약류취급 및 발파작업	3. 지반의 물리적 · 역학적 특성 및 해석	1. 암석의 물성 및 변형 · 파괴 거동 이해하기	1. 물리적 성질을 이해할 수 있다. 2. 강도와 시험법을 이해할 수 있다. 3. 변형 및 파괴에 대해 이해할 수 있다. 4. 파괴이론을 이해할 수 있다. 5. 탄성론을 이해할 수 있다.
		2. 지반 기초 이론의 이해 및 해석하기	1. 암석의 구조를 이해하고 분류할 수 있다. 2. 암반의 공학적 특성 및 분류법을 이해할 수 있다. 3. 각종 계측에 대해 이해할 수 있다.

차 례

PART 04 화약류 안전관리 관계 법규

PART 05 굴착공학

PART 06 작업형

차 례

PART

01

일반화약학

화약류의 특성

1 화약의 정의

화약이란 폭발물, 그중에서도 화학적 변화를 수반하는, 공업적으로 이용이 가능한 것을 말한다. 따라서 화약의 정의란, "마찰 · 타격 · 열 · 불꽃 또는 전기 스파크와 같은 외부의 충격에 의해 급격한 화학반응(폭연 또는 폭굉)이 일어나면서 고온의 열과 함께 다량의 가스를 발생시키는 폭발물(화합물 및 혼합물) 중 공업적으로 이용가치가 있는 것"이라 할 수 있다.

여기서, 외부의 충격에 의해 급격한 화학반응이 일어날 때 그 연소(반응)속도에 따라 폭연과 폭굉으로 구분된다.

구분	연소	폭연	폭굉
반응속도(m/sec)	0.01	300~900	2,000~8,000

2 법률적 정의

화약류 관계 법률에 따르면, 화약류는 화약 · 폭약 및 화공품을 포함하는 개념으로 다음과 같이 정의된다.

정의		종류
화약	추진적 폭발에 사용되는 화약류	흑색화약, 무연화약, 콤포지트 추진제 등
폭약	파괴적 폭발에 사용되는 화약류	니트로글리세린, 니트로글리콜, 면약, 다이너마이트, 초안폭약, 카알릿(카리트), 초유폭약, 함수폭약, DDNP, PETN, 뇌홍, 아지화연, TNT, RDX, 테트릴, 테트라센, 폭분, 점화약, 콤포지션 폭약 등
화공품	화약 및 폭약을 써서 만든 공작물	뇌관류, 도화선, 도폭선, 꽃불류, 실탄, 공포탄, 포탄, 신호용 화공품, 미진동파쇄기, 신관, 화관 등

3 화합화약류

화합화약류란 단일 화합물로부터 성립되는 화약류를 지칭하며, 다른 성분을 혼합하지 않아도 단독으로 폭발성을 가지고 있다. 이들 화약류는 폭발 생성물을 만드는 데 필요한 원소(C, H, O, N)를 함유하고 있으며, 폭발성을 가진 화합물 중에서도 화약류로 이용되는 것은 질산에스테르, 니트로화합물을 주로 하고 있다.

1) NG, 니트로글리세린, $C_3H_5(ONO_2)_3 = C_3H_5(NO_3)_3$

다이너마이트와 무연화약의 주요 원료로 사용되며, 일반적으로 7~8% 이상의 니트로글리세린 성분을 포함하는 폭약을 다이너마이트라 하고, 면약과 혼합하여 겔화(교화)하는 데 이용된다.

① 분자량 : 227g

② 형상 : 유상의 엷은 담황(노란)색 액체이나 순수한 것은 무색투명하고 단맛이 난다.

③ 폭속 : 7,500~8,000m/sec

④ 가성소다(NaOH) 100g을 물 150ml에 녹인 후, 에틸알코올 1,000ml를 가하여 NG를 분해할 수 있다.

⑤ 연소 후 CO_2, H_2O, N_2, O_2를 발생시킨다.

2) Ng, 니트로글리콜, $C_2H_4(ONO_2)_2$

니트로글리콜은 동결 방지와 니트로셀룰로오스의 교화 촉진을 주목적으로 니트로글리세린과 혼합되어 다이너마이트의 제조에 중요한 원료로 사용된다.

① 분자량 : 152g

② 형상 : 휘발성이 있는 담황색 또는 분홍색 액체

③ 폭속 : 7,300m/sec

3) NC, 니트로셀룰로오스(면약), $C_{24}H_{29}O_9(NO_3)_{11}$

식물섬유인 정제된 솜을 제조 원료로 하며 셀룰로오스를 초화하여 얻어진 질산에스테르를 니트로셀룰로오스라 한다. 다이너마이트의 교화제 역할을 하며, 교질 다이너마이트, 분상 다이너마이트, 무연화약 등에 함유된다. 질산에스테르류 중 외부 환경 변화 등에 의해 자연분해의 경향이 가장 크며, 자연분해될 때 NO 가스가 생성된다.

① 형상 : 백색의 섬유상

② 폭속 : 7,300m/sec

4) PETN, 펜트리트, $C(CH_2NO_3)_4$

강력한 폭력과 맹도를 가진 폭약으로서 군용에서부터 산업용까지 광범위하게 사용되었으며, 도폭선의 심약, 산업용 뇌관의 첨장약, 포탄의 전폭약으로 사용된다.

① 형상 : 백색의 주상 결정

② 분자량 : 316g

③ 폭속 : 8,300m/sec

④ 다른 질산에스테르류와 달리 비교적 안정하고 자연분해를 일으키지 않는다.

5) TNT, 트리니트로톨루엔, $C_6H_2CH_3(NO_2)_3$

톨루엔을 혼산(질산＋황산)으로 니트로화한 것으로서, 뇌관의 첨장약, 도폭선의 심약, 질산암모늄(초안)폭약의 예감제로 쓰인다.

① 형상 : 담황색 결정

② 분자량 : 227g

③ 폭속 : 6,800m/sec(비중 1.55), 7,000m/sec(비중 1.60), 7,140m/sec(비중 1.65)

④ 금속과 작용하지 않고 자연분해 경향이 없어 저장이 안정한 화합물이다.

6) PA, 피크린산(피크르산, Picric Acid, 2,4,6－트리니트로페놀), $C_6H_2(NO_2)_3OH$

페놀을 발열황산으로 술폰화하고 이것을 혼산으로 초화시키거나 클로로벤젠을 니트로화하여 생성한다. 산업용으로는 제1종 도폭선의 심약으로 사용한 적이 있었으나 현재는 농약, DDNP의 원료로 사용된다.

① 형상 : 황색 결정

② 분자량 : 229g

③ 폭속 : 7,100m/sec(비중 1.69), 7,260m/sec(비중 1.71), 7,800m/sec(비중 1.76)

④ 기계적 충격에는 둔감한 편이나, 각종 금속(철, 납, 동, 알루미늄 등)과 반응하여 매우 민감한 금속염이 만들어지기 때문에 주의해야 한다.

4 혼합화약류

혼합화약류란 두 가지 이상의 비폭발성 물질을 기계적으로 혼합하여 폭발성을 나타내는 것을 말한다. 혼합화약류는 대부분이 산소공급제와 가연물의 혼합체로 구성되어 있다.

1) 초안(질산암모늄)폭약

초안(질산암모늄, NH_4NO_3)을 주성분으로 하는 폭약으로 넓은 의미에서 본다면 초유폭약, 함수폭약, 암몬폭약, 카리트 등 암석발파를 위한 대부분의 산업용 폭약류가 이에 속한다.

① 형상 : 엷은 황색의 분상

② 폭속 : 3,000~5,000m/s

③ 질산암모늄의 불완전 폭발 시 반응식 : $2NH_4NO_3 \rightarrow 2NO + N_2 + 4H_2O + 13.9kcal$

2) 초안유제폭약(질산암모늄 유제폭약, 초유폭약, ANFO)

통상 ANFO(안포)라고 부르며, 질산암모늄을 연료유(경유)에 혼합시킨 폭약이다. 원료 확보의 용이성, 저렴한 가격 및 사용상의 편리성뿐만 아니라 특히 안전하다는 장점을 가지고 있어, 전세계 산업용 폭약 수요의 70%를 점유하고 있다. 국내에서는 석회석 광산, 골재 채취용 석산, 각종 토목공사현장 등에서 광범위하게 사용된다.

① 비중 : 0.8~0.9

② 폭속 : 2,500~3,700m/s

③ 감도가 둔해 뇌관 1개만으로는 기폭되지 않으며, 약 10%의 전폭약을 필요로 한다.

> **Reference**
>
> **ANFO 제조 방법**
> 초안(질산암모늄)에 디젤 오일(경유, 연료유, 인화점 50℃ 이상)을 섞어 만들며 배합비율은 질산암모늄 94%에 디젤 오일 6%가 되도록 한다. ANFO에 사용하는 초안은 구상의 저비중 다공성 프릴초안을 사용한다. 이때 구상을 사용하는 것은 천공 안에 ANFO를 부어 장전 시 흐름성을 좋게 하기 위함이다.
>
> $$3NH_4NO_3 + CH_2 \rightarrow 3N_2 + 7H_2O + CO_2 + 340kJ$$

> **Reference**
>
> **ANFO 폭약의 폭속에 영향을 주는 요소**
> • 연료유와 초안의 혼합비
> • 초안의 종류
> • 수분의 흡습
> • 기폭제의 양
> • ANFO의 약경
> • 장전비중
> • 초안의 입도
> • 뇌관의 기폭감도

3) 함수폭약(슬러리, 에멀젼 폭약)

질산염을 주성분으로 하는 폭약의 일종으로서 조성 중에 물(10~20%)이 포함되어 마찰, 충격, 화염 등에 매우 둔감하여, 제조나 저장, 운반 및 사용 시에 다른 폭약에 비해 매우 안전하다. 함수폭약에는 수중유형(Oil in Water Type)의 슬러리 폭약과 유중수형(Water in Oil Type)의 에멀젼 폭약의 두 종류가 있다.

① 슬러리 폭약의 특성
　　㉠ 형상 : 죽(슬러리) 상태
　　㉡ 비중 : 1.0~1.3
　　㉢ 폭속 : 3,500~5,500m/s
　　㉣ 질산암모늄(NH_4NO_3)과 물(H_2O)을 주성분으로 하고 여기에 가연성 물질로서 TNT를, 산화제로 질산나트륨을 배합한 겔(Gel)상태의 폭약이다.

② 에멀젼 폭약의 특성
　　㉠ 형상 : 교질 상태
　　㉡ 비중 : 1.0~1.4
　　㉢ 폭속 : 4,000~6,000m/s
　　㉣ 산화제 수용액과 비수용성 가연제를 혼합한 유중수형 폭약으로, 점도를 조절하여 유동성을 부여할 수 있다.
　　㉤ 종래의 슬러리 폭약이 순폭성, 위력, 내한성, 내압성이 좋지 않으며, 4℃ 이하에서 기폭성이 현저히 떨어져 사압현상이 발생하는 점 등의 단점을 개선한 폭약이다.
　　㉥ 에멀젼 폭약의 중공입자로는 Glass Micro Balloon(GMB, 미소중공구체)이 사용된다.

Reference

에멀젼 폭약의 중공구체 효과
에멀젼 폭약의 미소중공구체(GMB)는 함수폭약 중에 미소 기포를 분산시켜 뇌관의 기폭 충격을 받았을 때 급속히 단열, 압축되면서 고온, 고압상태를 만들어 폭발 분해를 촉진시킨다. 또한, 기폭감도를 높여주고, 전폭성을 확보하며, 내동압성 및 내정압성이 우수하여 사압에 대한 저항성을 높여준다.

Reference

에멀젼 폭약에 알루미늄을 첨가하지 않는 이유
에멀젼 폭약의 폭력 향상을 위해 알루미늄 분말을 첨가할 때 초기 폭발에서 불완전 연소가 일어나 일부는 Al_2O_3가 되고, 일부는 Al로 남아 반응이 완결되지 않는다. 이후 뒤늦게 발연대(Fume Zone)에서 반응되지 않은 알루미늄이 H_2, CO 등의 인화성 가스로 인해 2차 폭발을 발생시킨다.

4) 다이너마이트(Dynamite)

니트로글리세린, 니트로글리콜 또는 그 혼합물을 니트로셀룰로오스(면약)와 함께 교화시킨 니트로겔에 질산암모늄, 질산나트륨, 목분, 전분, 니트로화합물 등을 혼합하여 제조하며, 이 니트로겔의 함유량이 6%를 초과하는 폭약을 다이너마이트라고 한다.

① 폭속 : 3,500~7,500m/sec
② 교질(젤라틴) 다이너마이트(Blasting Gelatine)의 조성은 NG 92%에 NC 8%이며, 탄동구포시험의 기준폭약이다.
③ 니트로글리세린의 니트로겔을 배합한 다이너마이트는 8℃에서 동결하며, 동결된 다이너마이트는 감도가 민감해지기 때문에 니트로글리콜을 함께 배합하여 동결을 방지한다.
④ 교질(젤라틴) 다이너마이트가 이론상 완전 폭발하게 되면 CO_2(이산화탄소), H_2O(물), N_2(질소) 가스를 생성한다.
⑤ 다이너마이트 분류 시 니트로글리콜의 함량을 조절하여 동결 온도를 달리한 난동(Ng 10% 포함된 니트로겔) 다이너마이트와 부동(Ng 25% 포함된 니트로겔) 다이너마이트로 구분하기도 한다.

Reference

노화(Aging)현상
니트로글리세린과 니트로셀룰로오스의 콜로이드화가 진행되면 내부의 기포가 없어져 다이너마이트가 둔감하게 되고 폭발이 어려워지는 현상

5 혼합화약류에 첨가되는 화합물

혼합화약류는 비단 2가지 이상의 화합물을 혼합한 것만이 아닌, 예감제나 산소공급제, 가연제, 감열소염제, 안정제 등을 화합물과 혼합한 것도 포함된다. 여기서 각각의 배합 성분은 혼합되는 화약류에서 여러 특성을 가지며, 각각의 역할과 종류는 다음과 같다.

1) 예감제

폭약이 기폭에 둔감하든가, 폭발 지속이 곤란한 경우 폭약의 감도를 보강하여 증대시키기 위해 배합하는 첨가물이다.
① 니트로글리세린(NG)
② 니트로글리콜(Ng)
③ 니트로셀룰로오스(NC)
④ 트리니트로톨루엔(TNT)
⑤ 디니트로톨루엔(DNT)
⑥ 디니트로나프탈렌(DNN)

⑦ 모노메틸아민나이트레이트(MMAN), 에탄올아민나이트레이트

2) 산소공급제

화약류의 연소 또는 폭굉에서 폭발 생성 가스가 인체에게 해를 주지 않는 산화물로 되기 위해서는 그것에 대응하는 양의 산소가 필요하고, 공업폭약으로서 조성 중에 이 산소를 갖는 것이 필요하다. 즉, 배합성분으로 화합물이 산소를 주는 역할을 하는 것을 산소공급제라 한다.

① 질산칼륨(초석, KNO_3)
② 질산나트륨(칠레초석, $NaNO_3$)
③ 질산암모늄(NH_4NO_3)
④ 과염소산칼륨($KClO_4$)
⑤ 염소산칼륨($KClO_3$)
⑥ 과염소산암모늄(NH_4ClO_4)
⑦ 과염소산나트륨($NaClO_4$)

3) 가연제

산소를 얻어 쉽게 연소해 폭발온도를 높이고 가스의 발생량을 많게 하는 역할을 한다.

① 목분(C)
② 황(S)
③ 전분
④ 경유
⑤ 중유
⑥ 규소철
⑦ 알루미늄 분

4) 감열소염제

탄광폭약의 성분으로 폭발 시 폭발온도를 낮추어 폭염(화염)을 억제하고, 갱내 폭발을 방지하기 위한 목적으로 폭약의 성분에 배합된다.

① 염화나트륨(NaCl, 식염, 소금)
② 염화칼륨(KCl)
③ 붕사($Na_2B_4O_7 \cdot 10H_2O$)

5) 안정제

질산에스테르류의 외부 환경 변화에 의한 자연분해를 억제하기 위해서 배합하는 성분이다.

① 슬러리 폭약에서는 내산 안정제로서 아크릴아민(Acrylamine) 등이 사용된다.
② 물과 알루미늄 분의 반응 방지를 위해 알칼리 금속의 인산염 등이 사용된다.
③ 무연화약에는 발생하는 NOx를 흡수하기 위해 센트랄리트, 디페닐아민 등이 사용된다.

6) 산소평형(Oxygen Balance, 산소밸런스)

① 폭발 시 발생하는 에너지가 최대로 되는 것은 화약류 중의 가연물이 완전연소하는 때이다. 즉, 폭발성 화합물 $C_xH_yO_zN_u$ 100g이 폭발해 화학양론적으로 탄소(C)는 이산화탄소(CO_2, 탄산가스), 수소(H)는 수증기(H_2O), 질소(N)는 질소(N_2)가 되도록 분해하는 경우의 산소 과부족량을 산소평형이라 한다.

② 특히 갱내에서 사용되는 폭약은 불완전 산화로 인해 산소가 부족해 일산화탄소(CO)가 발생하거나, 산소가 너무 많아 이산화질소(NO_2)가 발생하는 것을 피하기 위해 약간 Plus(+)로 유지하는 것이 유리하다.

③ 결과적으로 산소평형 값이 의미하는 바는, 화약류는 그 성분 중에 잔여성분의 산화반응에 필요한 산소를 함유하고 있으며, 폭발반응에서 그 공급이 과부족 없이(즉, 산소평형이 0이 될 때) 진행될 때 폭발 위력은 가장 크게 되며, 후가스가 양호하다는 것이다.

④ 산소평형 값은 반응에서 발생하는 산소량을 (+)로, 산소가 부족한 경우를 (−)로 표시한다.

⑤ 산소평형(OB)의 계산식은 아래와 같다.

$$C_xH_yN_uO_z \rightarrow xCO_2 + \frac{y}{2}H_2O + \frac{u}{2}N_2 + \left(\frac{z}{2} - x - \frac{y}{4}\right)O_2$$

$$OB = 32 \times \frac{\left(\frac{z}{2} - x - \frac{y}{4}\right)}{분자량}$$

01 니트로글리세린 폭발 시 생성기체 4가지를 적으시오(단, 불완전 연소는 제외).

[18년 1회(기사), 21년 1회(기사)]

풀이

CO_2, H_2O, N_2, O_2

02 니트로셀룰로오스의 자동산화에 대하여 기술하시오. [06년 4회(기사), 09년 1회(기사), 19년 1회(기사)]

풀이

니트로셀룰로오스 분해 시 생성되는 NO는 공기 중의 산소에 의해 산화되어 NO_2가 되고, 이것은 물이 존재할 때 HNO_3(질산)가 된다. 이 HNO_3(질산)는 다시 니트로셀룰로오스에 산화작용을 일으키며, 이와 같이 산소가 있는 한 이러한 반응은 계속된다. 이것을 니트로셀룰로오스의 자동산화라고 한다.

03 발파작업 시 질산암모늄(NH_4NO_3)은 가격이 저렴하여 많이 사용되며, 질산암모늄은 $250\sim260℃$에서 폭발 분해반응이 일어나기 시작한다. 질산암모늄이 불완전 폭발 반응을 했을 때의 반응식과, 반응으로 인해 발생하는 열량을 적으시오.

[20년 2회(기사)]

풀이

불완전 폭발 반응식
$2NH_4NO_3 \rightarrow 2NO + N_2 + 4H_2O + 13.9kcal$

04 다음은 ANFO의 산소평형 반응식이다. 괄호 안에 해당하는 것을 적으시오. [20년 2회(산기)]

$$3NH_4NO_3 + (①) \rightarrow (②) + 7H_2O + (③) + 340kJ$$

풀이

① CH_2
② $3N_2$
③ CO_2

05 초유폭약(ANFO)의 폭속에 영향을 주는 인자 3가지를 적으시오. [14년 4회(산기), 20년 2회(산기)]

풀이

① 연료유와 초안의 혼합비
② 초안의 입도(크기)
③ 장전비중
④ 수분의 흡습
⑤ 뇌관의 기폭감도
⑥ 초안의 종류
⑦ 안포의 약경

06 에멀젼 폭약에 알루미늄 첨가 시 2차 폭발이 발생하므로 사용하지 않는다. 2차 폭발을 일으키는 이유를 간단히 서술하시오. [08년 1회(기사), 19년 1회(기사), 22년 1회(기사)]

풀이

에멀젼 폭약의 폭력 향상을 위해 알루미늄 분말을 첨가할 때 초기 폭발에서 불완전 연소가 일어나 일부는 Al_2O_3가 되고, 일부는 Al로 남아 반응이 완결되지 않는다. 이후 뒤늦게 발연대(Fume Zone)에서 반응되지 않은 알루미늄이 H_2, CO 등의 인화성 가스로 인해 2차 폭발을 발생시킨다.

07 에멀젼 폭약의 무기질 중공구체(GMB)의 역할에 대하여 간단히 적으시오.
[07년 1회(기사), 11년 1회(기사), 14년 4회(기사), 20년 2회(기사)]

풀이

에멀젼 폭약의 미소중공구체(GMB)는 함수폭약 중에 미소 기포를 분산시켜 뇌관의 기폭 충격을 받았을 때 급속히 단열, 압축되면서 고온, 고압상태를 만들어 폭발 분해를 촉진시킨다. 또한, 기폭감도를 높여주고, 전폭성을 확보하며, 내동압성 및 내정압성이 우수하여 사압에 대한 저항성을 높여준다.

08 폭약을 제조할 때 감열소염제로 성분에 배합되는 것을 2가지 적으시오.
[21년 1회(산기)]

풀이

① 염화나트륨(NaCl, 식염, 소금)
② 염화칼륨(KCl)
③ 붕사($Na_2B_4O_7 \cdot 10H_2O$)

09 니트로글리세린 1mol(227.1g) 폭발반응 시 0.25mol의 산소가 발생한다. 이때의 산소평형 반응식을 적고, 산소평형(Oxygen Balance)을 구하시오. (단, 소수점 셋째 자리까지 적으시오.)

[20년 2회(기사), 21년 1회(산기)]

> **풀이**
>
> ① 산소평형 반응식 : $C_3H_5N_3O_9 \rightarrow 3CO_2 + 2.5H_2O + 1.5N_2 + 0.25O_2$
>
> ② 산소평형 : $OB = \dfrac{32 \times \left(\dfrac{z}{2} - x - \dfrac{y}{4} \right)}{분자량} = \dfrac{32 \times (0.25)}{227.1g} = +0.035$

10 펜트리트(PETN)의 분자식이 다음과 같을 때, 폭발 반응식을 쓰고, 산소평형 값을 구하시오.

[15년 1회(산기), 22년 1회(산기)]

$$C(CH_2NO_3)_4$$

> **풀이**
>
> ① 폭발 반응식
>
> $$C(CH_2NO_3)_4 \rightarrow C_5H_8N_4O_{12} \rightarrow xCO_2 + \frac{y}{2}H_2O + \frac{u}{2}N_2 + \left(\frac{z}{2} - x - \frac{y}{4} \right)O_2$$
>
> $$\rightarrow 5CO_2 + \frac{8}{2}H_2O + \frac{4}{2}N_2 + \left(\frac{16}{2} - 5 - \frac{8}{4} \right)O_2$$
>
> ② 산소평형
>
> $$OB = \frac{32 \times \left(\dfrac{z}{2} - x - \dfrac{y}{4} \right)}{분자량} = \frac{32 \times \left(\dfrac{16}{2} - 5 - \dfrac{8}{4} \right)}{316g} = -0.10$$

CHAPTER 02 화약류의 성능시험

❶ 충격감도시험

기계적 충격에 대한 감도는 타격감도로서 낙추감도시험으로 측정하고, 폭발충격에 대한 감도는 감응감도로서 순폭시험으로 측정한다.

1) 낙추감도시험(Drop(Fall) Hammer Test)

동일한 높이에서 10회 연속적으로 5kg의 추를 떨어뜨려 폭약의 충격에 대한 감도를 반복 시험했을 때 전부가 폭발하는 최소높이를 완폭점(C), 1회도 폭발하지 않는 최대높이를 불폭점(A), 폭발을 일으키는 데 필요한 평균 높이, 즉 폭발과 불폭이 각각 50%일 때를 임계폭점(B)이라 한다.

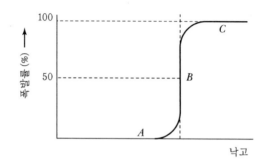

2) 순폭시험

순폭이란 어느 1개의 약포에 뇌관을 꽂고 다른 쪽에 제2약포를 놓은 다음 뇌관을 통해 제1약포를 기폭시켰을 때, 폭굉에 의해 공기, 물, 기타 매질을 통해서 제2약포가 감응폭발(순폭)하는 현상을 말하며, 제1약포가 유폭하고, 제2약포가 완전히 폭발하였을 때의 최대거리 S를 약포 지름 d의 배수로 나타낸 값 n을 순폭도라고 한다.

$$n = \frac{S}{d}$$

폭굉파는 일종의 충격파이기 때문에 감응폭발능력(순폭도)이 큰 폭약은 동시에 충격감도도 큰 것으로 생각할 수 있다.

🄷 마찰감도시험

화약류의 마찰에 의한 감도로 충격감도와 함께 화약류의 실용상, 즉 제조, 운반, 취급상 중요한 성능이다. 마찰시험은 일반적으로 단단하고 가능한 한 마찰계수가 큰 고체 두 면 사이에 시료를 놓고 가압하에 한쪽의 면을 급속히 미끄러지는 형식으로 시험한다.

1) 유발(봉)시험

온도 20~30℃로 자석제 유봉 가운데 시료를 놓고 자석제 유봉으로 폭음을 일으키는지 확인하는 시험으로, 국제시험법에 해당하나 개인차가 커서 시험결과가 각기 다르다.

2) BAM식 마찰시험

시험기에 부착된 자기제 마찰봉과 마찰판 사이에 소량의 시료를 끼워 놓고, 하중을 가한 상태에서 마찰 운동을 시켜 그 하중과 폭발의 발생 여부로부터 화약류의 감도를 조사하는 시험으로, 정량적인 표시로서 가장 신뢰할 수 있다.

3) 진자마찰시험

시료를 철판 위에 놓고, 진자에 20kg의 분동(무게의 표준이 되는 쇠 추)을 놓고 2m의 높이에서 대기시켰다가 자유낙하시켜 시료의 폭발 여부를 조사한다. 동일시료마다 10회 반복 시험하며, 폭발될 때를 1점, 반폭될 때를 0.1점, 불폭될 때를 0점으로 하여 최종적으로 점수를 합산하여 감도치로 정한다.

🄸 열감도시험

1) 정전기에 의한 발화감도

정전기는 성질이 다른 2개의 물체를 마찰시킬 때 또는 2개 중 1개가 절연체로 되어 있는 것을 서로 마찰시킬 때 발생한다. 기계나 인체는 콘덴서의 역할을 하므로 다른 전기도체가 접근하면 스파크에 의해 방전(대전)되고, 이때의 방전에너지가 일정 값 이상으로 증가하면 인접 물질을 연소시킨다. 콘덴서의 정전용량을 $C(\mu F)$, 충전전압을 V, 방전(대전)에너지를 E(Joule)라고 할 때 방전에너지는 다음과 같이 계산된다.

$$E = 5 \times 10^{-7} \times C \times V^2$$

2) 발화점시험

폭약이 폭발하는 최저 온도를 발화점이라 하며, 주로 정속가열법과 정온가열법이 이용된다.

3) 내화감도시험

화약류의 착화시험으로 화염, 화화, 적열체 등의 점화원에 의해 착화의 유무나 착화한 때에 점화원을 제거하여도 연소를 지속하는지 등을 확인하는 시험으로, 도화선시험, 적열철제도가니시험, 적열철봉시험 등이 있다.

❹ 정적 효과를 이용한 폭약의 위력 시험

정적 효과란, 폭발 반응 시 생성가스가 단열팽창에 의해 외부에 대해 하는 일의 효과로서 추진효과라고도 부른다. 폭발열이나 폭발온도 등을 이용한 연주시험, 탄동구포시험, 탄동진자시험, 구포시험 등이 있다.

1) 연주시험(트라우즐 연주시험, Lead Block Test)

높이와 지름 각 200mm인 연주의 중심축에 일정 크기의 구멍(61ml)을 뚫고, 그 안에 주석박에 싼 시료(폭약과 8호 뇌관)를 넣고, 마른 모래로 전색 후 기폭시킨다. 기폭 후 연주를 거꾸로 세워 모래를 떨어내고 바로 세워 냉각한 후에 구멍에 물을 부어 확대된 연주구멍의 용적(V')을 측정하며, 이때 원래의 구멍용적 61cc를 **뺀** 값을 연주 확대치(V)로 정하여 화약류의 효과를 판정한다. 일반적으로 NG 92%에 NC 8% 성분의 블라스팅 젤라틴 폭약의 위력이 가장 크다.

> 연주 확대치(V)=확대된 연주구멍의 용적(V') − 원래의 구멍용적(61cc)

2) 탄동구포시험

폭약 10g을 장전하여 중량 약 17kg의 탄환을 발사시켜 이때 구포의 후퇴에 의한 흔들림 각도를 측정하여 화약류의 성능을 알아보는 시험으로서, 블라스팅 젤라틴(NG 92%＋NC 8%)을 기준약으로 하는 RWS(Relative Weight Strength, 상대 약량 강도)와 TNT나 NG 60% 다이너마이트를 기준약으로 하는 탄동구포비로 표시한다.

$$\text{RWS}(\%) = \frac{1 - \cos\theta}{1 - \cos\theta'} \times 100$$

$$탄동구포비(\%) = \frac{1 - \cos\theta}{1 - \cos\theta'} \times 100$$

$$탄동구포비 = 1.6 \times \text{RWS}$$

여기서, θ' : 기준약의 흔들림 각도
θ : 시료약의 흔들림 각도

⑤ 동적 효과를 이용한 폭약의 폭속 · 맹도시험

동적 효과란, 폭굉에 의해 발생한 충격파로 물체를 파괴하는 효과로서 파괴효과라고도 하며 폭발의 세기, 즉 폭속과 맹도에 의해서 좌우되는 효과이다.

1) 폭속

일반적으로 폭속은 폭약의 지름(직경), 장전비중(밀도), 용기의 종류(강도, 견고성), 온도 등에 비례하여 증가하고, 흡습이 클수록 저하되며, 폭속을 측정하는 시험법은 다음과 같다.

① 도트리쉬(Dautriche)법

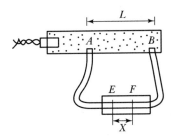

가장 일반적인 폭속시험법으로, 강관 내에 들어 있는 약포 중의 두 점 A와 B에 길이 1m의 도폭선 양 끝을 넣고 도폭선을 연판상 위에 놓아 도폭선 가운데의 점 E가 연판의 기점과 일치하도록 놓는다. 폭약 속의 폭속을 D, AB의 거리를 L이라 하면, A에서 B까지의 폭발시간은 L/D가 된다. A에서 폭발된 도폭선과 B에서 폭발된 도폭선은 L/D시간만큼 차이가 나며, 따라서 점 F에서 충돌하여 연판 표면에 흔적이 남는다. EF간의 거리를 X라 하면, 폭약의 폭속 D와 도폭선의 폭속 V와의 관계는 다음과 같다.

$$D = \frac{VL}{2X}$$

② 이온갭(Ion Gap)법
③ 광파이버법
④ 오실로스코프법
⑤ 유(流)카메라법
⑥ 계수측시기법
⑦ 메테강법

2) 맹도

폭약의 동적 파쇄강도의 척도로, 이론적으로는 폭굉파의 압력 P에 대한 표시이며, 밀도 Δ, 폭속 D, 가스유속 W일 때 $P = \Delta DW$로 나타낸다. 맹도시험은 화약이 폭발하여 가장 큰 압력을 나타낼 때까지의 시간구배에 대하여 측정하는 시험법으로, 다음과 같은 시험법들이 있다.

① 헤스(Hess)맹도시험 : 강철판 위에 연주 2개를 겹쳐 놓고, 다시 강철판을 올려놓고, 그 위에 폭약이 들어 있는 아연관을 놓는다. 이 폭약을 8호 뇌관으로 기폭시켜 연주가 압축된 높이를 측정하여 맹도를 결정하며, 연주압축시험으로 불리기도 한다. 이때 연주의 크기는 직경 40mm, 높이 30mm의 것으로 한다.

② 캐(캐, Kast)스트맹도시험 : 강철대 위에 강관을 놓고, 그 안에 강철주를 넣는다. 이때 강철주와 강철대 사이에 동주를 끼워 넣는다. 강철주 위에 니켈강관과 2매의 보호연판을 놓고 그 위에 폭약포를 놓고, 8호 뇌관으로 기폭하여 압축된 동주의 높이를 통해 동주의 압축치를 측정하면 그 폭약의 맹도가 압력의 단위로 표현된다.

③ 모래시험(沙시험, Sand Test) : 철강재 내의 모래 중에 시료 0.4g을 6호 뇌관의 빈 관체에 넣고 기폭시켜 모래의 분쇄도에 의해 그 폭약의 맹도를 측정하는 시험이다.

④ 강판시험 : 폭약을 강판 위에서 기폭시켜 강판에 움푹 파인 깊이를 맹도의 비교 값으로 하는 시험이나, 현재는 사용되고 있지 않다.

⑥ 화공품의 성능시험

1) 뇌관의 성능 시험법

① 점화전류시험 : 0.25A 이하에서 30초간 통전 시 폭발하지 않아야 하고, 1.0A 이상에서 통전 시 10msec 이내에 기폭되어야 한다.

② 내수성 시험 : 수심 10m에 해당하는 수압 98.1kPa에서 1시간 이상 침수 후, 연판시험에 합격해야 한다.

③ 납(연)판시험 : 뇌관의 기폭력(위력)을 측정하는 시험 중의 하나로, 두께 4mm 납판을 관통해야 한다.

④ 내정전기시험 : 각선과 관체 사이에 2,000pF, 8kV의 전압을 걸었을 때 기폭되지 않아야 한다.

⑤ 둔성폭약시험 : 뇌관의 기폭력(위력)을 측정하는 시험 중의 하나로, TNT와 활석을 배합한 둔감제를 섞어 둔성화한 폭약을 뇌관으로 기폭시켜 둔감제의 양이 많아도 기폭이 되면 위력이 크다고 판정한다. 이때 사용되는 납(연)판의 길이 및 두께의 규격은 각각 70mm, 30mm이다.

    ㉠ 6호 뇌관 : TNT 70% + 활석 30%

    ㉡ 8호 뇌관 : TNT 60% + 활석 40%

⑥ 단발발화시험 : 단수가 낮은 것부터 순차적으로 기폭되어야 한다.

⑦ 못시험 : 뇌관의 측면방향의 맹도(위력)를 판정하기 위한 시험으로, 뇌관을 길이 10cm의 못 중간 정도에 묶고 폭발시켜 못의 굴곡도를 측정한다.

⑧ 하이드시험(Hide Test) : 뇌관 기폭력 시험의 일종으로, 둔성폭약시험과 유사하다.

2) 도화선의 규격 및 시험방법

① 도화선은 분상 흑색화약을 심약으로 하고, 그것에 실 등으로 피복하여 가는 선 모양으로 만든 화공품이다. 도화선에는 제1종, 제2종, 제3종의 세 종류가 있으나 국내에서는 제2종(완연) 도화선만이 사용되고 한국산업표준(KS)에서 정한 제2종 도화선의 규격과 시험은 다음과 같다.

② 제2종 도화선의 규격 및 시험방법

　㉠ 연소초시시험 : 도화선 5개의 평균 연소초시는 100~140초/m, 편차는 ±7% 이내이어야 한다.

　㉡ 내수성 시험 : 수심 1m에서 2시간 견딜 수 있어야 한다.

　㉢ 점화력 시험 : 유리관 양쪽에서 5cm 떨어지게 도화선 두 개를 마주보게 넣고 어느 한쪽 도화선에 점화하였을 때 그 화염으로 반대쪽 도화선이 점화되는 것을 측정한다.

Reference

전기뇌관의 개략도

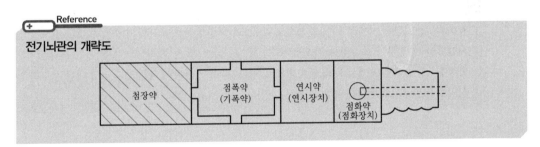

Reference

한국산업표준(KS)에서 규정하고 있는 화약류의 시험 종류 및 항목

종류	시험항목	종류	시험항목
안정도	내열시험	폭력	탄동구포시험, 탄동진자시험
감도	낙추감도시험, 순폭시험, 마찰감도시험	겉보기 비중	겉보기 비중법 A, B, C
폭속	이온갭법, 광파이버법, 도트리쉬법		

01 다음 괄호 안에 들어갈 알맞은 내용을 적으시오. [21년 4회(기사)]

> 기계적 충격에 대한 감도는 타격감도로서 (①)으로 측정하고, 폭발충격에 대한 감도는 감응감도로서 (②)으로 측정한다.

풀이

① 낙추감도시험
② 순폭시험

02 충격감도시험 중 낙추시험에서 완폭점과 불폭점에 대해 설명하시오. [19년 1회(기사), 22년 1회(기사)]

풀이

① 완폭점 : 동일한 높이에서 10회 연속적으로 5kg의 추를 떨어뜨려 폭약의 충격에 대한 감도를 반복시험했을 때 전부가 폭발하는 최소높이
② 불폭점 : 동일한 높이에서 10회 연속적으로 5kg의 추를 떨어뜨려 폭약의 충격에 대한 감도를 반복시험했을 때 1회도 폭발하지 않는 최대높이

03 충격감도시험 중 낙추시험에서 폭발을 일으키는 데 필요한 평균 높이, 즉 폭발과 불폭이 각각 50%일 때를 무엇이라 하는가? [21년 1회(산기)]

풀이

임계폭점

04 KS(M 4802)에서 규정하고 있는 화약류의 성능 시험방법 중 감도시험 3가지를 적으시오. [21년 1회(기사)]

풀이

① 낙추감도시험
② 순폭시험
③ 마찰감도시험

05 충격감도시험 중 순폭시험에서 순폭도를 구하는 공식을 적고, 순폭도에 영향을 미치는 인자 2가지를 쓰시오. [19년 1회(산기)]

풀이

순폭도 $n = \dfrac{S}{d}$

여기서, S : 순폭거리, d : 폭약지름

06 순폭도 시험에서 약경 $d = 32$mm, 약량 120g인 다이너마이트의 순폭도가 6으로 나타났다. 얼마 후 동일한 조건에서 다시 시험하였더니 최대순폭거리 $S = 128$mm이었다면, 순폭도는 얼마나 감소되었는지 구하시오. [17년 4회(산기), 20년 1회(산기), 20년 2회(산기), 22년 1회(기사)]

풀이

순폭도 $n = \dfrac{최대순폭거리\ S}{약경\ d}$

재시험한 순폭도 $n = \dfrac{128\text{mm}}{32\text{mm}} = 4$

순폭도의 차이 $= 6 - 4 = 2$

07 폭약의 발파효과 중 정적 효과에 대해 설명하고, 그 시험의 종류 4가지를 적으시오. [05년 4회(산기), 08년 4회(산기), 13년 4회(산기), 17년 1회(산기)]

풀이

① 정적 효과 : 폭발 반응 시 생성가스가 단열팽창에 의해 외부에 대해 하는 일의 효과
② 정적 시험의 종류 : 탄동구포시험, 탄동진자시험, 트라우즐 연주시험, 구포시험

08 트라우즐 연주시험과 관련하여 다음 물음에 답하시오. [21년 1회(산기)]

① 화약 폭발 전에 해야 되는 일
② 화약 폭발 후에 해야 되는 일
③ 측정공식

풀이

① 높이와 지름 각 200mm인 납기둥의 중심에 구멍(61ml)을 뚫고, 여기에 10g의 폭약을 넣는다. 시료 폭약은 24.5mm의 약포로 성형한 다음, 주석 종이(80~100g/m²)로 싸고, 그 끝에 도화선을 붙인 8호 뇌관을 끼워 놓는다. 그리고 구멍 끝까지 건조모래로 채워 폭발시킨다.

② 폭발 후 납기둥을 거꾸로 세워 모래를 떨어내고 바로 세워 냉각한 후에 구멍에 물을 부어 확대된 부피를 측정한다. 측정된 부피 V'로부터 최초의 구멍 부피 61ml를 뺀 V값을 시료 폭약의 위력을 나타내는 비교값으로 한다.

③ $V = V' - 61(ml)$

09 폭약의 위력을 측정하기 위한 탄동구포시험에서 위력비교값을 RWS로 나타내고 있다. 이 RWS를 구하는 식을 설명하고, 기준 폭약을 적으시오.　[20년 1회(기사), 20년 2회(산기)]

풀이

$$RWS(\%) = \frac{1-\cos\theta}{1-\cos\theta'} \times 100$$

여기서, θ : 시료 폭약이 움직인 각도
　　　　θ' : 기준 폭약이 움직인 각도
　　기준 폭약 : 블라스팅 젤라틴(NG=92%, NC=8%, 시료 10g)

10 탄동구포시험 시 블라스팅 젤라틴을 기준 폭약으로 하여 진자가 움직인 각도가 18°이고, 시료 폭약이 진자를 움직인 각도가 14°이었다면 이 폭약의 RWS는 얼마인가?

[18년 1회(기사), 19년 1회(산기), 21년 1회(산기)]

풀이

$$RWS(\%) = \frac{1-\cos\theta}{1-\cos\theta'} \times 100 = \frac{1-\cos 14°}{1-\cos 18°} \times 100 = 60.69\%$$

11 탄동구포시험 시 블라스팅 젤라틴을 기준 폭약으로 하여 진자가 움직인 각도가 18°이고, 시료 폭약이 진자를 움직인 각도가 14°이었다면 이 폭약의 탄동구포비는 얼마인가?

[07년 1회(산기), 13년 1회(산기), 19년 1회(기사)]

풀이

탄동구포비 $= 1.6 \times RWS(\%)$

$$RWS(\%) = \frac{1-\cos\theta}{1-\cos\theta'} \times 100 = \frac{1-\cos 14°}{1-\cos 18°} \times 100 = 60.69\%$$

따라서, 탄동구포비 $= 97.1\%$

12 탄동구포시험 시 TNT를 기준 폭약으로 하여 진자가 후퇴한 각도가 14°이고, 시료 폭약에 의해 진자가 후퇴한 각도가 16°일 때 RWS는 얼마인가?　　　　　[06년 1회(기사), 19년 4회(기사)]

풀이

$$탄동구포비 = \frac{1-\cos\theta}{1-\cos\theta'} = \frac{1-\cos16°}{1-\cos14°} = 1.30$$

$$RWS = \frac{탄동구포비}{1.6} = 81.25\%$$

13 NG 60%를 함유한 다이너마이트를 기준 폭약으로 하여 진자의 후퇴각이 18°이고, 시료 폭약의 진자 후퇴각이 14°일 때 RWS는 얼마인가?　　　　　[10년 1회(기사)]

풀이

$$탄동구포비 = \frac{1-\cos\theta}{1-\cos\theta'} \times 100 = \frac{1-\cos14°}{1-\cos18°} \times 100 = 60.69\%$$

$$RWS = \frac{탄동구포비}{1.6} = 37.93\%$$

14 폭약의 발파효과 중 동적 효과와 정적 효과에 대해 설명하시오.　　　　　[21년 4회(기사)]

풀이

① 동적 효과 : 폭굉에 의해 발생한 충격파로 물체를 파괴하는 효과로서 파괴효과라고도 부른다.
② 정적 효과 : 폭발 반응 시 생성가스가 단열팽창에 의해 외부에 대해 하는 일의 효과로서 추진효과라고도 부른다.

15 폭약의 폭속에 영향을 주는 요인 3가지를 적으시오.　　　　　[20년 1회(산기)]

풀이

① 폭약의 지름
② 장전비중, 밀도
③ 용기의 강도 및 견고성
④ 온도
⑤ 흡습

16 동적 효과를 이용한 폭약의 폭속시험법 중 도트리쉬법에 의한 폭약의 폭속을 구하는 공식과 그 인자들을 설명하시오. [19년 1회(산기), 21년 4회(기사)]

풀이

$$폭속\ D = \frac{VL}{2X}$$

여기서, V : 도폭선의 폭속

L : 폭약 2점 간의 거리

X : 도폭선의 중심과 폭발 흔적 간의 거리

17 도트리쉬법에서 표준 도폭선의 폭속을 V, 시료 폭약에서 도폭선 시작점과 끝점 간의 거리가 L이라고 할 때 시험 폭약의 폭속(VOD : Velocity of Detonation)을 구하려면 어떤 변수를 고려해야 하는가? [20년 2회(산기)]

풀이

도폭선의 중심과 폭발 흔적 간의 거리

18 도트리쉬법에 의해 함수폭약의 폭속을 측정하였을 때의 폭속은 몇 m/s인가?(단, 표준 도폭선의 폭속은 5,600m/s, 도폭선의 중심과 폭발 흔적 간의 거리는 8cm이고, 폭약 2점 간의 거리는 10cm이다.) [20년 1회(기사)]

풀이

$$D = \frac{VL}{2X} = \frac{5,600\text{m/s} \times 10\text{cm}}{2 \times 8\text{cm}} = 3,500\text{m/s}$$

19 전기뇌관의 성능시험 3가지를 적으시오. [17년 4회(산기)]

풀이

① 점화전류시험   ② 내수성시험
③ 납판시험   ④ 내정전기시험
⑤ 둔성폭약시험   ⑥ 못시험
⑦ 단발발화시험   ⑧ 하이드시험

폭발위력 및 기타

1 폭발에너지

1) 폭발에너지의 계산

폭발에너지는 밀폐된 상태의 폭약이 순간적으로 화학적 반응을 일으킬 때 발생하는 에너지이다. 이를 비에너지 또는 화약력(f)이라 하며, 폭약의 정적 위력 비교에 사용되고, 폭약 1kg이 폭발 후 외부에 대해서 하는 일의 능력을 에너지 차원으로 나타낸 것이다. 이 화약력은 단순하게 폭발 순간의 압력과 폭약의 부피의 곱으로 계산되나 일반적으로는 이상기체 상태 방정식을 이용하여 다음과 같이 계산된다.

$$f = nRT = \frac{V \times T}{273K}$$

nRT는 이상기체 상태 방정식인 $PV = nRT$를 통해 계산된다. 여기서, P는 폭발가스의 압력, V는 가스가 차지하는 용적(부피, 가스비용), n은 가스의 1kg당 몰수, R은 기체상수(0.082)이며, T는 폭발 시의 절대온도로서 0℃=273K으로 나타낸다.

2) 가스비용 및 화약력 계산

만약, 표준상태(0℃, 1atm)이고, 폭발온도가 5,000K인 경우 니트로글리세린 1kg의 가스비용 및 화약력을 계산하는 방법은 다음과 같다.

$PV = nRT$에서 $P = 1atm$, $T = 273K$, $R = 0.082$이므로, 가스비용 $V = 22.4n$과 같고, 니트로글리세린의 분자량은 다음 식에서 227g, 완전폭발에 필요한 몰수는 7.25mol이다.

$C_3H_5N_3O_9$ 분자량 $= (12 \times 3) + (1 \times 5) + (14 \times 3) + (16 \times 9) = 227g$

$C_3H_5N_3O_9 \rightarrow 3CO_2 + \frac{5}{2}H_2O + \frac{3}{2}N_2 + 0.25O_2$

따라서, 니트로글리세린 1kg의 몰수 n은 다음의 비례식을 통해 31.94mol로 계산된다.

$227g : 7.25mol = 1,000g : x\,mol$

$\therefore x = 31.94mol$

이제 가스비용을 계산해보면, $V = 22.4n = 22.4 \times 31.94mol = 715.46L$이다.

화약력을 계산해보면, $f = \frac{V \times T}{273K} = \frac{715.46L \times 5,000K}{273K} = 13,103.66atm \cdot L/kg$이다.

화약력은 $L \cdot kg/cm^2/kg$ 단위로 사용되기도 한다.

❷ 폭약의 세기의 표현

1) AWS(Absolute Weight Strength, 절대무게강도)

폭약의 절대적 세기를 표현하며, 폭약 g당 유효한 절대 에너지의 총계를 측정, 평가하는 것으로, 단위는 cal/g을 사용한다.

2) ABS(Absolute Bulk Strength, 절대부피강도)

폭약의 절대적 세기를 표현하며, 폭약 m³당 유효한 절대 에너지의 총계를 측정, 평가하는 것으로, AWS에 폭약의 밀도(비중)를 곱하여 구할 수 있고, 단위는 cal/cc를 사용한다.

3) RWS(Relative Weight Strength, 상대무게강도)

폭약의 세기를 표현하는 것으로, ANFO와 동등한 무게를 가진 폭약의 위력을 측정하며, 기준 폭약 세기의 몇 %에 해당하는가를 뜻한다.

$$RWS = \frac{\text{시료 폭약의 } AWS}{\text{기준 폭약의 } AWS} \times 100$$

4) RBS(Relative Bulk Strength, 상대부피강도)

폭약의 세기를 표현하는 것으로, ANFO 부피와 동일한 용량의 폭약 위력을 측정하며, 기준 폭약 세기의 몇 %에 해당하는가를 뜻한다.

$$RBS = \frac{\text{시료 폭약의 } ABS}{\text{기준 폭약의 } ABS} \times 100$$

01 니트로글리세린의 폭발 반응식은 아래와 같다. 니트로글리세린 1kg당 가스비용을 구하여라.(단, 생성가스가 1기압이고 0℃인 표준상태로 가정한다.)

[06년 4회(산기), 11년 1회(산기), 21년 4회(기사)]

$$C_3H_5N_3O_9 \rightarrow 3CO_2 + 2.5H_2O + 1.5N_2 + 0.25O_2$$

풀이

분자량 : $(12 \times 3) + (1 \times 5) + (14 \times 3) + (16 \times 9) = 227g$

몰수 : $3 + 2.5 + 1.5 + 0.25 = 7.25mol$

가스비용 $V_o = \dfrac{22.4 \times 7.25mol \times 1,000g}{227g} = 715.42L$

02 니트로글리콜의 폭발온도는 5,100K이고, 반응식은 아래와 같다. 니트로글리콜 1kg당 가스비용과 비에너지를 구하여라. [06년 4회(기사), 12년 4회(기사), 13년 1회(산기), 19년 4회(기사)]

$$C_2H_4N_2O_6 \rightarrow 2CO_2 + 2H_2O + N_2$$

풀이

① 가스비용(생성가스가 1기압이고 0℃인 표준상태의 용적)

$$V_o = \frac{22.4 \times 5mol \times 1,000g}{152g} = 736.84L$$

② 비에너지(화약의 힘)

$$f = V_o \times \left(\frac{T}{273K} \right) = 736.84L \times \left(\frac{5,100K}{273K} \right) = 13,765.14atm \cdot L/kg$$

03 폭약의 위력 표현 방식 중 절대무게강도(AWS)와 절대부피강도(ABS)를 설명하시오.

[07년 4회(기사), 18년 4회(기사), 21년 1회(기사)]

풀이

① AWS(Absolute Weight Strength) : 폭약의 절대적 세기를 표현하며, 폭약 g당 유효한 절대 에너지의 총계를 측정, 평가하는 것으로, 단위는 cal/g을 사용한다.
② ABS(Absolute Bulk Strength) : 폭약의 절대적 세기를 표현하며, 폭약 m^3당 유효한 절대 에너지의 총계를 측정, 평가하는 것이며 AWS에 폭약의 밀도(비중)를 곱하여 구할 수 있고, 단위는 cal/cc를 사용한다.

04 폭약의 위력 표현 방식 중 시료 폭약의 AWS(Absolute Weight Strength)는 680cal/g, ABS(Absolute Bulk Strength)는 850cal/cc일 때 RWS(Relative Weight Strength)와 RBS(Relative Bulk Strength)를 각각 구하여라.(단, 기준 폭약은 ANFO이고, ANFO의 AWS는 912cal/g, ABS는 739cal/cc이다.)

[20년 4회(기사)]

풀이

① $RWS = \dfrac{시료\ 폭약의\ AWS}{기준\ 폭약의\ AWS} \times 100 = \dfrac{680\text{cal/g}}{912\text{cal/g}} \times 100 = 74.56\%$

② $RBS = \dfrac{시료\ 폭약의\ ABS}{기준\ 폭약의\ ABS} \times 100 = \dfrac{850\text{cal/cc}}{739\text{cal/cc}} \times 100 = 115.02\%$

PART

02

발파공학

CHAPTER 01 발파의 기본

1 발파

1) 발파의 정의

발파란 폭약을 사용하여 목적하는 대상을 파괴하는 것으로, 폭약의 폭발에 의해 생기는 충격파 및 가스의 팽창압을 이용하여 대상물을 파괴한다.

2) 발파의 목적

발파는 그 쓰임새에 따라 크게는 단순한 대상물의 파괴, 일반 산업 분야에서의 응용, 군용 등으로 나눌 수 있다. 종래에는 단순히 대상물을 파괴하는 목적으로 이용되었다면, 현재는 여러 가지 산업 분야와 접목시켜 터널의 굴착, 지하공간 및 지하갱도의 굴진, 택지 및 부지 조성, 광물의 채광, 석재 및 골재의 채석, 건물의 해체, 수중 암반 굴착, 대괴 암석의 소할, 강판의 절단 및 성형 등에 이용되고 있다.

3) 발파의 원리

① 암석은 폭약의 폭파에 의해 3단계의 작용을 받는다.
  ㉠ 첫 번째 단계 : 기폭지점에서 시작하여 발파공벽을 부숴버림으로써 발파공이 팽창한다.
  ㉡ 두 번째 단계 : 압축 응력파가 발파공에서 방사형으로 전 주위에 암석의 탄성파 속도와 같은 속도로 확산된다.
  ㉢ 세 번째 단계 : 방출된 다량의 기체가 고압으로 갈라진 균열 사이로 들어가서 그 균열을 팽창시킨다.

② 발파공 내의 폭약반응은 매우 신속하여, 폭약의 유효작용은 기폭시점으로부터 매우 짧은 시간 내에 완료된다.

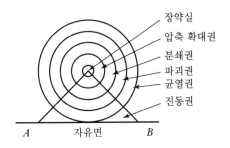

❷ 누두공 이론

발파의 기초 이론은 여러 가지가 있으나, 가장 기본이 되는 것은 누두공 이론이다.

1) 누두공

균질한 암반에 적당량의 폭약을 적당한 깊이에 장전하여 발파하면 원뿔모양의 파쇄공이 생기는데 이것을 누두공(Crater)이라고 한다. 누두공의 모양과 크기는 암반의 종류, 폭약의 위력 및 전색의 정도에 따라서 달라지며, 누두공의 모양과 크기를 관측하여 폭약량을 결정하는 자료를 얻기 위한 시험을 누두공 시험이라고 한다. 누두공의 반지름을 r, 장약의 중심과 자유면(Free Face)의 거리를 최소저항선 W라고 하면, 누두공의 형상은 r과 W의 비인 누두지수 N으로 표시할 수 있다.

$$N = \frac{r}{W}$$

① **과장약** : 표준 장약량에 의한 표준 발파보다 장약량이 많아 암석의 파쇄가 심하고, 파쇄된 암석의 비산이 우려되는 경우

$$\frac{r}{W} = N > 1 \; (r > W)$$

② **표준장약** : 누두지수 $N = 1$이 되는 경우

$$\frac{r}{W} = N = 1 \, (r = W)$$

③ **약장약** : 표준 장약량에 의한 표준 발파보다 장약량이 적어 공발이 되거나, 부석이 남게 되는 경우

$$\frac{r}{W} = N < 1 \; (r < W)$$

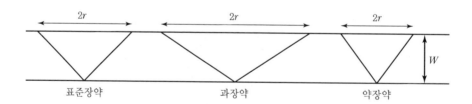

2) 누두지수를 이용한 발파 이론

① 하우저(Hauser)의 공식

일반적으로 자유면 발파에서 표준발파의 장약량은 최소저항선의 세제곱에 비례한다. 장약량을 L, 최소저항선의 길이를 W라 할 때 하우저의 발파식은 다음과 같다.

$$L = CW^3$$

여기서, C는 발파계수로서 암석의 성질, 폭약의 성능과 전색 상태 등에 따라 결정되며, 원뿔 모양의 누두공 부피를 V라 하면, $V = W^3$이 된다. 위 식에서 주의할 점은, 표준장약에 의한 발파에 한하므로 누두지수 $N = 1$인 상태에만 해당되고, 과장약 또는 약장약인 경우 이 식을 적절히 보정하여 사용하여야 하며 그에 따라 누두지수의 함수 $f(n)$을 고려하여야 한다.

② 발파계수(C)

발파계수는 발파에 필요한 장약량을 계산하는 데 중요한 계수로서, 다음과 같이 계산된다.

$$C = g \times e \times d$$

㉠ 암석계수(g) : 암석의 발파에 대한 저항성을 나타내는 계수로, g는 암석 약 1m³를 발파할 때 필요로 하는 폭약량이라는 뜻을 가진다.

㉡ 폭약계수(e) : 어떤 특정 폭약을 기준으로 하여 이것과 다른 폭약과의 발파위력을 비교하는 계수이며, 보통은 니트로글리세린 60%에 해당하는 Strength Dynamite를 기준($e = 1$)으로 하여 다른 폭약과 비교한다.

㉢ 전색계수(d) : 폭약을 발파공에 장전한 후, 물이나 모래, 점토로 발파공을 메워 틈새를 되도록 없게 하여 폭약을 발파공 안에 밀폐시킨 상태를 1(표준)로 하고, 그 밀폐상태가 불완전하게 됨에 따라 같은 발파효과를 얻기 위해서는 더 많은 폭약을 필요로 한다는 점에서 결정되는 계수로서, 불완전한 상태일수록 $d > 1$이 된다.

3) 누두지수의 여러 함수

① 하우저(Hauser)의 발파식은 표준장약의 경우에만 적용되기 때문에 과장약이나 약장약인 경우, 보정을 통한 누두지수의 함수 $f(n)$을 고려하여 다음 식으로 나타낸다.

$$L = f(n)\,CW^3$$

여기서, 누두지수의 함수 $f(n)$은 최소저항선은 그대로 둔 채, 장약량에 대한 부분만 보정해 주는 것으로 다음의 식들에 의해 구해진다.

Brallion 식	$f(n) = \dfrac{1.0 + 4.4n^3}{5.4}$
Marescott 식	$f(n) = \dfrac{n^2\sqrt{1+n^2}}{\sqrt{2}}$
Dambrun 식	$f(n) = (\sqrt{1+n^2} - 0.41)^3$
Guillemain 식	$f(n) = n^3$
(Hauser의 제안식)	

② 위와 달리, 최소저항선이 바뀌는 경우의 장약량의 수정은 Lares가 제안한 $f(w)$를 이용하여 다음과 같이 계산된다.

$$L = f(w)\,CW^3$$

여기서, $f(w)$는 발파규모의 수정항으로 다음과 같다.

$$f(w) = \left(\sqrt{1 + \frac{1}{w}} - 0.41\right)^3$$

❸ 인장파괴이론

폭약은 기폭되면 폭발반응이 폭약분자 사이에 연쇄적으로 일어나 미반응부로 진행되고 그 결과 폭굉압이 발생한다.

1) 폭굉압의 전개상태

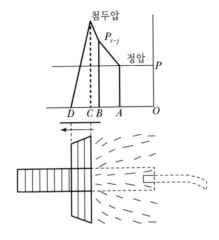

① B : 폭발반응이 끝난 직후(샤프만 쥬게면)
② BC : 폭발반응구간
③ CD : 미분해층, 충격파만 전달
④ AB : 폭발반응에 의한 가스팽창유동
⑤ AO : 가스유동 완료 후의 정적 압력상태

2) 홉킨슨 효과(Hopkinson Effect)

폭약이 폭발하면 그 폭굉에 따라서 응력파가 발생하고 이 응력파가 전파되어 자유면에 도달하면 인장파로 반사되며, 암석은 일반적으로 인장강도가 압축강도보다 훨씬 낮으므로(압축강도의 1/10~1/20배) 입사할 때의 압력파에는 그다지 파괴되지 않아도 반사할 때의 인장파에는 보다 많이 파괴되며, 이러한 현상을 홉킨슨 효과라고 한다.
홉킨슨 효과에 따르면, 암반은 자유면에 평행인 판 모양으로 파괴가 발생하며, 충격파의 파장이 짧을수록 얇은 판 모양으로 파괴되고, 충격파의 강도가 암석의 인장강도보다 클수록 많은 수가 파괴된다.

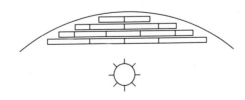

4 발파효과

1) 약실의 형상과 발파효과

약실의 투사면적은 약실의 형상이 구형일 때 최대가 되며, 최소저항선 W, 암석계수 Ca, 약실의 투사 단면적 A, 약실의 주변길이 S 사이에는 다음과 같은 관계식이 성립한다.

$$W = \frac{A}{Ca \times S}$$

또한, 천공 지름을 d라 하고, 장약길이를 지름의 n배라고 하면 다음 식이 성립한다.

$$A = nd \times d, \quad S = 2(nd + d)$$
$$W = \frac{nd}{2 \times Ca(n+1)}$$

위 식에서 장약길이가 천공 지름의 12배라고 하면, 다음 식과 같다.

$$W = \frac{12d}{2 \times Ca(12+1)} = \frac{0.46d}{Ca}$$

Reference

- 장약장이 m이고, 폭약의 비중이 g인 약실에서의 장약량 $L = \frac{\pi d^2}{4} \times m \times g$

- 장약장이 m이고, 최소저항선이 W인 약실에서의 천공심도 $D = W + \frac{m}{2}$

- 누두공의 반지름이 r일 때 채석의 체적 $V = 2r \times W \times \frac{1}{2} \times D$

2) 약포의 직경과 발파효과

동일한 천공경에서 약포경이 클수록 폭발력은 커지고, 천공경이 클수록 비천공장은 감소하며, 비장약량은 증가한다.

① 측벽효과(Channel Effect) : 폭약을 천공 내에 장전할 시 약경과 공경의 차이가 크면, 기폭 말단부터의 폭굉압력이 폭약 내에 전파됨과 동시에 공극 중에도 충격파가 전달되기 때문에 빈 공간에 전파되는 충격파 속도가 폭약 내를 통과하는 속도보다 빠르게 되어 공저의 폭약은 고비중이 되고, 사압현상이 발생하여 잔류약이 남는 현상이다. 저폭속 폭약에서 특히 현저히 나타나며, 공경과 약경을 줄이고 밀폐장전을 실시하여 방지할 수 있다.

② 임계약경(Critical Diameter) : 폭약의 폭굉이 전파하지 않는 최소약경으로, 한계약경이라고도 한다. 폭약의 임계약경이 작을수록 제어발파 기능이 우수하며, 임계약경이 클수록 순폭도는 작아진다. 다이너마이트는 일반적으로 초유폭약(ANFO)보다 임계약경이 작다.

5 기타 발파 계산식

1) 제발발파 시의 공간거리(S)

$$S = eW, \quad e = \sqrt{\frac{s}{W} \times 2.84}$$

여기서, e : 공간거리계수

2.84 : 전단계수와 인장계수의 비

s : 약실 주변 길이

W : 최소저항선

2) Lilly의 발파지수(BI : Blastibility Index)

$$BI = 0.5 \times (RMD + JPO + JPS + SGI + HD)$$

Lilly의 발파지수는 암반의 지질학적 특성을 고려하여 비장약량을 선정하여 발파패턴을 설계하는 데 이용되며, 5가지 인자가 포함된다.

① RMD(암반형태)

② JPO(절리방향)

③ JPS(절리간격)

④ SGI(비중지수) : $SGI = 25SG - 50$(여기서, SG : 비중)

⑤ HD(암반경도)

또한, Lilly의 발파지수를 통해 ANFO로 표시된 Power Factor를 구할 수 있다.

$$PF(\text{kg/ton}) = 0.004 \times BI$$

3) 갱도 굴진 시 1발파당 폭약량

$$L = \frac{(n+1)^2}{n^2} \cdot f(w) \cdot C \cdot A \cdot W$$

여기서, $\dfrac{(n+1)^2}{n^2}$: 갱도굴착단면계수$\left(n = \dfrac{\sqrt{A}}{W}\right)$

$f(w)$: 발파규모계수

C : 발파계수

A : 굴착단면적(m^2)

W : 굴진장(m)

4) 갱도 굴진 시 단위부피당 폭약량

$$L = \frac{(n+1)^2}{n^2} \cdot f(w) \cdot C$$

01 천공경을 30mm로 하여 시험발파한 결과 최소저항선이 1.2m이고, 누두공 지름이 3m로 확인되었다. 이때 누두지수는 얼마이겠는가?

[18년 1회(기사)]

풀이

$$N = \frac{\text{누두공의 반지름 } r}{\text{최소저항선 } W} = \frac{1.5\text{m}}{1.2\text{m}} = 1.25$$

02 하우저 이론에 대하여 설명하시오.

[16년 4회(기사)]

풀이

하우저 이론은 1자유면 표준장약에 의한 표준발파 시 적용되며, $L = CW^3$으로 표현한다.
여기서 L은 장약량, C는 발파계수, W는 최소저항선을 의미하며, W^3은 누두공의 부피와 같다.
또한 발파계수 C는 발파에 필요한 장약량 산정에 중요한 계수로서 다음과 같이 구한다.
$C = g \times e \times d$
여기서 g는 암석의 저항성을 나타내는 암석계수이며, e는 어떤 특정 폭약을 기준으로 이것과 다른 폭약의 발파위력을 비교하는 폭약계수이며, d는 틈새 없이 폭약을 발파공에 밀폐시킨 상태를 표준으로 하는 전색계수이다.

03 최소저항선 1.5m로 발파하였을 때 표준 장약량은 1.0kg이 소요되었다면, 동일한 암반에서 최소저항선이 3.5m이었다면 장약량은 얼마나 되겠는가?

[18년 4회(산기)]

풀이

$$L = CW^3$$
$$C = \frac{L}{W^3} = \frac{1.0}{(1.5\text{m})^3} = 0.296$$
$$L_2 = CW_2^{\,3} = 0.296 \times (3.5\text{m})^3 = 12.69\text{kg}$$

04 발파 후 누두반경이 1m로 표준발파가 되었을 때 채석되는 암석의 무게를 계산하시오.(단, 암석의 단위중량은 2.7t/m^3이다.)

[18년 4회(산기)]

풀이

Hauser의 이론에 따라

$$V = \frac{\pi}{3} W r^2 = \frac{\pi}{3} r^3 = \frac{\pi}{3} (1\text{m})^3 = 1.047\text{m}^3$$

채석량 = 체적$(V) \times$ 암석의 단위중량 = $1.047\text{m}^3 \times 2.7\text{t/m}^3 = 2.83\text{ton}$

05 100g의 장약량으로 시험발파를 실시한 결과, 누두지수가 1.4로 나타났다. 표준발파일 때의 장약량은 얼마인가?(단, Dambrun 식을 사용한다.)

[21년 1회(산기)]

풀이

$$L_1 = f(n_1) C W^3$$

$$f(n_1) = \left(\sqrt{1+n^2} - 0.41 \right)^3 = \left(\sqrt{1+1.4^2} - 0.41 \right)^3 = 2.25$$

$$L_2 = \frac{f(n_2)}{f(n_1)} \times L_1 = \frac{1.0}{2.25} \times 100\text{g} = 44.44\text{g}$$

06 최소저항선이 2m일 때 장약량이 3kg이었다면, 최소저항선이 4m일 때 장약량은 얼마이겠는가?

[17년 1회(기사), 17년 4회(산기)]

풀이

Lares의 제안식을 이용한 장약량의 수정식 : $L = f(w) C W^3$

여기서, $f(w) = \left(\sqrt{1 + \dfrac{1}{W}} - 0.41 \right)^3$ 이고,

최소저항선 W가 2m인 경우 $f(w) = 0.54$이므로, 수정식에 대입하여 발파계수 C를 계산하면

$$C = \frac{L}{f(w) W^3} = \frac{3\text{kg}}{0.54 \times (2\text{m})^3} = 0.694$$

수정된 최소저항선 W가 4m일 때 $f(w) = 0.355$이므로, 발파계수와 함께 장약량을 계산하면

$$L = 0.355 \times 0.694 \times (4\text{m})^3 = 15.77\text{kg}$$

07 C-J면을 도시하고 설명하시오.
[07년 4회(산기), 10년 4회(기사), 16년 4회(기사)]

풀이

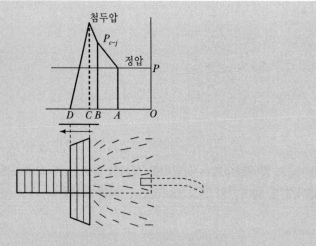

① B : 폭발반응이 끝난 직후(샤프만 쥬게면)
② BC : 폭발반응구간
③ CD : 미분해층, 충격파만 전달
④ AB : 폭발반응에 의한 가스팽창유동
⑤ AO : 가스유동 완료 후의 정적 압력상태

08 다음 그림과 같이 암석이 판상으로 깨지는 이론은?
[19년 1회(산기)]

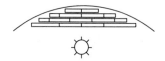

풀이

홉킨슨 효과에 의한 인장파괴이론

09 구멍 지름 32mm, 장약장 32cm로 해서 발파할 때, 장약량을 구하시오. (단, 폭약의 비중은 1.5이다.)
[16년 1회(기사)]

풀이

$$L = \frac{\pi d^2}{4} \times m \times g = \frac{\pi (3.2\text{cm})^2}{4} \times 32\text{cm} \times 1.5\text{g/cm}^3 = 386.04\text{g}$$

10 공의 지름이 32mm이고, 폭약비중이 1.5일 때 장약량을 계산하시오.(단, $m = 12d$이다.)

[20년 2회(산기)]

풀이

$$L = \frac{\pi d^2}{4} \times m \times g = \frac{\pi(3.2\text{cm})^2}{4} \times 12 \times 3.2\text{cm} \times 1.5\text{g/cm}^3 = 463.25\text{g}$$

11 자유면과 70° 경사로 170cm를 천공했을 때 자유면과 직각을 이루는 수직거리는 얼마이겠는가?

[16년 1회(기사)]

풀이

$$x = 170\text{cm} \times \sin 70° = 170\text{cm} \times \cos 20° = 159.75\text{cm}$$

12 다음은 천공심도와 장약장의 관계 그림이다. 2자유면의 암반을 천공하여 발파할 때의 최소저항선을 구하시오.

[20년 1회(산기)]

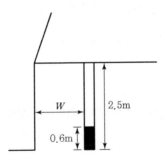

풀이

천공심도 $D = W + \dfrac{m}{2}$

최소저항선 $W = D - \dfrac{m}{2} = 2.5\text{m} - \dfrac{0.6\text{m}}{2} = 2.2\text{m}$

13 어떤 암석을 천공발파하여 장약량 100g으로 1.84m³의 채석량을 얻었다면, 동일한 조건에서 장약량 200g으로 천공발파하여 얻을 수 있는 채석량은 얼마인가?

[20년 2회(산기)]

풀이

$$V_2 = \frac{L_2}{L_1} \times V_1 = \frac{200\text{g}}{100\text{g}} \times 1.84\text{m}^3 = 3.68\text{m}^3$$

14 어떤 암반에 대하여 천공경 30mm, 최소저항선 1.4m일 때 표준발파가 되었다. 만약 동일한 조건에서 천공경을 40mm로 한다면 최소저항선은 얼마이겠는가?(단, 암석계수 $Ca = 0.01$)

[20년 2회(산기)]

풀이

$$W_2 = W_1 \times \frac{d_2}{d_1} = 1.4\text{m} \times \frac{40\text{mm}}{30\text{mm}} = 1.87\text{m}$$

15 구멍 지름이 32mm인 두 발파공을 자유면에 대하여 수직으로 천공하고 제발발파를 실시하였을 때의 두 발파공간의 최대거리를 구하여라.(단, 암석계수 $Ca = 0.02$, $m = 12d$)

[20년 2회(산기)]

풀이

① 최소저항선 $W = \dfrac{0.46d}{Ca} = \dfrac{0.46 \times 3.2\text{cm}}{0.02} = 73.6\text{cm}$

② 약실주변길이 $s = 2d(n+1) = 2 \times 3.2\text{cm} \times (12+1) = 83.2\text{cm}$

③ 공간거리계수 $e = \sqrt{\dfrac{s}{W} \times 2.84} = \sqrt{\dfrac{83.2\text{cm}}{73.6\text{cm}} \times 2.84} = 1.79$

④ 공간격 $S = eW = 1.79 \times 73.6\text{cm} = 131.74\text{cm}$

16 Lilly의 발파지수(BI) 계산을 위한 평가요소 5가지를 적으시오.

[08년 4회(기사), 12년 1회(기사), 18년 1회(기사), 21년 1회(기사)]

풀이

① RMD(암반형태) 　　　　　　② JPO(절리방향)
③ JPS(절리간격) 　　　　　　 ④ SGI(비중지수)
⑤ HD(암반경도)

17 암반형태변수가 20, 절리간격변수가 30, 절리방향변수가 10, 비중지수가 15, 암반경도가 5인 경우 Lilly가 제안한 발파지수는 얼마인가?

[09년 1회(기사), 11년 4회(기사)]

풀이

$$BI = 0.5 \times (RMD + JPS + JPO + SGI + HD) = 0.5 \times (20 + 30 + 10 + 15 + 5) = 40$$

18 Lilly의 발파지수(BI)를 구성하는 분류값이 아래와 같은 경우 ANFO로 표시된 Power Factor(kg/ton)를 구하시오. [단, 암반형태(RMD) = 20, 절리간격(JPS) = 20, 절리방향(JPO) = 30, 비중(SG) = 2.5, 경도(HD) = 6]

[09년 4회(산기), 11년 1회(산기), 13년 1회(기사), 17년 1회(기사), 22년 1회(산기)]

풀이

비중지수 $SGI = 25SG - 50 = (25 \times 2.5) - 50 = 12.5$

발파지수 $BI = 0.5 \times (20 + 20 + 30 + 12.5 + 6) = 44.25$

따라서, $PF = 0.004 \times BI = 0.004 \times 44.25 = 0.18\text{kg/ton}$

19 폭약의 한계약경에 대해 설명하시오.

[20년 2회(산기)]

풀이

폭약의 폭굉이 전파하지 않는 최소약경으로, 임계약경이라고도 한다.

1 발파순서

천공위치의 선정 → 천공 → 전폭약포 제작 → 천공 점검 → 장전 및 장약 → 전색 → 대피 및 경계 → 결선 및 점화 → 발파 확인 → 버력 처리

1) 천공위치의 선정

천공작업은 발파공을 천공(Drilling)하는 작업으로, 발파공의 위치나 깊이, 크기 등은 발파의 목적과 사용 폭약의 종류, 암반의 특성, 자유면의 상태 등에 의해 결정된다.

2) 천공

① 천공에 따른 비용은 단위부피당 소비 에너지와 직결되며, 에너지와 천공속도와의 관계는 다음과 같다.

$$E_v = \frac{4P}{\pi \times D^2 \times R}$$

여기서, E_v : 단위체적당 에너지($\mathrm{cm \cdot kg/cm^2}$)
P : 일률($\mathrm{cm \cdot kg/min}$)
D : 비트직경(cm)
R : 천공속도(cm/min)

② 천공기(착암기)의 타격력

$$N = \frac{Z \times P \times Y \times V_R}{100}$$

여기서, N : 타격력($\mathrm{m \cdot kg/min}$)
Z : 타격수(No. of blow/min)
P : 공기압($\mathrm{kg/cm^2}$)
Y : 공기이용효율
V_R : 피스톤 최대용량($\mathrm{cm^3}$)

3) 전폭약포 제작

① 뇌관과 도폭선의 결선
  ㉠ 도폭선은 흡습을 고려하여 끝으로부터 5cm 이상 되는 곳에서 결선한다.
  ㉡ 뇌관을 도폭선에 연결할 경우에는 각선의 방향이 폭발의 전파방향과 반대가 되게 한다.
  ㉢ 도폭선에서 발파의 진행방향이 불명확할 때에는 간선과 지선을 직각으로 결선한다.
  ㉣ 뇌관의 각선을 서로 연결할 경우에는 결선할 선의 끝부분을 고리로 만들어 돌려 감는다.

ⓜ 도폭선의 분기방향은 도폭선의 폭발 진행방향과 같다.

ⓗ 두 도폭선을 서로 연결할 때에는 10cm 이상 겹쳐지도록 한다.

ⓢ 도폭선을 연결할 때에는 5cm 이상 테이프로 감는다.

4) 천공 점검

장전을 하기 전에 먼저 발파공에 남아 있는 암석 가루 등을 청소해야 한다.

5) 장전 및 장약

일반적으로 천공 내의 폭약을 폭발시키는 데에는 폭약과 뇌관의 연결 위치에 따라 정기폭, 역기폭, 중기폭으로 나눌 수 있다.

① 정기폭 : 자유면 방향, 즉 구멍 입구 쪽에 기폭점을 두는 것이 안쪽에 두는 것보다 충격파가 자유면에 도달하는 시간이 빠르고, 자유면에서 반사하는 반사파의 세기가 크다.

② 역기폭 : 기폭약포를 공저에 넣는 방법으로, 기폭점이 안쪽에 있어 발파위력이 내부에 더욱 크게 작용하여 잔류공을 남기는 일이 거의 없으나, 폭약을 다져 넣는 데 주의해야 한다.

③ 중기폭 : 기폭점을 공 입구와 공저 중간 부분에 두는 것으로, 장약의 길이가 긴 경우 주로 사용된다.

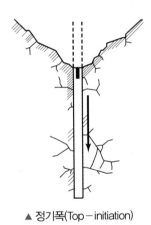

▲ 정기폭(Top-initiation)

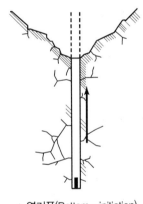

▲ 역기폭(Bottom-initiation)

Reference

폭약의 선정
- 강도가 큰 암석에는 에너지가 큰 폭약을 사용한다.
- 굳은 암석에는 동적 효과가 큰 폭약을 사용한다.
- 장공발파에는 비중이 작은 폭약을 사용한다.
- 심빼기 발파에는 순폭도가 좋은 폭약을 사용한다.
- 수중발파에는 흡습 및 충격에 둔감한 폭약을 사용한다.

6) 전색

① 전색은 발파위력을 크게 하고, 폭풍압의 발생을 억제하며, 갱내에서의 가스나 석탄가루에 대한 인화의 위험성을 적게 하여 안전성을 높이고, 발파 후 발생 가스를 적게 하므로 특수한 경우를 제외하고는 전색 없이 발파를 하는 경우는 거의 없다.

② 전색은 발파 시 발생될 수 있는 공발을 방지하고, 발파효과를 높이기 위하여 충분히 하여야 한다.

7) 대피 및 경계

① 앞의 과정들이 완료되면, 폭약의 점화에 필요한 작업자 이외에는 모두 안전한 곳으로 대피하여야 하며, 필요한 위치에 경계원을 배치하여야 한다.

② 대피 장소
- ㉠ 발파의 진동으로 지반이나 측벽이 무너지지 않는 곳
- ㉡ 발파로 인한 파쇄석이 날아오지 않는 곳
- ㉢ 경계원으로부터 연락을 받을 수 있는 곳

③ 경계원 배치 시 확인하여야 할 사항
- ㉠ 경계하는 구역
- ㉡ 경계하는 위치
- ㉢ 발파횟수
- ㉣ 발파 완료 후의 연락방법

8) 결선 및 점화

발파작업 시 작업장 내에 물이 고여 있을 경우, 누설전류 및 미주전류 측정을 실시하여야 한다.

① 전기식 뇌관의 결선
- ㉠ 직렬 결선 : 인접된 전기뇌관의 각선을 연결하고 처음과 끝의 각선을 모선에 연결하는 방법
- ㉡ 병렬 결선 : 각 뇌관의 각선을 모선에 연결하는 방법
- ㉢ 직병렬 결선 : 몇 개의 직렬군을 병렬로 결선하는 것으로, 전등선이나 동력선으로 대량 제발발파하거나, 수갱이나 사갱 등의 대발파에서 이용하는 방법

② 발파 회로의 소요 전압 계산
- ㉠ 직렬 결선

$$V = I(R_1 + aR_2 + R_3)$$

ⓛ 병렬 결선

$$V = b \times I \left(R_1 + \frac{R_2}{b} + R_3 \right)$$

ⓒ 직병렬 결선

$$V = b \times I \left(R_1 + \frac{a}{b} R_2 + R_3 \right)$$

여기서, V : 전압

I : 전류(A)

a : 직렬 수

b : 병렬 수

R_1 : 모선의 저항

R_2 : 뇌관의 저항

R_3 : 발파기의 저항

③ 전기뇌관을 이용한 발파 시 예기치 않은 경우에 발화가 되는 경우가 있는데, 그 원인으로 다음과 같은 것들을 들 수 있다.

ⓙ 번개, 낙뢰에 의한 발화

ⓛ 정전기에 의한 발화

ⓒ 무선주파에너지에 의한 발화

ⓔ 미주전류에 의한 발화

ⓜ 전지작용에 의한 발화

ⓗ 송전선에 의한 폭발

Reference

전기뇌관을 이용한 발파 시 타사 제품의 뇌관을 혼용하여 사용할 경우의 문제점
전기뇌관은 제조소마다 발화감도가 다르다. 그 이유는 발열선이 다를 수 있고, 동일 발열선이라도 저항값이 다를 수 있다. 그렇게 되면 보다 예민한 뇌관은 먼저 기폭되고, 비교적 둔감한 뇌관은 불발될 수도 있다. 따라서, 전기뇌관은 타사 제품과 혼용해서 사용하지 않는다.

④ 비전기식 뇌관의 결선

ⓙ 비전기식 뇌관은 도화선이나 전기식 점화장치 대신 합성수지로 만든 가느다란 관(Tube) 안에 미량의 폭약을 넣은 도폭관(Shock Tube)으로 점화하는 뇌관으로, 전기뇌관에 비해 다양한 발파패턴 설계가 가능하며, 전용 스타터로 기폭한다.

ⓛ 시그널튜브식 비전기식 뇌관의 점화장치인 플라스틱 튜브 내벽에는 HMX와 Al의 혼합물을 이용한 화약으로 도포(코팅)하며, 이 폭약이 폭굉하며 기폭신호가 전달되고, 폭속은 2,000m/sec이다.

ⓒ 비전기식 뇌관의 결선법은 지발전기뇌관과 도폭선 시스템의 장점을 택하여 조합한 형식으로 직렬, 병렬, 직병렬 모두 가능하다.

ⓓ 비전기식 뇌관은 햇빛에 장시간 노출되면 불폭되는 경우가 발생할 수 있다. 그 원인으로는 비전기식 뇌관을 이루고 있는 튜브 내벽에 도포된 HMX와 Al이 약 65℃ 이상의 햇빛에 장시간 노출 시 반응을 일으켜 수소가스를 발생시키고 HMX 내 산소와 반응하여 수분(H_2O)이 생긴다. 결국 튜브에 고인 수분이 화염의 전파를 방해하여 불폭된다.

$$(CH_2)_4(NNO_2)_4 + Al \rightarrow H_2(65℃ \uparrow) + O_2 \rightarrow H_2O$$

Reference

비전기식 System의 구성요소
- 비전기식 Tube
- 비전기 Connector
- 비전기식 뇌관

비전기식 Tube의 구성요소
- 플라스틱 튜브(합성수지)
- HMX
- Al

9) 발파 확인

① 불발 시 처리 방법

ⓐ 불발된 천공 구멍으로부터 60cm 이상(손으로 뚫은 구멍인 경우에는 30cm 이상)의 간격을 두고 평행으로 천공하여 다시 발파하고 불발한 화약류를 회수한다.

ⓑ 불발된 천공 구멍에 고무호스로 물을 주입하고 그 물의 힘으로 메지(전색물)와 화약류를 흘러나오게 하여 불발된 화약류를 회수한다.

ⓒ 불발된 발파공에 압축공기를 넣어 메지(전색물)를 뽑아내거나 뇌관에 영향을 미치지 아니하게 하면서 조금씩 장전하고 다시 점화한다.

ⓓ 이상의 방법으로 불발된 화약류를 회수할 수 없는 때에는 그 장소에 적당한 표시를 한 후 화약류관리보안책임자의 지시를 받는다.

01 천공비용은 단위체적당 소비에너지와 직결되며, 천공속도 $R=50$cm/min이고, 비트의 직경 $D=32$mm, 일률 $P=600$cm $\cdot$ kg/min인 경우 착암기의 단위체적당 소비에너지를 구하여라.

[19년 4회(기사)]

풀이

$$E_v = \frac{4P}{\pi D^2 R} = \frac{4 \times 600\text{cm} \cdot \text{kg/min}}{\pi \times (3.2\text{cm})^2 \times 50\text{cm/min}} = 1.49\text{cm} \cdot \text{kg/cm}^3$$

02 작업공정상 발파 시 천공률은 매우 중요하다. 비트의 직경 3.2cm, 일률 500cm $\cdot$ kg/min, 단위체적당 에너지 1.036cm $\cdot$ kg/cm³일 경우 천공속도를 구하시오. (단, 소수점 3자리까지 구할 것)

[05년 4회(산기)]

풀이

$$E_v = \frac{4P}{\pi D^2 R}\text{에서,}$$

$$R = \frac{4P}{\pi D^2 E_v} = \frac{4 \times 500\text{cm} \cdot \text{kg/min}}{\pi \times (3.2\text{cm})^2 \times 1.036\text{cm} \cdot \text{kg/cm}^3} = 60.010\text{cm/min}$$

03 다음과 같은 조건일 때 착암기 타격력을 구하여라.

[17년 4회(기사)]

- 타격수 $Z=100$(blow/min)
- 공기압 $P=7$kg/cm²
- 공기이용효율 $Y=80$
- 피스톤 최대용량 $V_R=10$cm³

풀이

$$\text{타격력 } N = \frac{Z \times P \times Y \times V_R}{100} = 5,600\text{m} \cdot \text{kg/min}$$

04 다음의 도폭선 결선에 관한 물음에 답하시오. [20년 2회(기사)]

① 두 도폭선을 연결할 때 몇 cm 이상 겹쳐야 하는가?

② 도폭선을 연결할 때 테이프는 몇 cm 이상 감아야 하는가?

풀이

① 10cm

② 5cm

05 각선 길이 4.0m의 전기뇌관 20개를 4개씩 5열로 직병렬 결선하였을 때의 저항은 얼마인가?(단, 각선을 포함한 전기뇌관 1개의 저항은 1.3Ω이고 모선의 저항은 고려하지 않는다.)

[18년 1회(기사)]

풀이

$$\frac{a}{b}R_2 = \frac{4}{5} \times 1.3\Omega = 1.04\Omega$$

06 저항 1.4Ω/개의 전기뇌관 20개를 직렬로 결선하고, 저항 0.02Ω/m인 총연장 200m의 발파모선을 연결하여 발파하고자 할 때 소요전압(V)을 구하시오.(단, 소요전류는 1.2A, 발파기의 내부저항은 20Ω이다.)

[20년 4회(기사)]

풀이

$$V = I(R_1 + aR_2 + R_3) = 1.2\text{A} \times ((200\text{m} \times 0.02\Omega/\text{m}) + (20\text{개} \times 1.4\Omega/\text{개}) + 20\Omega) = 62.4\text{V}$$

07 저항 1.66Ω/개의 전기뇌관 40개를 10개씩 4열로 직병렬 결선하고, 거리 100m에서 저항 0.012Ω/m인 발파모선을 연결하여 제발발파하고자 할 때 소요전압(V)을 구하시오.(단, 소요전류는 1.2A, 발파기의 내부저항은 0이다.)

[21년 1회(기사)]

풀이

$$V = b \times I \times (R_1 + \frac{a}{b}R_2 + R_3)$$

$$= 4 \times 1.2\text{A} \times ((100\text{m} \times 2 \times 0.012\Omega/\text{m}) + (\frac{10}{4}\text{개} \times 1.66\Omega/\text{개}) + 0) = 31.44\text{V}$$

※ 거리가 주어지는 경우 모선의 총 연장은 거리의 2배이다.

08 전기뇌관을 이용한 발파 시 영향을 미치는 위험요소 중 외부 유입전류 4가지를 적으시오.

[20년 1회(기사)]

풀이

① 번개, 낙뢰에 의한 발화

② 정전기에 의한 발화

③ 무선주파에너지에 의한 발화

④ 미주전류에 의한 발화

⑤ 전지작용에 의한 발화

⑥ 송전선에 의한 폭발

09 뇌관 12개를 결선(도시)하시오. (단, 3개를 직렬 결선으로 한다.)

[19년 1회(기사)]

풀이

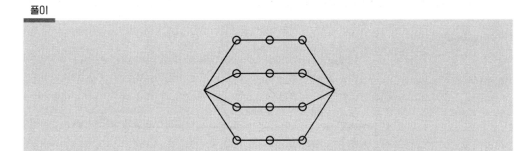

10 전기뇌관을 타사 제품과 혼용해서 사용하면 안 되는 이유를 적으시오.

[08년 1회(기사)]

풀이

전기뇌관은 제조소마다 발화감도가 다르다. 그 이유는 발열선이 다를 수 있고, 동일 발열선이라도 저항값이 다를 수 있다. 그렇게 되면 보다 예민한 뇌관은 먼저 기폭되고, 비교적 둔감한 뇌관은 불발될 수도 있다. 따라서, 전기뇌관은 타사 제품과 혼용해서 사용하지 않는다.

11 비전기식 System의 주요 구성요소 3가지를 적으시오.

[21년 1회(산기)]

풀이

① 비전기식 Tube

② 비전기 Connector

③ 비전기식 뇌관

12 비전기식 뇌관을 햇빛에 노출시킨 후 발파를 실시하였더니 불폭된 뇌관이 여러 개가 발견되었다. 그 이유는 무엇이겠는가?(단, 직사광선에 의한 표면온도는 약 70℃ 이상이다.)

[07년 1회(산기), 22년 1회(산기)]

풀이

$$(CH_2)_4(NNO_2)_4 + Al \rightarrow H_2(65℃\uparrow) + O_2 \rightarrow H_2O$$

비전기식 뇌관을 이루고 있는 튜브는 주로 HMX와 Al로 되어 있으며, 햇빛에 65℃ 이상 장시간 노출되면 이 튜브 안에 열이 집적되어 HMX와 Al이 반응을 일으킨다. 이때 수소가스가 발생하고 HMX 내 산소와 반응하여 H_2O가 된다. 결국 튜브에 고인 물이 화염의 전파를 방해하여 불폭된다.

13 공내 뇌관으로는 #5(125ms), #6(150ms), #7(175ms), #8(200ms) 뇌관만을 이용하고, 표면뇌관을 이용하여 동시기폭뇌관이 없도록 뇌관을 배열하고, 기폭시차를 표시하여라. (단, 표면뇌관의 시차는 0ms, 100ms로 할 것)

[07년 1회(산기), 08년 4회(기사), 12년 1회(산기)]

풀이

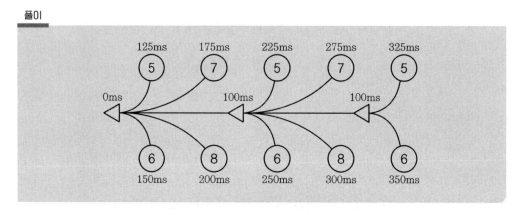

계단식 발파

1 계단식 발파 설계

1) 저항선

① Langefors 식을 이용한 발파공 하부의 최대저항선

$$B_{\max} = \frac{d}{33} \sqrt{\frac{P \times S_r}{\overline{c} \times f \times \left(\dfrac{S}{B}\right)}}$$

여기서, $\dfrac{S}{B}$: 공간격(S) 대 저항선(B)의 비

f : 발파공의 구속 정도
S_r : 폭약의 중량강도
P : 장전밀도(kg/L)
$\overline{c}$: 보정 암석계수(계단고 1.4~15m인 경우 $\overline{c} = c + 0.05$kg/m^3)
d : 천공경(mm)

② Langefors의 발파공 하부 최대저항선 식을 장전밀도(I_b)와 천공경사에 따른 보정계수(R_1) 및 상대 암석계수에 따른 보정계수(R_2)를 고려하여 간단히 표현할 수 있다.

Dynamite의 경우 $B_{\max} = 1.47 \times \sqrt{I_b} \times R_1 \times R_2$
Emulsion의 경우 $B_{\max} = 1.45 \times \sqrt{I_b} \times R_1 \times R_2$
ANFO의 경우 $B_{\max} = 1.36 \times \sqrt{I_b} \times R_1 \times R_2$

㉠ 공저장약밀도(I_b)

$$I_b = 7.85 \times D^2 \times P$$

여기서, D : 공경(dm)
P : 장전밀도(kg/L)

폭약	Dynamite	Emulsion	ANFO
장전밀도(kg/L)	1.25	1.05	0.80

㉡ 천공경사도에 따른 보정계수(R_1)

천공경사도	수직	10 : 1	5 : 1	3 : 1	2 : 1	1 : 1
R_1	0.95	0.96	0.98	1.00	1.03	1.10

ⓒ 상대 암석계수에 따른 보정계수(R_2)

상대 암석계수	0.3	0.4	0.5
R_2	1.15	1.00	0.90

2) 천공오차(E)

일반적으로 천공작업 시 1m당 3cm 정도의 오차가 발생하는 것으로 알려져 있다.

$$E = \frac{d}{1,000} + 0.03 \times L$$

여기서, d : 천공경(mm)
L : 천공장(m)

3) 서브드릴링(U)

벤치발파에서 뿌리깎기를 잘 하기 위해 초과천공을 해준다.

$$U = 0.3 B_{\max}$$

4) 계단높이(H)

일반적으로 계단높이 대 저항선의 비가 4보다 작으면 저계단, 4 이상이면 고계단이라 한다.

5) 천공장(L)

천공장은 기본적으로 계단높이(H)와 서브드릴링(U)의 합으로 나타내나, 경사천공의 경우에는 경사(θ)에 따라 다르게 계산한다.

$$수직천공의 경우 \quad L = H + U$$
$$경사천공의 경우 \quad L = \frac{H + U}{\sin\theta}$$

6) 실제 저항선(B)

실제 저항선은 최대저항선에서 천공오차를 제한 것과 같다.

$$B = B_{\max} - E$$

7) 천공간격(S)

일반적으로 실제 천공간격은 $1.25B$로 계산하나, 고계단 및 저계단, 그리고 제발 및 지발발파에 따라 구분하여 계산되기도 한다.

구분	$H/B < 4$(저계단식)	$H/B \geq 4$(고계단식)
제발발파	$S = \dfrac{H+2B}{3}$	$S = 2.0B$
지발발파	$S = \dfrac{H+7B}{8}$	$S = 1.4B$

8) 공저장약장(h_b)

발파공 뿌리부분의 암석을 느슨히 하거나 파쇄시키기 위한 공저장약길이는 다음과 같다.

$$h_b = 1.3B_{\max}$$

9) 공저장약량(Q_b)

공저장약량은 공저장약장과 공저장약밀도의 곱으로 계산한다.

$$Q_b = I_b \times h_b$$

10) 전색장(h_o)

무장약 부분의 길이로서 일반적으로 전색장은 저항선과 같게 한다.

$$h_o = B$$

11) 상부(주상)장약밀도(I_c)

$$I_c = (0.4 \sim 0.6)I_b$$

12) 상부장약장(h_c)

$$h_c = L - (h_b + h_o)$$

13) 상부장약량(Q_c)

$$Q_c = h_c \times I_c$$

14) 공당 총장약량(Q_{total})

$$Q_{total} = Q_b + Q_c$$

15) 발파 영역 폭에 의한 공수(n)

공수는 발파 영역 폭(W)을 공간격(S)으로 나누어 산출하며, 실제 공수는 계단의 가장자리 때문에 계산상의 공수에 1을 더해준다.

$$n = \left(\frac{W}{S}\right) + 1$$

16) 비장약량(단위체적당 폭약량)(S_c)

$$S_c = \frac{n \times Q_{total}}{B \times H \times W}$$

17) 비천공장(단위체적당 천공장)(Q_l)

$$Q_l = \frac{n \times L}{B \times H \times W}$$

18) 비뇌관수(단위체적당 뇌관수)(S_d)

$$S_d = \frac{공당 뇌관 개수}{공당 파쇄량}$$

19) 폭약 및 뇌관의 소요량

① 폭약 총 소요량(W_e)

$$W_e = S_c \times V$$

여기서, W_e : 폭약 총 소요량(kg)

V : 암반물량(m^3)

② 뇌관 총 소요량(W_d)

$$W_d = S_d \times V$$

여기서, W_d : 뇌관 총 소요량(개)

S_d : 비뇌관수(개/m^3)

V : 암반물량(m^3)

20) Konya(1983) 식을 이용한 최대저항선 산정식

$$B_{\max} = 11.8 \times \left[\left(2 \times \frac{SG_e}{SG_r} \right) + 1.5 \right] \times D_e$$

여기서, $B_{\max}$: 최대저항선(cm)
SG_e : 폭약의 비중
SG_r : 암석의 비중
D_e : 약경(cm)

21) 팽창(Swelling)을 고려한 비장약량 산정식

벤치발파 시 팽창에 영향을 미치는 요인으로는 지발시간 및 천공의 경사 등이 있으며, 팽창 (Swelling)을 위한 발파패턴의 변화방법은 비장약량과 공경을 증가시키고 최소저항선을 감소시 키는 것이다. 또한, 팽창을 고려한 비장약량 산정식은 다음과 같다.

$$S_{c \cdot swell} = S_{c \cdot normal} + 0.03 (H - 2B_{\max}) + \frac{0.4}{W}$$

여기서, $S_{c \cdot swell}$: 팽창을 고려한 비장약량
$S_{c \cdot normal}$: 파쇄암 제거 후 정상적인 비장약량
W : 발파당의 폭(m)

22) 열과 열 사이의 지연시간에 따른 발파효과

① 열과 열 사이의 지연시간이 짧을 때
㉠ 자유면에 대해 더 큰 암괴를 발생시킨다.
㉡ 하부가 발파되지 않을 수 있다.
㉢ 더 많은 폭력, 폭풍압, 지반진동을 야기한다.
㉣ 비산에 대한 더 많은 잠재력을 가진다.

② 열과 열 사이의 지연시간이 길 때
㉠ 지반진동의 수준을 감소시킨다.
㉡ 여굴을 감소시킨다.

❷ 파쇄도

1) 파쇄입도

① 발파 후 얻어진 파쇄암석의 평균 크기를 의미하며, 최적 입도의 암석이란 발파 후 별도의 처 리를 필요로 하지 않는 크기의 파쇄암이다. 암석의 파쇄는 목적에 따라 대괴생산, 소괴생산 및 규격석 생산을 위한 발파로 나눌 수 있다.

② 댐의 원석 채석, 항만의 매립, 교각의 건설 등에 사용되는 암석은 큰 파쇄입도를 가지며 이러한 대괴 원석을 얻기 위한 방법은 다음과 같다.

    ㉠ 비장약량을 적게 한다(상부장약, 주상장약을 감소시킨다).

    ㉡ 천공간격(S)과 최소저항선(B)의 비율(S/B)을 1보다 작게(최소저항선을 천공간격보다 크게) 한다.

    ㉢ 1회당 1열씩 기폭시킨다.

    ㉣ 제발발파를 실시한다.

    ㉤ 전색장을 늘려서 발파한다.

    ㉥ 동일 암석체적에 대한 천공 수를 감소시킨다.

Reference

소괴 원석의 경우 대괴 원석을 얻기 위한 방법과 통상 반대로 실시하면 된다.

2) 파쇄암의 평균 입자 크기 산출

① Kuznetsov(1973)는 TNT의 양과 지질구조와의 관계에서 파쇄입자의 평균 크기에 대해 연구하였다.

$$\bar{x}(\text{cm}) = C \times \left(\frac{V}{Q} \right)^{0.8} \times Q^{0.167} = C \times V^{0.8} \times Q^{-0.633}$$

    여기서, C : 암석계수(kg/m^3)
                Q : 발파공당 TNT의 양(kg)
                V : 발파공당 파괴암석의 체적(m^3)

구분	연암	보통암	열극이 많은 경암	열극이 거의 없는 경암
암석계수(C)	1	7	10	13

② Cunningham은 TNT 외의 폭약에 대한 파쇄입자의 평균 크기를 계산하기 위해 식을 변형하였다.

$$\bar{x}(\text{cm}) = C \times V^{0.8} \times \left(Q \times \frac{E}{115} \right)^{-0.633}$$

    여기서, E : 실제 사용폭약의 상대강도(TNT일 때 115, ANFO일 때 100)

③ Cunningham 식을 이용한 발파공당 파괴암석의 체적

$$V = \left\{ \frac{\bar{x}}{\left(Q \times \dfrac{E}{115} \right)^{-0.633} \times C} \right\}^{\frac{1}{0.8}}$$

01 벤치높이가 6m, 폭이 12m일 때 천공경 65mm 발파 시 Langefors 식을 이용하여 최대저항선을 구하여라.(단, 암석의 장전밀도는 1.2kg/L, 수직공의 구속정도 $f = 0.95$, 공간격과 저항선의 비 $S/B = 1.25$, 암석계수 $c = 0.4kg/m^3$, 폭약의 상대강도 $S_r = 1.27$이다.)

[06년 1회(산기), 09년 1회(산기), 12년 4회(산기)]

풀이

$$B_{\max} = \frac{d}{33}\sqrt{\frac{P \times S_r}{\overline{c} \times f \times \left(\frac{S}{B}\right)}} = \frac{65mm}{33}\sqrt{\frac{1.2kg/L \times 1.27}{0.45kg/m^3 \times 0.95 \times 1.25}} = 3.33m$$

02 천공경사 5 : 1로 에멀젼 폭약을 이용하여 벤치발파를 실시하고자 한다. 암석의 상대계수 $c = 0.3kg/m^3$, 장전밀도 $P = 1.05kg/L$, 천공경 $d = 75mm$일 때, 최대저항선 $B_{\max}$를 구하시오.

[13년 1회(산기)]

풀이

$$I_b = 7.85 \times d^2 \times P = 7.85 \times (0.75dm)^2 \times 1.05kg/L = 4.64kg/m$$

$$B_{\max} = 1.45 \times \sqrt{I_b} \times R_1 \times R_2 = 1.45 \times \sqrt{4.64kg/m} \times 0.98 \times 1.15 = 3.52m$$

03 Langerfors 식을 이용하여 최대저항선 $B_{\max}$를 구하시오.(단, 사용폭약은 ANFO이고, 공경은 75mm, 공경사는 5 : 1, 암석계수 $C = 0.3kg/m^3$, 장약밀도 $P = 0.8kg/L$이다.)

[08년 1회(기사), 10년 4회(기사), 19년 1회(기사)]

풀이

$$I_b = 7.85 \times d^2 \times P = 7.85 \times (0.75dm)^2 \times 0.8kg/L = 3.53kg/m$$

$$B_{\max} = 1.36 \times \sqrt{I_b} \times R_1 \times R_2 = 1.36 \times \sqrt{3.53kg/m} \times 0.98 \times 1.15 = 2.88m$$

04 최대저항선 B_{max}를 구하시오.(단, 천공경사 5 : 1, 하향천공, ANFO 폭약 사용, 암석계수 0.5kg/m³, $I_b = 4.5$kg/m, Langerfors 식을 이용한다.) [09년 4회(산기)]

풀이

$$B_{max} = 1.36 \times \sqrt{I_b} \times R_1 \times R_2 = 1.36 \times \sqrt{4.5\text{kg/m}} \times 0.98 \times 0.90 = 2.54\text{m}$$

05 다음 조건을 이용하여 벤치발파 시의 실제 저항선 길이를 계산하시오.(장약밀도 : 4.5kg/m, 수평면과 70° 경사(3 : 1), 암석계수 : 0.3kg/m³, 계단높이 : 18m, 사용폭약 : 에멀젼, 발파공 지름 : 76mm) [06년 4회(산기), 11년 1회(산기), 22년 1회(산기)]

풀이

$$B_{max} = 1.45 \times \sqrt{I_b} \times R_1 \times R_2 = 1.45 \times \sqrt{4.5\text{kg/m}} \times 1.0 \times 1.15 = 3.54\text{m}$$

$$U = 0.3 B_{max} = 1.06\text{m}$$

$$L = \frac{H+U}{\sin\theta} \text{에서 } \theta = 70° \text{이므로, } L = 20.28\text{m}$$

$$E = \frac{d}{1,000} + 0.03L = \frac{76\text{mm}}{1,000} + 0.03(20.28\text{m}) = 0.68\text{m}$$

$$B = B_{max} - E = 2.86\text{m}$$

06 계단높이 $H = 9$m, 계단폭 $W = 22$m, 상대암석계수 $C = 0.5$kg/m³인 암반에 천공경 $D = 75$mm로 수평면과 경사방향(3 : 1)으로 하향천공하고 에멀젼 폭약(장약밀도 1.05kg/L)을 사용하여 벤치발파할 때 비천공장(m/m³)을 구하시오.(단, 서브드릴링은 최대저항선의 0.3배, 공간격은 실제저항선의 1.2배이다.)

[07년 1회(기사), 08년 4회(기사), 10년 1회(기사), 13년 1회(기사), 16년 4회(기사)]

풀이

$$I_b = 7.85 \times d^2 \times P = 4.64\text{kg/m}$$

$$B_{max} = 1.45 \times \sqrt{I_b} \times R_1 \times R_2 = 2.81\text{m}$$

$$U = 0.3 B_{max} = 0.84\text{m}$$

$$L = \frac{H+U}{\sin\theta} \text{에서 } \theta = \tan^{-1}\left(\frac{3}{1}\right) = 71.57° \text{이므로, } L = 10.37\text{m}$$

$$E = \frac{d}{1,000} + 0.03L = 0.39\text{m}$$

$$B = B_{max} - E = 2.42\text{m}$$

$$S = 1.2B = 2.90\text{m 이고, 공수 } n = \frac{W}{S} + 1 = 9\text{공}$$

$$\text{비천공장 } Q_l = \frac{n \times L}{(W+B) \times B \times H} = \frac{9 \times 10.37}{(22+2.42) \times 2.42 \times 9} = 0.18\text{m/m}^3$$

07 공저깊이(Sub-drilling) 1m, 최소저항선 3m, 공간격 4m의 패턴으로 천공하여 길이 24m, 폭 12m, 높이 9m인 수직벤치를 절취하려고 한다. 공당 장약량이 30kg이라면, 이 패턴의 비장약량은 얼마인가? [17년 1회(산기), 20년 2회(산기)]

풀이

$$\text{공수 } n = \left(\frac{W}{S}+1\right) \times \left(\frac{l}{B}\right) = \left(\frac{24\text{m}}{4\text{m}}+1\right) \times \left(\frac{12\text{m}}{3\text{m}}\right) = 28\text{공}$$

$$\text{비장약량 } Q_w = \frac{n \times Q}{H \times l \times W} = \frac{28 \times 30\text{kg}}{9\text{m} \times 12\text{m} \times 24\text{m}} = 0.32\text{kg/m}^3$$

※ 문제에서 벤치의 폭과 길이가 같이 주어지는 경우, 두 값 중에서 큰 값을 W에 대입한다.

08 공저깊이(Sub-drilling) 1m, 최소저항선 3m, 공간격 3m의 패턴으로 천공하여 길이 18m, 폭 9m, 높이 10m인 수직벤치를 절취하려고 한다. 이 패턴의 비천공장은 얼마인가? [12년 1회(기사), 15년 1회(기사), 19년 4회(기사)]

풀이

$$\text{천공장 } L = H + U = 10\text{m} + 1\text{m} = 11\text{m}$$

$$\text{공수 } n = \left(\frac{W}{S}+1\right) \times \left(\frac{l}{B}\right) = \left(\frac{18\text{m}}{3\text{m}}+1\right) \times \left(\frac{9\text{m}}{3\text{m}}\right) = 21\text{공}$$

$$\text{비천공장 } Q_l = \frac{n \times L}{H \times l \times W} = \frac{21 \times 11\text{m}}{10\text{m} \times 9\text{m} \times 18\text{m}} = 0.14\text{m/m}^3$$

09 저항선 0.8m, 저항선과 공간격, 계단높이의 비가 1 : 1.25 : 3이고, 천공경 32mm, 장약장은 천공경의 12배, 장전밀도 1.5g/cm³, 천공경사 70°일 때 비장약량과 천공장을 구하시오. (단, 서브드릴링은 저항선의 0.3배로 한다.) [18년 1회(기사)]

풀이

$$B = 0.8\text{m}, \ S = 1.25B = 1.0\text{m}, \ H = 3B = 2.4\text{m}, \ U = 0.3B = 0.24\text{m}$$

$$\text{파쇄체적 } V = B \times S \times H = 1.92\text{m}^3$$

$$\text{장약량 } W = 12 \times d \times \frac{\pi d^2}{4} \times P = 12 \times 3.2\text{cm} \times \frac{\pi(3.2\text{cm})^2}{4} \times 1.5\text{g/cm}^3 = 0.463\text{kg}$$

$$\text{비장약량 } Q_c = \frac{\text{장약량}}{\text{파쇄체적}} = 0.24\text{kg/m}^3$$

$$\text{천공장 } L = \frac{H+U}{\sin\theta} = \frac{2.4+0.24}{\sin 70°} = 2.81\text{m}$$

10 저항선이 0.7m이고, 저항선과 공간격, 계단높이의 비가 1 : 1.25 : 3이고, 천공경은 32mm, 장약장은 천공경의 12배, 장약밀도는 1.5kg/L, 천공경사는 70°일 때 비장약량과 비천공장을 구하시오.(단, 서브드릴링은 저항선의 0.3배로 한다.) [10년 4회(기사)]

풀이

$B = 0.7\text{m},\ S = 1.25B = 0.875\text{m},\ H = 3B = 2.1\text{m},\ U = 0.3B = 0.21\text{m}$

파쇄체적 $V = B \times S \times H = 1.29\text{m}^3$

장약량 $W = 12 \times d \times \dfrac{\pi d^2}{4} \times P$

$\qquad\qquad = 12 \times 3.2\text{cm} \times \dfrac{\pi (3.2\text{cm})^2}{4} \times 1.5\text{kg/L} = 463.25\text{kg} \cdot \text{cm}^3/1{,}000\text{cm}^3 = 0.46\text{kg}$

천공장 $L = \dfrac{H + U}{\sin\theta} = \dfrac{2.1 + 0.21}{\sin 70°} = 2.46\text{m}$

따라서, 비장약량 $Q_c = \dfrac{\text{장약량}}{\text{파쇄체적}} = 0.36\text{kg/m}^3$, 비천공장 $Q_l = \dfrac{\text{천공장}}{\text{파쇄체적}} = 1.91\text{m/m}^3$

11 벤치발파에서 열과 열 사이의 지연시차를 짧게 하였을 때 나타나는 발파결과 2가지를 적으시오. [18년 4회(산기), 21년 1회(산기)]

풀이

① 자유면에 대해 더 큰 암괴를 발생시킨다.
② 하부가 발파되지 않을 수 있다.
③ 더 많은 폭풍압, 지반진동, 비산을 야기한다.

12 천공경 76mm, 지름이 50mm이고 비중이 1.2인 폭약을 이용하여 비중이 2.5인 암석에 발파를 하려고 한다. 이때의 최대저항선을 구하여라.(단, Konya 식을 이용한다.) [14년 1회(기사)]

풀이

$B_{\max} = 11.8 \times \left[2\left(\dfrac{SG_e}{SG_r} \right) + 1.5 \right] \times D_e = 11.8 \times \left[2\left(\dfrac{1.2}{2.5} \right) + 1.5 \right] \times 5\text{cm} = 145.14\text{cm}$

13 높이 9m인 암반계단에 105mm 발파공을 천공하여 ANFO 폭약 장전 후 지발발파를 시행할 때, Konya 식을 이용하여 최대저항선($B_{\max}$)을 구하고, 계단높이에 대한 저항선의 비(H/B)를 고려하여 공간격(S)을 구하시오.(단, ANFO의 비중은 0.8, 암석의 비중은 2.5이다.)

[18년 4회(기사), 22년 1회(기사)]

$$B_{max} = 11.8 \times \left[2\left(\frac{SG_e}{SG_r} \right) + 1.5 \right] \times D_e = 11.8 \times \left[2\left(\frac{0.8}{2.5} \right) + 1.5 \right] \times 10.5cm = 265.15cm$$

벤치높이 H와 저항선 B의 비, 즉 H/B의 값이 4보다 크거나 같을 경우 고계단식이라 하며, H/B의 값이 4보다 작을 경우 저계단식이라 한다.

$$\frac{H}{B} = \frac{9m}{2.6515m} < 4 \rightarrow 저계단$$

저계단식 지발발파 : $S = \dfrac{H + 7B}{8} = \dfrac{9m + 7 \times 2.6515m}{8} = 3.45m$

※ Konya 식에서 D_e는 약경을 의미하나, ANFO의 경우 알갱이 형태이므로 풀이 시 D_e를 공경으로 대입한다.

---

14 벤치높이 10m, 저항선 2.5m, 벤치폭이 20m인 계단식 발파에서 열과 열 사이의 파쇄암을 제거하지 않았을 때 팽창을 고려한 비장약량은 얼마인가?(단, 파쇄암을 제거한 후 정상적인 비장약량은 $0.5kg/m^3$이다.)   [13년 4회(기사), 21년 1회(기사)]

풀이

$$S_{c \cdot swell} = S_{c \cdot normal} + 0.03(H - 2B_{max}) + \frac{0.4}{W}$$

$$= 0.5kg/m^3 + 0.03(10m - 2 \times 2.5m) + \frac{0.4}{20m} = 0.67kg/m^3$$

---

15 균질채석장에서 댐, 항만 건설용 대괴원석을 얻기 위한 발파 방법 중 4가지를 적으시오.   [06년 1회(산기), 11년 1회(산기), 12년 1회(기사), 15년 4회(기사)]

풀이

① 비장약량을 적게 한다(상부장약, 주상장약을 감소시킨다).
② 천공간격(S)과 최소저항선(B)의 비율(S/B)을 1보다 작게(최소저항선을 천공간격보다 크게) 한다.
③ 1회당 1열씩 기폭시킨다.
④ 제발발파를 실시한다.
⑤ 전색장을 늘려서 발파한다.
⑥ 동일 암석체적에 대한 천공 수를 감소시킨다.

16 A현장에서 성공적으로 한 발파패턴을 B현장에서 발파했을 때, 파쇄입도가 매우 불량하였다. 그 원인을 추정하여 설명하시오.　　　　　　　　　　　　　　　　　　　　　[13년 1회(기사)]

풀이

① 각 현장의 기반암이 달라 암반이 지닌 고유의 강도 값이 다를 수 있다.
② 각 현장의 절리 방향과 상태에 따라 경사 혹은 수직천공을 실시해야 한다.
③ 층리 발달 유무에 따라 장약장을 짧게, 혹은 길게 적용해야 한다.

17 파쇄암석의 평균 입자 크기를 예측하기 위해서 열극이 거의 없는 암반에 발파공당 TNT 10kg을 사용하여 $30m^3$의 파쇄암석을 얻었다면, 평균 입자의 크기는 얼마이겠는가?(단, 암석계수 $C = 5kg/m^3$이고, Kuznetsov 식을 이용하라.)　　　　　　　　　　[16년 1회(산기)]

풀이

$$\bar{x}(\text{cm}) = C \times \left(\frac{V}{Q}\right)^{0.8} \times Q^{0.167} = C \times V^{0.8} \times Q^{-0.633}$$

$$= 5kg/m^3 \times (30m^3)^{0.8} \times (10kg)^{-0.633} = 17.69cm$$

18 파쇄암석의 평균 입자 크기를 예측하기 위해서 열극이 거의 없는 암반에 발파공당 TNT 10kg을 사용하여 $30m^3$/공의 파쇄암석을 얻었다면, 평균 입자의 크기는 얼마인가?(단, 암석계수 $C = 13kg/m^3$으로 가정하고, Cunningham 식을 이용하라.)　　　　　　[12년 1회(산기)]

풀이

$$\bar{x}(\text{cm}) = C \times V^{0.8} \times \left(Q \times \frac{E}{115}\right)^{-0.633} = 13kg/m^3 \times (30m^3)^{0.8} \times \left(10kg \times \frac{115}{115}\right)^{-0.633} = 45.99cm$$

19 연암지역에서 ANFO를 사용하는 벤치발파를 이용해 암석을 파쇄하려고 한다. 공당 장약량 32kg을 사용하여 발파하였을 때 공당 파쇄암의 체적이 $100m^3$이라면 파쇄암의 평균 입자 크기는 얼마인가?(단, ANFO의 상대강도 = 100, 연암의 암석계수 = $4kg/m^3$, Cunningham 식을 이용한다.)　　　　　　　　　　　　　　　　　　　　　　　[20년 1회(산기)]

풀이

$$\bar{x}(\text{cm}) = C \times V^{0.8} \times \left(Q \times \frac{E}{115}\right)^{-0.633} = 4kg/m^3 \times (100m^3)^{0.8} \times \left(32kg \times \frac{100}{115}\right)^{-0.633} = 19.4cm$$

 구조물해체 및 기타 발파

1 구조물해체 발파의 이해

발파해체공법은 기계식 해체공법에 비해 높은 건물에 적용시켜 해체가 가능하며, 해체작업이 단기간에 이루어져 공해 문제가 감소되고, 경제적 측면에서도 더욱 효율적이다. 기본적으로 해체공법은 구조물을 이루는 주요 지지점의 구조 부재를 선별해서 부분적으로 파괴하여 구조물을 불안정하게 만들고 이에 따라 2차적인 파괴가 일어나도록 유도하는 것이다.

1) 재래식(기계식) 해체공법과 비교한 발파해체공법의 장점

① 공사기간이 단축되고 공사비용이 경제적이다.
② 지속적인 소음 및 분진 등의 환경요인 발생이 없다.
③ 공사기간 중에는 거의 모든 작업이 내부에서 이루어지므로 기후 조건의 영향이 적다.
④ 시공대상이 다양하며, 볼거리를 제공한다.

2) 발파해체공법의 종류

① **전도공법(Felling)** : 충분한 공간이 확보되어 있는 경우 기술적으로 간단하게 건물을 붕괴시킬 수 있는 공법이며, 전도방향의 제어로 계획된 공간 내에서 붕괴가 가능하다. 대상 구조물은 주로 굴뚝, 고가수조, 송전탑 등이다.
② **단축붕괴공법(Telescoping)** : 해체 대상 건물의 주변에 충분한 여유 공간이 없는 경우 건물이 위치한 제자리에 그대로 붕락되도록 하는 공법이다. 구조물의 하부 중앙 쪽으로 파쇄물이 쌓이므로 시각적인 효과가 좋고 그 자체가 충격흡수제의 역할을 한다.
③ **상부붕락공법(Toppling)** : 일반적으로 2~3열의 기둥을 가진 건물을 한쪽 방향으로 붕괴시키는 공법으로 전도와 동시에 붕괴가 발생하며 일방향 또는 이방향의 여유 공간이 있을 경우 적용한다.
④ **내파공법(Implosion)** : 구조물 내부에만 화약을 장전하여 기폭시킴으로써 붕락 시 구조물 중앙부는 수직붕괴가 일어나고 좌우측부는 외측에서 내측으로 끌어 당겨 붕괴되도록 유도하는 공법으로 제약된 공간이나 도심지에서 주로 적용된다.
⑤ **점진붕괴공법(Progressive Collapse)** : 기술적으로는 내파공법과 유사하나, 중심방향으로 붕괴가 이루어지는 내파공법과는 달리 점진붕괴공법은 선형적 붕괴 진행을 유도하므로 아파트와 같이 길이가 긴 건축구조물의 해체에 가장 적합하다.
⑥ **연속붕괴공법(Sequenced Racking)** : 복합형상으로 이루어진 건물을 순간적으로 붕괴시키는 공법으로 3차원적 기폭시스템이 설계되어 시차를 두고 여러 곳에서 붕괴가 진행된다.

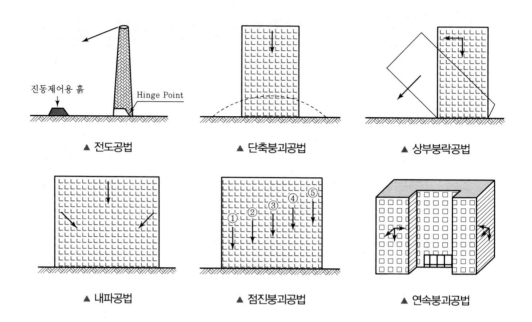

▲ 전도공법   ▲ 단축붕괴공법   ▲ 상부붕락공법

▲ 내파공법   ▲ 점진붕괴공법   ▲ 연속붕괴공법

❷ 미진동 및 무진동 파쇄공법

1) 팽창성 파쇄제

① 팽창성 파쇄제의 기본 원리

파쇄제는 생석회와 물이 반응하여 소석회가 되고, 이 소석회는 시간에 따라 2중 또는 3중의 육각판상으로 팽창되어 2~3배의 부피팽창과 수화반응이 일어난다. 이때 팽창압이 $300kg/cm^2$까지 증가하며, 이 압력이 암반 자체의 인장강도보다 크게 되면 균열이 발생한다.

$$CaO + H_2O \rightarrow Ca(OH)_2 \text{ (생석회 + 물 → 소석회)}$$

② 팽창성 파쇄제의 천공간격

$$S(cm) = \alpha \times \beta \times D \times \sqrt{2\gamma \times \frac{P}{\sigma_t}}$$

여기서, α : 자유면 수에 따른 정수
β : 파쇄체 종류별 정수
γ : 파쇄체 분류별 정수
P : 팽창성 파쇄제의 팽창압(kg/cm^2)
σ_t : 암반의 인장강도(kg/cm^2)
D : 천공경(cm)

③ 팽창성 파쇄제 사용량

$$M(\mathrm{kg/m}^3) = \frac{m \times (1+\delta)}{L \times \sin\theta \times R \times S^2}$$

여기서, m : 1m당 사용량(kg/m)
δ : 손실률(%)
L : 천공장(m)
θ : 천공각도(°)
R : 굴착률(%)
S : 천공간격(m)

④ 발파공법과 비교한 비폭성 파쇄제에 의한 암반 파괴공법의 장점
㉠ 총포 · 도검 · 화약류 등의 안전관리에 관한 법률에 종용받지 않는다.
㉡ 작업 시 폭발 위험이 없다.
㉢ 진동 및 비산이 거의 없다.
㉣ 시가지에서 적용 가능하다.
㉤ 암반 손상이 적다.
㉥ 대피할 필요가 없다.

❸ 트렌치 발파

트렌치 발파(Trench Blasting)는 기름, 가스의 보급, 케이블, 상하수도, 물 공급 등에 이용되는 파이프라인 개설에 적용되는 발파 방법으로, 계단식 발파와 비슷한 형식이지만 Bench의 폭이 좁은 것이 특징이다. 일반적으로 Bench의 폭이 4m보다 작으면 트렌치 발파라 부르며, Bench의 폭이 좁아 암반이 구속된 정도가 계단식 발파보다 크므로 높은 비장약량과 비천공장이 요구된다.

1) 발파 방법

① 전통적인 트렌치 발파(Traditional Trench)
가운데(중앙) 공은 앞에, 측벽(주변) 공은 뒤에 위치하며, 모든 공의 장약량은 같고, 중간 장약밀도는 정상적인 Bench 발파보다 작으나, 하부 장약밀도는 증가한다. Traditional Trench의 장점은 모든 공의 장약량이 동일하여 지반진동이 적다는 것이고, 단점은 천공패턴이 불균일하며, 여굴(Overbreak)이 발생한다는 것이다.

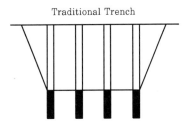

② 스무스한 벽의 트렌치 발파(Smoothwall Trench)

발파공을 1열에 한 줄로 있도록 하며, 측벽(주변)공은 모서리 파쇄를 증가, 즉 여굴이 되므로, 이를 방지하기 위하여 측벽공의 장약밀도를 낮춘다. Smoothwall Trench의 경우 여굴을 감소시켜 주변을 미려하게 하지만, 짧은 메지(전색)로 인해 비석의 위험을 증가시킨다. 장점은 천공패턴이 일정하고, 여굴(Overbreak)을 감소시킨다는 것이며, 단점은 가운데 공과 측벽공의 장약량이 다르며, 가운데 공에 폭약량이 많아 지반진동이 크다는 것이다.

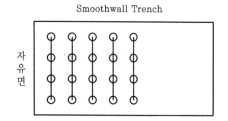

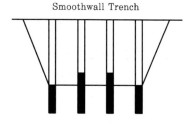

기출 및 실전문제

01 구조물의 발파해체공법이 종래의 기계식 해체작업에 비해 갖는 장점 4가지를 적으시오.

[07년 4회(산기), 09년 1회(산기), 22년 1회(산기)]

풀이

① 공사기간 및 공사비를 줄인다.
② 기후조건에 영향이 적다.
③ 지속적 소음, 진동, 분진 등 환경요인이 없다.
④ 시공대상이 다양하다.

02 각각의 구조물 해체공법에 대하여 간단히 설명하시오.

[07년 1회(기사), 08년 4회(산기), 09년 1회(산기), 10년 1회(기사), 13년 1회(기사)]

풀이

① 전도공법(Felling) : 충분한 공간이 확보되어 있는 경우 기술적으로 간단하게 건물을 붕괴시킬 수 있는 공법이며, 전도방향의 제어로 계획된 공간 내에서 붕괴가 가능하다. 대상 구조물은 주로 굴뚝, 고가수조, 송전탑 등이다.
② 단축붕괴공법(Telescoping) : 해체 대상 건물의 주변에 충분한 여유 공간이 없는 경우 건물이 위치한 제자리에 그대로 붕락되도록 하는 공법이다. 구조물의 하부 중앙 쪽으로 파쇄물이 쌓이므로 시각적인 효과가 좋고 그 자체가 충격흡수제의 역할을 한다.
③ 상부붕락공법(Toppling) : 일반적으로 2~3열의 기둥을 가진 건물을 한쪽 방향으로 붕괴시키는 공법으로 전도와 동시에 붕괴가 발생하며 일방향 또는 이방향의 여유 공간이 있을 경우 적용한다.
④ 내파공법(Implosion) : 구조물 내부에만 화약을 장전하여 기폭시킴으로써 붕락 시 구조물 중앙부는 수직붕괴가 일어나고 좌우측부는 외측에서 내측으로 끌어 당겨 붕괴되도록 유도하는 공법으로 제약된 공간이나 도심지에서 주로 적용된다.
⑤ 점진붕괴공법(Progressive Collapse) : 기술적으로는 내파공법과 유사하나, 중심방향으로 붕괴가 이루어지는 내파공법과는 달리 점진붕괴공법은 선형적 붕괴 진행을 유도하므로 아파트와 같이 길이가 긴 건축구조물의 해체에 가장 적합하다.
⑥ 연속붕괴공법(Sequenced Racking) : 복합형상으로 이루어진 건물을 순간적으로 붕괴시키는 공법으로 3차원적 기폭시스템이 설계되어 시차를 두고 여러 곳에서 붕괴가 진행된다.

03 팽창성 파쇄제의 암반파쇄 원리를 재료적 측면에서 설명하시오.

[07년 4회(기사), 16년 1회(기사), 20년 4회(기사)]

풀이

$$CaO + H_2O \rightarrow Ca(OH)_2 \text{ (생석회 + 물 → 소석회)}$$

파쇄제는 생석회와 물이 반응하여 소석회가 되고, 이 소석회는 시간에 따라 2중 또는 3중의 육각판상으로 팽창되어, 2~3배의 부피팽창과 수화반응이 일어난다. 이때 팽창압이 $300kg/cm^2$까지 증가하며, 이 압력이 암반 자체의 인장강도보다 크게 되면 균열이 발생한다.

04 팽창성 파쇄제를 이용하여 3자유면 상태의 암반(경암)을 굴착하려고 한다. 적정한 천공간격을 구하시오. (단, 팽창성 파쇄제의 팽창압 $300kg/cm^2$, 암반의 인장강도 $150kg/cm^2$, 천공경 50mm, 자유면 수에 따른 정수(α)는 1.5, 파쇄체 종류별 정수(β)는 1.0, 파쇄체 분류별 정수(γ)는 5.0이다.)

[06년 4회(기사), 08년 4회(기사), 11년 1회(기사), 15년 4회(기사)]

풀이

$$S = \alpha \times \beta \times D \times \sqrt{2\gamma \times \frac{P}{\sigma_t}} = 1.5 \times 1.0 \times 5cm \times \sqrt{(2 \times 5) \times \frac{300kg/cm^2}{150kg/cm^2}} = 33.54cm$$

05 다음 조건에서 팽창성 파쇄제의 사용량을 구하시오. (천공간격 = 40cm, 천공경 = 45mm, 천공장 = 1.5m, 굴착률 = 95%, 1m당 사용량 = 2.5kg/m, 천공각도 = 75°, 손실률 = 4%)

[07년 1회(산기), 09년 4회(산기), 17년 1회(산기)]

풀이

$$M = \frac{m \times (1 + \delta)}{L \times \sin\theta \times R \times S^2} = \frac{2.5kg/m \times (1 + 0.04)}{1.5m \times \sin 75° \times 0.95 \times (0.4m)^2} = 11.81kg/m^3$$

06 비폭성 파쇄제에 의한 암반 파괴공법의 장점 5가지를 적으시오. (단, 발파공법이 가질 수 없는 파쇄제 고유의 장점에 국한하여 답하시오.)

[07년 4회(산기), 17년 1회(산기)]

풀이

① 총포·도검·화약류 등의 안전관리에 관한 법률에 종용받지 않는다.
② 작업 시 폭발 위험이 없다.
③ 진동 및 비산이 거의 없다.
④ 시가지에서 적용 가능하다.
⑤ 암반 손상이 적다.
⑥ 대피할 필요가 없다.

07 스무스월 트렌치 발파와 전통적인 트렌치 발파 비교 시 스무스월 트렌치 발파의 장단점을 2 가지씩 설명하라.

[14년 4회(산기), 20년 2회(기사)]

풀이

① 대칭적 천공패턴으로 천공이 쉽다. 여굴이 감소된다.

② 중간공의 장약량이 많아 지반 진동이 크다. 전색장이 짧아 비석이 발생할 수 있다.

CHAPTER 05 수중발파

1 수중발파의 이해

수중발파는 대상암석의 일부 혹은 전체가 물로 덮여 있는 경우의 발파로서 천공이나 장약 및 결선 작업 등이 모두 수중에서 이루어지므로 일반발파와는 다른 점이 많다. 수중발파 작업 시에는 발파로 인한 소음보다는 진동 및 충격파의 발생에 대한 대비를 철저히 하여야 한다. 또한, 2차 파쇄가 어렵고 발파비용이 높기 때문에 발파는 항상 만족스러운 결과를 얻어야 하며, 그에 따라 비장약량은 노천의 경우보다 2배 이상 높게 한다.

2 수중발파의 종류

수중발파는 장약 방법에 따라 크게 3가지로 구분된다.

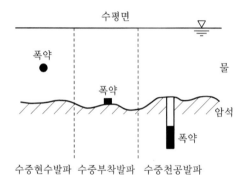

수중현수발파 수중부착발파 수중천공발파

1) 수중현수발파

수중에 폭약을 매단 형태로 발파하는 방법으로, 물이 그 압력에 의해 응축되는 성질을 이용하여 사물의 파괴나 변형을 일으킨다(기뢰, 폭뢰, 어뢰 등이 이에 속한다).

2) 수중부착발파

수중의 암석이나 구조물(피파괴체) 표면에 폭약을 부착한 상태로 발파하는 방법으로, 천공을 하지 않으며, 발파 효율이 낮다.

3) 수중천공발파

수중의 암석이나 구조물(피파괴체) 내부에 천공하여 천공부에 폭약을 장전해서 발파하는 방법이다.

❸ 수중발파 설계

수중발파의 설계 시 고려해야 할 사항은 폭약의 선정, 발파진동, 수중충격파, 장약과 장약상태, 기폭장치와 점화시스템 등이며, 일반적으로 Gustaffson의 제안식과 Olofsson의 제안식을 이용한다.

1) 비장약량(S_c)

① Gustaffson의 제안식에 의하면 일반적인 계단식 발파에서 경암의 경우 충분한 파쇄를 위하여 비장약량을 0.45kg/m³ 정도로 계산하지만 수중발파의 경우 장약과정 또는 결선과정 중에 불발공이 발생할 확률이 높아 두 공 중 한 공 정도는 불발이 발생할 것으로 가정하여 비장약량을 0.9kg/m³ 이상으로 한다. 경사공의 경우는 기본 비장약량을 0.9kg/m³로 하며, 수직공의 경우는 파쇄 가능성을 높이기 위해 10% 증가한 1.0kg/m³로 한다.

② 수심에 따른 수압을 보정하기 위해 수심 1m당 0.01kg/m³의 비장약량을 증가시킨다.

③ 진흙이 덮여 있는 경우, 진흙층의 두께 1m당 0.02kg/m³의 비장약량을 증가시킨다.

④ 암석층을 보정하기 위해 계단높이 1m당 0.03kg/m³의 비장약량을 증가시킨다.

⑤ 따라서, 경사공과 수직공의 비장약량은 다음과 같이 계산된다.

> 경사공의 비장약량(S_c) = 0.9kg/m³ + (수심×0.01) + (진흙 두께×0.02) + (계단높이×0.03)
> 수직공의 비장약량(S_c) = 1.0kg/m³ + (수심×0.01) + (진흙 두께×0.02) + (계단높이×0.03)

Reference

Olofsson의 제안식의 경우는 Gustaffson의 제안식과 처음의 비장약량 산정 시에만 다를 뿐 수심, 진흙층 두께, 계단높이에 대한 보정은 같게 하며, 경사공일 때 기본 비장약량이 0.9kg/m³로 시작되는 Gustaffson의 제안식과 달리, Olofsson의 제안식은 약 10%를 더하여 1.0kg/m³에서 시작한다. 또한 수직공의 경우도 기본 비장약량이 1.0kg/m³로 시작되는 Gustaffson의 제안식과 달리, Olofsson의 제안식은 1.1kg/m³에서 시작한다.

2) 장약밀도(I_b)

수중천공발파의 경우 천공은 기계식으로 하며, 장약밀도는 천공경의 지름에 따라 계산된다.

$$I_b(\text{kg}/\text{m}) = \frac{d^2}{1,000}$$

3) 공간격(S)

수중발파에서의 공간격은 비장약량과 장약밀도를 통해 계산된다.

$$S = \sqrt{\frac{I_b}{S_c}}$$

또한, 수중발파에서 공간격은 저항선(B)과 같고, 공당 면적(A)은 공간격의 제곱과 같다.

$$S = B, \quad A = S^2$$

4) 초과천공(U)

초과천공장 Sub-drilling은 저항선(B)과 같으나, 최소한 0.8m 이상은 되어야 한다.

$$U = B \, (U \geq 0.8\text{m})$$

5) 천공장(L)

천공장은 계단높이(H)와 초과천공(U)의 합과 같다.

$$L = H + U$$

6) 전색장(h_o)

무장약부분의 길이에 해당하는 전색장은 보통 저항선의 1/3 정도로 하나, 최소한 0.5m 이상은 되어야 한다.

$$h_o = \frac{B}{3} \, (h_o \geq 0.5\text{m})$$

7) 공당 장약량(W)

한 공당 들어가는 장약량은 장약길이와 장약밀도의 곱으로 나타내며, 장약길이는 천공장에서 전색장만큼 **뺀** 길이로 나타낸다.

$$W = I_b \times (L - h_o)$$

❹ 수중충격파

수중충격파는 주로 수중현수발파나 수중부착발파로 폭발시킨 경우 폭약의 매질은 대부분이 물이므로 폭발에 따라 우선적으로 수중에 충격파가 전파된다. 이어서 생성된 가스구는 팽창과 수축을 반복하면서 수면을 향해 상승하고, 마침내는 대기 중으로 방출된다. 이때 발생하는 압력파를 버블펄스(Bubble Pulse)라 한다.

① 수중현수발파 시 수중압력의 최고치 계산식

$$P_m = K \left(\frac{D}{W^{1/3}} \right)^{-a}$$

여기서, P_m : 압력 최고치
W : 장약량(kg)
D : 폭원으로부터의 거리
K : 정수
a : 감쇄지수

② 수중현수발파 시 시간 경과에 따른 수중압력의 크기 계산식

$$P = P_{max} \times e^{\frac{-t}{\theta}} + P_o$$

여기서, P : 수중압력의 크기(kg/cm²)
P_{max} : 압력 최고치(피크압, kg/cm²)
P_o : 수압(kg/cm²)
t : 경과 시간(sec)
θ : 충격파 시정수(sec)

❺ 수중충격파의 제어

수중충격압을 억제한다는 것은 안전과 공해 양면에서 중요한 일이며, 수중발파에 의한 영향 때문에 주어지는 피해를 적게 하려는 목적에서 고려되었다. 충격압을 제어하는 방법은 폭원에서 제어하는 것과 폭원에서 분리된 임의의 장소에서 제어하는 것이 있다.

① 폭원에서 제어하기 위해서는 1회의 폭약량을 되도록 적게 해서 발파를 효과적으로 하기 위해 단발발파를 하거나, 수중지발뇌관, 수중 MS Connector나 타이머를 사용한 발파를 실시하는 방법이 있다.

② 폭원에서 분리된 임의의 장소에서 제어하기 위해서는 에어버블커튼(Air Bubble Curtain)을 이용하는 방법이 실용적으로 쓰이고 있으며, 이 외에도 드라이아이스커튼의 기포를 이용하는 방법, 완충재에 의한 방호막을 이용하는 방법이 있다.

01 수중발파의 방법 중에서, 장약방법에 따른 3종류에 대하여 쓰고 간단히 설명하시오.

[07년 1회(기사), 12년 1회(기사), 12년 4회(산기), 16년 1회(기사), 19년 1회(기사)]

풀이

① 수중현수발파 : 수중에 폭약을 매단 형태로 발파하는 방법으로, 물이 그 압력에 의해 응축되는 성질을 이용하여 사물의 파괴나 변형을 일으킨다(기뢰, 폭뢰, 어뢰 등이 이에 속한다).
② 수중부착발파 : 수중의 암석이나 구조물(피파괴체) 표면에 폭약을 부착한 상태로 발파하는 방법으로, 천공을 하지 않으며, 발파 효율이 낮다.
③ 수중천공발파 : 수중의 암석이나 구조물(피파괴체) 내부에 천공하여 천공부에 폭약을 장전해서 발파하는 방법이다.

02 수심 15m에 길이 24m, 폭 12m, 벤치높이 6m의 계단식 발파를 실시하려고 한다. 천공은 수직으로 하며 공경은 75mm로 하고 장전은 기계식으로 하였을 때 비장약량을 계산하여라. (단, Gustaffson 식을 이용하고 서브드릴링은 1m, 공당 장약량은 30kg이다.) [12년 4회(산기)]

풀이

비장약량 : $S_c = 1.0\text{kg/m}^3 + (0.01 \times 15\text{m}) + (0.03 \times 6\text{m}) = 1.33\text{kg/m}^3$

03 아래의 A지점과 B지점에서의 수중발파 시 두 곳의 비장약량의 차는 얼마인가?(단, Stig O. Olofsson의 제안식을 사용한다.)

[09년 1회(기사), 16년 4회(기사)]

구분	수심	진흙두께	벤치높이	경사도
A	5m	3m	5m	경사
B	10m	5m	10m	경사

풀이

① A지점의 비장약량 : $S_c = 1.0 + (0.01 \times 5) + (0.02 \times 3) + (0.03 \times 5) = 1.26\text{kg/m}^3$
② B지점의 비장약량 : $S_c = 1.0 + (0.01 \times 10) + (0.02 \times 5) + (0.03 \times 10) = 1.50\text{kg/m}^3$
따라서, 두 곳의 비장약량 차이는 $1.50\text{kg/m}^3 - 1.26\text{kg/m}^3 = 0.24\text{kg/m}^3$

04 수중발파 시 비장약량이 1.15kg/m³이고, 천공경이 76mm인 경우 수직천공 시 무장약부분의 길이는 얼마인가?(단, 기계식 장전이며, Gustaffson 식 이용) [12년 1회(기사)]

> 풀이
>
> ① 장전밀도 : $I_b = \dfrac{d^2}{1,000} = 5.78\text{kg/m}$
>
> ② 공간격 : $S = \sqrt{\dfrac{I_b}{S_c}} = \sqrt{\dfrac{5.78}{1.15}} = 2.24\text{m}$
>
> ③ 무장약부분의 길이 : $h_o = \dfrac{S}{3} = 0.75\text{m}$

05 수심 15m에 위치한 벤치높이 6m의 암반에 천공경 51mm로 수직천공하고 기계식 장전하여 수중발파를 하려 한다. Gustaffson 식에 의해 무장약 부분의 길이를 구하여라. [15년 4회(기사)]

> 풀이
>
> ① 비장약량 : $S_c = 1.0\text{kg/m}^3 + (0.01 \times 15\text{m}) + (0.03 \times 6\text{m}) = 1.33\text{kg/m}^3$
>
> ② 장약밀도 : $I_b = \dfrac{d^2}{1,000} = 2.60\text{kg/m}$
>
> ③ 공당 면적 : $A = \dfrac{I_b}{S_c} = \dfrac{2.60\text{kg/m}}{1.33\text{kg/m}^3} = 1.95\text{m}^2$
>
> ④ 공간격 : $S = \sqrt{A} = 1.40\text{m} = B$
>
> ⑤ 무장약부분의 길이 : $h_o = \dfrac{S}{3} = 0.47\text{m} \rightarrow 0.50\text{m}$

06 수중발파 시 비장약량 1.15kg/m³로 하여 수심 18m에 위치한 벤치높이 7m의 암반에 천공경 54mm로 수직천공 시 무장약부분의 길이는 얼마인가?(단, 기계식 장전이며 Gustaffson 식을 이용한다.) [19년 4회(기사)]

> 풀이
>
> ① 비장약량 : 1.15kg/m^3
>
> ② 장약밀도 : $I_b = \dfrac{d^2}{1,000} = 2.92\text{kg/m}$
>
> ③ 공당 면적 : $A = \dfrac{I_b}{S_c} = \dfrac{2.92}{1.15} = 2.54\text{m}^2$
>
> ④ 공간격 : $S = \sqrt{A} = 1.59\text{m} = B$
>
> ⑤ 무장약부분의 길이 : $h_o = \dfrac{B}{3} = 0.53\text{m}$

07 수심 20m, 벤치높이가 10m, 공경 75mm인 경우 다음을 구하여라. (단, 기계식 장전이고, 70° 경사천공을 실시하였으며 Gustaffson 식을 이용한다.)

[10년 1회(산기)]

① 비장약량   ② 장약밀도
③ 공간격   ④ 천공장
⑤ 전색장   ⑥ 공당 장약량

풀이

① 비장약량 : $S_c = 0.9 + (0.01 \times 20\text{m}) + (0.03 \times 10\text{m}) = 1.40\text{kg/m}^3$

② 장약밀도 : $I_b = \dfrac{d^2}{1,000} = 5.63\text{kg/m}$

③ 공간격 : $S = \sqrt{A} = \sqrt{\dfrac{I_b}{S_c}} = \sqrt{\dfrac{5.63}{1.40}} = 2.01\text{m}$

④ 천공장 : $L = \dfrac{H+U}{\sin\theta} = \dfrac{10\text{m} + 2.01\text{m}}{\sin 70°} = 12.78\text{m}$

⑤ 전색장 : $h_o = \dfrac{S}{3} = 0.67\text{m}$

⑥ 공당 장약량 : $W = I_b \times (L - h_o) = 68.18\text{kg}$

08 수심 15m에 6m 높이의 계단식 발파를 실시하려고 한다. 천공은 수직으로 하며 공경은 51mm로 하고, 장전은 기계식으로 하여 발파를 설계하라. (단, Gustafsson 식을 이용한다.)

[06년 1회(기사), 09년 4회(기사), 12년 4회(기사), 13년 4회(기사), 16년 1회(기사)]

풀이

① 비장약량 : $S_c = 1.0 + (0.01 \times 15\text{m}) + (0.03 \times 6\text{m}) = 1.33\text{kg/m}^3$

② 장약밀도 : $I_b = \dfrac{d^2}{1,000} = 2.60\text{kg/m}$

③ 발파면적 : $A = \dfrac{I_b}{S_c} = \dfrac{2.60}{1.33} = 1.95\text{m}^2$

④ 공간격 : $S = \sqrt{A} = 1.40\text{m} = B$

⑤ 초과천공장 : $U = S = 1.40\text{m}$

⑥ 전색장 : $h_o = \dfrac{S}{3} = 0.47\text{m} \rightarrow 0.50\text{m}$

⑦ 천공장 : $L = H + U = 7.40\text{m}$

⑧ 공당 장약량 : $W = I_b \times (L - h_o) = 17.94\text{kg}$

09 수심 20m에 위치한 높이 10m의 암반을 계단식으로 발파하고자 한다. 천공은 수직, 공경은 51mm로 하고 기계식 장전할 때, 공당 장약량을 구하시오. (단, Gustafsson 식을 이용하고, 수직천공에 따른 비장약량은 $1.0kg/m^3$, 무장약길이는 공간격의 1/3이다.)

[15년 1회(기사), 20년 2회(기사)]

풀이

① 비장약량 : $S_c = 1.0 + (0.01 \times 20m) + (0.03 \times 10m) = 1.50kg/m^3$

② 장약밀도 : $I_b = \dfrac{d^2}{1,000} = 2.60kg/m$

③ 공당 면적 : $A = \dfrac{I_b}{S_c} = \dfrac{2.60}{1.50} = 1.73m^2$

④ 공간격 : $S = \sqrt{A} = 1.32m = B$

⑤ 초과천공장 : $U = S = 1.32m$

⑥ 전색장 : $h_o = \dfrac{S}{3} = 0.44m \rightarrow 0.50m$

⑦ 천공장 : $L = H + U = 11.32m$

⑧ 공당 장약량 : $W = I_b \times (L - h_o) = 28.13kg$

10 수중 현수발파의 실시에 따른 피크압 $P_{max} = 60kg/cm^2$이고, 충격파 시정수(θ)가 6.7초이며 수압 $P_o = 3kg/cm^2$으로 정수압상태일 때 발파 후 2초가 지난 후의 수중 충격압의 크기는 얼마인가?

[13년 4회(기사), 22년 1회(기사)]

풀이

$$P = P_{max} \times e^{-\frac{t}{\theta}} + P_o = 60kg/cm^2 \times e^{-\frac{2}{6.7}} + 3kg/cm^2 = 47.52kg/cm^2$$

11 수중발파 시 수중으로 전파되는 충격압을 약화시키기 위한 방법으로 사용하는 것은?

[18년 4회(기사)]

풀이

① 에어버블커튼(Air Bubble Curtain)을 이용한다.
② 장약량을 줄임과 동시에 공간격을 조절하고, 발파공 내에 폭약을 장전한다.

CHAPTER 06 터널발파

❶ 심발(심빼기) 발파

① 일반 계단식 발파와는 달리 자유면이 하나인 형태로 작업이 진행되기 때문에 터널발파에서 가장 중요한 것은 자유면 형성을 위한 심발발파이며, 심발발파공법에 따라 경사심발(Angle Cut)공법 과 평행심발(Parallel Cut)공법으로 분류한다.

② 심발공은 보통 터널 단면 중앙에서 약간 하부에 위치시키지만 작업 조건 및 환경에 따라 어느 부분에 위치시켜도 무방하며, 심발공의 위치는 비산이나 폭약소모량, 천공 수 등에 영향을 미치게 된다.

❷ 경사심발

1) 경사심발의 특징

① 터널 단면이 크지 않고, 장공 천공을 위한 장비 투입이 어려운 경우에 많이 적용되는 방법으로 터널의 크기에 따라 천공장의 제약을 받아 1회 발파 진행장이 한정된다.

② 심발공 간에 집중장약이 이루어지며, 사용 폭약은 강력한 폭약이 좋다.

③ 시공 시 가장 중요한 것은 천공 각도를 설계대로 정확히 유지하는 것으로 높은 숙련도를 요하나, 평행심발보다 적용성이 좋아 국내외 경험자 및 숙련자가 많다.

④ 암질의 변화에 대응하여 심빼기 방법을 바꿀 수 있다.

2) 경사심발의 종류

① 브이 컷(V-cut) : 가장 많이 사용되는 방법으로 프리즘 컷(Prism-cut)이라고도 불리며, 천 공저가 일직선이 되도록 하며, 그 단면은 V형이다. 천공각도는 일반적으로 $60\sim70°$이며, 공 저에서의 공간격은 20cm 정도, 기저장약장은 천공장의 1/3이 적당하다.

㉠ V-cut에서 천공장(H)에 따른 기저장약장(h_b) 계산식

$$h_b = \frac{1}{3} \times H$$

㉡ V-cut에서 저항선(B)에 따른 전색장(h_o) 계산식

$$h_o = 0.3 \times B$$

㉢ V-cut에서 심발공의 비장약량(Q_c) 및 비천공장(Q_l) 계산식

$$Q_c(\text{kg/m}^3) = \frac{\text{심발공 총 장약량}(Q)}{\text{파쇄체적}(V)}, \quad Q_l(\text{m/m}^3) = \frac{\text{심발공 총 천공장}(L)}{\text{파쇄체적}(V)}$$

㉣ V-cut에서 심발발파 시 최대비산거리($L_{\max}$) 계산식

Dupont社 식을 이용하여 구한다.

$$V_o = 34(LD)^{-0.5}, \quad L_{\max} = V_o \times \sqrt{\frac{2H}{g}}$$

여기서, $L_{\max}$: 최대비산거리(m)
V_o : 최대비산속도(m/sec)
LD : 폭약 단위중량당의 채석중량(t/kg)
H : 심발발파 시 높이(m)
g : 중력가속도(m/sec^2)

② 피라미드 컷(Pyramid Cut) : 피라미드형으로 천공할 때 발파공의 공저가 합쳐지도록 하는 방법으로 실제로는 곤란하나 경암의 심발에 적당하며, 수평갱도에는 부적합하다. 이때 심발공은 제발발파에 의한 발파를 하여야 효과적이다.

③ 팬 컷(Fan Cut) : 천공을 부채꼴로 하여 암석의 층상을 이용하는 것으로, Italian Cut이라고도 하며, 1m³당 폭약량이 적게 들며 비교적 긴 굴진이 가능하고, 단면적이 작은 곳에서는 적용하기 어렵다.

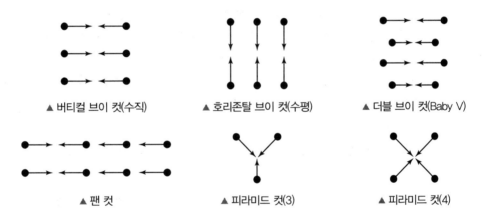

▲ 버티컬 브이 컷(수직)   ▲ 호리존탈 브이 컷(수평)   ▲ 더블 브이 컷(Baby V)

▲ 팬 컷   ▲ 피라미드 컷(3)   ▲ 피라미드 컷(4)

❸ 평행심발

1) 평행심발의 특징

① 중앙에 화약을 넣지 않는 무장약공을 천공하고 그 주위에 장약공을 천공하여 무장약공이 자유면의 역할을 담당하도록 하는 방법이다.
② 장공 천공이 가능하여 1회 굴진거리를 경사심발보다 크게 할 수 있다는 장점이 있으나 천공길이가 짧을 때는 경사심발보다 비효율적이다.
③ 파석의 비산거리가 비교적 짧고 막장 부근에 집중되므로 파석처리가 편리하지만, 평행 천공이 요구되고 천공위치는 큰 편차가 허용되지 않으므로 천공기술에 숙련을 요한다.

④ 천공이 근접되므로 폭약이 유폭되거나 사압현상으로 잔류약이 발생되기도 하며, 소결현상을 억제하기 위해 저비중 폭약을 사용하는 것이 좋다.

소결현상
강력한 폭약이 가까운 무장약공을 향해서 기폭되면 한번 분쇄되었던 암분이 무장약공에 다져져서 굳어지는 현상이다. 심빼기 발파 중 번 컷의 경우, 고비중 폭약이 집중장약된 장약공의 폭발로 분쇄된 암석입자가 주변의 무장약공에 다져져서 무장약공이 더 이상 자유면 역할을 하지 못하게 된다.

2) 평행심발의 종류

① 번 컷(Burn Cut) : 수 개의 심발공을 공간거리를 근접시켜 평행으로 천공하면 그중 몇 공은 무장약공으로 새로운 자유면의 역할을 하게 되므로 효과적이다. 특히 심공발파가 가능하며, 천공이 용이하고 시간이 단축된다. 전 발파공은 대체로 수평이고 자유면과 직각이며, 파쇄석의 비산이 적고, 심공발파 시 폭약소비량이 적다. 다만, 현재는 대구경을 이용하여 효율이 더 좋은 실린더 컷(Cylinder Cut)을 주로 이용한다.

② 코로만트 컷(Coromant Cut) : 소단면 갱도에서 1발파당 굴진길이를 Burn Cut보다 길게 하기 위해 고안된 신 천공법으로, 천공 예정 암벽에 안내판을 사용하여 천공배치가 정확하게 된다. 또한 저렴하고 간단한 보조 기구만으로 미숙련 작업자도 용이하게 천공할 수 있으며, 파쇄 암석이 가일층 균일하므로 적재 능력이 향상된다.

③ 스파이럴 컷(Spiral Cut) : Burn Cut 발파에서 나타나는 소결현상을 방지하기 위하여 대구경 천공의 주위에 나선(Spiral)상으로 천공배치하여 무장약공에서 가까운 것부터 차례로 발파하는 방법이다.

④ 라인 컷(Line Cut) : 장약공과 무장약공을 번갈아서 일렬로 배치하는 방법이다.

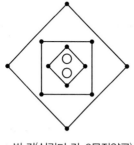

▲ 번 컷(실린더 컷, 2무장약공)

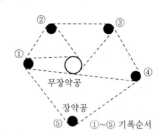

▲ 스파이럴 컷

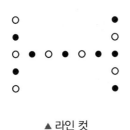

▲ 라인 컷

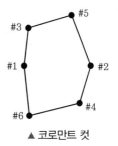

▲ 코로만트 컷

3) 무장약공의 설계

① 무장약공을 이용한 심발 설계에서 가장 중요한 것은 무장약공의 크기, 인접 장약공과의 거리, 장약밀도이다. 무장약공과 인접 장약공과의 거리 α는 보통 무장약공의 1.5배 정도로 하며, 장약공의 기폭은 자유면을 확대해 가는 순서로 점화되도록 설계한다.

② 평행공 심발법에서 무장약공의 크기는 곧 굴진장과 연결된다. 직경이 커질수록 1회 발파에 있어서 천공장을 길게 할 수 있고, 그 결과로 굴진장 또한 길게 할 수 있다. 천공장과 무장약공의 직경을 통해 굴진장을 예상하기도 하는데 만약 무장약공이 2개 이상인 경우 환산직경 계산식을 이용한다.

$$D = d\sqrt{n}$$

여기서, D : 무장약공의 환산직경
d : 무장약공의 지름
n : 무장약공의 수

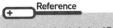 Reference

무장약공의 직경과 저항선에 따른 발파 효율 범위

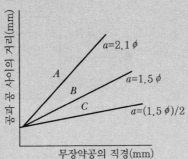

• A : 소성 변형
• B : 파괴 및 균열 발생
• C : 완전 파쇄

4) 평행심발과 관련된 계산식

① 첫 번째 사각형의 장약공에 필요한 장약밀도(단위길이당 장약량)

Langefors 식을 이용하여 구한다.

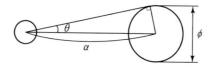

$$I_b = 1.5 \times 10^{-3} \times \left(\frac{\alpha}{\phi}\right)^{1.5} \times \left(\alpha - \frac{\phi}{2}\right) \qquad \alpha = \frac{\frac{\phi}{2}}{\sin\theta}$$

여기서, I_b : 장약밀도(kg/m)

       α : 공공과 약공의 중심 간 거리(mm)

       ϕ : 무장약공의 지름(mm)

② 첫 번째 사각형의 선형 장약 집중도

Holmberg(1982)와 Olofsson(1990)의 식을 이용하여 구한다.

$$I_b = 55 \times d \times \left[\frac{\left(\frac{\alpha}{\phi}\right)^{1.5} \times \left(\alpha - \frac{\phi}{2}\right) \times \left(\frac{C}{0.4}\right)}{S_{ANFO}} \right]$$

여기서, C : 암석계수(kg/m^3)

       d : 장약공의 지름(mm)

       S_{ANFO} : 안포상대중량강도

③ 두 번째 사각형의 장약공에 필요한 장약밀도(단위길이당 장약량)

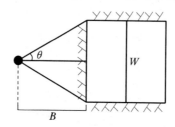

$$L = \frac{0.35B}{(\sin\theta)^{1.5}} \qquad \theta = \tan^{-1}\left(\frac{0.5W}{B}\right)$$

여기서, L : 장약밀도(kg/m)

       B : 저항선(mm)

       W : 첫 번째 사각형의 기폭된 폭(유효자유면 길이, mm)

④ 무장약공의 천공장과 심빼기공의 천공장이 동일한 경우 약 95% 굴진율을 얻기 위한 천공장 계산식

$$L = 0.15 + 34.1\phi - 39.4\phi^2$$

여기서, L : 무장약공과 심빼기공의 천공장(m)
ϕ : 무장약공의 지름(m)

Reference

Look-out(외향각)
터널 단면은 설계된 면적을 보유하기 위해 천반공, 측벽공 및 바닥공과 같은 윤곽공(설계굴착예상선공)들은 윤곽선 밖으로 경사지게 천공해야 하며 이것을 Look-out이라 한다. Look-out은 다음 Round의 천공장비 운용을 위해 공간을 충분히 확보하여야 하고, Look-out의 기준 값으로는 10cm에 천공장 1m당 3cm를 더한 값을 초과하지 않아야 한다. 즉, 터널 막장 둘레는 약 20cm로 Look-out을 유지해야 한다.

심발발파에 있어서의 소요공수

$$G = \frac{12 + \operatorname{cosec} b}{13} \times \frac{W_1}{W}$$

여기서, b : 심발공이 저항선과 이루는 각도
W_1 : 심발공의 최소저항선(m)
W : 확대 발파공에서 신자유면에 대한 저항선(m)

브리지(Bridge) 현상
천공장에 비해 장약장이 너무 짧아서 장약된 부분(공저 부분)만 파쇄되는 현상으로, 장약장을 늘려서 방지할 수 있다.

01 경사심발법 중 하나인 V–cut 심발법에서 천공 수가 6공이고 공당 장약량은 1kg, 천공장 2.5m, 열간격 1.0m, 폭이 2.5m일 때, 이 심발법의 비장약량과 비천공장은 얼마이겠는가? (단, 굴진율은 95%로 본다.) [11년 4회(산기)]

풀이

총 장약량=6공×1kg=6kg, 총 천공장=6공×2.5m=15m

파쇄체적 V=단면적×굴진장=$\frac{1}{2}$×2.5m×2m×(2.5m×0.95)=5.94m³

따라서, 비장약량 $Q_c = \frac{6\text{kg}}{5.94\text{m}^3} = 1.01\text{kg/m}^3$, 비천공장 $Q_l = \frac{15\text{m}}{5.94\text{m}^3} = 2.53\text{m/m}^3$

02 V–cut 심발발파에서 공당 1kg의 장약량을 사용하여 천공길이가 2.5m, 천공 수는 12공, 심발공의 단면적이 4m²일 때, 이 심발발파의 비장약량을 구하여라.(단, 굴진율은 95%로 적용한다.) [21년 1회(산기)]

풀이

총 장약량=12공×1kg=12kg

파쇄체적 V=단면적×굴진장=4m²×2.5m×0.95=9.5m³

따라서, 비장약량 $Q_c = \frac{\text{총 장약량}}{\text{파쇄체적}} = \frac{Q}{V} = \frac{12\text{kg}}{9.5\text{m}^3} = 1.26\text{kg/m}^3$

03 다음 그림의 Prism–cut 심빼기 발파에서 최대비산거리를 구하시오.(단, 암석의 단위중량은 2.5t/m³, 공당 장약량은 0.9kg/공, 심빼기 위치높이는 2m, 중력가속도는 9.8m/sec², Dupont社 제안식을 적용하고 수평방향의 비산으로 한다.) [05년 4회(기사), 19년 4회(기사)]

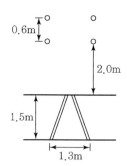

$$전체\ 파쇄량 = \frac{1}{2} \times 1.5\mathrm{m} \times 1.3\mathrm{m} \times 0.6\mathrm{m} \times 2.5\mathrm{t/m^3} = 1.46\mathrm{t}$$

$$LD = \frac{1.46\mathrm{t}}{0.9\mathrm{kg} \times 4공} = 0.41\mathrm{t/kg}$$

$$V_o = 34(LD)^{-0.5} = 53.10\mathrm{m/sec}$$

$$L_{\max} = V_o \times \sqrt{\frac{2H}{g}} = 53.10\mathrm{m/sec} \times \sqrt{\frac{2 \times 2\mathrm{m}}{9.8\mathrm{m/sec^2}}} = 33.92\mathrm{m}$$

04 평행공 심빼기의 하나인 번 컷 발파에서 사압현상 또는 폭약의 유폭현상은 어느 경우에 발생할 수 있는지 적으시오. [18년 1회(기사), 20년 4회(기사)]

풀이

천공이 비교적 근접된 경우 장약이 유폭되거나 어떤 것은 사압현상으로 불발 잔류를 일으키는 수가 있다.

05 평행심발에서 발생할 수 있는 소결현상의 발생조건을 설명하시오. [05년 4회(산기), 20년 4회(기사)]

풀이

소결현상은 강력한 폭약을 사용하거나 장약밀도가 너무 높을 때 발생한다.

06 다음 그래프는 평행심발법에서 무장약공과 장약공의 중심 간 거리 α와 무장약공의 직경 ϕ의 관계를 나타낸 것이다. 그래프에서 A, B, C의 상태를 기술하라. [07년 4회(산기), 22년 1회(산기)]

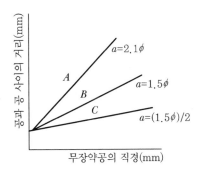

① A : 소성변형
② B : 파괴 및 균열 발생
③ C : 완전 파쇄

07 장약공의 직경이 33mm인 경우 실린더 컷의 장약밀도를 구하시오.(단, 무장약공의 직경(ϕ) 은 102mm이고, 무장약공과 장약공 중심 간의 거리 α는 1.5ϕ이다.)

[11년 1회(기사), 15년 1회(기사)]

$$I_b = 1.5 \times 10^{-3} \times \left(\frac{\alpha}{\phi}\right)^{1.5} \times \left(\alpha - \frac{\phi}{2}\right)$$

$$= 1.5 \times 10^{-3} \times \left(\frac{1.5 \times 102\text{mm}}{102\text{mm}}\right)^{1.5} \times \left(1.5 \times 102\text{mm} - \frac{102\text{mm}}{2}\right) = 0.28\text{kg/m}$$

08 터널 심빼기에서 무장약공의 직경이 100mm이고 장약공의 공경이 33mm일 때, 다음 그림 에서 장약공의 중심과 무장약공의 각도가 20°라면 단위길이당 장약량은?

[10년 1회(기사), 13년 1회(산기), 17년 4회(기사)]

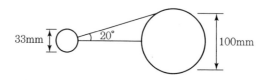

$$\alpha = \frac{\phi/2}{\sin\theta} = 146.19\text{mm}$$

$$I_b = 1.5 \times 10^{-3} \times \left(\frac{\alpha}{\phi}\right)^{1.5} \times \left(\alpha - \frac{\phi}{2}\right)$$

$$= 1.5 \times 10^{-3} \times \left(\frac{146.19}{100}\right)^{1.5} \times \left(146.19 - \frac{100}{2}\right) = 0.26\text{kg/m}$$

09 무장약공 102mm, 장약공 45mm, 암석계수 0.4kg/m³, 안포상대중량강도는 1.2일 때, 평행공 심빼기를 할 경우, 첫 번째 사각형의 선형 장약 집중도는?(단, Holmberg(1982)와 Olofsson(1990)의 제안식을 적용하고, 무장약공과 장약공의 중심거리는 무장약공의 1.5배로 한다.) [09년 4회(기사), 11년 4회(기사), 12년 1회(산기), 15년 4회(기사)]

풀이

$$I_b = 55d \times \left[\frac{\left(\frac{\alpha}{\phi}\right)^{1.5} \times \left(\alpha - \frac{\phi}{2}\right) \times \left(\frac{C}{0.4}\right)}{S_{ANFO}} \right]$$

$$= 55 \times 0.045\text{m} \times \left[\frac{(1.5)^{1.5} \times 0.102\text{m} \times 1}{1.2} \right] = 0.39\text{kg/m}$$

10 다음 그림과 같이 평행공 심빼기 Burn Cut 발파에서 두 번째 사각형의 주상장약밀도는 얼마인가?(단, $V = 265$mm, $B = 270$mm이다.) [06년 1회(기사), 10년 1회(산기), 16년 4회(기사), 20년 2회(기사)]

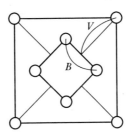

풀이

$$L = \frac{0.35V}{(\sin\theta)^{1.5}}$$

$$\theta = \tan^{-1}\left(\frac{0.5B}{V}\right) = 27°$$

$$L = \frac{0.35 \times 0.265\text{m}}{(\sin 27°)^{1.5}} = 0.3\text{kg/m}$$

11 다음 그림과 같이 유효자유면의 거리가 0.84m이고, 자유면까지의 거리가 0.6m인 경우 주상장약밀도는 얼마인가?

[21년 1회(산기)]

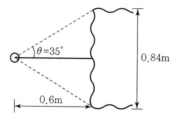

풀이

$$L = \frac{0.35\,V}{(\sin\theta)^{1.5}} = \frac{0.35 \times 0.6\mathrm{m}}{(\sin35°)^{1.5}} = 0.48\mathrm{kg/m}$$

12 터널발파 중 심빼기 발파에서 장약공이 33mm인 경우 무장약공(공경 ϕ76mm)의 천공장과 심빼기공의 천공장이 동일한 경우 약 95%의 굴진율을 얻기 위한 천공장은 얼마인가?

[11년 1회(기사), 14년 4회(기사)]

풀이

$$L = 0.15 + 34.1\phi - 39.4\phi^2 = 0.15 + 34.1(0.076\mathrm{m}) - 39.4(0.076\mathrm{m})^2 = 2.51\mathrm{m}$$

13 터널발파에서 무장약공의 직경이 102mm인 경우 가능한 심빼기공의 천공장을 구하시오. (단, 무장약공의 심빼기공 천공장은 동일하며, 굴진율은 95%로 가정한다.)

[07년 1회(기사), 09년 1회(기사), 18년 4회(기사)]

풀이

$$L = 0.15 + 34.1\phi - 39.4\phi^2 = 0.15 + 34.1(0.102\mathrm{m}) - 39.4(0.102\mathrm{m})^2 = 3.22\mathrm{m}$$

14 터널발파에서 직경 76mm의 무장약공 2개를 사용하여 평행공 심빼기 발파를 수행하고자 할 때 적절한 천공장은 얼마인가?(단, 무장약공과 심빼기공의 천공장은 동일하고, 굴진율은 약 95%이다.)

[20년 1회(기사)]

풀이

$$\phi = d\sqrt{n} = 76\mathrm{mm} \times \sqrt{2} = 107.48\mathrm{mm}$$
$$L = 0.15 + 34.1\phi - 39.4\phi^2 = 0.15 + 34.1(0.10748\mathrm{m}) - 39.4(0.10748\mathrm{m})^2 = 3.36\mathrm{m}$$

15 터널에서 외향각(Look-out)에 대하여 서술하시오.　　　　　　　　　　　[15년 1회(산기)]

풀이

터널 단면은 설계된 면적을 보유하기 위해 윤곽공(설계굴착예상선공)들은 윤곽선 밖으로 경사지게 천공해야 하며 이것을 Look-out이라 한다. Look-out은 다음 Round의 천공장비 운용을 위해 공간을 충분히 확보하여야 하고, Look-out의 기준 값으로는 10cm에 천공장 1m당 3cm를 더한 값을 초과하지 않아야 한다.

16 다음을 보고 Look-out의 목적을 적으시오.　　　　　　　　　　　　　　[20년 1회(산기)]

외향각(Look-out) : 터널 굴진 시 천반공, 측벽공 및 바닥공과 같은 주변 윤곽공들은 착암기로 천공할 때 윤곽 밖으로 경사지게 천공해야 하며, 이것을 Look-out이라 한다.

풀이

계획단면을 확보하기 위하여(터널의 설계 면적을 보유하기 위하여)

17 심발공의 저항선이 1.5m, 저항선과 이루는 각도가 15°, 확대 발파공에서 신자유면에 대한 저항선이 67cm, 구멍 지름은 32mm로 하여 20공을 배치하였을 때의 장약량과 심발공수를 계산하여라.(단, 장약길이는 구멍 지름의 12배로 하고, 다이너마이트의 비중은 1.5이다.)

[20년 1회(기사)]

풀이

공당 장약량 $L = \dfrac{\pi d^2}{4} \times m \times g = \dfrac{\pi \times (3.2\text{cm})^2}{4} \times 12 \times 3.2\text{cm} \times 1.5\text{g/cm}^3 = 463.25\text{g}$

총 장약량 $L = $ 총 공수 $\times$ 공당 장약량 $= 20 \times 463.25\text{g} = 9,265\text{g} = 9.27\text{kg}$

심발공수 $G = \dfrac{12 + \operatorname{cosec} b}{13} \times \dfrac{W_1}{W}$

$\operatorname{cosec} b = \operatorname{cosec} 15° = \dfrac{1}{\sin 15°} = 3.86$

$\therefore G = \dfrac{12 + 3.86}{13} \times \dfrac{150\text{cm}}{67\text{cm}} = 2.73 \approx 3$공

CHAPTER 07 조절발파

1 조절발파의 이해

조절발파는 지하공동이나 도로 및 철도 작업에 의해 드러난 암반 사면, 터널 등에서 안정성을 높이기 위해 실시되며, 기본 원리는 적은 장약량으로 공 주위에 균열을 발생시켜 공과 공을 연결하는 파단면을 형성하는 것이다. 일반적으로, 발파공 지름에 비해 작은 지름의 폭약을 장약하여 폭약과 발파공의 벽 사이에 공간을 형성하여 발파할 때 가스압을 감소시켜 공 벽면의 손상을 적게 하고 공 사이에 균열을 유도한다. 이를 효과적으로 적용하기 위해 디커플링(Decoupling) 장약 방법 및 디커플링 효과를 이용한다.

1) 디커플링 효과(Decoupling Effect)

장약 공벽과 폭약 사이에 공간을 취하는 것을 총칭하는 것으로, 발파공 지름에 비해 훨씬 작은 지름의 폭약을 장전하여 발파공 내벽 사이에 상당 공간을 유지하도록 위치시킨 상태를 디커플링 장약이라 하고, 이 공간이 폭약의 폭발 충격력을 약하게 하는 소위 쿠션의 역할을 한다.

2) 디커플링 지수(Decoupling Index)

공 지름(D)과 폭약의 지름(D_e)의 비를 의미하며, 폭약과 암반의 특성에 따라 적정한 수치를 적용한다.

$$DI = \frac{D}{D_e}$$

2 조절발파의 종류

1) 라인 드릴링(Line Drilling)

굴착 예정면을 따라 일렬의 공들을 공간격이 좁게 연속적으로 천공하여 본 발파를 할 때 파단면의 형성이 유도되도록 하는 방법이다. 프리스플리팅이나 스무스 블라스팅과 비교 시, 파단 예정면에 천공한 공에는 장약을 하지 않는다는 것이 특징이다.

2) 스무스 블라스팅(Smooth Blasting)

주로 지하 터널 작업 시 최외곽부의 발파공에 적용되며, 일반 발파 방법과 마찬가지로 예상 굴착면의 발파공을 제일 나중에 발파시키는 점에서는 같으나 천공 형태는 정상적인 발파작업에 비해 공간격을 좁게 하고 다른 공보다 작은 지름 및 낮은 장약밀도를 가진 폭약을 사용하는 점에서 차이가 있다.

3) 쿠션 블라스팅(Cushion Blasting)

Line Drilling과 같이 일렬의 발파공들이 천공되지만 천공 수에서는 Line Drilling보다 적게 요구된다. Smooth Blasting과 마찬가지로 굴착 예상면의 발파공들을 제일 나중에 기폭시키지만 장약 방법이 상이하다. Cushion Blasting의 발파공은 천공경보다 훨씬 작은 지름의 폭약을 발파공 내에 분산시키고 폭약을 자유면 쪽의 발파공 벽에 장약하고 나머지 부분은 전색을 실시한다.

4) 프리스플리팅(Pre-splitting)

Line Drilling과 같이 파단선을 따라 천공열을 만드나 이들 공 속에는 폭약을 장전하여 다른 공보다 먼저 발파함으로써 예정 파단선을 미리 만들어 놓고 다른 공을 발파하여 파괴가 이 파단선을 넘지 않도록 하는 공법으로, 2개의 공 사이에서 발생하는 응력파가 겹치지 않고 서로 충돌하여 충돌 부위에서 암석을 당겨 균열을 발생시킨다.

① Pre-splitting의 공 내 작용 압력의 계산

$$P_s = \frac{f \times L}{V - a \times L} \qquad a = \left(\frac{1.5}{1.33 + 1.26\rho_e} \right)$$

여기서, P_s : 장약공 내 작용압력(kg/cm²) V : 공 내 용적(L)

f : 화약력(L · kg/cm²/kg) L : 약량(kg)

α : 코볼륨 ρ_e : 폭약의 가비중(kg/L)

② Pre-splitting의 공 내 작용 압력과 디커플링 지수와의 관계

$$P_s = \frac{f}{\left[(DI)^2 \times \left(\frac{1}{\rho_e} \right) - \alpha \right]}$$

③ Pre-splitting의 균열반경 및 공간격의 계산

$$r = \frac{\phi}{2} \left[1 + 3 \left(\frac{P_s}{\sigma_t} \right)^{0.5} \right] \qquad S = 2r$$

여기서, r : 균열반경(cm)

S : 공간격(cm)

ϕ : 천공경(cm)

σ_t : 인장강도(kg/cm²)

④ Pre-splitting의 실시

Pre-splitting의 장약량은 두 가지 방식으로 나뉘며, 그중 하나는 1공당 장약량으로서 암석계수, 공간격, 천공장을 통해 다음과 같이 계산된다.

$$W = C \times S \times L$$

다른 하나는 단위길이당 장약량으로서 천공경에 따라 다음과 같이 계산된다.

$$W = \frac{d^2}{0.12}$$

5) 트림 블라스팅(Trim Blasting)

균질한 암반의 경계면을 매끄럽게 하기 위한 마무리 발파로, 조절발파에서 여굴을 주기 위해 실시한다.

① Trim Blasting은 Pre−splitting과 달리 주 발파부분을 점화한 후에 점화하며, 발파공의 장약밀도는 Pre−splitting 발파와 유사한 방법으로 설계한다.

$$L = \frac{d^2}{0.12}$$

여기서, L : 장약밀도(g/m)
d : 장약공의 직경(cm)

② 천공간격은 Pre−Splitting보다 길게 하며, 장약공 직경의 16배로 한다.

$$S = 16d$$

③ Pre−splitting은 주 발파부분이 아직 점화되지 않은 상태에서 먼저 실시되기 때문에 저항선이 무한한 반면, Trim Blasting은 주 발파부분이 발파된 후에 점화되기 때문에 저항선은 정상적으로 적당한 거리를 가진다. 따라서 Trim Blasting에서 저항선 설계가 중요하다.

$$B = 1.3S$$

④ Trim Blasting에서 발파공 내의 전색과 장약은 Pre−splitting과 동일하며, 일반적으로 서브드릴링은 필요하지 않지만, 공저에 집중장약을 실시해야 한다. 공저의 집중장약은 장약밀도의 2~3배 정도로 한다.

01 프리스플리팅발파의 단위길이당 장약량을 구하시오. (단, 천공경은 75mm이다.)

[17년 4회(산기)]

풀이

$$W = \frac{d^2}{0.12} = \frac{(7.5\text{cm})^2}{0.12} = 468.75\text{g/m}$$

02 인장강도가 10MPa인 암반에 선균열(Pre-splitting)발파를 실시하고자 직경 75mm로 천공을 하였다. 이때 균열반경은 얼마인가?(단, 공내 작용압력 $P_s = 90$MPa이다.)

[19년 1회(기사)]

풀이

$$r = \frac{\phi}{2}\left[1 + 3\left(\frac{P_s}{\sigma_t}\right)^{0.5}\right] = \frac{7.5\text{cm}}{2}\left[1 + 3\left(\frac{90\text{MPa}}{10\text{MPa}}\right)^{0.5}\right] = 37.5\text{cm}$$

03 다음 조건에서 프리스플리팅에 의한 파단면의 균열반경을 구하시오.

[10년 1회(산기), 11년 4회(산기), 22년 1회(산기)]

- 공경 = 65mm
- 폭약비중 = 1.2kg/L
- 화약력 = 9,000L · kg/cm²/kg
- 약경 = 25mm
- 암반의 인장강도 = 100kg/cm²

풀이

디커플링 지수 $DI = \dfrac{65\text{mm}}{25\text{mm}} = 2.6$

코볼륨 $\alpha = \dfrac{1.5}{1.33 + 1.26\rho_e} = 0.53$

작용압력 $P_s = \dfrac{f}{\left[(DI)^2 \times \left(\dfrac{1}{\rho_e}\right) - \alpha\right]} = 1,763.55\text{kg/cm}^2$

$r = \dfrac{\phi}{2}\left[1 + 3\left(\dfrac{P_s}{\sigma_t}\right)^{0.5}\right] = \dfrac{6.5\text{cm}}{2}\left[1 + 3\left(\dfrac{1,763.55\text{kg/cm}^2}{100\text{kg/cm}^2}\right)^{0.5}\right] = 44.2\text{cm}$

04 조절발파 중 하나인 프리스플리팅을 실시하였다. 암석의 단축압축강도가 $1,875\text{kg/cm}^2$, 공경이 65mm, 약경은 25mm일 때 균열반경을 45cm로 하기 위해서는 사용할 폭약의 화약력이 얼마나 되어야 하겠는가?(단, 암반의 인장강도는 압축강도의 1/20이며, 폭약비중은 1.2로 가정한다.)

[12년 1회(산기)]

풀이

균열반경 $r = \dfrac{\phi}{2}\left[1 + 3\left(\dfrac{P_s}{\sigma_t}\right)^{0.5}\right]$ 에서, 작용압력 P_s에 대한 식으로 바꾸면,

$$P_s = \left[\left(\frac{2r}{\phi} - 1\right) \times \frac{1}{3}\right]^2 \times \sigma_t = \left[\left(\frac{90\text{cm}}{6.5\text{cm}} - 1\right) \times \frac{1}{3}\right]^2 \times \frac{1,875\text{kg/cm}^2}{20} = 1,719.0\text{kg/cm}^2$$

여기서, 작용압력 P_s와 화약력 f와의 관계식 $f = P_s \times \left[(DI)^2 \times \left(\dfrac{1}{\rho_e}\right) - \alpha\right]$를 이용하면,

$$f = 1,719.0\text{kg/cm}^2 \times \left[\left(\frac{6.5}{2.5}\right)^2 \times \left(\frac{1}{1.2}\right) - \left(\frac{1.5}{1.33 + 1.26\rho_e}\right)\right] = 8,776.42\text{L} \cdot \text{kg/cm}^2/\text{kg}$$

05 높이 9m인 벤치에서 공경 76mm인 발파공으로 Trim Blasting을 실시한 경우 다음에 답하시오.

[06년 1회(기사), 11년 1회(기사), 20년 4회(기사)]

① 단위길이당 장약량
② 저항선

풀이

① 단위길이당 장약량

$$L = \frac{d^2}{0.12} = \frac{(7.6\text{cm})^2}{0.12} = 481.33\text{g/m}$$

② 저항선

$$B = 1.3S = 1.3 \times 16D = 1.58\text{m}$$

1 발파공해

발파공해란 발파작업을 실시할 때 발생하는 발파에 의한 지반진동, 소음, 폭풍압, 비석 등을 의미하며, 이러한 공해들은 직간접적인 피해를 발생시키기 때문에 그 원인을 분석하여 대책을 수립하는 것이 좋다. 그러나 발파에 의한 발파공해를 원천적으로 없앨 수는 없기 때문에 일부 경감시킬 수 있는 요소들을 고려하여 안전하고 효율적인 발파작업이 진행되도록 계획하여야 한다.

2 발파진동

1) 발파진동의 특성

발파로 인한 지반진동은 일반적으로 변위(Particle Displacement), 입자속도(Particle Velocity), 입자가속도(Particle Acceleration)의 3성분과 주파수(Frequency Wave)로 표시된다.

① **변위(D)** : 시시각각의 이동거리를 말하지만 실제로 계측할 수 있는 것은 변위진폭이다.

② **입자속도(V)** : 변위의 시간에 대한 변화 비율이며, 속도진폭으로 표시된다.

③ **입자가속도(A)** : 입자가속도는 입자속도의 시간에 대한 변화 비율이며, 가속도진폭으로 표시된다.

④ **주파수(f)** : 1초 동안의 Cycle 수, 즉 진동이 1초 동안 반복된 횟수이며, 주기(1회 진동하는 데 필요한 시간, T)의 역수이다.

전형적인 발파진동의 형태를 일정한 주기의 단순정현진동(단순조화진동)으로 가정할 경우 최대 진폭에서의 변위, 진동속도, 진동가속도 사이에는 다음과 같은 관계식이 성립한다.

$$V = 2\pi f D$$
$$A = 2\pi f V = (2\pi f)^2 D$$
$$f = \frac{1}{T}$$

2) 발파진동의 성분

① PPV(Peak Particle Velocity)와 PVS(Peak Vector Sum)의 적용

　㉠ PPV는 지반진동을 입자속도로 측정하였을 때 직교하는 세 방향의 측정성분[$X(L)$, $Y(T)$, $Z(V)$]별 최대진폭으로 정의된다. 이 성분들 중 가장 큰 값을 최대입자속도($PPV_{\max}$)라고 한다.

　㉡ PVS는 각 방향의 입자속도를 벡터합으로 나타낸 값으로, 최대의벡터합과 최대실벡터합으로 나뉜다.

ⓒ 최대의벡터합은 시간대가 다른 각 방향 입자속도의 최댓값을 기준으로 벡터합을 취한 것으로 다음과 같다.

$$PVS = \sqrt{V_{Lmax}^2 + V_{Vmax}^2 + V_{Tmax}^2}$$

ⓔ 최대실벡터합은 각 방향의 입자속도를 동시간대(실시간) 값을 기준으로 벡터합을 취했을 때 가장 큰 값으로 다음과 같다.

$$PVS = \sqrt{V_L^2 + V_V^2 + V_T^2}$$

3) 발파진동과 주파수

발파진동의 주 진동수는 0.5~200Hz의 범위에 속하며, 일반적으로 근거리에서는 고주파수가, 원거리에서는 저주파수가 우세하다. 구조물의 경우 고주파수보다 저주파수에 취약한데, 이것은 구조물이 지닌 고유의 주파수 대역이 저주파수에 속하기 때문이며, 같거나 유사한 대역의 주파수일수록 더 취약하다. 특히 전단파는 토양층 안에서의 주파수에서 공명되기도 하며, 전단파의 진행속도와 토양층의 두께를 통해 공명(공진)주파수를 계산할 수 있다.

$$f = \frac{C_s}{4H}$$

여기서, f : 공명주파수
C_s : 전단파의 진행속도
H : 층의 두께

4) 발파진동의 경감대책

① 발파원으로부터 진동 발생을 억제하는 방법

ⓐ 장약량의 제한 : 발파진동을 허용기준 이내로 억제하기 위해 지발당 장약량을 안전발파를 위한 한계치 이내로 감소시켜야 한다. 터널에서는 한 발파당 굴진장을 감소시키거나, 단면을 분할해서 발파하는 것이 좋고, 벤치발파의 경우 벤치높이를 감소시키는 것이 가장 좋다.

ⓑ 저폭속 폭약의 사용 : 발파진동은 폭약에너지의 충격파에 의한 동적 파괴의 경우 더욱 커지므로 발파진동을 경감시키기 위해서는 저폭속 폭약을 사용하는 것이 효과적이다.

ⓒ MS뇌관의 사용 : MS뇌관을 사용한 지발발파는 제발발파에 비해 진동의 상호 간섭에 의한 진동을 경감시키며, 발파효과는 비슷하게 거둘 수 있어 벤치발파에 주로 이용된다.

② 전파하는 진동을 차단하는 방법

　㉠ 발파원과 보안물건 사이에 라인 드릴링이나 프리스플리팅을 실시하여 진동의 전파를 차단하는 파쇄대나 불연속면을 만들면 진동을 경감시키는 데 유효하다.

　㉡ 전파되는 경로상의 지표면에 일정 깊이의 방진구(에어갭)를 파면 상당한 양의 진동이 더 이상 전파되지 못하고 감소된다.

Reference

에어갭의 깊이와 폭, 진동전달률의 계산식

$$D_a = \left(\frac{V_D}{30}\right)^{-\frac{1}{0.369}} \times \lambda \qquad D_c \geq \frac{C}{\pi \times f} \qquad V_D = \left(\frac{D_a}{\lambda}\right)^{-0.369} \times 30$$

여기서, D_a : 에어갭의 깊이(m), V_D : 진동전달률(%), λ : 파장(m), D_c : 에어갭의 폭(m)
C : 탄성파의 전파속도(m/sec), f : 주파수(Hz)

5) 진동 허용기준치

① 진동속도에 따른 기준

(단위 : cm/sec, kine)

구분	진동속도에 따른 규제 기준	
	건물 종류	허용진동속도
도로공사 노천발파 설계 · 시공 지침 (국토교통부, 2006)	가축	0.1
	유적, 문화재, 컴퓨터시설물	0.2
	주택, 아파트	0.3~0.5
	상가	1.0
	철근콘크리트 건물 및 공장	1.0~5.0
발파작업표준안전작업지침 (고용노동부 고시)	문화재	0.2
	주택, 아파트	0.5
	상가(금이 없는 상태)	1.0
	철근콘크리트 빌딩 및 상가	1.0~4.0

② 생활 · 건설 진동의 규제기준

(단위 : dB(V))

구분	주간(06 : 00~22 : 00)	심야(22 : 00~06 : 00)
주거지역, 녹지지역, 관리지역 중 취락지구 및 관광, 휴양개발진흥지구, 자연환경보전지역, 그 밖의 지역 안에 소재한 학교, 병원, 공공 도서관	65 이하	60 이하
그 밖의 지역	70 이하	65 이하

발파진동의 경우 주간에 한하여 규제기준치에 +10dB(V)를 보정한다.

6) 발파진동 관련 계산식

① 주파수와 진동노출시간을 고려한 허용진동레벨 결정

주파수가 2~100Hz 사이에 분포하고 진동노출시간(T)이 0.1~0.2sec 범위 내에 있을 때 진동 크기의 상대치(VR)는 다음과 같이 계산되고, 이 상대치를 생활진동규제기준에 합한 값을 기준으로 허용진동레벨을 설정한다.

$$VR = 2.09 - 6.95 \log T$$

② 진동속도와 진동레벨의 관계

진동속도(V)와 진동레벨(VL) 사이에는 주파수 8Hz 이상의 연속 정현진동인 경우 다음의 관계식이 성립한다.

$$VL = 20.9 \log V + 69.4$$

③ 가속도레벨(VAL) 계산식

$$VAL = 20 \log \left(\frac{A_{\mathrm{rms}}}{A_o} \right)$$

여기서, VAL : 가속도레벨(dB)

A_{rms} : 가속도 실효치($\frac{A_{\max}}{\sqrt{2}}$)

$A_{\max}$: 가속도진폭($\mathrm{m/sec^2}$)

A_o : 가속도 기준치($10^{-5}\mathrm{m/sec^2}$)

④ 에너지율 산정식

발파진동 평가에 사용되는 에너지율을 결정하는 데 진동가속도 A와 주파수 f가 적용되며, 다음과 같이 계산된다.

$$E = \frac{A^2}{f^2}$$

❸ 발파 폭풍압

1) 폭풍압의 정의

① 발파로 인해 발생되는 폭음은 일반 소음과는 달리 비교적 큰 압력을 갖기 때문에 폭풍압(Air Blast)이라고도 한다. 이 폭풍압은 주로 폭약의 폭발에너지가 파쇄되는 암괴를 통해 대기 중에 방출되는 압축파에 기인한다.

② 발파에 의한 폭풍압의 세기는 압력의 단위(Pa, kg/cm²)로 표현하며, 인체에 따른 감응 정도를 고려한 청감보정을 거쳐 음압수준(dB)으로 표현된다. 이러한 압력과 음압수준에는 다음과 같은 관계식이 있다.

$$SPL = 20 \log \left(\frac{P}{P_o} \right)$$

여기서, SPL : 음압레벨(dB)

P : 음압 실효치(Pa)

P_o : 기준 음압 실효치(2×10^{-5}Pa, 2×10^{-10}kgf/cm²)

2) 발파 폭풍압의 발생원인

① 발파지점의 직접적인 암반 변형으로 인한 공기압력파(APP : Air Pressure Pulse)

② 지반 진동으로 인한 반압파(RPP : Rock Pressure Pulse)

③ 발파공으로 방출되는 가스파(GRP : Gas Release Pulse)

④ 불완전 전색에 의해 분출되는 가스파(SRP : Stemming Release Pulse)

3) 발파 폭풍압의 감소방안

① 전색효과가 좋은 전색물을 사용하며, 완전 전색이 이루어지도록 한다.

② 벤치 높이를 줄이거나 천공 지름을 작게 하는 등의 방법으로 지발당 장약량을 감소시킨다.

③ 방음벽을 설치함으로써 소리의 전파를 차단한다.

④ 뇌관은 MS전기뇌관을 이용하여 지발발파를 실시하는 등 지연시간을 조절해준다.

⑤ 기폭방법에서 정기폭보다는 역기폭을 사용한다.

⑥ 도폭선 사용을 피하고, 소할발파 시 붙이기 발파를 하지 않는다.

Reference

장약량과 폭풍압의 관계

폭약(TNT)이 지표에서 폭발한 경우에 생성하는 폭풍압과 폭원에서의 거리 및 장약량과의 관계는 다음과 같다.

$$P(\text{mbar}) = 700 \left(\frac{Q^{\frac{1}{3}}}{R} \right)$$

여기서, P : 음압(1mbar = 100Pa), Q : TNT의 장약량(kg), R : 이격거리(m)

4) 음파면 전파에 미치는 기온과 풍속의 영향

음파의 전파방향을 표시하는 것을 음선(Sound Zones)이라 하는데 온도와 풍향에 따라 굴절한다. 다음은 음파의 진행과 파면을 발생시킬 수 있는 대기온도 및 음속변화의 추세이다.

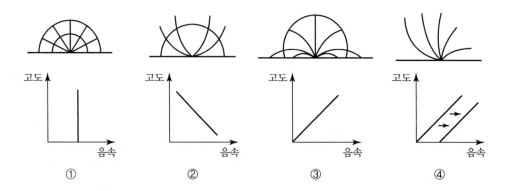

① 바람이 없고 온도가 일정한 상태에서의 음속은 고도에 따라 일정하게 분포한다.
② 주간의 경우 음선은 상향으로 굴절하며, 어느 거리에서는 암역(Shadow Zones)이 생겨 음이 전파하지 않는다.
③ 야간의 경우 음선이 하향 굴진하여 주간과는 반대로 아무 곳에도 암역이 생기지 않으므로 멀리까지 소리가 전달된다.
④ 바람이 불어오는 방향의 음선은 상향 굴절하고 바람이 불어가는 쪽에서는 하향 굴절한다. 따라서 바람이 불어오는 방향에서는 음이 전파하지 않는 암역이 생기나, 바람이 불어가는 쪽에서는 암역이 생기지 않으므로 먼 곳까지도 음이 잘 전달된다.

5) 소음의 거리에 따른 감쇠

음압레벨은 거리에 따라 감쇠되는 경향을 보이며, 음원의 형태에 따라 다음과 같이 구분된다.

① 점음원 : 수음 거리에 비해 음원이 매우 작은 경우를 말한다.

구면파 전파의 경우	$SPL_\theta = PWL - 20\log r - 11$
반구면파 전파의 경우	$SPL_\theta = PWL - 20\log r - 8$

② 선음원 : 자동차 도로와 같이 소음원이 다수 연속하여 이어지는 경우를 말하며, 점음원의 집합으로 볼 수 있다.

구면파 전파의 경우	$SPL_\theta = PWL - 10\log r - 8$
반구면파 전파의 경우	$SPL_\theta = PWL - 10\log r - 5$

③ 면음원 : 벽을 투과하여 소음이 생기는 경우처럼 음원이 넓게 펼쳐진 경우를 말하며, 점음원이 무수히 연속적으로 분포하는 것으로 볼 수 있다.

음향파워레벨(PWL)
기준음의 파워에 대한 임의의 소리 파워가 몇 배인가를 대수로 표현한 값이다.

6) 소음의 전파 및 지향성(방향성)

① **지향성(Directivity)** : 지향성은 음원에서 방사되는 음의 강도 또는 마이크로폰의 감도가 방향에 의해서 변화하는 상태를 말한다.

② **지향계수(Directivity Factor)** : 특정 방향에 대한 음의 지향도를 나타내며, 특정 방향 에너지와 평균 에너지의 비를 의미한다.

$$Q = \log^{-1}\left(\frac{SPL_\theta - \overline{SPL}}{10}\right)$$

③ **지향지수(Directivity Index)** : 지향성이 큰 경우 특정 방향의 음압레벨과 평균 음압레벨과의 차이를 지향지수라고 한다.

$$DI = SPL_\theta - \overline{SPL} = 10\log Q$$

④ 자유공간에 있는 지향성 점음원의 특정 방향이 임의의 거리 r 에서 음향파워레벨이 PWL이라면, 특정 방향의 음압레벨 SPL_θ은 전파 형태에 따라 다음과 같이 계산된다.

구면파(자유공간, 공중) 전파의 경우 $SPL_\theta = PWL - 20\log r - 11 + DI$
반구면파(반자유공간, 바닥, 벽) 전파의 경우 $SPL_\theta = PWL - 20\log r - 8 + DI$

음세기레벨(SIL)
기준음의 세기에 대한 임의의 소리의 세기가 그 몇 배인가를 대수로 표현한 값이다.

$$SIL = 10\log\left(\frac{I}{I_o}\right)$$

여기서, I : 대상음의 세기(W/m^2)
I_o : 정상청력을 가진 사람의 최소가청음의 세기$(10^{-12}\,\text{W/m}^2)$

7) 소음과 청력과의 관계

음을 감지하는 능력을 청력이라 하며, 청력손실이란 청력이 정상인 사람의 최소가청치와 검사자의 최소가청치의 비를 dB로 나타낸 것으로, 500~2,000Hz의 옥타브밴드 중심주파수 범위에서 청력손실이 25dB 이상이 되면 난청이라 평가한다.

① **일시역변위** : 일시적 난청 또는 일시적 청력손실이라 하며, 일시적인 청력저하로 수초 내지 수일 후 정상 청력으로 복원된다.

② **영구역변위** : 영구적 난청 또는 영구적 청력손실이라 하며, 주로 직업병, 상습적 장기간 큰 소음에 노출 시 수일, 수주 후에도 영구적으로 청력 회복이 없다.

③ **옥타브밴드의 중심주파수에 따른 평균 청력손실**

　　㉠ 4분법에 의한 평가방법

$$평균\ 청력손실(dB) = \frac{a + 2b + c}{4}$$

　　㉡ 6분법에 의한 평가방법

$$평균\ 청력손실(dB) = \frac{a + 2b + 2c + d}{6}$$

　　여기서, a : 옥타브밴드 중심주파수 500Hz에서의 청력손실(dB)
　　　　　 b : 옥타브밴드 중심주파수 1,000Hz에서의 청력손실(dB)
　　　　　 c : 옥타브밴드 중심주파수 2,000Hz에서의 청력손실(dB)
　　　　　 d : 옥타브밴드 중심주파수 4,000Hz에서의 청력손실(dB)

8) 소음 크기(dB)의 계산

① **dB의 합(합성음압레벨)**

$$L_{plus} = 10\log\left(10^{\frac{L_1}{10}} + 10^{\frac{L_2}{10}} + \cdots + 10^{\frac{L_n}{10}}\right)$$

　　여기서, L_1, L_2, L_n : 각각의 소음도(dB)

동일한 소음 n개의 합성음압레벨은 다음과 같이 계산된다.

$$L_{plus} = L_1 + 10\log n$$

② **dB의 차**

$$L_{minus} = 10\log\left(10^{\frac{L_1}{10}} - 10^{\frac{L_2}{10}}\right)\ (L_1 > L_2 일\ 때)$$

③ dB의 평균

$$L_{average} = 10\log\left[\frac{1}{n}\left(10^{\frac{L_1}{10}} + 10^{\frac{L_2}{10}} + \cdots + 10^{\frac{L_n}{10}}\right)\right]$$

④ 등가소음도 : 측정시간 동안의 변동 소음에너지를 시간적으로 평균하여 이를 대수 변환시킨 것이다.

$$L_{eq} = 10\log\left[\frac{1}{T}\left(T_1 \times 10^{\frac{L_1}{10}} + T_2 \times 10^{\frac{L_2}{10}} + T_3 \times 10^{\frac{L_3}{10}} + \cdots\right)\right]$$

여기서, T : 전체 측정된 시간

T_1, T_2, T_3 : 각 소음이 측정된 시간

9) 방음벽의 설계

방음벽은 기본적으로 음의 회절감쇠를 이용한 것이고 고주파일수록 차음효과가 좋다. 방음벽에 의한 소음감쇠량은 방음벽의 높이와 길이에 의하여 결정되며, 방음벽의 높이에 의하여 결정되는 회절감쇠가 대부분을 차지한다.

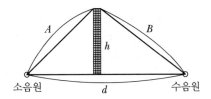

① 전달경로차

전달경로차=회절음의 경로－직접음의 경로
$$\delta = (A+B) - d$$

② 프레즈넬수(Fresnel Number)

$$N = \frac{2\delta}{\lambda} \qquad \lambda = \frac{C}{f}$$

여기서, λ : 파장(m)

C : 공기 중의 음속도(m/sec)

f : 주파수(Hz)

③ 회절감쇠치

방음벽의 투과손실이 회절감쇠치보다 10dB 이상 큰 경우

$$\Delta L_d = -10\log\left(10^{-\frac{L_d}{10}} + 10^{-\frac{L_d{'}}{10}}\right)$$

여기서, ΔL_d : 회절감쇠치(dB)
L_d : 직접음에 의한 회절감쇠치(dB)
$L_d{'}$: 반사음에 의한 회절감쇠치(dB)

④ 삽입손실치

방음벽의 투과손실이 회절감쇠치에서 10dB 이내인 경우

$$\Delta L_i = -10\log\left(10^{-\frac{\Delta L_d}{10}} + 10^{-\frac{TL}{10}}\right)$$

여기서, ΔL_i : 삽입손실치(dB)
ΔL_d : 회절감쇠치(dB)
TL : 방음벽의 투과손실(dB)

10) 생활 · 건설 소음 규제기준

(단위 : dB(A))

대상지역	시간별 대상소음		아침, 저녁 (05 : 00~07 : 00, 18 : 00~22 : 00)	낮 (07 : 00 ~18 : 00)	밤 (22 : 00 ~05 : 00)
주거지역, 녹지지역, 관리지역 중 취락지구 · 주거개발진흥지구 및 관광 · 휴양개발 진흥지구, 자연환경보전지역, 그 밖의 지역에 있는 학교, 병원, 공공도서관	확성기	옥외설치	60 이하	65 이하	60 이하
		옥내에서 옥외로 소음이 나오는 경우	50 이하	55 이하	45 이하
		공장	50 이하	55 이하	45 이하
	사업장	동일건물	45 이하	50 이하	40 이하
		기타	50 이하	55 이하	45 이하
	공사장		60 이하	65 이하	50 이하
그 밖의 지역	확성기	옥외설치	65 이하	70 이하	60 이하
		옥내에서 옥외로 소음이 나오는 경우	60 이하	65 이하	55 이하
		공장	60 이하	65 이하	55 이하
	사업장	동일건물	50 이하	55 이하	45 이하
		기타	60 이하	65 이하	55 이하
	공사장		65 이하	70 이하	50 이하

발파소음의 경우 주간에만 규제기준치(광산의 경우 사업장 규제기준)에 +10dB을 보정한다.

4 비산

1) 비산과 비석의 정의

비산(Throw)이란 폭약의 폭발에 의해 암석이 불규칙하게 튀어나가는 현상을 의미하고 그 비산된 암편을 가리켜 비석(Fly Rock)이라 한다.

2) 비산과 관련된 계산식

① Dupont社의 노천발파 시 비산거리

$$L = \frac{V_0^{\,2}}{g} \times \sin 2\theta$$

여기서, L : 비산거리(m)
V_0 : 초속(m/sec)
g : 중력가속도(m/sec²)
θ : 사각(°)

② 스웨덴 SVEDEFO의 비석 최대비산거리

$$L_{\max} = 260 \left(\frac{d}{25} \right)^{\frac{2}{3}}$$

여기서, $L_{\max}$: 최대비산거리(m)
d : 천공경(mm)

③ A. Persson의 2자유면 벤치발파에서의 최대비산거리

$$L_{\max} = 143q - 28$$

여기서, $L_{\max}$: 최대비산거리(m)
q : 비장약량(kg/m³)

01 발파현장에서 진동계측 결과, 최대진동가속도가 $25 \mathrm{cm/sec^2}$이고 이때 주파수가 5Hz라면 예상되는 변위는 얼마인가?(단, 발파진동은 정현파로 간주한다.)

[18년 4회(기사)]

풀이

$$V = 2 \times \pi \times f \times D$$
$$A = 2 \times \pi \times f \times V = (2\pi f)^2 \times D$$
$$D = \frac{A}{(2\pi f)^2} = \frac{25 \mathrm{cm/sec^2}}{(2 \times \pi \times 5 \mathrm{Hz})^2} = 0.025 \mathrm{cm} = 0.25 \mathrm{mm}$$

02 발파현장 주변의 보안물건에서 진동을 계측한 결과, 최대진동속도가 $0.25 \mathrm{cm/sec}$이고 이때 주파수가 30Hz이었다면, 예상되는 변위는 얼마인가?(단, 발파진동은 정현파로 간주한다.)

[20년 1회(산기)]

풀이

$$V = 2 \times \pi \times f \times D$$
$$D = \frac{V}{2\pi f} = \frac{0.25 \mathrm{cm/sec}}{2 \times \pi \times 30 \mathrm{Hz}} = 1.33 \times 10^{-3} \mathrm{cm}$$

03 다음은 어느 발파현장에서 발파진동을 측정한 결과이다. 최대벡터합(PVS)은 얼마인가?(단, 진동 측정 단위는 cm/sec이다.)

[12년 4회(산기), 16년 1회(산기), 17년 4회(산기)]

측정시간(sec)	T 성분	L 성분	V 성분
0.02	0.23	0.12	0.32
0.04	0.25	0.20	0.28

풀이

① $PVS = \sqrt{V_T^2 + V_L^2 + V_V^2} = 0.41 \mathrm{cm/sec}$

② $PVS = \sqrt{V_T^2 + V_L^2 + V_V^2} = 0.43 \mathrm{cm/sec}$

따라서, 최대벡터합$= 0.43 \mathrm{cm/sec}$

04 다음은 어느 발파현장에서 발파진동을 측정한 결과이다. 최대벡터합(PVS)은 얼마인가?(단, 진동속도의 측정 단위는 cm/sec이다.) [20년 2회(산기)]

측정시간(sec)	T 성분	L 성분	V 성분
0.01	0.27	0.19	0.41
0.02	0.26	0.21	0.37
0.03	0.28	0.20	0.43
0.04	0.30	0.23	0.35
0.05	0.31	0.22	0.38

풀이

① 0.01초에 해당하는 PVS

$$PVS = \sqrt{V_T^2 + V_L^2 + V_V^2} = \sqrt{0.27^2 + 0.19^2 + 0.41^2} = 0.53\text{cm/sec}$$

② 0.02초에 해당하는 PVS

$$PVS = \sqrt{V_T^2 + V_L^2 + V_V^2} = \sqrt{0.26^2 + 0.21^2 + 0.37^2} = 0.5\text{cm/sec}$$

③ 0.03초에 해당하는 PVS

$$PVS = \sqrt{V_T^2 + V_L^2 + V_V^2} = \sqrt{0.28^2 + 0.20^2 + 0.43^2} = 0.55\text{cm/sec}$$

④ 0.04초에 해당하는 PVS

$$PVS = \sqrt{V_T^2 + V_L^2 + V_V^2} = \sqrt{0.30^2 + 0.23^2 + 0.35^2} = 0.52\text{cm/sec}$$

⑤ 0.05초에 해당하는 PVS

$$PVS = \sqrt{V_T^2 + V_L^2 + V_V^2} = \sqrt{0.31^2 + 0.22^2 + 0.38^2} = 0.54\text{cm/sec}$$

따라서, 최대벡터합(PVS)=0.55cm/sec

05 10Hz의 공진주파수를 갖는 가옥이 있다. 토양층에서의 전단파 진행속도는 600m/sec이며, 암반층에서는 3,000m/sec이다. 다음 그림에서 4개의 가옥 중, 발파진동으로 인한 피해가 가장 큰 가옥은 어디인가? [11년 4회(산기)]

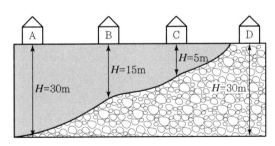

풀이

공진주파수 $f = \dfrac{C}{4H}$ 와 같은, 혹은 유사한 대역의 주파수가 가장 위험하다.

① A가옥 $= \dfrac{600\text{m/sec}}{4 \times 30\text{m}} = 5\text{Hz}$

② B가옥 $= \dfrac{600\text{m/sec}}{4 \times 15\text{m}} = 10\text{Hz}$

③ C가옥 $= \dfrac{600\text{m/sec}}{4 \times 5\text{m}} = 30\text{Hz}$

④ D가옥 $= \dfrac{3,000\text{m/sec}}{4 \times 30\text{m}} = 25\text{Hz}$

따라서, 답은 B가옥이다.

06 탄성파 전파속도는 $5,000\text{m/sec}$이고, 주파수는 100Hz이다. A지점에서 발파진동속도가 1cm/sec인 경우 B지점 진동속도를 50% 감소하기 위한 에어갭의 깊이를 구하여라. (단, 소수점 첫째 자리까지 구하시오.)　　[11년 4회(기사), 17년 4회(산기)]

풀이

$$D_a = \left(\frac{V_D}{30}\right)^{-\frac{1}{0.369}} \times \lambda = \left(\frac{50}{30}\right)^{-\frac{1}{0.369}} \times \frac{5,000\text{m/sec}}{100\text{Hz}} = 12.5\text{m}$$

07 탄성파 전파속도가 $3,500\text{m/s}$이고, 주파수가 250Hz인 균질한 암반에 에어갭(균열이나 도랑)을 무한한 길이로 형성하여 에어갭을 형성하기 전 지표면을 통하여 전달되는 진동속도의 50%를 감소시키고자 한다. 이때 필요한 에어갭의 깊이를 구하시오. [18년 1회(기사), 20년 4회(기사)]

풀이

$$D_a = \left(\frac{V_D}{30}\right)^{-\frac{1}{0.369}} \times \lambda = \left(\frac{50}{30}\right)^{-\frac{1}{0.369}} \times \frac{3,500\text{m/sec}}{250\text{Hz}} = 3.51\text{m}$$

08 발파에 의한 진동 저감을 위하여 깊이 10m의 에어갭을 구축하였다. 에어갭 부근에서의 주파수가 100Hz이고, 파동의 전파속도가 $5,000\text{m/sec}$라면, 에어갭으로 인한 진동전달률은 얼마이겠는가?(단, 지반진동은 정현파이다.)　　[16년 1회(산기)]

풀이

에어갭의 깊이 $D_a = \left(\dfrac{V_D}{30}\right)^{-\frac{1}{0.369}} \times \lambda$의 식을 통해 진동전달률을 계산할 수 있다.

$$V_D = \left(\frac{D_a}{\lambda}\right)^{-0.369} \times 30 = \left(\frac{10\text{m}}{\dfrac{5,000\text{m/sec}}{100\text{Hz}}}\right)^{-0.369} \times 30 = 54.33\%$$

09 프리스플리팅에 의한 파단면을 형성한 경우 파단면의 균열이나 도랑을 에어갭이라 생각하고 암반을 통해 전파되는 지반진동을 정현파라 하면, 지반진동의 피크치를 감소시키기 위해 필요한 에어갭의 폭(D_c)은 얼마 이상이어야 하는가?(단, 파단면 부근에서의 주파수는 220Hz이고, 그 부분의 파동의 전파속도는 1,700m/sec이다.) [09년 4회(기사), 16년 1회(기사), 20년 2회(기사)]

풀이

$$D_c \geq \frac{C}{\pi \times f} = \frac{1,700\text{m/sec}}{\pi \times 220\text{Hz}} = 2.46\text{m}$$

10 다음 괄호 안에 해당되는 단위를 적으시오. [18년 4회(산기), 21년 1회(산기)]

① 일반적인 진동수준의 측정 단위
② 공해진동 규제기준에 따른 진동레벨 단위

풀이

① cm/sec＝kine
② dB(V)

11 건설생활 진동규제 기준의 진동레벨이 75dB인 지역에서 단차가 20ms인 전기뇌관을 1～5번까지 사용하여 발파하였다. 진동 계속시간에 따른 정현진동 크기의 상대치를 고려하여 이 지역에서의 허용진동속도를 구하시오. [05년 4회(기사), 06년 4회(산기), 07년 4회(산기), 21년 1회(기사)]

풀이

$VR = 2.09 - 6.95\log T = 2.09 - 6.95\log(0.08) = 9.71\text{dB}$

$VL = 75\text{dB} + VR = 84.71\text{dB}$

$VL = 84.71\text{dB} = 20.9\log V + 69.4$

$V = 5.4\text{mm/sec}$

12 생활진동 규제기준의 진동레벨이 70dB인 건설현장에서 발파작업을 실시하고자 한다. 작업시간이나 진동노출시간을 고려하지 않을 경우 허용진동속도는?(단, 발파진동의 주파수는 8Hz 이상이며, 연속 정현진동으로 간주한다.) [21년 1회(산기)]

풀이

$VL = 20.9\log V + 69.4$

$V = 10^{\left(\frac{VL - 69.4}{20.9}\right)} = 10^{\left(\frac{70\text{dB} - 69.4}{20.9}\right)} = 1.07\text{mm/sec}$

13 주파수가 8Hz인 상하진동의 속도파형 전진폭이 0.0001m/sec이다. 이 정현진동의 가속도 진폭, 가속도레벨을 구하라.(단, 가속도 기준치는 10^{-5}m/sec²이다.)

[11년 1회(기사), 15년 4회(기사), 18년 4회(산기)]

풀이

① 가속도진폭

$$A_{max} = 2\pi f V_{max} = 2 \times \pi \times 8Hz \times \frac{0.0001m/sec}{2} = 2.51 \times 10^{-3}m/sec^2$$

② 가속도레벨

$$VAL = 20\log\left(\frac{A_{rms}}{A_o}\right) = 20\log\left(\frac{\dfrac{2.51 \times 10^{-3}}{\sqrt{2}}}{10^{-5}}\right) = 44.98dB$$

14 발파진동 평가에 사용되는 에너지율을 결정하는 데 필요한 진동 특성 2가지를 적으시오.

[09년 1회(산기)]

풀이

에너지율 $E = \dfrac{A^2}{f^2}$ 이므로, 진동가속도 A와 주파수 f이다.

15 음압의 표시방법과 소음의 단위를 적으시오.

[20년 2회(산기)]

풀이

① SPL

② dB

16 음압이 2배로 증가하면 음압레벨은 몇 dB 증가하겠는가?

[15년 4회(산기)]

풀이

$$SPL = 20\log\left(\frac{\dfrac{2P}{P_o}}{\dfrac{P}{P_o}}\right) = 20\log 2 = 6.02dB$$

17 음압레벨(SPL : Sound Pressure Level)이 134dB인 경우 Peak 값은 얼마이겠는가?(단, 기준 음압은 2×10^{-5}Pa로 하며, Peak 값의 단위는 Pa로 한다.) [19년 1회(산기)]

풀이

$$SPL = 20\log\left(\frac{P}{P_o}\right)$$

$$134\text{dB} = 20\log\left(\frac{P}{P_o}\right)$$

$$10^{\left(\frac{134\text{dB}}{20}\right)} = \left(\frac{P}{2 \times 10^{-5}\text{Pa}}\right)$$

$$P = 100.24\text{Pa}$$

18 폭풍압은 발파에 의해 생성되는 공기압력파로, 저주파수를 동반한 폭풍압이 구조물 피해의 주요 원인이 된다. 이러한 폭풍압의 생성원인 4가지를 분류하시오. [06년 4회(산기), 11년 4회(산기), 17년 1회(산기), 20년 1회(산기)]

풀이

① 발파지점의 직접적인 암반 변형으로 인한 공기압력파(APP)

② 지반 진동으로 인한 반압파(RPP)

③ 발파공으로 방출되는 가스파(GRP)

④ 불완전 전색에 의해 분출되는 가스파(SRP)

19 발파 시 소음의 저감대책 3가지를 적으시오. [17년 4회(산기)]

풀이

① 전색효과가 좋은 전색물을 사용하며, 완전 전색이 이루어지도록 한다.

② 벤치 높이를 줄이거나 천공 지름을 작게 하는 등의 방법으로 지발당 장약량을 감소시킨다.

③ 방음벽을 설치함으로써 소리의 전파를 차단한다.

④ 뇌관은 MS전기뇌관을 이용하여 지발발파를 실시하는 등 지연시간을 조절해준다.

⑤ 기폭방법에서 정기폭보다는 역기폭을 사용한다.

⑥ 도폭선 사용을 피하고, 소할발파 시 붙이기 발파를 하지 않는다.

20 발파 시 폭풍압의 저감대책 3가지를 쓰시오. (단, 발파패턴상에서 가능한 대책에 한한다.)

[19년 1회(산기)]

풀이

① 벤치 높이를 줄이거나 천공 지름을 작게 하는 등의 방법으로 지발당 장약량을 감소시킨다.
② 뇌관은 MS전기뇌관을 이용하여 지발발파를 실시하는 등 지연시간을 조절해준다.
③ 기폭방법에서 정기폭보다는 역기폭을 사용한다.

21 TNT를 이용한 발파현장과 50m 떨어진 거리에서 폭풍압이 160dB로 측정되었다면, 이때 사용된 장약량은 얼마인가?(단, $P(\text{mbar}) = 700\left(\dfrac{Q^{\frac{1}{3}}}{R}\right)$을 적용한다.)

[21년 1회(산기)]

풀이

$$160\text{dB} = 20\log\frac{P}{P_o} = 20\log\frac{P}{2\times10^{-5}\text{Pa}}$$

$$P = 10^{\frac{160}{20}} \times 2\times10^{-5}\text{Pa} = 2{,}000\text{Pa} = 20\text{mbar} = 700\left(\frac{Q^{\frac{1}{3}}}{R}\right)$$

$$\therefore Q = \left[\left(\frac{P}{700}\right)\times R\right]^3 = \left[\left(\frac{20\text{mbar}}{700}\right)\times 50\text{m}\right]^3 = 2.92\text{kg}$$

22 발파폭풍압은 바람뿐만 아니라 음속에 민감하게 변화한다. ①~④에 해당하는 음파의 진행과 파면을 발생시킬 수 있는 대기온도 및 음속변화 추세를 각각 도시하시오.

[05년 4회(기사), 07년 4회(산기)]

풀이

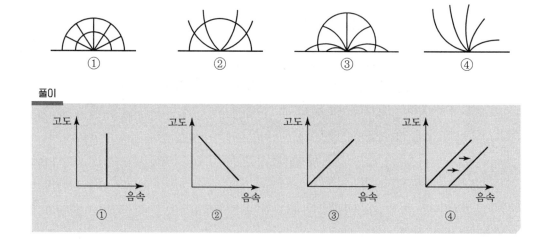

23 착암기로부터 100m 이격된 거리에서 음압레벨이 85dB로 측정되었다면, 200m 이격된 거리에서의 음압레벨은 얼마이겠는가? [05년 4회(산기), 17년 1회(산기)]

풀이

$$SPL_1 = SPL_o - 20\log\left(\frac{r}{r_o}\right) = 85\text{dB} - 20\log\left(\frac{200\text{m}}{100\text{m}}\right) = 78.98\text{dB}$$

24 소음의 지향성과 지향계수에 대해 설명하시오. [09년 1회(산기), 20년 1회(산기)]

풀이

① 지향성 : 음원에서 방사되는 음의 강도 또는 마이크로폰의 감도가 방향에 변화하는 상태
② 지향계수 Q : 특정 방향에 대한 음의 지향도를 나타내며, 특정 방향 에너지와 평균 에너지의 비를 의미한다.

$$Q = \log^{-1}\left(\frac{SPL_\theta - \overline{SPL}}{10}\right)$$

25 소음의 지향계수와 지향지수에 대해 설명하시오. [06년 1회(기사), 11년 4회(기사), 19년 4회(기사)]

풀이

① 지향계수 Q : 특정 방향에 대한 음의 지향도를 나타내며, 특정 방향 에너지와 평균 에너지의 비를 의미한다.

$$Q = \log^{-1}\left(\frac{SPL_\theta - \overline{SPL}}{10}\right)$$

② 지향지수 DI : 지향성이 큰 경우, 특정 방향 음압레벨과 평균 음압레벨의 차를 의미한다.

$$DI = SPL_\theta - \overline{SPL} = 10\log Q$$

26 평균 음압이 $4{,}000\text{N/m}^2$이고, 특정 방향 음압이 $6{,}000\text{N/m}^2$일 때, 지향지수는 얼마인가? [18년 4회(산기), 21년 1회(산기)]

풀이

$$DI = SPL_\theta - \overline{SPL} = 20\log\left(\frac{6{,}000\text{N/m}^2}{2\times10^{-5}\text{Pa}}\right) - 20\log\left(\frac{4{,}000\text{N/m}^2}{2\times10^{-5}\text{Pa}}\right) = 3.52\text{dB}$$

27 음원으로부터 30m 지점의 평균 음압레벨이 105dB이고, 특정 지향 음압레벨이 114dB일 때, 지향계수와 음향파워레벨을 구하여라. (단, 점음원이며 구면파로 간주한다.)

[12년 1회(산기), 22년 1회(산기)]

풀이

① $Q = 10^{\frac{DI}{10}}$, $DI = SPL_\theta - \overline{SPL} = 114 - 105 = 9\text{dB}$이므로, $Q = 7.94$

② $PWL = SPL_\theta + 20\log(r) + 11 - DI = 114 + 20\log(30) + 11 - 9 = 145.54\text{dB}$

28 도심지에서 1차 발파 시 측정한 음의 세기레벨이 80dB이고, 동일 지역에서 2차 발파 시 83dB로 증가하였다면, 음의 세기레벨 변화는 몇 %인가?

[09년 1회(산기), 22년 1회(산기)]

풀이

$$SIL_1 = 10\log\left(\frac{I_1}{I_o}\right) = 80\text{dB}$$

$$I_1 = I_o \times 10^{\frac{80}{10}}, \quad I_2 = I_o \times 10^{\frac{83}{10}}$$

$$I_2 = I_1 \times 10^{\frac{3}{10}} \approx 2I_1\text{이므로, 100\% 증가한 것}$$

29 소음이 청력에 미치는 영향 중 일시역변위와 영구역변위에 대해 서술하시오.

[08년 4회(기사), 13년 4회(기사), 17년 1회(기사), 20년 2회(기사), 21년 4회(기사)]

풀이

① 일시역변위 : 일시적 난청 또는 일시적 청력손실이라 하며, 일시적인 청력저하로 수초 내지 수일 후 정상 청력으로 복원된다.

② 영구역변위 : 영구적 난청 또는 영구적 청력손실이라 하며, 주로 직업병, 상습적 장기간 큰 소음에 노출 시 수일, 수주 후에도 영구적으로 청력 회복이 없다.

30 발파현장에서 200m 떨어진 곳에서 연속해서 30분간 소음을 계측한 결과, 평가보정을 한 소음레벨이 다음과 같을 때 등가소음도를 구하시오.

[07년 1회(기사), 11년 4회(산기), 16년 4회(기사)]

순서	측정소음	측정시간	순서	측정소음	측정시간
1	65dB	14분	3	75dB	4분
2	70dB	10분	4	80dB	2분

풀이

$$L_{eq} = 10\log\left(\frac{T_1}{T_o} \times 10^{\frac{L_1}{10}} + \frac{T_2}{T_o} \times 10^{\frac{L_2}{10}} + \frac{T_3}{T_o} \times 10^{\frac{L_3}{10}} + \frac{T_4}{T_o} \times 10^{\frac{L_4}{10}}\right)$$

$$= 10\log\left(\frac{14}{30} \times 10^{\frac{65}{10}} + \frac{10}{30} \times 10^{\frac{70}{10}} + \frac{4}{30} \times 10^{\frac{75}{10}} + \frac{2}{30} \times 10^{\frac{80}{10}}\right) = 71.96\text{dB(A)}$$

31 발파현장에서 100m 떨어진 곳에서 연속해서 60분간 소음을 계측한 결과, 평가보정을 한 소음레벨이 다음과 같을 때 등가소음도를 구하시오. [10년 1회(기사), 20년 1회(기사)]

순서	측정소음	측정시간	순서	측정소음	측정시간
1	65dB	24분	3	75dB	14분
2	70dB	10분	4	80dB	12분

풀이

$$L_{eq} = 10\log\left(\frac{T_1}{T_o} \times 10^{\frac{L_1}{10}} + \frac{T_2}{T_o} \times 10^{\frac{L_2}{10}} + \frac{T_3}{T_o} \times 10^{\frac{L_3}{10}} + \frac{T_4}{T_o} \times 10^{\frac{L_4}{10}}\right)$$

$$= 10\log\left(\frac{24}{60} \times 10^{\frac{65}{10}} + \frac{10}{60} \times 10^{\frac{70}{10}} + \frac{14}{60} \times 10^{\frac{75}{10}} + \frac{12}{60} \times 10^{\frac{80}{10}}\right) = 74.82\text{dB}$$

32 소음으로 문제가 되는 지역에 투과손실이 20dB인 반무한 방음벽을 설치한 경우 삽입손실치는 얼마인가?(단, 방음벽에 의한 회절감쇠치는 16dB이다.) [13년 4회(기사), 20년 4회(기사)]

풀이

$$\Delta L_i = -10\log\left(10^{-\frac{\Delta L_d}{10}} + 10^{-\frac{TL}{10}}\right) = -10\log\left(10^{-\frac{16}{10}} + 10^{-\frac{20}{10}}\right) = 14.54\text{dB}$$

33 소음원으로 10m 지점에서의 음압레벨이 90dB인 착암기 1대, 70dB인 덤프트럭 1대를 동시간 작동함으로 인해 소음원에서 50m 지점에서 소음으로 인한 문제점이 발생하여 방음벽을 설치하였다. 방음벽의 투과손실치는 15dB, 회절감쇠치는 10dB인 경우 50m 지점에서의 음압레벨은 얼마인가?(단, 착암기 및 덤프트럭은 점음원으로 판단한다.)

[11년 1회(산기), 12년 1회(기사), 17년 4회(기사), 20년 2회(기사)]

풀이

$$SPL_1 = 10\log\left(10^{\frac{90}{10}} + 10^{\frac{70}{10}}\right) = 90.04\text{dB}$$

$$-\Delta L_i = -10\log\left(10^{-\frac{10}{10}} + 10^{-\frac{15}{10}}\right) = 8.81\text{dB}$$

$$SPL_f = SPL_1 - 20\log\left(\frac{r}{r_o}\right) + \Delta L_i = 90.04\text{dB} - 20\log\left(\frac{50\text{m}}{10\text{m}}\right) - 8.81\text{dB} = 67.25\text{dB}$$

34 수음점의 소음도가 80dB인 상황에서 방음벽을 설치하여 직접음의 회절감쇠치가 17dB이라 하고, 지면 반사에 의한 반사음의 회절감쇠치를 21dB이라 하면 방음벽에 의한 평균 회절감 쇠치와 수음점의 합성음은 얼마인가? [10년 1회(산기), 22년 1회(산기)]

풀이

$$SPL_1 = 80\text{dB}$$

$$\Delta L_d = -10\log\left(10^{-\frac{L_d}{10}} + 10^{-\frac{L_d'}{10}}\right) = 15.54\text{dB}$$

$$SPL_2 = SPL_1 + \Delta L_{in} = 80\text{dB} - 15.54\text{dB} = 64.46\text{dB}$$

35 발파지점과 수음점의 거리가 80m이고 소음도가 80dB인 현장에서 소음도를 70dB로 감소시 키려면 두 지점의 가운데 지점에 방음벽을 몇 m의 높이로 설치해야 하는가?(단, 소음원의 주 파수는 1,000Hz, 소음 10dB을 감소하기 위한 프레즈넬수는 1.5로 하고, 기타 조건은 무시 할 것) [14년 4회(기사)]

풀이

프레즈넬수 $N = 1.5 = \dfrac{2\delta}{\lambda} = \dfrac{2(A+B-d)}{\dfrac{C}{f}} = \dfrac{2(A+B-d)}{\dfrac{340\text{m/sec}}{1,000\text{Hz}}}$ 이므로,

전달경로차 $\delta = 0.26 = \sqrt{(40)^2+h^2} + \sqrt{(40)^2+h^2} - 80 = 2\left(\sqrt{(40)^2+h^2}\right) - 80$

따라서, 방음벽의 높이 $h = 3.23\text{m}$

36 발파지점과 수음점의 거리가 10m이고 소음도가 75dB인 현장에서 소음도를 60dB로 감소시 키려면 두 지점의 가운데 지점에 방음벽을 최소 몇 m 높이로 설치해야 하는가?(단, 소음원의 주파수는 340Hz, 소음 15dB을 감소하기 위한 프레즈넬수는 1.5, 음속은 340m/s이다.) [05년 4회(기사), 08년 1회(기사), 18년 1회(기사)]

프레즈넬수 $N = 1.5 = \dfrac{2\delta}{\lambda} = \dfrac{2(A+B-d)}{\dfrac{C}{f}} = \dfrac{2(A+B-d)}{\dfrac{340\mathrm{m/sec}}{340\mathrm{Hz}}} = 2\delta$ 이므로,

전달경로차 $2\delta = 2\left(\sqrt{(5)^2+h^2} + \sqrt{(5)^2+h^2} - 10\right) = 2\left(2\sqrt{(5)^2+h^2} - 10\right) = 1.5$

따라서, 방음벽의 높이 $h \geq 1.97\mathrm{m}$

37 도심지 내 발파공사를 위하여 설치한 무한히 긴 방음벽의 단면도가 다음 그림과 같다. 방음벽을 설치한 후의 효과(회절감쇠치)를 구하여라. (단, $f = 182\mathrm{Hz}$, $C = 340\mathrm{m/sec}$, 방음벽은 반무한이며, 소음원은 점음원, 반사음은 없는 것으로 간주하며, 프레즈넬수에 따른 회절감쇠 값은 0.93일 때 8dB, 16.69일 때 10dB 감쇠된다.)

[12년 4회(기사)]

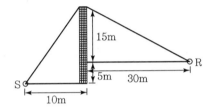

전달경로차 $\delta = A+B-d = \left(\sqrt{10^2+20^2}\right) + \left(\sqrt{30^2+15^2}\right) - \left(\sqrt{40^2+5^2}\right) = 15.59$

프레즈넬수 $N = \dfrac{2\delta}{\lambda} = \dfrac{2\delta}{C/f} = \dfrac{2(15.59)}{340/182} = 16.69$

즉, 프레즈넬수가 16.69일 때, 10dB 감쇠된다.

38 다음 그림과 같은 발파현장에서 천공기를 사용하여 천공작업을 실시하고 있다. S점은 천공위치이고, R점은 수음점이다. 차음막 F를 설치했을 경우와 설치하지 않았을 경우에 수음점 R에 전달되는 소음 감소 차이를 구하시오. (단, 천공기의 음향파워주파수는 182Hz, 경로차와 파장을 함수로 한 프레즈넬수(Fresnel Number)가 0.931일 때 8dB, 2일 때 11dB, 6일 때 15dB, 10일 때 18dB, 15일 때 20dB, 20일 때 21.5dB의 소음이 감소하고, 공기 중의 음속도는 340m/s로 한다.)

[05년 4회(산기), 18년 1회(기사)]

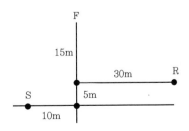

풀이

① 차음막 F를 설치한 경우

$$A = \sqrt{10^2 + 15^2} = 18.03$$

$$B = \sqrt{30^2 + 10^2} = 31.62$$

$$d = \sqrt{40^2 + 5^2} = 40.31$$

$$N = \frac{2\delta}{\lambda} = \frac{2(A+B-d)}{\dfrac{C}{f}} = \frac{2(18.03+31.62-40.31)}{\dfrac{340\text{m/s}}{182\text{Hz}}} = 10 \rightarrow 18\text{dB 감소}$$

② 차음막 F를 설치하지 않은 경우

$$A = \sqrt{10^2 + 5^2} = 11.18$$

$$B = 30$$

$$d = \sqrt{40^2 + 5^2} = 40.31$$

$$N = \frac{2\delta}{\lambda} = \frac{2(A+B-d)}{\dfrac{C}{f}} = \frac{2(11.18+30-40.31)}{\dfrac{340\text{m/s}}{182\text{Hz}}} = 0.931 \rightarrow 8\text{dB 감소}$$

③ 차음막 F를 설치한 경우와 설치하지 않은 경우의 소음 감소 차이

$$18\text{dB} - 8\text{dB} = 10\text{dB}$$

39 다음 괄호 안을 채우시오.

[11년 1회(기사)]

생활수준의 향상으로 쾌적하고 조용한 환경에서 생활하고자 하는 욕구가 증대되고 있으나, 산업 및 경제발전에 따라 각종 건설공사가 증가하고 있고, 주거지역 주변에는 소규모 공장, 사업장, 확성기 등 소음 발생원이 산재되어 있다. 이러한 것들을 규제하여 조용하고 쾌적한 생활환경을 유지하고자 (①)을 정하여 놓고 있는데, 공사장 소음의 경우 주간기준을 주거지역과 상업지역에 대하여 각각 (②)와 (③)로 정하고 있다.

풀이

① 생활소음규제기준

② 65dB(A)

③ 70dB(A)

※ 발파소음의 경우 주간에만 규제기준치에 +10dB을 보정하여, 주거지역과 상업지역에 대하여 각각 75dB(A), 80dB(A)로 정한다.

40 노천발파 시 비석의 초속도가 30m/sec이고 비석의 경사각이 각각 $45°$와 $30°$일 때 수평면상에서의 두 비산거리의 차이를 구하시오.(단, 중력가속도 $g = 9.8\text{m/sec}^2$) [13년 1회(산기)]

풀이

① $L_{\max} = \dfrac{(V_o)^2}{g} \times \sin 2\theta = \dfrac{(30\text{m/sec})^2}{9.8\text{m/sec}^2} \times \sin 90° = 91.84\text{m}$

② $L_{\max} = \dfrac{(V_o)^2}{g} \times \sin 2\theta = \dfrac{(30\text{m/sec})^2}{9.8\text{m/sec}^2} \times \sin 60° = 79.53\text{m}$

따라서, 두 비산거리의 차이 $= 91.84 - 79.53 = 12.31\text{m}$

41 노천발파 시 비석의 초속도가 38m/sec일 때 최대비산거리는?(단, Dupont社의 제안식을 이용하라.) [10년 1회(산기)]

풀이

Dupont社의 제안식을 이용한 최대비산거리는 $45°$ 경사일 때이다.

$L_{\max} = \dfrac{(V_o)^2}{g} \times \sin 2(45°) = \dfrac{(38\text{m/sec})^2}{9.8\text{m/sec}^2} \times \sin 90° = 147.35\text{m}$

42 경암을 대상으로 한 계단식 발파에서 공경 76mm로 천공하여 발파를 하였을 경우, 예상되는 최대비산거리는 얼마인가? [09년 1회(산기), 17년 4회(산기), 22년 1회(기사)]

풀이

$L_{\max} = 260\left(\dfrac{d}{25}\right)^{\frac{2}{3}} = 260\left(\dfrac{76}{25}\right)^{\frac{2}{3}} = 545.62\text{m}$

(스웨덴 SVEDEFO의 최대비산거리 식)

CHAPTER 09 시험발파 및 계측

❶ 시험발파

발파작업을 시작하거나 지질조건이 급격하게 변화할 때 일반적으로 시험발파를 실시할 필요가 있다. 시험발파는 실시설계단계(현장조사, 영향권 분석 및 발파 설계) 이후 현장조건 및 암반특성에 따라 발파횟수와 시험발파 장소를 정하여 시행한다.

1) 시험발파의 목적

실시설계한 발파공법을 적용하여 현장의 지반조건 및 지형적 특성에 맞는 현장 발파진동 추정식(발파진동 입지상수 및 발파계수 등)을 산출하는 데 목적이 있으며, 이를 근거로 이격거리별 지발당 허용장약량을 산출하여 발파공법 적용구간 설정 및 발파패턴을 설계하는 자료로 활용한다.

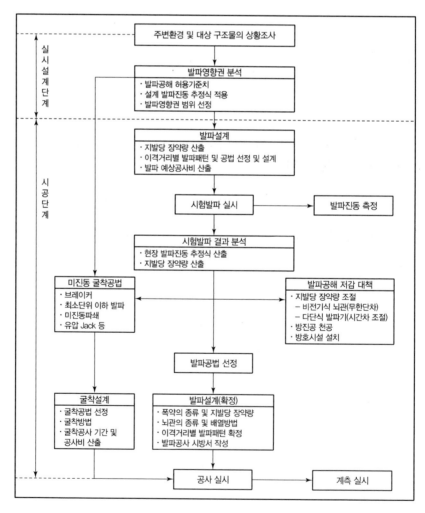

2) 설계 발파진동 추정식

① 발파진동 추정식(예측식)은 시험발파 등을 통하여 결정되나 설계단계에서 이러한 절차수행에 적용하기에는 현실적으로 무리가 있으므로, 효율적인 설계 추진을 위하여 진동 예측을 위한 설계단계에서의 발파진동 추정식 결정이 필요하며, 그 식은 다음과 같다.

$$V = K \left(\frac{D}{W^b} \right)^n$$

여기서, V : 진동속도(cm/sec)
D : 폭원으로부터 이격거리(m)
W : 지발당 최대장약량(kg)
K : 발파진동 입지상수
n : 감쇠지수
b : 장약지수

② 위 식에서 K와 n은 정량적으로 평가할 수 없는 인자의 영향을 대표하는 값으로서 지반의 진동감쇠특성을 나타내며, 지질조건, 발파 방법, 화약류의 종류에 따라 변화하나, 일반적으로 연암에서 경암으로 갈수록 더 증가하는 경향을 보이며, 시험발파에 의한 계측 결과를 분석하여 그 현장에 적합한 발파진동 추정식을 구해야 한다.

③ 거리와 지발당 장약량의 관계로부터 D/W^b를 환산거리(SD : Scaled Distance)라고 하며, 지발당 장약량과 거리가 변화할 때 최대입자속도를 예측하는 데 필요하다. 가장 보편적인 두 가지 환산거리는 자승근 환산거리 $D/W^{\frac{1}{2}}$와 삼승근 환산거리 $D/W^{\frac{1}{3}}$이다. 여기서 장약지수 b는 폭약의 모양에 따른 값으로서, 자승근인 경우 장약이 긴 봉상 또는 주상으로 분포된 것에 기초한 것이며, 폭원으로부터 근거리에서는 삼승근 환산식이 자승근 환산식보다 보수적인(안전한) 결과를 가져오는 것으로 알려져 있다.

④ 국토교통부의 「도로공사 노천발파 설계·시공 요령 및 지침」에는 $K = 200$, $n = -1.6$, $b = \frac{1}{2}$로 제안하고 있으며, 시험발파 이후 계측 결과를 통해 현장에 맞는 현장 발파진동 추정식을 산출해야 한다.

⑤ 신뢰성 있는 분석이 되기 위하여 최소 30측점 이상의 계측 결과로부터 얻어진 발파진동 추정식은 안전성과 정확도를 높이기 위해 신뢰도 95% 수준의 추정식을 구해야 하며, 이는 회귀분석에 의해 얻어진 50% 신뢰 수준의 추정식에 표준편차(SE)와 t-분포도에 따른 t값을 통해 계산된다.

$$K_{95\%} = K_{50\%} \times 10^{(t \times SE)}$$

Reference

감쇠지수(n) 계산식

$$n = \frac{\log\left(\dfrac{V_1}{V_2}\right)}{\log\left(\dfrac{SD_1}{SD_2}\right)} = \frac{\log\left(\dfrac{V_1}{V_2}\right)}{\log\left(\dfrac{D_1/\sqrt{W_1}}{D_2/\sqrt{W_2}}\right)}$$

② 진동 및 소음 계측

1) 발파진동 및 발파소음 측정조건(「소음 · 진동공정시험기준」)

① 발파진동 측정조건

ㄱ 측정점은 피해가 예상되는 사람의 부지경계선 중 진동레벨이 높을 것으로 예상되는 지점을 택하여야 한다.

ㄴ 진동픽업(Pick-up)의 설치장소는 옥외지표를 원칙으로 하고 복잡한 반사, 회절현상이 예상되는 지점은 피한다.

ㄷ 진동픽업의 설치장소는 완충물이 없고, 충분히 다져서 단단히 굳은 장소로 한다.

ㄹ 진동픽업의 설치장소는 경사 또는 요철이 없는 장소로 하고, 수평면을 충분히 확보할 수 있는 장소로 한다.

ㅁ 진동픽업은 수직방향 진동레벨을 측정할 수 있도록 설치한다.

ㅂ 진동픽업 및 진동레벨계는 온도, 자기, 전기 등의 외부 영향을 받지 않는 장소에 설치한다.

ㅅ 측정진동레벨은 발파진동이 지속되는 기간 동안에 측정하여야 한다.

ㅇ 배경진동레벨은 대상진동(발파진동)이 없을 때 측정하여야 한다.

② 발파소음 측정조건

ㄱ 측정점은 피해가 예상되는 자의 부지경계선 중 소음도가 높을 것으로 예상되는 지점에서 지면 위 1.2~1.5m 높이로 한다.

ㄴ 배경소음도는 측정소음도의 측정점과 동일한 장소에서 측정함을 원칙으로 한다.

ㄷ 소음계의 마이크로폰은 측정위치에 받침장치를 설치하여 측정하는 것을 원칙으로 한다.

ㄹ 손으로 소음계를 잡고 측정할 경우 소음계는 측정자의 몸으로부터 0.5m 이상 떨어져야 한다.

ㅁ 소음계의 마이크로폰은 주 소음원 방향으로 향하도록 하여야 한다.

ㅂ 풍속이 2m/s 이상일 때에는 반드시 마이크로폰에 방풍망을 부착하여야 하며, 풍속이 5m/s를 초과할 때에는 측정하여서는 안 된다.

ㅅ 측정소음도는 발파소음이 지속되는 기간 동안에 측정하여야 한다.

ㅇ 배경소음도는 대상소음(발파소음)이 없을 때 측정하여야 한다.

③ 배경진동 및 배경소음 보정(공통사항)

  ㉠ 측정레벨에 배경레벨을 보정하여 대상레벨로 한다.

  ㉡ 측정레벨이 배경레벨보다 10dB 이상 크면 배경의 영향이 극히 작기 때문에 배경 보정 없이 측정레벨을 대상레벨로 한다.

  ㉢ 측정레벨이 배경레벨보다 3.0~9.9dB 차이로 크면 배경의 영향이 있기 때문에 측정레벨에 아래 보정표에 의한 보정치를 보정하여 대상레벨을 구한다.

  ㉣ 측정레벨이 배경레벨보다 3dB 미만으로 크면 배경레벨이 대상레벨보다 크므로 재측정하여 대상레벨을 구하여야 한다.

Reference

배경진동 및 배경소음의 영향에 대한 보정표[단위 : dB(A), dB(V)]

차이(d)	3	4	5	6	7	8	9
보정치	-3	-2		-1			

배경진동 및 배경소음 보정치 계산식

$$보정치 = -10\log(1 - 10^{-0.1d})$$

여기서, d = 측정레벨 − 배경레벨

청감보정회로 및 동특성

소음계의 청감보정회로는 A특성에 고정하여 측정하여야 한다.
소음계의 동특성은 원칙적으로 빠름(Fast) 모드로 하여 측정하여야 한다.

감각보정회로

진동레벨계의 감각보정회로는 별도 규정이 없는 한 V특성(수직)에 고정하여 측정하여야 한다.

2) 주파수 분석

주파수 분석은 복잡한 파형으로 나타나는 진동의 각 성분을 구별하고, 그 성분의 주파수와 진폭을 알아내므로 진동의 발생 원인을 규명하는 데 필요하다.

① FFT(Fast Fourier Transform) : 시간에 따른 변화를 주파수에 따른 특성으로 변환하는 방법인 FT를 디지털 신호로 바꾸어 고속화시킨 것이다.

② FFS(Fourier Frequency Spectrum) : 진동속도와 주파수의 변화를 상대진동속도 대 주파수 그래프로 도시하는 주파수 스펙트럼을 작성하여 가장 큰 진동속도 대의 주파수 범위를 분석하는 방법이다.

③ ZCA(Zero Cross Analysis) : 주 주파수의 대역을 결정하기 위해 발파진동의 파형을 측정 기록하여 이로부터 최대진동속도가 나타나는 부분의 주파수를 직접 계산하는 방법이다.

④ ZC Frequency : 발파진동은 정현진동이 아니어서 진동파형이 사인파를 이루지 못하므로 주파수로 표현이 불가한데, 이를 1/2주기를 이용하여 사인파로 만들어서 표현한 주파수이다.

3) 미국의 허용진동기준치 산정

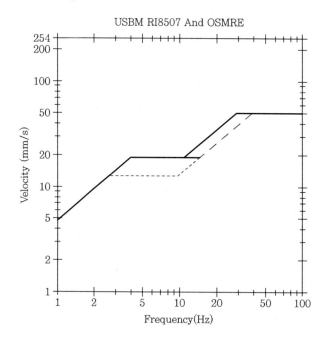

① 미 광무국(USBM)과 OSMRE(노천채광청)의 발파진동규제는 주파수와 진동속도와의 관계를 통해 발파지점과의 거리가 멀어질수록 허용진동속도를 낮게(보수적으로) 규제한다.

② 발파의 경우 거리가 멀어질수록 고주파는 지반 내로 흡수하는 반면, 저주파는 에너지 손실이 거의 없이 멀리까지 전파되어 구조물의 진동을 확대시키고 변위를 일으킨다. 뿐만 아니라, 일반적으로 구조물의 고유 진동수는 5~20Hz로서, 고유 주파수 대역에서 공진을 일으키고 저주파 대역에서 취약성을 보이기 때문에, 이를 막기 위해서 허용 수준을 낮추고 있다.

③ 위 그래프상에서 점선이 미 광무국에서 정하고 있는 주파수 대역별 허용진동속도이고, 실선이 노천채광청에서 정하고 있는 주파수 대역별 허용진동속도이다. 미 광무국에 따르면 진동속도에 대한 주파수의 영향을 고려하여 주파수 40Hz 이상의 진동수를 갖는 발파진동에 대하여는 5cm/sec를 허용치로 적용할 수 있으나, 40Hz 이하의 저주파를 갖는 발파진동에 대하여는 1.2cm/sec로 낮추어야 할 것으로 권고하고 있다.

④ 미 내무부 노천채광청은 노천채광작업에 대한 안전기준으로 미 광무국과 유사한 기준을 제안하고 있으나, 주파수 경계를 30Hz로 낮추어 정한 것이 주된 차이이다.

4) 소음의 보정

① dB(L) : 음압의 크기를 Level로 표시한 것으로 폭발 시 공기압으로 표출되는 폭풍압으로 인한 공기의 압력으로 그 크기가 결정된다.

② dB(A) : 음압의 크기도 주파수 크기가 달라지면 인체에 느끼는 감각적 크기가 달라지기 때문에 중심주파수 1,000Hz를 기준으로 하여 등청감도곡선에 따라 보정된 소음치를 의미하며, 소음진동관리법상의 소음 기준도 dB(A)를 사용하고 있다.

③ dB(A)는 소음레벨로 가청영역을 나타내는 단위이고, 청감보정회로 특성에 따라 A특성 외에도 B, C, D특성이 있으나 주로 A특성을 사용한다. dB(L)은 음압레벨로 가청영역을 포함하여 저주파와 고주파를 모두 포함하는 단위이다.

④ 발파음압 주파수에 따른 음압레벨단위의 결정

A모드나 C모드는 인체의 감각을 고려하여 청감보정회로를 거쳐 측정하고, L모드는 청감보정회로를 거치지 않고 음압 그 자체를 측정한다. 발파의 저주파수는 구조물에 영향을 주므로, 발파음압 주파수가 저주파 대역인 경우에는 음압 그 자체를 측정한 L모드를 사용한다.

01 시험발파를 실시하여 얻은 지반진동속도 자료를 회귀분석한 결과 발파진동 추정식이 $V = 45.3\left(\dfrac{D}{\sqrt{W}}\right)^{-1.6}$ 로 도출되었다. 발파 시 총 장약량이 250kg이고, 발파지점으로부터 측정지점까지의 거리가 100m일 때 예상되는 진동속도(cm/sec)를 구하여라. [20년 2회(기사)]

> **풀이**
>
> $$V = 45.3\left(\frac{D}{\sqrt{W}}\right)^{-1.6} = 45.3\left(\frac{100\text{m}}{\sqrt{250\text{kg}}}\right)^{-1.6} = 2.37\,\text{cm/sec}$$

02 고속도로 공사에서 발파를 실시하였더니, 150m 떨어진 가옥에서 1.0cm/s의 진동이 발생하였다. 거리가 75m가 될 때 현재와 같은 규모로 발파 시 최대진동치(cm/s)를 구하시오. (단, $V = 70\left(\dfrac{D}{\sqrt{W}}\right)^{-1.6}$ 식 이용) [16년 1회(기사)]

> **풀이**
>
> $$W = \left(\frac{D}{\left(\frac{V}{K}\right)^{\frac{1}{n}}}\right)^{b} = \left(\frac{150\text{m}}{\left(\frac{1.0}{70}\right)^{\frac{1}{-1.6}}}\right)^{2} = 111.12\,\text{kg}$$
>
> $$V = 70\left(\frac{75\text{m}}{\sqrt{111.12\text{kg}}}\right)^{-1.6} = 3.03\,\text{cm/sec}$$

03 거리가 70m일 때 진동속도 7mm/sec, 130m일 때 진동속도 3mm/sec라면 자승근 환산거리에서 지발당 최대장약량이 4kg일 때 n값을 구하여라.

[07년 4회(기사), 09년 4회(기사), 13년 1회(기사), 17년 4회(기사), 21년 1회(기사)]

> **풀이**
>
> 감쇠지수 $n = \dfrac{\log\left(\dfrac{V_1}{V_2}\right)}{\log\left(\dfrac{SD_1}{SD_2}\right)}$ 에서,
>
> $SD = \dfrac{D}{\sqrt{W}}$ 이고, 지발당 최대장약량이 4kg이므로 $SD = D$로 볼 수 있다.

$$\text{따라서, } n = \frac{\log\left(\dfrac{V_1}{V_2}\right)}{\log\left(\dfrac{D_1}{D_2}\right)} = \frac{\log\left(\dfrac{7}{3}\right)}{\log\left(\dfrac{70}{130}\right)} = -1.37$$

04 1kg의 지발당 장약량으로 발파 시 50m에서 진동속도가 6mm/sec, 100m에서 진동속도가 2mm/sec로 측정되었다면 환산거리와 진동속도 간의 그래프의 기울기 값을 구하시오.

[19년 4회(기사)]

풀이

최대지발당 장약량 $W = 1\text{kg}$이므로

$$\text{기울기(감쇠지수) } n = \frac{\log\left(\dfrac{V_1}{V_2}\right)}{\log\left(\dfrac{SD_1}{SD_2}\right)} = \frac{\log\left(\dfrac{V_1}{V_2}\right)}{\log\left(\dfrac{D_1}{D_2}\right)} = \frac{\log\left(\dfrac{6\text{mm/sec}}{2\text{mm/sec}}\right)}{\log\left(\dfrac{50\text{m}}{100\text{m}}\right)} = -1.58$$

05 Scaled Distance가 100과 10인 경우, 진동속도 V가 0.1cm/sec와 1.0cm/sec인 경우 K와 n을 구하여, $V(\text{cm/sec}) = K(SD)^n$의 형태로 표기하시오.

[09년 4회(산기), 15년 1회(기사), 22년 1회(산기)]

풀이

$$\text{감쇠지수 } n = \frac{\log\left(\dfrac{V_1}{V_2}\right)}{\log\left(\dfrac{SD_1}{SD_2}\right)} = \frac{\log\left(\dfrac{0.1}{1.0}\right)}{\log\left(\dfrac{100}{10}\right)} = -1$$

$$\text{입지상수 } K = \frac{V}{(SD)^n} = \frac{0.1}{100^{-1}} = 10$$

$$\text{즉, } V(\text{cm/sec}) = 10(SD)^{-1}$$

06 지발당 장약량을 0.25kg으로 하여 거리 10m에서 진동속도가 15mm/sec, 거리 50m에서 진동속도가 1mm/sec이었다. 이때의 진동속도 추정식을 계산하시오. (단, 자승근 환산거리를 적용하며, K는 소수점 1자리까지, 감쇠지수는 소수점 4자리까지 표기하시오.)

[20년 1회(기사)]

풀이

$$① \ SD_1 = \frac{D_1}{\sqrt{W}} = \frac{10\text{m}}{\sqrt{0.25\text{kg}}} = 20\text{m}/\sqrt{\text{kg}}$$

$$② \ SD_2 = \frac{D_2}{\sqrt{W}} = \frac{50\text{m}}{\sqrt{0.25\text{kg}}} = 100\text{m}/\sqrt{\text{kg}}$$

$$③ \ \text{감쇠지수} \ n = \frac{\log\left(\dfrac{V_1}{V_2}\right)}{\log\left(\dfrac{SD_1}{SD_2}\right)} = \frac{\log\left(\dfrac{15\text{mm/sec}}{1\text{mm/sec}}\right)}{\log\left(\dfrac{20}{100}\right)} = -1.6826$$

$$④ \ \text{입지상수} \ K = \frac{V}{SD^n} = \frac{15\text{mm/sec}}{20^{-1.6826}} = 2,318.5$$

$$⑤ \ \text{진동속도 추정식} \ V = 2,318.5\left(\frac{D}{\sqrt{W}}\right)^{-1.6826}$$

07 자승근 환산거리가 $20\text{m}/\sqrt{\text{kg}}$ 이고, 이격거리가 500m 확보되었을 때 지발당 최대장약량은 얼마인가? [17년 4회(기사), 18년 4회(산기)]

풀이

자승근 환산거리 $SD = 20\text{m}/\sqrt{\text{kg}} = \dfrac{D}{\sqrt{W}} = \dfrac{500\text{m}}{\sqrt{W}}$ 이므로 $\sqrt{W} = 25\text{kg}$이고, $W = 625\text{kg}$

08 구조물에서 200m 떨어진 위치에 노천발파를 계획하였다. 전체 암반 물량이 $1,000\text{m}^3$이고, 비장약량을 0.5kg/m^3으로 발파를 실시한다면 필요한 발파공수는 몇 개인가?(단, $SD = 40$ $\text{m}/\sqrt{\text{kg}}$ 을 적용한다.) [08년 1회(기사), 10년 1회(기사), 22년 1회(산기)]

풀이

총 장약량 $=$ 비장약량 $\times$ 물량 $= 0.5\text{kg/m}^3 \times 1,000\text{m}^3 = 500\text{kg}$

$SD = 40\text{m}/\sqrt{\text{kg}} \rightarrow 40 = 200\text{m}/\sqrt{W}$ 이므로, $W = 25\text{kg}$

따라서, 발파공수 $n = \dfrac{500\text{kg}}{25\text{kg}} = 20$공

09 SD는 60이며 $P = 10(SD)^{-1.2}$일 때 음압레벨은 얼마인가?(단, 폭풍압의 단위는 kPa이다.) [08년 4회(기사), 10년 4회(기사)]

풀이

$$P = 10(60)^{-1.2} = 0.073488\text{kPa} = 73.49\text{Pa}$$

$$SPL = 20\log\left(\frac{P}{P_o}\right) = 20\log\left(\frac{\dfrac{73.49\text{Pa}}{\sqrt{2}}}{2 \times 10^{-5}\text{Pa}}\right) = 128.29\text{dB}$$

10 시험발파를 실시하여 얻은 지반진동속도 자료를 회귀분석한 결과 중앙값에 대한 발파진동 추정식이 $V = 1,500(D/W^{1/2})^{-1.65}$로 도출되었다. 이 식을 95%의 상부신뢰수준에 대한 식으로 변환하여라.(단, 식의 표준오차는 0.1, 95% 신뢰도와 자유도에 해당하는 t값은 1.96이다.)

[17년 1회(산기), 19년 4회(기사), 21년 4회(기사)]

풀이

$$K_{95\%} = K_{50\%} \times 10^{(t \times SE)} = 1,500 \times 10^{(1.96 \times 0.1)} = 2,355.54$$

$$V = 2,355.54(D/W^{1/2})^{-1.65}$$

11 시험발파를 실시하여 얻은 지반진동속도 자료를 회귀분석한 결과 중앙값에 대한 발파진동 추정식이 자승근 $V = 2,500(D/W^{1/2})^{-1.65}$, 삼승근 $V = 2,050(D/W^{1/3})^{-1.65}$로 도출되었다. 이 식을 95%의 상부신뢰수준에 대한 식으로 변환하여라.(단, 자승근식과 삼승근식의 표준오차는 각각 0.1, 0.15이며, 95% 신뢰도와 자유도에 해당하는 t값은 1.96이다.)

[21년 1회(기사)]

풀이

① 자승근

$$K_{95\%} = K_{50\%} \times 10^{(t \times SE)} = 2,500 \times 10^{(1.96 \times 0.1)} = 3,925.91$$

$$V = 3,925.91(D/W^{1/2})^{-1.65}$$

② 삼승근

$$K_{95\%} = K_{50\%} \times 10^{(t \times SE)} = 2,050 \times 10^{(1.96 \times 0.15)} = 4,034.17$$

$$V = 4,034.17(D/W^{1/3})^{-1.65}$$

12 보안물건과의 이격거리가 200m에서 100m로 줄었을 때 허용진동속도를 동일하게 하려면 장약량은 200m일 때의 몇 %인지 계산하시오.(단, 진동추정식 $V = 70(SD)^{-1.6}$을 적용한다.)

[20년 1회(기사)]

풀이

① 허용진동속도가 주어지지 않았으므로, 0.3cm/sec로 가정

② $V = 0.3 = 70 \left(\dfrac{200}{\sqrt{W_1}} \right)^{-1.6}$

③ $V = 0.3 = 70 \left(\dfrac{100}{\sqrt{W_2}} \right)^{-1.6}$

④ $W_1 = \left(\dfrac{D}{\left(\dfrac{V}{K} \right)^{\frac{1}{n}}} \right)^2 = \left(\dfrac{200}{\left(\dfrac{0.3}{70} \right)^{\frac{1}{-1.6}}} \right)^2 = 43.86\text{kg}$

⑤ $W_2 = \left(\dfrac{D}{\left(\dfrac{V}{K} \right)^{\frac{1}{n}}} \right)^2 = \left(\dfrac{100}{\left(\dfrac{0.3}{70} \right)^{\frac{1}{-1.6}}} \right)^2 = 10.97\text{kg}$

⑥ $\dfrac{W_2}{W_1} \times 100\% = \dfrac{10.97\text{kg}}{43.86\text{kg}} \times 100\% = 25\%$

---

13 발파진동식 $V = 200 \left(\dfrac{D}{\sqrt[3]{W}} \right)^{-1.6}$ 인 현장에서 발파원으로부터 계측지점까지의 거리가 50m 일 때 지발당 장약량을 절반으로 적용할 경우 진동감쇠율은 얼마인가? [20년 4회(기사)]

풀이

① 지발당 장약량이 주어지지 않았으므로, W를 1.0kg과 0.5kg으로 가정하여 거리 50m에서의 진동속도를 계산, 비교한다.

$V_1 = 200 \left(\dfrac{50\text{m}}{\sqrt[3]{1.0\text{kg}}} \right)^{-1.6} = 0.38\text{cm/s}$

$V_2 = 200 \left(\dfrac{50\text{m}}{\sqrt[3]{0.5\text{kg}}} \right)^{-1.6} = 0.26\text{cm/s}$

② 각각의 진동속도값을 통해 진동감쇠율을 계산한다.

$\dfrac{V_2}{V_1} \times 100 = \dfrac{0.26\text{cm/s}}{0.38\text{cm/s}} \times 100 = 68.42\%$

∴ 진동감쇠율 $= 100\% - 68.42\% = 31.58\%$

---

14 발파진동식 $V = 170 \left(\dfrac{D}{\sqrt[3]{W}} \right)^{-1.66}$ 인 현장에서 발파원으로부터 계측지점까지의 거리가 2배 증가하여 지발당 장약량을 2배로 증가시킬 경우 진동속도의 변화량을 구하시오.(단, 증가 또는 감소될 수 있다.) [21년 1회(기사)]

풀이

① 이격거리와 지발당 장약량이 주어지지 않았으므로, D_1, D_2를 각각 10m, 20m로 가정하고, W_1, W_2를 각각 1kg, 2kg으로 가정하여 진동속도를 계산, 비교한다.

$$V_1 = 170\left(\frac{D_1}{\sqrt[3]{W_1}}\right)^{-1.66} = 170\left(\frac{10\text{m}}{\sqrt[3]{1\text{kg}}}\right)^{-1.66} = 3.72\text{cm/s}$$

$$V_2 = 170\left(\frac{D_2}{\sqrt[3]{W_2}}\right)^{-1.66} = 170\left(\frac{20\text{m}}{\sqrt[3]{2\text{kg}}}\right)^{-1.66} = 1.73\text{cm/s}$$

② 각각의 진동속도값을 통해 진동속도 변화량을 계산한다.

$$\frac{V_2}{V_1} \times 100 = \frac{1.73\text{cm/s}}{3.72\text{cm/s}} \times 100 = 46.51\%$$

∴ 진동변화량 = 100% − 46.51% = 53.49% 감소

15 허용진동속도를 3mm/sec로 제한할 때 자승근과 삼승근 발파진동 예측식의 교차점 거리를 구하고, 보안물건과의 거리가 30m일 때, 안전을 고려하여 사용 가능한 최대지발당 장약량을 산정하라.(단, 자승근의 입지상수 K = 1,500, 감쇠지수 n = −1.55, 삼승근의 입지상수 K = 1,700, 감쇠지수 n = −1.66이다.) [05년 4회(산기), 20년 4회(기사)]

풀이

① 교차점 거리(자승근 환산식과 삼승근 환산식의 장약량이 동일해지는 거리)

$$W_1 = \left(\frac{D}{\left(\frac{V}{K}\right)^{\frac{1}{n}}}\right)^2 \text{이고, } W_2 = \left(\frac{D}{\left(\frac{V}{K}\right)^{\frac{1}{n}}}\right)^3 \text{에서, } W_1 = W_2 \text{이므로}$$

$$D = \frac{\left(\left(\frac{V}{K}\right)^{\frac{1}{n}}\right)^3}{\left(\left(\frac{V}{K}\right)^{\frac{1}{n}}\right)^2} = \frac{\left(\left(\frac{3}{1,700}\right)^{-\frac{1}{1.66}}\right)^3}{\left(\left(\frac{3}{1,500}\right)^{-\frac{1}{1.55}}\right)^2} = 31.14\text{m}$$

② 보안물건과의 거리가 30m이면, 교차점보다 거리가 짧으므로 안전을 고려하여 사용 가능한 최대지발당 장약량은 삼승근 환산식을 적용하여 계산한다.(교차점 이내에서는 삼승근 환산식이 안전에 유리하며, 교차점 이상에서는 자승근 환산식이 안전에 유리하다.)

$$V = \frac{3\text{mm}}{\text{sec}} = 1,700\left(\frac{30\text{m}}{\sqrt[3]{W}}\right)^{-1.66} \text{에서,}$$

$$W = \left(\frac{30\text{m}}{\left(\frac{3\text{mm/sec}}{1,700}\right)^{-\frac{1}{1.66}}}\right)^3 = 0.29\text{kg/delay}$$

16 허용진동속도를 3mm/sec로 제한할 때 자승근 발파진동식과 삼승근 발파진동식의 지발당 장약량이 같아지는 거리를 구하고, 그때의 최대지발당 장약량을 구하여라.(단, 자승근의 입지상수 $K = 2,500$, 감쇠지수 $n = -1.65$, 삼승근의 입지상수 $K = 2,050$, 감쇠지수 $n = -1.75$ 이다.)

[19년 4회(기사)]

풀이

① 교차점 거리

$W_1 = \left(\dfrac{D}{\left(\frac{V}{K} \right)^{\frac{1}{n}}} \right)^2$ 이고, $W_2 = \left(\dfrac{D}{\left(\frac{V}{K} \right)^{\frac{1}{n}}} \right)^3$ 에서, $W_1 = W_2$ 이므로,

$$D = \frac{\left(\left(\frac{V}{K} \right)^{\frac{1}{n}} \right)^3}{\left(\left(\frac{V}{K} \right)^{\frac{1}{n}} \right)^2} = \frac{\left(\left(\frac{3}{2,050} \right)^{-\frac{1}{1.75}} \right)^3}{\left(\left(\frac{3}{2,500} \right)^{-\frac{1}{1.65}} \right)^2} = 20.84\text{m}$$

② 교차점 거리에서의 지발당 장약량은 자승근 발파진동식과 삼승근 발파진동식이 같으므로, 하나의 식을 선택하여 계산한다.

$V = 3\text{mm/sec} = 2,050 \left(\dfrac{20.84\text{m}}{\sqrt[3]{W}} \right)^{-1.75}$ 에서,

$$W = \left(\frac{20.84\text{m}}{\left(\frac{3\text{mm/sec}}{2,050} \right)^{-\frac{1}{1.75}}} \right)^3 = 0.13\text{kg/delay}$$

17 $V(\text{cm/sec}) = 185 \left(\dfrac{D}{\sqrt{W}} \right)^{-1.55}$ 이고, 거리가 43.5m이다. $V = 0.3\text{cm/sec}$일 때 고계단식 지발발파 시 $H/B = 4.5$, $U = 0.3B$, 경사 70°이고, 비장약량 0.35kg/m^3일 때, 저항선, 공간격, 계단높이, 천공장을 구하여라.

[07년 4회(기사), 20년 4회(기사)]

풀이

장약량 $W = \left(\dfrac{D}{\left(\frac{V}{K} \right)^{\frac{1}{n}}} \right)^b = \left(\dfrac{43.5\text{m}}{\left(\frac{0.3}{185} \right)^{\frac{1}{-1.55}}} \right)^2 = 0.48\text{kg}$

비장약량 $S_c = 0.35\text{kg/m}^3 = \dfrac{W}{B \times S \times H} = \dfrac{W}{B \times 1.4B \times 4.5B} = \dfrac{0.48\text{kg}}{6.3B^3}$

즉, 저항선 $B = 0.60\text{m}$, 공간격 $S = 1.4B = 0.84\text{m}$, 계단높이 $H = 4.5B = 2.70\text{m}$

초과천공장 $U = 0.3B = 0.18\text{m}$, 천공장 $L = \dfrac{H + U}{\sin\theta} = 3.06\text{m}$

18 발파지점과 100m 거리에서 허용진동속도가 0.3cm/sec인 현장의 발파진동식이 $V(\mathrm{mm/sec})$ $= 2,750(D/\sqrt{W})^{-1.75}$이고, 저계단식 지발발파로, 수평면과 70°의 경사로 천공, 벤치높이는 저항선의 3배이며, 초과천공장은 저항선의 0.3배, 비장약량은 0.35kg/m³일 때 저항선, 공간격, 벤치높이, 천공장을 각각 구하시오.(단, 지발당 장약량과 공당 장약량은 같다고 본다.)

[07년 1회(산기), 14년 4회(기사)]

풀이

장약량 $W = \left(\dfrac{D}{\left(\dfrac{V}{K}\right)^{\frac{1}{n}}}\right)^{b} = \left(\dfrac{100\mathrm{m}}{\left(\dfrac{3}{2,750}\right)^{\frac{1}{-1.75}}}\right)^{2} = 4.12\mathrm{kg}$

비장약량 $S_c = 0.35\mathrm{kg/m^3} = \dfrac{W}{B \times S \times H} = \dfrac{W}{B \times \dfrac{H+7B}{8} \times 3B} = \dfrac{4.12\mathrm{kg}}{3.75B^3}$

즉, 저항선 $B = 1.46\mathrm{m}$, 공간격 $S = \dfrac{H+7B}{8} = 1.83\mathrm{m}$, 벤치높이 $H = 3B = 4.38\mathrm{m}$

초과천공장 $U = 0.3B = 0.44\mathrm{m}$, 천공장 $L = \dfrac{H+U}{\sin\theta} = 5.13\mathrm{m}$

19 $V(\mathrm{mm/sec}) = 1,350\left(\dfrac{D}{\sqrt{W}}\right)^{-1.6}$이고 폭원으로부터의 거리가 44.5m이다. $V = 2\mathrm{mm/sec}$일 때 저계단식 지발발파패턴으로 $H = 3B$, $U = 0.3B$, 경사가 70°, 비장약량이 0.3kg/m³일 때 B(최소저항선), S(공간격), H(계단높이), L(천공길이)을 소수점 2자리까지 구하시오.

[09년 1회(기사), 19년 1회(기사)]

풀이

장약량 $W = \left(\dfrac{D}{\left(\dfrac{V}{K}\right)^{\frac{1}{n}}}\right)^{b} = \left(\dfrac{44.5\mathrm{m}}{\left(\dfrac{2}{1,350}\right)^{\frac{1}{-1.6}}}\right)^{2} = 0.58\mathrm{kg}$

비장약량 $S_c = 0.30\mathrm{kg/m^3} = \dfrac{W}{B \times S \times H} = \dfrac{W}{B \times \dfrac{H+7B}{8} \times 3B} = \dfrac{0.58\mathrm{kg}}{3.75B^3}$

즉, 최소저항선 $B = 0.80\mathrm{m}$, 공간격 $S = \dfrac{H+7B}{8} = 1.00\mathrm{m}$, 벤치높이 $H = 3B = 2.40\mathrm{m}$

초과천공장 $U = 0.3B = 0.24\mathrm{m}$, 천공장 $L = \dfrac{H+U}{\sin\theta} = 2.81\mathrm{m}$

제9장 시험발파 및 계측 | **135**

20 시험발파 결과를 분석한 결과 삼승근 환산거리 및 진동속도와의 $\log - \log$ 그래프에서 A(20, 10), B(60, 2) 두 점을 지나는 것으로 확인되었다. 발파진동 추정식에서 진동 허용기준을 2mm/sec로 관리하고자 한다면 지발당 장약량 0.500kg을 사용할 수 있는 거리는 얼마가 되겠는가?

풀이

계측자료를 통해 회귀분석 과정을 거치면 중앙치에 해당하는 직선식을 다음과 같은 형태로 도출할 수 있다.

$$V = K\left(\frac{D}{\sqrt{W}}\right)^n = K(SD)^n$$

이때 양변에 $\log$를 취하면, $\log V = \log K + n \cdot \log(SD)$

$Y = \alpha + \beta \cdot X$ 형태(일차함수)의 직선식이 되어 a와 n 값이 산출된다.

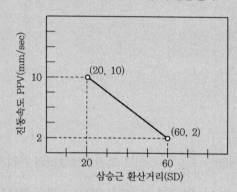

직선식에서 n은 그래프의 기울기를 의미하므로,

$$n = \frac{Y_1 - Y_2}{X_1 - X_2} = \frac{\log(2) - \log(10)}{\log(60) - \log(20)} = -1.465$$

$$n = \frac{Y_1 - Y_2}{X_1 - X_2} = \frac{Y_2 - Y_3}{X_2 - X_3} = \frac{\log(10) - \log(K)}{\log(20) - \log(1)} = -1.465$$

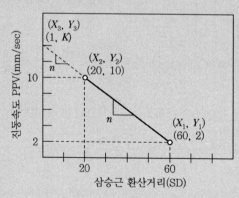

따라서, $\log(K)$에 관한 식으로 변환하면,

$$\log(K) = a = 1.465 \times (\log(20) - \log(1)) + \log(10) = 2.906$$

$$K = 10^a = 10^{2.906} = 805.38$$

136 | 제2편 발파공학

문제에서 진동 관리기준 2mm/sec에서 지발당 장약량 0.5kg을 사용할 수 있는 이격거리는

$$D = \left(\left(\frac{V}{K} \right)^{-\frac{1}{n}} \right) \times \sqrt[3]{W} = \left(\left(\frac{2\,\mathrm{mm/s}}{805.38} \right)^{-\frac{1}{1.465}} \right) \times \sqrt[3]{0.5\mathrm{kg}} = 47.62\mathrm{m}$$

21 다음은 소음 · 진동공정시험기준에서 제시한 발파소음의 측정조건이다. 빈칸을 채우시오.

[13년 4회(산기), 19년 1회(산기)]

풍속이 (①) 이상일 때에는 반드시 마이크로폰에 방풍망을 부착하여야 하며, 풍속이 (②)를 초과할 때에는 측정하여서는 안 된다.

풀이

① 2m/sec   ② 5m/sec

22 다음은 소음 · 진동공정시험기준에서 제시한 발파소음의 측정조건이다. 빈칸을 채우시오.

[19년 4회(기사)]

소음계의 청감보정회로는 (①)에 고정하여 측정하고, 동특성은 원칙적으로 (②) 모드로 하여 측정하여야 한다.

풀이

① A특성   ② 빠름(Fast)

23 다음은 소음 · 진동공정시험기준에서 제시한 배경소음 보정 방법이다. 빈칸을 채우시오.

[15년 4회(기사), 19년 1회(기사)]

측정소음도가 배경소음도보다 (①) 이상 크면 배경소음의 영향이 극히 작기 때문에 배경소음의 보정 없이 측정소음도를 대상소음도로 하고, 측정소음도가 배경소음도보다 (②) 미만으로 크면 배경소음이 대상소음보다 크므로 재측정하여 대상소음도를 구하여야 한다.

풀이

① 10dB   ② 3dB

24 배경소음과 측정소음의 차이가 15dB인 곳에서 소음을 보정하는 방법에 대하여 간단히 서술하시오. [07년 1회(기사), 10년 4회(기사), 20년 1회(산기)]

풀이

측정소음도가 배경소음도보다 10dB 이상 크면 배경소음의 영향이 극히 작기 때문에 배경소음의 보정 없이 측정소음도를 대상소음도로 한다.

25 다음 용어를 설명하시오. [17년 1회(기사)]

① FFT
② ZC Frequency

풀이

① FFT : 시간에 따른 변화를 주파수에 따른 특성으로 변환하는 방법인 FT를 디지털 신호로 바꾸어 고속화시킨 것이 FFT(Fast Fourier Transform)이다.
② ZC Frequency : 발파진동은 정현진동이 아니어서 진동파형이 사인파를 이루지 못하므로 주파수로 표현이 불가한데, 이를 1/2주기를 이용하여 사인파로 만들어서 표현한 주파수이다.

26 진동의 원인을 규명하는 데 있어서 주파수의 분석이 유용하게 사용된다. FFT(Fast Fourier Transform) 분석과 관련한 다음 용어를 설명하시오. [20년 1회(기사)]

① FFS(Fourier Frequency Spectrum)
② ZCA(Zero Cross Analysis)

풀이

① FFS : 진동속도와 주파수의 변화를 상대진동속도 대 주파수 그래프로 도시하는 주파수 스펙트럼을 작성하여 가장 큰 진동속도 대의 주파수 범위를 분석하는 방법이다.
② ZCA : 주 주파수의 대역을 결정하기 위해 발파진동의 파형을 측정 기록하여 이로부터 최대진동속도 가 나타나는 부분의 주파수를 직접 계산하는 방법이다.

27 PPV에 의한 미 광무국(USBM)과 OSMRE의 발파진동규제는 발파지점과의 거리가 멀어질수록 허용최대입자속도를 낮게 경감한다. 발파지점과의 거리가 멀수록 허용최대입자속도를 낮게 하는 이유 2가지를 적으시오. [07년 1회(산기), 11년 1회(기사), 19년 1회(기사)]

풀이

① 거리가 멀어질수록 고주파는 지반 내로 흡수되고, 저주파는 에너지 손실 거의 없이 멀리까지 전파되어 구조물의 진동을 확대시키고 변위를 일으킨다.

② 구조물의 고유 진동수는 5~20Hz로서, 고유 주파수 대역에서 공진을 일으키고 저주파 대역에서 취약성을 보인다.

28 발파음압 주파수가 50Hz일 때 A모드나 C모드를 사용하지 않고 L모드를 사용하는 이유는 무엇인가?

[07년 4회(기사), 10년 4회(기사), 14년 1회(기사), 18년 4회(산기)]

풀이

A모드나 C모드는 인체의 감각을 고려하여 청감보정회로를 거쳐 측정하고, L모드는 청감보정회로를 거치지 않고 음압 그 자체를 측정한다. 발파의 저주파수는 구조물에 영향을 주므로, 음압 그 자체를 측정한 L모드를 쓴다.

PART

03

암석역학

 **암석의 지질학적 분류**

1 암석역학

① 암석과 암반의 역학적 거동에 관한 이론 및 응용과학으로서, 어떠한 물리적 환경에서 발생하는 응력장에 대한 암석과 암반의 변형 및 파괴 등의 반응을 연구하는 역학의 한 분야이다.

② 암석은 취급하는 크기와 범위에 따라 두 가지 개념으로 나뉘는데, 지질학적으로 생성 시부터 구조적으로 단층, 절리, 층리 등의 역학적 불연속면을 가진 불연속체로 볼 수 있는 현지 암반(Insitu Rock)과 작은 크기의 시료나 시편의 암석과 같이 역학적 결함이 없는 균질하고 연속체의 무결암(Intack Rock)으로 나뉜다.

2 암석의 지질학적 분류 기준

암석은 하나 또는 둘 이상의 광물이 자연적으로 모여 생긴 집합체로서 생성된 요인에 따라 크게 화성암, 퇴적암, 변성암으로 분류할 수 있다.

3 암석의 종류

1) 화성암

용융 상태의 마그마가 지표에 분출되거나 지각 중에 관입하여 냉각, 고결된 암석으로 마그마의 냉각속도에 따라 심성암, 화산암, 반심성암으로 분류하며 SiO_2 함량을 기준으로 분류하기도 한다.

구분	산성암	중성암			염기성암	초염기성암
	>66%	66~60%	60±55%	55±52%	52~45%	<45%
화산암	유문암	석영안산암	조면암	안산암	현무암	−
반심성암	화강반암	화강섬록반암	섬장반암	섬록반암	휘록암	−
심성암	화강암	화강섬록암	섬장암	섬록암	반려암	감람암

SiO_2 함량이 높을수록 암석의 색깔은 담색(밝은 빛)에 가깝고 상대적으로 가벼우며, SiO_2 함량이 낮을수록 검은색(어두운 빛)에 가깝고 상대적으로 무겁다.

2) 퇴적암

기존의 암석이 풍화 또는 침식작용을 받아 생긴 물질이나 생물의 유해 등이 다른 곳으로 운반되거나 또는 그 자리에 쌓여 굳어진 암석으로 쇄설성 퇴적물, 화학적 퇴적물, 유기적 퇴적물을 기준으로 분류한다.

퇴적물		퇴적암
쇄설성 퇴적물	수성 퇴적물	역암, 각력암, 사암, 셰일, 이암
	화성 퇴적물	응회암, 화산각력암
화학적 퇴적물		석회암, 암염, 처트, 석고
유기적 퇴적물		석회암, 처트, 석탄

3) 변성암

암석이 지하 깊은 곳에서 열이나 압력을 받아 기존 암석의 성질을 잃어버리고 새로운 환경에서 안정한 광물과 조직을 가진 암석으로 어떠한 요인이 크게 작용했는지에 따라 동력변성작용과 접촉변성작용으로 구분하여 분류하며, 이방성 구조를 갖는 특징이 있다.

구분	조직	변성암
동력변성암 (광역변성암)	엽리	점판암(슬레이트)
	편리	천매암, 편암
	편마구조	편마암
접촉변성암 (열변성암)	혼펠스	혼펠스
	입상변정질	규암, 대리암, 사문암

Reference

슬레이크 내구성 시험
건, 습 과정을 받은 암석의 열화에 대한 저항성을 평가하는 시험으로, 연암의 특성을 평가하거나 경암이 풍화 작용을 받는 경우의 거동을 예측하기 위하여 실시된다.

01 다음 암석들 중 화성암을 고르시오.

[14년 4회(기사)]

> 유문암, 반려암, 안산암, 역암, 응회암, 처트, 천매암, 편암, 혼펠스

풀이

① 유문암
② 반려암
③ 안산암

02 화성암을 SiO_2 함량에 따라 분류하시오.

[15년 1회(산기)]

풀이

구분	산성암	중성암			염기성암	초염기성암
	>66%	66~60%	60±55%	55±52%	52~45%	<45%
화산암	유문암	석영안산암	조면암	안산암	현무암	−
반심성암	화강반암	화강섬록반암	섬장반암	섬록반암	휘록암	−
심성암	화강암	화강섬록암	섬장암	섬록암	반려암	감람암

03 다음의 화성암을 SiO_2 함량에 따라 산성암, 중성암, 염기성암으로 분류하시오.

[14년 1회(기사), 18년 1회(기사)]

> 안산암, 화강암, 현무암, 반려암, 유문암, 섬록암

풀이

① 산성암 : 화강암, 유문암
② 중성암 : 섬록암, 안산암
③ 염기성암 : 반려암, 현무암

04 다음 암석들 중에서 쇄설성 퇴적암 3가지를 고르시오. [09년 4회(기사), 13년 1회(기사)]

> 석회암, 사암, 현무암, 처트, 천매암, 응회암, 규암, 역암, 화강암, 편마암

풀이

① 사암
② 역암
③ 응회암

05 다음 암석들 중에서 이방성 구조를 갖는 암석을 모두 고르시오. [11년 4회(기사), 15년 1회(기사)]

> 화강암, 점판암, 석회암, 천매암, 편암, 이암, 반려암

풀이

① 점판암
② 천매암
③ 편암

06 슬레이크 내구성 시험의 목적은 무엇인가? [07년 4회(기사), 12년 1회(기사)]

풀이

건, 습 과정을 받은 암석의 열화에 대한 저항성을 평가하는 시험으로, 연암의 특성을 평가하거나 경암이 풍화작용을 받는 경우의 거동을 예측하기 위하여 실시된다.

CHAPTER 02 암석의 탄성론

❶ 응력과 변형률

1) 응력(Stress)

물체에 외력이 작용하면 물체가 변형하는 동시에 내부에 내력이 생겨 외력과 평형을 이루게 되며, 이때의 내력의 강도를 표현하는 물리량으로 정의된다.

① 수직응력(σ) : 물체 내부의 한 점에서 작용면에 수직인 방향의 성분(단위면적당의 힘)

② 전단응력(τ) : 물체 내부의 한 점에서 작용면에 평행인 방향의 성분(단위면적당의 힘)

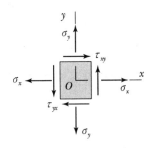

2) 주응력(Principal Stress)

① 작용면에 작용하는 최대, 최소의 수직응력

    ⊙ 최대주응력 : $\sigma_{\max} = \dfrac{(\sigma_x + \sigma_y)}{2} + \sqrt{\left(\dfrac{\sigma_x - \sigma_y}{2}\right)^2 + \tau_{xy}^2}$

    ⓛ 최소주응력 : $\sigma_{\min} = \dfrac{(\sigma_x + \sigma_y)}{2} - \sqrt{\left(\dfrac{\sigma_x - \sigma_y}{2}\right)^2 + \tau_{xy}^2}$

    ⓒ 최대전단응력 : $\tau_{\max} = + \sqrt{\left(\dfrac{\sigma_x - \sigma_y}{2}\right)^2 + \tau_{xy}^2}$

    ⓔ 최소전단응력 : $\tau_{\min} = - \sqrt{\left(\dfrac{\sigma_x - \sigma_y}{2}\right)^2 + \tau_{xy}^2}$

② 주응력의 특징

    ⊙ 최대전단응력은 두 개의 주응력의 차의 1/2이며, 주응력면의 45° 지점에서 나타난다.

$$\tau_{\max} = \frac{\sigma_{\max} - \sigma_{\min}}{2}$$

    ⓛ 주응력 축들은 서로 수직이다.

- 임의의 면에 작용하는 수직응력 : $\sigma_\theta = \dfrac{(\sigma_x + \sigma_y)}{2} + \dfrac{(\sigma_x - \sigma_y)}{2}\cos 2\theta + \tau_{xy}\sin 2\theta$

- 임의의 면에 작용하는 전단응력 : $\tau_\theta = -\dfrac{(\sigma_x - \sigma_y)}{2}\sin 2\theta + \tau_{xy}\cos 2\theta$

- 수평응력, 수직응력, 전단응력을 이용한 θ 계산식 : $\tan 2\theta = \dfrac{2\tau_{xy}}{\sigma_y - \sigma_x}$, $\theta = \dfrac{\tan^{-1}\left(\dfrac{2\tau_{xy}}{\sigma_y - \sigma_x}\right)}{2}$

3) Mohr의 응력원

σ를 x축으로 하고 τ를 y축으로 하는 좌표상에서 응력원의 중심은 $\left(\dfrac{\sigma_1 + \sigma_3}{2},\ 0\right)$, 반지름은 $\left(\dfrac{\sigma_1 - \sigma_3}{2}\right)$이며, σ_1과 σ_3는 σ축과 서로 교차하는 원의 방정식으로서, 물체 내부의 한 점에서의 수직응력 및 전단응력이 작용면의 방향에 따라 그 값이 달라지는 것을 표현한 것이다.

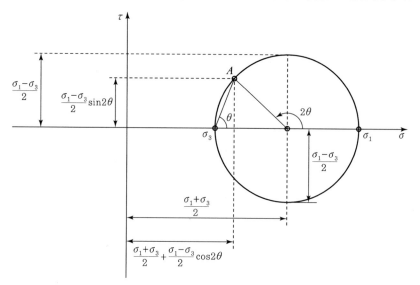

Mohr 응력원상의 임의의 점 A에서의 수직응력과 전단응력

- 수직응력 : $\sigma_\theta = \dfrac{(\sigma_1 + \sigma_3)}{2} + \dfrac{(\sigma_1 - \sigma_3)}{2}\cos 2\theta$

- 전단응력 : $\tau_\theta = -\dfrac{(\sigma_1 - \sigma_3)}{2}\sin 2\theta$

※ 전단응력 계산 시 마이너스(−) 부호를 생략하기도 한다.

4) 변형률

① 변형률 $\varepsilon = \dfrac{\Delta l}{l}$ 로 정의되고 최초 길이에 대한 변화된 길이의 비로 나타낸다.

② 축방향의 변형률은 ε_{axi}로, 횡방향의 변형률은 ε_{lat}로 표현하며 포아송비 $\nu = -\dfrac{\varepsilon_{lat}}{\varepsilon_{axi}}$ 와 같다.

③ 축방향 변형률과 횡방향 변형률은 항상 부호가 반대이므로 포아송비는 양의 값을 갖는다.

Reference

포아송비와 응력, 변형률과의 관계

$$\nu = \frac{\varepsilon_x \sigma_y - \varepsilon_y \sigma_x}{\varepsilon_x \sigma_x - \varepsilon_y \sigma_y}$$

전단변형률 : 전단응력에 의한 직각으로부터의 각의 변화를 의미한다.

❷ 응력과 변형률의 관계

1) Hooke의 법칙

① 일반화된 Hooke의 법칙

㉠ 수직응력과 수직변형률의 관계 : $\sigma = E \cdot \varepsilon$

여기서, E는 영의 계수, 영률, 탄성계수를 의미한다.

㉡ 전단응력과 전단변형률의 관계 : $\tau = G \cdot \gamma$

여기서, G는 전단변형계수를 의미한다.

㉢ 전단변형계수, 영률, 포아송비의 관계 : $G = \dfrac{E}{2(1+\nu)}$

㉣ 체적탄성계수, 영률, 포아송비의 관계 : $K = \dfrac{E}{3(1-2\nu)}$

㉤ 라메상수, 영률, 포아송비의 관계 : $\lambda = \dfrac{\nu E}{(1-2\nu)(1+\nu)}$

② 삼축응력상태에서의 Hooke의 법칙 : σ_x, σ_y, σ_z 각 응력이 0이 아닌 상태

㉠ $\varepsilon_x = \dfrac{1}{E}(\sigma_x - \nu(\sigma_y + \sigma_z))$

㉡ $\varepsilon_y = \dfrac{1}{E}(\sigma_y - \nu(\sigma_z + \sigma_x))$

㉢ $\varepsilon_z = \dfrac{1}{E}(\sigma_z - \nu(\sigma_x + \sigma_y))$

㉣ $\gamma_{xy} = \dfrac{\tau_{xy}}{G}$

ⓤ $\varepsilon_x + \varepsilon_y + \varepsilon_z = \varepsilon$을 체적탄성률(체적변형률, 체적팽창률, e)이라 하며, 포아송비와 영률을 이용하면 $\varepsilon = \dfrac{1-2\nu}{E}(\sigma_x + \sigma_y + \sigma_z)$와 같다.

2) 평면응력조건과 평면변형률조건

① 평면응력조건이란 응력이 1개 평면상에만 존재하며, 평면에 수직인 방향으로는 응력이 존재하지 않는 상태로, 대표적인 예는 평면에 평형한 방향으로 하중을 받는 얇은 판이나 입방체인 물체를 들 수 있다.

이 조건하에서는 z 첨자가 붙은 응력은 사라진다. 즉, $\sigma_z = 0$이고 $\tau_z = 0$이다. 따라서 일반화된 Hooke 법칙에 의해 다음 식이 성립한다.

㉠ $\varepsilon_x = \dfrac{1}{E}(\sigma_x - \nu\sigma_y)$

㉡ $\varepsilon_y = \dfrac{1}{E}(\sigma_y - \nu\sigma_x)$

㉢ $\varepsilon_z = \dfrac{1}{E}(-\nu(\sigma_x + \sigma_y)) = -\dfrac{\nu}{E}(\sigma_x + \sigma_y)$

㉣ $\gamma_{xy} = \dfrac{\tau_{xy}}{G}$

② 한편, 터널, 댐 등과 같이 물체의 변형이 길이 방향에 수직인 평면 내에 국한된 경우 3차원 문제를 보다 간편히 2차원적으로 해석이 가능하다. 이것을 평면변형률조건이라고 한다. 이 조건에서는 z축의 전단변형률 $\gamma_z = 0$이며, ε_z는 0이거나 상수이어야 한다. $\varepsilon_z = 0$으로 놓으면 일반화된 Hooke 법칙에 의해 다음 식이 성립한다.

㉠ $\varepsilon_x = \dfrac{1}{E}[(1-\nu^2)\sigma_x - \nu(1+\nu)\sigma_y]$

㉡ $\varepsilon_y = \dfrac{1}{E}[(1-\nu^2)\sigma_y - \nu(1+\nu)\sigma_x]$

㉢ $\varepsilon_z = 0$

㉣ $\gamma_{xy} = \dfrac{\tau_{xy}}{G}$

㉤ $\sigma_z = \nu(\sigma_x + \sigma_y)$

3) 편차응력과 응력불변량

① **평균응력** : 삼축응력상태에서 각 방향 응력들의 합을 3으로 나눈 값이다.

$$\sigma_m = \frac{\sigma_x + \sigma_y + \sigma_z}{3}$$

② **편차응력** : 각 방향에서의 수직응력과 평균응력과의 차이이다.

    ㉠ x방향 편차응력 : $\sigma_x' = \sigma_x - \sigma_m$

    ㉡ y방향 편차응력 : $\sigma_y' = \sigma_y - \sigma_m$

    ㉢ z방향 편차응력 : $\sigma_z' = \sigma_z - \sigma_m$

③ **평균변형률** : 삼축변형률상태에서 각 방향 변형률들의 합을 3으로 나눈 값이다.

$$\varepsilon_m = \frac{\varepsilon_x + \varepsilon_y + \varepsilon_z}{3}$$

④ **편차변형률** : 각 방향에서의 변형률과 평균변형률과의 차이이다.

    ㉠ x방향 편차변형률 : $\varepsilon_x' = \varepsilon_x - \varepsilon_m$

    ㉡ y방향 편차변형률 : $\varepsilon_y' = \varepsilon_y - \varepsilon_m$

    ㉢ z방향 편차변형률 : $\varepsilon_z' = \varepsilon_z - \varepsilon_m$

4) 변형률 로젯(스트레인 로젯)

암석의 변형률 측정 시 이용되며, 변형률 게이지(Strain Gage)를 암석 표면에 부착하여 수직변형률을 측정한다.

① $0 - 45 - 90$ 변형률 로젯

    ㉠ $\varepsilon_x = \varepsilon_0$

    ㉡ $\varepsilon_{45} = \dfrac{\varepsilon_x + \varepsilon_y}{2} + \dfrac{\gamma_{xy}}{2}$

    ㉢ $\varepsilon_y = \varepsilon_{90}$

    ㉣ $\gamma_{xy} = 2\varepsilon_{45} - \varepsilon_0 - \varepsilon_{90}$

    ㉤ 최대주변형률 : $\varepsilon_1 = \dfrac{(\varepsilon_x + \varepsilon_y)}{2} + \sqrt{\left(\dfrac{\varepsilon_x - \varepsilon_y}{2}\right)^2 + \left(\dfrac{\gamma_{xy}}{2}\right)^2}$

    ㉥ 최소주변형률 : $\varepsilon_3 = \dfrac{(\varepsilon_x + \varepsilon_y)}{2} - \sqrt{\left(\dfrac{\varepsilon_x - \varepsilon_y}{2}\right)^2 + \left(\dfrac{\gamma_{xy}}{2}\right)^2}$

    ㉦ 최대주응력 : $\sigma_1 = \dfrac{(\varepsilon_1 + \varepsilon_3 \nu)E}{(1 - \nu^2)}$

◎ 최소주응력 : $\sigma_3 = \dfrac{(\varepsilon_3 + \varepsilon_1 \nu)E}{(1-\nu^2)}$

ⓩ $\theta = \tan^{-1}\left(\dfrac{2\varepsilon_{45} - \varepsilon_0 - \varepsilon_{90}}{\dfrac{\varepsilon_0 - \varepsilon_{90}}{2}}\right)$

② 0 − 60 − 120 변형률 로젯

ㄱ $\varepsilon_x = \varepsilon_0$

ㄴ $\varepsilon_y = \dfrac{2\varepsilon_{60} + 2\varepsilon_{120} - \varepsilon_0}{3}$

ㄷ $\gamma_{xy} = \dfrac{2(\varepsilon_{60} - \varepsilon_{120})}{\sqrt{3}}$

01 다음 그림과 같이 응력 분포가 $\sigma_1 = 20\text{MPa}$, $\sigma_3 = 2\text{MPa}$일 때, 전단면에 작용하는 수직응력을 계산하시오.

[18년 1회(기사)]

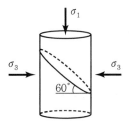

풀이

$$\sigma_\theta = \frac{(\sigma_1 + \sigma_3)}{2} + \frac{(\sigma_1 - \sigma_3)}{2} \cos 2\theta$$

$$= \frac{(20 + 2)}{2} + \frac{(20 - 2)}{2} \cos 120° = 6.5\text{MPa}$$

02 $\sigma_1 = 10\text{MPa}$이고, $\sigma_2 = -10\text{MPa}$일 때 최대전단응력이 발생하는 면 위에 작용하는 수직응력을 구하시오.

[17년 4회(기사)]

풀이

$$\sigma_\theta = \frac{\sigma_1 + \sigma_2}{2} + \frac{\sigma_1 - \sigma_2}{2} \cos 2\theta$$

최대전단응력이 작용하는 지점에서 $2\theta = 90°$이므로,

$$\sigma_\theta = \frac{10 - 10}{2} + \frac{10 + 10}{2} \cos 90° = 0$$

03 응력 분포가 다음 그림과 같은 경우 경사 30°를 갖는 역단층면에 작용하는 수직응력과 전단응력을 구하시오. (단, $\sigma_3 = 10\text{MPa}$, $\sigma_1 = 50\text{MPa}$) [09년 4회(기사), 11년 4회(기사), 14년 1회(기사)]

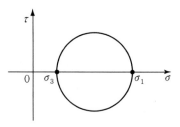

풀이

문제에서 단층의 경사가 주어지는 경우, 내부마찰각을 이용하여 파괴면의 경사를 계산해야 한다.

역단층의 경사 $i = 45° - \dfrac{\phi}{2}$ 에서 $i = 30°$ 이므로 $\phi = 30°$, 파괴면의 경사 $\theta = 45° + \dfrac{\phi}{2}$ 에서 $\phi = 30°$ 이므로 $\theta = 60°$ 이다.

$$\sigma_n = \frac{\sigma_1 + \sigma_3}{2} + \frac{\sigma_1 - \sigma_3}{2} \cdot \cos 2\theta$$

$$= \frac{50\text{MPa} + 10\text{MPa}}{2} + \frac{50\text{MPa} - 10\text{MPa}}{2} \cdot \cos 120° = 20\text{MPa}$$

$$\tau_n = \frac{\sigma_1 - \sigma_3}{2} \cdot \sin 2\theta$$

$$= \frac{50\text{MPa} - 10\text{MPa}}{2} \cdot \sin 120° = 17.32\text{MPa}$$

04 NX 시추 코어에 대하여 삼축압축시험을 실시하였다. 작용 봉압이 5MPa일 때 100MPa에서 파괴가 일어났다. 파괴된 암석을 조사한 결과 전단면 경사가 60°일 때 Mohr 응력원의 반지름, 중심점 좌표, 전단면에서의 수직응력과 전단응력을 구하여라. [06년 4회(기사)]

풀이

① 반지름

$$\frac{\sigma_1 - \sigma_3}{2} = \frac{100\text{MPa} - 5\text{MPa}}{2} = 47.5\text{MPa}$$

② 중심점

$$\left(\frac{\sigma_1 + \sigma_3}{2}, \ 0 \right) = (52.5\text{MPa}, \ 0)$$

③ 수직응력

$$\sigma_n = \frac{\sigma_1 + \sigma_3}{2} + \frac{\sigma_1 - \sigma_3}{2} \cdot \cos 2\theta = 28.75\text{MPa}$$

④ 전단응력

$$\tau_n = \frac{\sigma_1 - \sigma_3}{2} \cdot \sin 2\theta = 41.14 \text{MPa}$$

05 Mohr 응력원의 반경을 수직응력성분(σ_x, σ_y)과 전단응력성분(τ_{xy})으로 표현하시오. (단, 응력원의 반경을 구하는 식을 쓰고, 그림 또는 그래프로 나타낼 것)   [18년 1회(기사)]

풀이

① 반경

$$R = \sqrt{\left(\frac{\sigma_x - \sigma_y}{2}\right)^2 + \tau_{xy}^2}$$

② 그림

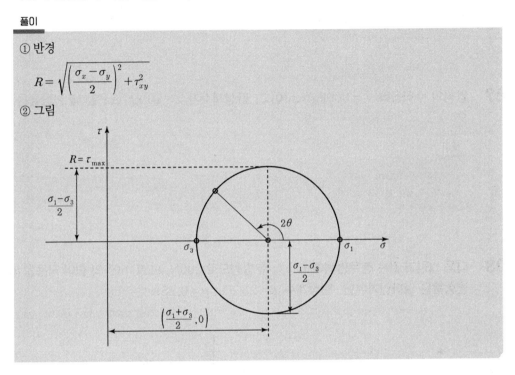

06 응력 상태가 다음과 같을 때, Mohr 응력원을 도시하시오.   [09년 1회(기사), 16년 1회(기사)]

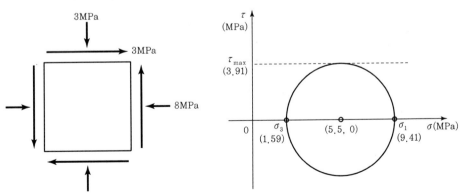

풀이

$\sigma_x = 8\text{MPa}, \ \sigma_y = 3\text{MPa}, \ \tau_{xy} = 3\text{MPa}$

$\sigma_{1,\,3} = \dfrac{\sigma_x + \sigma_y}{2} \pm \sqrt{\left(\dfrac{\sigma_x - \sigma_y}{2}\right)^2 + \tau_{xy}^2} = 9.41 \ \text{or} \ 1.59$

즉, $\sigma_1 = 9.41\text{MPa}, \ \sigma_3 = 1.59\text{MPa}$

Mohr 응력원의 중심점 : $\left(\dfrac{\sigma_1 + \sigma_3}{2}, \ 0\right) = (5.5\text{MPa}, \ 0)$

Mohr 응력원의 반지름 : $\dfrac{\sigma_1 - \sigma_3}{2} = 3.91\text{MPa}$

07 암석의 수직응력 $\sigma_v = 300\text{kg/cm}^2$이고, 탄성계수가 $2 \times 10^5\text{kg/cm}^2$일 때 변형률을 구하시오.

[17년 4회(산기)]

풀이

$\varepsilon = \dfrac{\sigma_v}{E} = \dfrac{300\text{kg/cm}^2}{2 \times 10^5\text{kg/cm}^2} = 1.5 \times 10^{-3}$

08 다음 그림과 같은 정육면체에 x, y, z축 방향으로 200N, 80N, 50N의 힘이 작용할 때, 체적변형률은 얼마인가?(단, 탄성계수 $E = 25\text{GPa}$, $\nu = 0.25$)

[08년 1회(기사), 13년 4회(기사), 20년 1회(기사)]

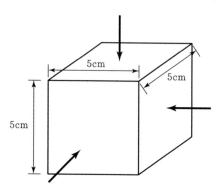

$$\varepsilon = \frac{1-2\nu}{E}(\sigma_x + \sigma_y + \sigma_z)$$

$$\sigma_x = \frac{P}{A} = \frac{200\text{N}}{5\text{cm} \times 5\text{cm}} = 80\text{kPa}$$

$$\sigma_y = \frac{P}{A} = \frac{80\text{N}}{5\text{cm} \times 5\text{cm}} = 32\text{kPa}$$

$$\sigma_z = \frac{P}{A} = \frac{50\text{N}}{5\text{cm} \times 5\text{cm}} = 20\text{kPa}$$

$$\varepsilon = \frac{1-2(0.25)}{25 \times 10^6 \text{kPa}}(80 + 32 + 20) = 2.64 \times 10^{-6}$$

09 다음 그림과 같은 정육면체에 단축압축방향으로 220kg/cm^2의 힘이 작용할 때, 체적변형률은 얼마인가?(단, 탄성계수 $E = 200\text{GPa}$, $\nu = 0.25$) [16년 4회(기사)]

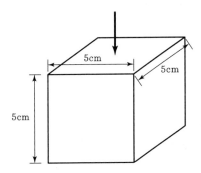

체적변형률 $\varepsilon = \varepsilon_x + \varepsilon_y + \varepsilon_z = \frac{1-2\nu}{E}(\sigma_x + \sigma_y + \sigma_z)$, $\sigma_y = 220\text{kg/cm}^2$이므로,

$$\varepsilon = \frac{1-2(0.25)}{200 \times 10^3 \text{MPa}}(21.57\text{MPa}) = 5.39 \times 10^{-5}$$

10 길이가 8cm인 원주형 시험편에 일축압축시험을 진행하였더니 0.02cm만큼 길이가 늘어났다. 이 시험편의 포아송비가 0.25이고, 탄성계수가 $2.45 \times 10^5 \text{kg/cm}^2$인 경우, 체적변형률을 구하여라. [17년 1회(기사)]

풀이

$$\varepsilon = \frac{\Delta l}{l} = \frac{0.02\mathrm{cm}}{8\mathrm{cm}} = 2.5 \times 10^{-3}$$

$$\sigma = E \times \varepsilon = 2.45 \times 10^5 \mathrm{kg/cm^2} \times 2.5 \times 10^{-3} = 612.5 \mathrm{kg/cm^2}$$

$$\varepsilon_{vol} = \frac{1-2\nu}{E} \times \sigma = \frac{1-2 \times 0.25}{2.45 \times 10^5 \mathrm{kg/cm^2}} \times 612.5 \mathrm{kg/cm^2} = 1.25 \times 10^{-3}$$

11 탄성계수 $E = 20\mathrm{GPa}$, 포아송비 $\nu = 0.25$, 전단응력 $\tau_{xy} = 25\mathrm{MPa}$일 때 전단응력에 의한 직각으로부터의 각의 변화량을 구하여라.

[21년 1회(기사)]

풀이

$$\gamma_{xy} = \frac{\tau_{xy}}{G}$$

$$G = \frac{E}{2(1+\nu)} = \frac{20\mathrm{GPa}}{2(1+0.25)} = 8\mathrm{GPa}$$

$$\gamma_{xy} = \frac{25\mathrm{MPa}}{8,000\mathrm{MPa}} = 3.13 \times 10^{-3}$$

12 평면응력상태($\sigma_z = 0$)이고 등방성의 평판에 작용하는 응력이 $\sigma_x = 10\mathrm{MPa}$, $\sigma_y = 20\mathrm{MPa}$, $\tau_{xy} = 2\mathrm{MPa}$이고 이때 발생한 수직변형률이 $\varepsilon_x = 1 \times 10^{-4}$, $\varepsilon_y = 3 \times 10^{-4}$인 경우 전단변형률을 구하시오.

[11년 4회(기사), 15년 1회(기사)]

풀이

전단변형률 $\gamma_{xy} = \frac{\tau_{xy}}{G}$ 이므로, 강성률 G를 구해야 한다.

포아송비 $\nu = \frac{\varepsilon_x \sigma_y - \varepsilon_y \sigma_x}{\varepsilon_x \sigma_x - \varepsilon_y \sigma_y} = \frac{1 \times 10^{-4} \times 20\mathrm{MPa} - 3 \times 10^{-4} \times 10\mathrm{MPa}}{1 \times 10^{-4} \times 10\mathrm{MPa} - 3 \times 10^{-4} \times 20\mathrm{MPa}} = 0.2$

영률 E는 $\varepsilon_x = \frac{1}{E}(\sigma_x - \nu\sigma_y)$ 공식을 통해 구할 수 있다.

즉, $E = \frac{\sigma_x - \nu\sigma_y}{\varepsilon_x} = \frac{10\mathrm{MPa} - 0.2 \times 20\mathrm{MPa}}{1 \times 10^{-4}} = 60,000\mathrm{MPa}$

강성률 $G = \frac{E}{2(1+\nu)} = \frac{60,000\mathrm{MPa}}{2(1+0.2)} = 25,000\mathrm{MPa}$이므로,

전단변형률 $\gamma_{xy} = \frac{2\mathrm{MPa}}{25,000\mathrm{MPa}} = 8.0 \times 10^{-5}$

13 평면응력상태에서 $\sigma_x = 10\text{MPa}$, $\sigma_y = 10\text{MPa}$, $\tau_{xy} = 2\text{MPa}$이고, 영률 $E = 50\text{GPa}$, 포아송비 $\nu = 0.2$인 경우 전단변형률과 수평변형률을 구하시오.　　　　　　　　　　[18년 4회(산기)]

풀이

전단변형률 $\gamma_{xy} = \dfrac{\tau_{xy}}{G}$이므로, 강성률 G를 구해야 한다.

강성률 $G = \dfrac{E}{2(1+\nu)} = \dfrac{50,000\text{MPa}}{2(1+0.2)} = 20,833.33\text{MPa}$

전단변형률 $\gamma_{xy} = \dfrac{2\text{MPa}}{20,833.33\text{MPa}} = 9.6 \times 10^{-5}$

수평변형률 $\varepsilon_x = \dfrac{1}{E}(\sigma_x - v\sigma_y) = \dfrac{1}{50,000\text{MPa}}(10\text{MPa} - 0.2 \times 10\text{MPa}) = 1.6 \times 10^{-4}$

14 평면변형률 상태에서 $\sigma_x = 10\text{MPa}$, $\sigma_y = 20\text{MPa}$, $E = 20\text{GPa}$일 때 ε_x를 구하여라. (단, $\nu = 0.2$)　　　　　　　　　　[14년 4회(기사)]

풀이

$\varepsilon_x = \dfrac{1}{E}\left[(1-\nu^2)\sigma_x - \nu(1+\nu)\sigma_y\right]$

$= \dfrac{1}{20,000\text{MPa}}\left[(1-0.2^2)\times 10\text{MPa} - 0.2\times(1+0.2)\times 20\text{MPa}\right] = 2.4 \times 10^{-4}$

15 장대터널에서 $\sigma_x = 100\text{MPa}$, $\sigma_y = 50\text{MPa}$, $\tau_{xy} = 4\text{MPa}$일 때 수평방향 변형률을 구하여라. (단, x축 방향을 수평방향으로 하고, 영률은 20GPa, 포아송비는 0.3이다.)　　[19년 1회(기사)]

풀이

터널의 경우 평면변형률 조건을 적용한다.

$\varepsilon_x = \dfrac{1}{E}\left[(1-\nu^2)\sigma_x - \nu(1+\nu)\sigma_y\right]$

$= \dfrac{1}{20,000\text{MPa}}\left[(1-0.3^2)\times 100\text{MPa} - 0.3\times(1+0.3)\times 50\text{MPa}\right] = 3.58 \times 10^{-3}$

16 평면변형률 조건에서 $E = 50,000\text{kg/cm}^2$, $\nu = 0.25$, $\sigma_x = 250\text{kg/cm}^2$, $\sigma_y = 120\text{kg/cm}^2$, $\tau_{xy} = 80\text{kg/cm}^2$일 때 다음을 구하여라.　　　　　　　　　　[08년 4회(기사)]

① ε_x　　　　　　　　　② ε_y　　　　　　　　　③ ε_z

풀이

① $\varepsilon_x = \dfrac{1}{E}\left[(1-\nu^2)\sigma_x - \nu(1+\nu)\sigma_y\right]$

$= \dfrac{1}{50,000\text{kg/cm}^2}\left[(1-0.25^2)\times 250\text{kg/cm}^2 - 0.25\times(1+0.25)\times 120\text{kg/cm}^2\right] = 3.94\times 10^{-3}$

② $\varepsilon_y = \dfrac{1}{E}\left[(1-\nu^2)\sigma_y - \nu(1+\nu)\sigma_x\right]$

$= \dfrac{1}{50,000\text{kg/cm}^2}\left[(1-0.25^2)\times 120\text{kg/cm}^2 - 0.25\times(1+0.25)\times 250\text{kg/cm}^2\right] = 6.88\times 10^{-4}$

③ $\varepsilon_z = 0$

---

17 3축응력상태에서 3개의 수직응력이 각각 $\sigma_x = 800\text{kg/cm}^2$, $\sigma_y = 1,300\text{kg/cm}^2$, $\sigma_z = 1,500$ kg/cm²일 때 σ_z에 대한 편차응력의 크기를 구하여라.   [20년 1회(산기)]

풀이

$\sigma_z' = \sigma_z - \sigma_m = \sigma_z - \dfrac{\sigma_x + \sigma_y + \sigma_z}{3}$

$= 1,500\text{kg/cm}^2 - \dfrac{800\text{kg/cm}^2 + 1,300\text{kg/cm}^2 + 1,500\text{kg/cm}^2}{3} = 300\text{kg/cm}^2$

---

18 암석의 표면에 부착된 스트레인 로제트(Strain Rosette)를 사용하여 변형률을 측정한 결과 $\varepsilon_0 = 400\times 10^{-6}$, $\varepsilon_{45} = 100\times 10^{-6}$, $\varepsilon_{90} = 200\times 10^{-6}$으로 확인되었다. 측정점의 최대주변형률을 구하시오.   [16년 1회(기사), 21년 1회(산기)]

풀이

$\varepsilon_x = \varepsilon_0$

$\varepsilon_y = \varepsilon_{90}$

$\gamma_{xy} = 2\varepsilon_{45} - \varepsilon_0 - \varepsilon_{90} = -4\times 10^{-4}$

$\varepsilon_1 = \dfrac{(\varepsilon_x + \varepsilon_y)}{2} + \sqrt{\left(\dfrac{\varepsilon_x - \varepsilon_y}{2}\right)^2 + \left(\dfrac{\gamma_{xy}}{2}\right)^2}$

$= \dfrac{400\times 10^{-6} + 200\times 10^{-6}}{2} + \sqrt{\left(\dfrac{400\times 10^{-6} - 200\times 10^{-6}}{2}\right)^2 + \left(\dfrac{-4\times 10^{-4}}{2}\right)^2} = 5.24\times 10^{-4}$

19 시료에 0, 45, 90의 직각 변형률 로젯을 사용하여 측정한 변형률이 각각 $\varepsilon_0 = 50 \times 10^{-6}$, $\varepsilon_{45} = 100 \times 10^{-6}$, $\varepsilon_{90} = 200 \times 10^{-6}$일 때, 최대주응력과 최소주응력은 얼마인가?(단, $\nu = 0.25$, 탄성계수 $E = 2.5 \times 10^5 \text{kg/cm}^2$이다.) [12년 1회(기사)]

풀이

$\varepsilon_0 = 50 \times 10^{-6} = \varepsilon_x$

$\varepsilon_{90} = 200 \times 10^{-6} = \varepsilon_y$

$\varepsilon_{45} = 100 \times 10^{-6}$

$\gamma_{xy} = 2\varepsilon_{45} - \varepsilon_x - \varepsilon_y = 2(100 \times 10^{-6}) - (50 \times 10^{-6}) - (200 \times 10^{-6}) = -5 \times 10^{-5}$

$\varepsilon_1,\ \varepsilon_3 = \dfrac{\varepsilon_x + \varepsilon_y}{2} \pm \sqrt{\left(\dfrac{\varepsilon_x - \varepsilon_y}{2}\right)^2 + \left(\dfrac{\gamma_{xy}}{2}\right)^2} = 2.04 \times 10^{-4}\ \text{or}\ 4.59 \times 10^{-5}$

즉, $\varepsilon_1 = 2.04 \times 10^{-4}$이고 $\varepsilon_3 = 4.59 \times 10^{-5}$이다.

$\sigma_1 = \dfrac{(\varepsilon_1 + \nu\varepsilon_3)E}{1-\nu^2} = \dfrac{(2.04 \times 10^{-4} + 0.25 \times 4.59 \times 10^{-5}) \times 2.5 \times 10^5 \text{kg/cm}^2}{1 - 0.25^2} = 57.46 \text{kg/cm}^2$

$\sigma_3 = \dfrac{(\varepsilon_3 + \nu\varepsilon_1)E}{1-\nu^2} = \dfrac{(4.59 \times 10^{-5} + 0.25 \times 2.04 \times 10^{-4}) \times 2.5 \times 10^5 \text{kg/cm}^2}{1 - 0.25^2} = 25.84 \text{kg/cm}^2$

CHAPTER 03 암석의 역학적 성질

❶ 암석의 강도 측정법

역학 분야에서 흔히 사용하는 응력과 강도는 각각 다음과 같이 정의된다.

- 응력 : 물체에 외력이 작용하면 물체가 변형하는 동시에 내부에 내력이 생겨 외력과 평형을 이루게 되며, 이때의 내력의 강도를 표현하는 물리량으로 정의된다.
- 강도 : 물체에 외력이 작용하는 시점에 외력에 견디어 낼 수 있는 최대저항력, 즉 파괴 시의 최대응력을 암석의 강도로 정의한다.

1) 일축압축강도 시험법

① 정의 : 두 개의 강성 가압판 사이에 무결암 시험편을 놓고 서서히 축방향 하중을 증가시킬 경우, 극한하중($F_{\max}$)에 도달할 것이고, 이후에는 시험편이 여러 조각으로 분리되어 파괴됨으로써 하중 저항능력이 급격히 떨어질 것이다. 시험편에 극한하중이 작용하는 시점의 축방향 수직응력을 암석의 일축압축강도(σ_c)로 정의하며 다음과 같다.

$$\sigma_c = \frac{F_{\max}}{A}$$

일축압축강도는 간단히 압축강도로 지칭되기도 하며, 단위는 Pa($=N/m^2$), kPa($=10^3Pa$), MPa($=10^6Pa$), GPa($=10^9Pa$)을 주로 이용한다.

② 절차상의 준수사항

ㄱ) NX(50~54mm) 이상의 원주형 시험편으로 측정한다.

ㄴ) 직경 D에 대한 높이 H의 비는 2.5~3.0으로 한다.

ㄷ) 시험편의 양단면은 편평도 0.02mm 이내로 한다.

ㄹ) 시험편 직경은 암석에 존재하는 가장 큰 입자보다 10배 이상 크게 한다.

ㅁ) 시험편은 자연상태의 함수비를 유지한다.

ㅂ) 시험편의 재하속도는 0.5~1.0MPa/sec 이상을 넘지 않도록 한다.

③ 일축압축강도 시험에 영향을 미치는 요인

ㄱ) 크기효과(Size Effect) : 시험편의 크기가 커질수록 압축강도는 작아지고 취성은 약화된다.

ㄴ) 형상효과(Shape Effect) : 시험편의 가압방향에 수직인 단면의 모양에 따라 강도의 차이가 있으며, 원형 > 육각형 > 사각형 > 삼각형의 형태로 강도가 다르다. 또한, 시험편의 지름(D)에 대한 높이(H)의 비 H/D가 감소하면 강도는 증가하고, H가 클수록 좌굴이 심화된다.

ⓒ 시험편의 가공도와 평형도 : 시험편과 가압면 사이의 각이 평형할수록 일축압축강도는 증가한다.
ⓔ 시험편과 가압판의 접촉상태
ⓜ 하중의 가압(재하)속도 : 시험편에 대한 재하속도가 증가할수록 암석의 일축압축강도는 증가한다.
ⓗ 수분함량(건조도) : 시험편의 수분 함량이 높을수록 일축압축강도는 감소한다.

＋ Reference

지름과 길이의 비가 1 : 1인 시험편의 강도 값

$$\sigma_c = \frac{\sigma_c'}{0.778 + 0.222\left(\dfrac{D}{H}\right)}$$

여기서, σ_c' : 임의의 종횡비 시험편의 일축압축강도

비정형 시험편에 대한 일축압축강도

$$\sigma_c = \frac{\sigma_c'}{0.19}, \quad \sigma_c' = \frac{P}{V^{2/3}}$$

여기서, σ_c' : 비례상수, P : 파괴하중, V : 비정형 시험편의 체적

일축압축시험에 의한 변형률 속도

$$\text{변형률 속도} = \frac{\varepsilon}{t}$$

여기서, 변형률 속도의 단위는 /sec이며, t는 일축압축시험 시 최대하중에 도달한 시간(sec)이다.

④ **탄성정수의 계산** : 암석의 탄성계수는 일축압축시험을 통해 얻어진 축방향 응력－변형률 곡선의 기울기로 계산되며, 계산방법에 따라 접선탄성계수, 평균탄성계수, 할선탄성계수로 구분한다.
  ㉠ 접선탄성계수 : 압축강도의 50% 응력 수준에서 축방향 변형률 곡선의 접선 기울기
  ㉡ 평균탄성계수 : 변형률 곡선의 비교적 직선 부분에 위치하는 두 점 사이를 연결하는 직선의 기울기
  ㉢ 할선탄성계수 : 원점과 압축강도의 50%에 해당되는 점을 연결하는 직선의 기울기

⑤ **변형률 연화 및 경화 현상** : 일반적으로 암석은 파괴강도 이후에도 어느 정도 강도를 유지하는 특성을 보이며, 정점에서의 파괴강도 이후, 변형률이 증가됨에 따라 시험편의 하중지지능력이 계속 감소하는 현상을 강도의 변형률 연화 현상(Strain Softening)이라 부른다. 반면에 변형률이 증가됨에 따라 시험편의 하중지지능력이 계속 증가하는 현상을 강도의 변형률 경화 현상(Strain Hardening)이라 한다(단, 다음 그래프에서 Elastic－plastic은 탄소성, Brittle은 취성을 의미한다).

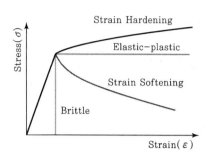

2) 전단강도 시험법

① 일면 전단강도시험 : $\tau_s = \dfrac{P}{A}$

② 이면 전단강도시험 : $\tau_s = \dfrac{P}{2A}$

③ 펀치테스트

$$\tau_s = \frac{P}{\pi \times d \times t}$$

여기서, P : 하중
d : 구멍의 직경
t : 암석판의 두께

④ 비틀림(회전) 시험

$$\tau_s = \frac{16T}{\pi d^3}, \qquad T = P \times d$$

여기서, T : 비틀림 모멘트(N · m)
P : 비틀림 하중(N)
d : 시험편의 직경(m)

⑤ 암반인발시험

$$\text{인장강도} \quad \sigma_t = -1.2 \times \frac{F}{h \times r}$$

$$\text{전단강도} \quad \tau = \frac{3F}{\pi \times h \times (r + 2r_n)}$$

여기서, F : 파괴 시의 인발력(ton)
h : 누두공 깊이(m)
r : 누두공 반경(m)
r_n : 시추공 반경(m)

3) 점하중강도 시험법

① 표준시험법에 따라 시료를 성형하여 일축압축시험을 실시하는 것이 곤란한 상황이거나 암반의 공학적 분류를 목적으로 단지 암석의 대략적인 압축강도를 알고자 하는 경우, 현장이나 실험실에서 간단한 실험기만으로 일축압축강도를 추정할 수 있으며, 시험결과는 점하중강도지수 I_s로 표시한다.

$$I_s = \frac{P}{D_e^2} \, (\text{MPa})$$

여기서, $P(\text{N})$는 시료에 가해진 파괴하중이며, $D_e(\text{mm})$는 시험편의 축에 수직인 방향으로 하중이 가압되는 경우 $D_e = \sqrt{\frac{4A}{\pi}} = \sqrt{\frac{4\frac{\pi D^2}{4}}{\pi}} = D$가 되고, 축방향으로 하중이 가압되거나 시험편이 원주형이 아닌 경우 $D_e = \sqrt{\frac{4A}{\pi}} = \sqrt{\frac{4WD}{\pi}}$ (W : 폭, D : 직경)가 된다.

② 특별히 직경이 50mm인 경우를 표준 점하중강도지수 $I_{s(50)}$으로 표시하고 시험편의 직경이 50mm가 아닌 경우 다음과 같은 방법으로 보정 인자 F를 곱하여 $I_{s(50)}$으로 환산한다.

$$I_{s(50)} = F \cdot I_s (\text{MPa}), \quad F = \left(\frac{D_e}{50}\right)^{0.45}$$

시험편의 일축압축강도 σ_c와 점하중강도지수 $I_{s(50)}$, 인장강도 σ_t 사이에는 다음과 같은 상관관계가 있다.

$$\sigma_c = 24 \cdot I_{s(50)}, \quad \sigma_t = 0.8 \cdot I_{s(50)}$$

4) 인장강도 시험법

① 직접인장강도 : 단면적이 A인 시험편에 축방향으로 인장력을 가하여 인장력이 $T_{\max}$일 때 시험편이 파괴되었다면 이 시험편의 인장강도 σ_t는 다음과 같다.

$$\sigma_t = \frac{T_{\max}}{A}$$

② 압열(간접)인장강도 : 원판형 시험편에 하중을 가하면 내부에는 수직 중심선을 따라 좌우로 분리되려는 인장응력이 발생되어 시험편이 두 조각으로 분리되며 파괴에 이른다. 파괴되는 시점의 인장응력이 시험편의 인장강도로 간주되며, 이와 같은 방법으로 암석의 인장강도를 구하는 방법을 압열인장시험 혹은 간접인장시험, Brazilian Test라고 부른다. 원판형 시험편이 파괴되는 순간의 하중을 $P_{\max}$, 두께를 t라 하면 암석의 인장강도 σ_t는 다음과 같다.

$$\sigma_t = \frac{2P_{\max}}{\pi Dt}$$

또한, 원판의 중심에서는 수직방향의 압축응력이 수평방향의 인장응력의 3배가 된다.

$$\sigma_c = 3\sigma_t$$

③ 굴곡(휨)인장강도 : 빔(Beam)에 휨모멘트를 가하면 휘어진 빔을 통해 굴곡(휨)강도를 측정하며, 빔에 하중이 1점이 작용하는지, 2점이 작용하는지에 따라 1점 하중=2등분 재재하=3점 굴곡시험과 2점 하중=3등분 점재하=4점 굴곡시험으로 나뉘며, 굴곡시험 시 시험편의 내부에는 압축응력과 인장응력이 동시에 발생한다.

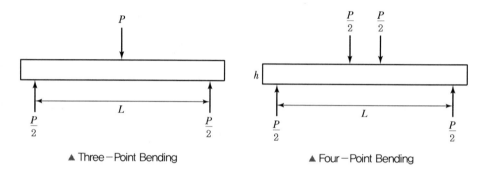

▲ Three-Point Bending   ▲ Four-Point Bending

또한 빔의 형상이 원주형일 때와 사각주형일 때로 구분하며 각 강도 식은 다음과 같다.

㉠ 3점 굴곡시험(사각주형) : $\sigma_t = \dfrac{3pl}{2bt^2}$

㉡ 3점 굴곡시험(원주형) : $\sigma_t = \dfrac{8pl}{\pi d^3}$

㉢ 4점 굴곡시험(사각주형) : $\sigma_t = \dfrac{pl}{bt^2}$

㉣ 4점 굴곡시험(원주형) : $\sigma_t = \dfrac{16pl}{3\pi d^3}$

Reference

셰브론 로치의 ISRM 파괴인성시험(균열이 진전될 때의 재료의 저항성) Level I

$$K_{sr} = \frac{C_k \cdot 24 \cdot F_{\max}}{D^{\frac{3}{2}}}$$

여기서, K_{sr} : 파괴인성(MPa $\cdot \sqrt{m}$), C_k : 시료형상 보정계수파괴하중
$F_{\max}$: 최대하중(N), D : 시험편의 직경(m)

5) 삼축압축강도 시험법

① 정의 : 원주형 시험편을 초기에 정수압상태로 유지시킨 후 측면의 구속압(봉압)은 일정하게 유지시키면서 축방향응력을 서서히 증가시켜 시험편이 파괴에 이르게 하는 시험을 말한다.

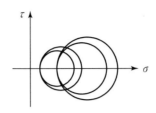

② 삼축압축시험의 결과로 얻어진 구속응력(σ_3)과 이에 대응하는 파괴강도(σ_1)를 이용하면 암석의 파괴조건에 대한 정보를 얻을 수 있다. 수평축을 수직응력, 수직축을 전단응력으로 표시한 직교좌표계에 σ_3과 이에 대응하는 σ_1을 지름의 양 끝으로 하는 Mohr 원을 그리고 이 원들에 공통으로 접하는 포락선을 구하면 암석시험의 파괴조건을 표시하게 되고, 다음과 같은 Mohr−Coulomb 파괴조건식을 얻을 수 있다.

$$\tau = \sigma \tan\phi + c$$

여기서, ϕ는 내부마찰각이고 수직축의 절편값 c는 암석의 점착력(점착강도)이다.

③ 일축압축시험과 직접인장시험에 해당하는 두 Mohr 응력원에 공통으로 접하는 직선을 이용하여 전단강도를 계산하면, $\tau = \dfrac{1}{2}\sqrt{\sigma_c \cdot \sigma_t}$ 와 같다.

④ 일축압축시험과 압열인장시험에 해당하는 두 Mohr 응력원에 공통으로 접하는 직선을 이용하여 전단강도를 계산하면, $\tau = \dfrac{\sigma_c \cdot \sigma_t}{2\sqrt{\sigma_t(\sigma_c - 3\sigma_t)}}$ 와 같다.

⑤ 삼축압축시험에서 파괴포락선이 직선인 경우에는 구속압이 다른 2개의 모어 응력원으로 전단강도와 내부마찰각을 구할 수 있다.

$$\tau = \frac{\sigma_{o(2)} \times R_1 - \sigma_{o(1)} \times R_2}{\sqrt{(\sigma_{o(2)} - \sigma_{o(1)})^2 - (R_2 - R_1)^2}}$$

$$\phi = \tan^{-1}\left[\frac{R_2 - R_1}{\sqrt{(\sigma_{o(2)} - \sigma_{o(1)})^2 - (R_2 - R_1)^2}}\right]$$

여기서, $\sigma_{o(1)}$와 $\sigma_{o(2)}$는 모어 응력원의 중심이고, R_1과 R_2는 모어 응력원의 반경을 의미한다.

❷ 암석의 동적 특성

1) 탄성파 속도와 동탄성계수

암석을 통과하는 P파 속도(V_p), S파 속도(V_s), 암석의 밀도(ρ)를 알면 다음의 식을 이용하여 암석의 동포아송비(ν_d)와 동탄성계수(E_d)를 구할 수 있다.

① P파 속도 : $V_p = \dfrac{d}{t_p} = \sqrt{\dfrac{E(1-\nu)}{\rho(1-2\nu)(1+\nu)}}$

② S파 속도 : $V_s = \dfrac{d}{t_s} = \sqrt{\dfrac{G}{\rho}} = \sqrt{\dfrac{E}{2\rho(1+\nu)}}$

③ 동포아송비 : $\nu_d = \dfrac{\dfrac{V_p^{\,2}}{V_s^{\,2}} - 2}{2\left[\left(\dfrac{V_p^{\,2}}{V_s^{\,2}}\right) - 1\right]}$

④ 동탄성계수 : $E_d = \dfrac{\rho(1+\nu_d)(1-2\nu_d)\cdot V_p^{\,2}}{(1-\nu_d)} = 2(1+\nu_d)\cdot\rho\cdot V_s^{\,2}$

⑤ 동전단강성률 : $G_d = \rho \cdot V_s^{\,2}$

Reference

스넬(Snell)의 법칙과 탄성파 속도

$$\frac{V_p}{V_s} = \sqrt{\frac{2(1-\nu)}{1-2\nu}}$$

풍화도지수와 탄성파 속도

$$K = 1 - \frac{V_w}{V_u}$$

여기서, K : 풍화도지수, V_u : 신선암의 P파 속도(m/sec), V_w : 풍화암의 P파 속도(m/sec)

---

2) 암석의 피로

암석 시료에 일정한 크기의 주기적인 반복하중을 가하면 정적인 압축강도 이하의 응력 수준에서도 파괴에 이르게 된다. 이러한 현상을 암석의 피로(Fatigue)라 한다.

① **피로파괴** : 암석의 파괴강도보다 작은 응력을 주기적으로 반복해서 가하면, 암석은 변형되거나 파괴된다. 이렇게 주기적인 반복하중에 의해 파괴가 발생하는 현상을 피로파괴라 한다.

② **피로한계** : 어느 이하로 응력이 낮아지면 아무리 반복횟수를 증가하여도 파괴에 이르지 않게되며, 이 경계를 피로한계라 한다.

③ **지연파괴** : 정피로파괴라고도 하며, 암석에 적당한 하중을 가하고 그대로 하중을 일정하게유지하면 어느 정도 시간이 경과한 후에 파괴가 일어나는 현상을 의미한다.

3) 암석의 취성도

취성도는 적은 변형으로도 쉽게 파괴되는 성질로 다음과 같이 표현된다.

$$B_r = \frac{\sigma_c}{\sigma_t}$$

4) 매질의 응력파

2개의 매질로 구성된 암반에서 입사응력파의 크기를 σ_I, 전달(투과)응력파의 크기를 σ_T, 반사응력파의 크기를 σ_R이라 할 때, 각 응력파는 다음과 같이 계산된다.

① 전달응력파

$$\sigma_T = \frac{2(\rho_2 C_2)}{\rho_1 C_1 + \rho_2 C_2} \times \sigma_I$$

여기서, ρ_1, ρ_2 : 매질 1, 2의 밀도
C_1, C_2 : 매질 1, 2의 탄성파 속도

② 반사응력파

$$\sigma_R = \frac{\rho_2 C_2 - \rho_1 C_1}{\rho_1 C_1 + \rho_2 C_2} \times \sigma_I$$

③ 위의 각각의 응력파는 임피던스비를 이용하여 다음과 같이 나타낼 수 있다.

$$\sigma_T = \frac{2a}{1+a} \cdot \sigma_I, \qquad \sigma_R = \frac{1-a}{1+a} \cdot \sigma_I$$

여기서, a : 임피던스비 $\left(= \frac{\rho_2 \cdot C_2}{\rho_1 \cdot C_1} \right)$

01 다음 항목의 정의를 쓰시오. [18년 4회(산기)]

① 응력
② 강도

풀이

① 응력 : 물체에 외력이 작용하면 물체가 변형하는 동시에 내부에 내력이 생겨 외력과 평형을 이루게 되며, 이때의 내력의 강도를 표현하는 물리량으로 정의된다.
② 강도 : 물체에 외력이 작용하는 시점에 외력에 견디어 낼 수 있는 최대저항력, 즉 파괴 시의 최대응력을 암석의 강도로 정의한다.

02 국제암반역학회(ISRM)에서 제안한 일축압축시험을 실시하는 경우 다음과 같은 시험 절차상의 유의점을 준수하여야 하는데 다음 각 빈칸을 채우시오. [11년 1회(산기), 16년 4회(기사)]

1) 시험편의 직경은 암석에 존재하는 가장 큰 입자보다 (①)배 이상 커야 한다.
2) 시험편의 직경(D)에 대한 높이(H)의 비(H/D)는 (②)~(③)로 한다.
3) 시험편에 대한 재하속도는 (④)~(⑤)MPa/sec가 되도록 한다.

풀이

① 10 ② 2.5 ③ 3.0 ④ 0.5 ⑤ 1.0

03 일축압축강도 시험 시 압축강도에 영향을 미치는 인자 4가지를 적으시오. [18년 4회(산기)]

풀이

① 기하학적 특성(시험편의 형상 및 크기)
② 시험편의 가공도와 평형도
③ 시험편과 가압판의 접촉상태
④ 하중의 가압(재하)속도
⑤ 수분함량(건조도)

04 시료의 형상이 단축압축시험에 미치는 영향 2가지를 적으시오. [17년 4회(기사)]

> **풀이**
>
> ① 원주형이 정방형이나 각주형보다 크며, 원형 > 육각형 > 사각형 > 삼각형 순이다.
> ② 시험편의 지름(D)에 대한 높이(H)의 비에서 H/D가 감소하면 강도는 증가하고, H가 클수록 좌굴이 심화된다.

05 일축압축강도 시험에서 직경이 4cm, 길이가 8cm인 원주형 시험편의 강도가 940kg/cm²이었다면 이 시험편의 종횡비가 1:1일 때의 일축압축강도는 얼마인가? [18년 4회(산기)]

> **풀이**
>
> $$\sigma_c = \frac{\sigma_c{}'}{0.778 + 0.222\left(\dfrac{D}{H}\right)} = \frac{940\text{kg/cm}^2}{0.778 + 0.222\left(\dfrac{4\text{cm}}{8\text{cm}}\right)} = 1{,}057.37\text{kg/cm}^2$$

06 체적 $V = 10\text{m}^3$의 비정형 시험편에 대하여 일축압축강도 시험을 실시한 결과, 일축압축강도 값이 $1{,}400\text{kgf/m}^2$이었다면 예상되는 파괴하중(kgf)은 얼마인가? [20년 2회(산기)]

> **풀이**
>
> 파괴하중$(P) \fallingdotseq \sigma' \times V^{\frac{2}{3}}$
>
> 비례상수$(\sigma') \fallingdotseq 0.19 \times S_c$
>
> $\therefore$ 파괴하중$(P) = 266\text{kgf/m}^2 \times \left(10\text{m}^3\right)^{\frac{2}{3}} = 1{,}234.66\text{kgf}$

07 다음 조건을 이용하여 변형률 속도(Strain Ratio)를 구하여라. [17년 4회(기사)]

- 길이 100mm, 일축압축시험, 5분 만에 최대하중 도달
- 일축압축강도 100MPa, 탄성계수 20GPa

> **풀이**
>
> $\sigma = E \times \varepsilon$
>
> $\varepsilon = \dfrac{\sigma}{E} = \dfrac{100\text{MPa}}{20{,}000\text{MPa}} = 5 \times 10^{-3}$
>
> 변형률 속도$= \dfrac{\varepsilon}{t} = \dfrac{5 \times 10^{-3}}{300\text{sec}} = 1.67 \times 10^{-5}/\text{sec}$

제3장 암석의 역학적 성질 | **171**

08 다음의 응력 – 변형률 곡선에서 B지점에서의 접선탄성계수(E_t)와 할선탄성계수(E_s)를 구하시오.

[20년 2회(산기)]

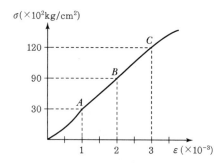

풀이

① 접선탄성계수 : $E_t = \dfrac{(90-30) \times 10^2 \text{kg/cm}^2}{(2-1) \times 10^{-3}} = 6,000,000 \text{kg/cm}^2 = 6.0 \times 10^6 \text{kg/cm}^2$

② 할선탄성계수 : $E_s = \dfrac{(90-0) \times 10^2 \text{kg/cm}^2}{(2-0) \times 10^{-3}} = 4,500,000 \text{kg/cm}^2 = 4.5 \times 10^6 \text{kg/cm}^2$

09 변형률 연화 현상과 변형률 경화 현상에 대해 서술하시오.

[10년 1회(기사)]

풀이

① 변현률 경화 현상 : 파괴강도 이후 변형률이 증가됨에 따라 강도가 계속 증가하는 현상
② 변형률 연화 현상 : 파괴강도 이후 변형률이 증가됨에 따라 강도가 계속 감소하는 현상

10 취성파괴, 연성파괴의 응력 – 변형률 곡선을 도시하고 정의를 설명하시오.

[16년 1회(기사)]

풀이

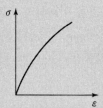

① 취성파괴 : 정점에 빨리 도달하며, 소성 변형률이 증가함에 따라 항복점 이후에 응력이 감소되며, 급작스럽게 파괴가 발생한다.

② 연성파괴 : 정점에 도달하기까지 소성변형률이 증가함에 따라 응력도 함께 증가하며, 항복점 이후에 큰 변형을 일으키며 파괴가 발생한다.

11 두께가 1cm인 암석판에 직경 2cm의 구멍을 뚫기 위한 펀치테스트를 실시하여 암석판에 수직으로 13kN의 힘을 가하였다. 이때 암석판의 파괴면에서 발생하는 전단강도는 얼마인가?

[15년 1회(기사)]

풀이

펀치테스트의 전단강도 $\tau_s = \dfrac{P}{\pi d t}$

$\tau_s = \dfrac{13\text{kN}}{\pi \times 0.02\text{m} \times 0.01\text{m}} = 20,690.14\text{kN/m}^2 = 20.69\text{MPa}$

12 길이가 20cm, 직경 5cm인 원주형 시험편에 대하여 비틀림 시험 시 13kN의 회전력을 가했더니 파괴되었다. 이 시험편의 전단강도는 얼마인가?

[17년 1회(산기)]

풀이

비틀림 시험의 전단강도 $\tau_s = \dfrac{16T}{\pi d^3}$

$T = P \times d = 13\text{kN} \times 0.05\text{m} = 0.65\text{kN} \cdot \text{m}$

$\tau_s = \dfrac{16 \times 0.65\text{kN} \cdot \text{m}}{\pi \times (0.05\text{m})^3} = 26,483.38\text{kN/m}^2 = 26,483.38\text{kPa}$

13 암반인발시험 시 시추공 반경 0.3m, 파괴된 누두공 깊이 2.8m, 누두공 반경 1.9m, 인발력이 103ton일 때 암반의 인장강도와 전단강도를 구하여라.

[14년 4회(산기)]

풀이

① 인장강도

$\sigma_t = -1.2 \times \dfrac{F}{h \times r} = -1.2 \times \dfrac{103\text{ton}}{2.8\text{m} \times 1.9\text{m}} = -23.23\text{t/m}^2$

② 전단강도

$\tau = \dfrac{3F}{\pi \times h \times (r + 2r_n)} = \dfrac{3 \times 103\text{ton}}{\pi \times 2.8\text{m} \times (1.9\text{m} + 2(0.3\text{m}))} = 14.05\text{t/m}^2$

14 점하중 강도 시험에서 직경 40mm, 두께 30mm인 시료로 직경방향 시험 시 12kN에서 파괴되었다. 50mm 직경의 시료로 시험 시 파괴강도는 얼마이겠는가?　　　　[08년 1회(기사)]

풀이

① 환산직경 $D_e = \sqrt{\dfrac{4A}{\pi}} = \sqrt{\dfrac{4\dfrac{\pi D^2}{4}}{\pi}} = 0.04\text{m}$

② 점하중지수 $I_s = \dfrac{P}{D_e^2} = \dfrac{12\text{kN}}{(0.04\text{m})^2} = 7,500\text{kN/m}^2 = 7.5\text{MPa}$

③ 크기 보정한 점하중지수 $I_{s(50)} = I_s \times F = 7.5\text{MPa} \times \left(\dfrac{D_e}{50}\right)^{0.45} = 6.78\text{MPa}$

15 암석 코어의 직경이 40mm, 두께가 30mm일 때, 축방향의 점하중 강도 시험을 실시한 결과 15kN에서 파괴가 발생하였다. 이 시험편의 크기 보정한 점하중지수는 얼마인가?

[17년 1회(산기)]

풀이

① 환산직경 $D_e = \sqrt{\dfrac{4A}{\pi}} = \sqrt{\dfrac{4 \times W \times D}{\pi}} = \sqrt{\dfrac{4 \times 0.03\text{m} \times 0.04\text{m}}{\pi}} = 0.039\text{m}$

② 점하중지수 $I_s = \dfrac{P}{D_e^2} = \dfrac{15\text{kN}}{(0.039\text{m})^2} = 9,861.93\text{kN/m}^2 = 9.86\text{MPa}$

③ 크기 보정한 점하중지수 $I_{s(50)} = I_s \times F = 9.86\text{MPa} \times \left(\dfrac{D_e}{50}\right)^{0.45} = 8.82\text{MPa}$

16 직경 54mm, 길이 100mm인 원주형 암석 시험편에 직경방향으로 점하중 강도 시험을 실시하여 8kN의 하중에서 시험편이 파괴되었다. 이 시험편의 일축압축강도는?

[10년 1회(기사), 18년 4회(기사)]

풀이

① 환산직경 $D_e = \sqrt{\dfrac{4A}{\pi}} = \sqrt{\dfrac{4\dfrac{\pi D^2}{4}}{\pi}} = \sqrt{\dfrac{4\dfrac{\pi \cdot (0.054\text{m})^2}{4}}{\pi}} = 0.054\text{m}$

② 점하중지수 $I_s = \dfrac{P}{D_e^2} = \dfrac{8\text{kN}}{(0.054\text{m})^2} = 2,743.48\text{kN/m}^2$

③ 크기 보정한 점하중지수

$I_{s(50)} = I_s \times F = 2,743.48\text{kN/m}^2 \times \left(\dfrac{D_e}{50}\right)^{0.45} = 2,840.16\text{kN/m}^2$

④ 일축압축강도

$\sigma_c = 24 \times I_{s(50)} = 68,163.84\text{kN/m}^2 = 68.16\text{MPa}$

17 직경 40mm, 두께 30mm인 코어 시험편에 대해 축방향 점하중 강도 시험을 실시한 결과 10 kN에서 파괴가 발생하였다. 이 시험편의 압축강도와 인장강도를 추정하시오.　[19년 1회(기사)]

> **풀이**
>
> ① 환산직경 $D_e = \sqrt{\dfrac{4A}{\pi}} = \sqrt{\dfrac{4\,WD}{\pi}} = 0.039\text{m}$
>
> ② 점하중지수 $I_s = \dfrac{P}{D_e^2} = \dfrac{10\text{kN}}{(0.039\text{m})^2} = 6{,}574.62\text{kN/m}^2$
>
> ③ 크기 보정한 점하중지수
>
> $I_{s(50)} = F \cdot I_s = \left(\dfrac{39}{50}\right)^{0.45} \times 6{,}574.62\text{kN/m}^2 = 5{,}879.13\text{kN/m}^2$
>
> ④ 압축강도
>
> $\sigma_c = 24 \cdot I_{s(50)} = 24 \times 5{,}879.13\text{kN/m}^2 = 141{,}099.12\text{kN/m}^2 = 141.1\text{MPa}$
>
> ⑤ 인장강도
>
> $\sigma_t = 0.8 \cdot I_{s(50)} = 0.8 \times 5{,}879.13\text{kN/m}^2 = 4{,}703.3\text{kN/m}^2 = 4.7\text{MPa}$

18 직경 40mm, 두께 30mm인 코어 시험편에 대해 축방향 점하중 강도 시험을 실시한 결과 15kN에서 파괴가 발생하였다. 이 시험편의 인장강도를 추정하시오.

[12년 1회(기사), 13년 4회(기사), 18년 1회(기사)]

> **풀이**
>
> ① 환산직경 $D_e = \sqrt{\dfrac{4A}{\pi}} = \sqrt{\dfrac{4\,WD}{\pi}} = 0.039\text{m}$
>
> ② 점하중지수 $I_s = \dfrac{P}{D_e^2} = \dfrac{15\text{kN}}{(0.039\text{m})^2} = 9{,}861.93\text{kN/m}^2$
>
> ③ 크기 보정한 점하중지수
>
> $I_{s(50)} = F \cdot I_s = \left(\dfrac{39}{50}\right)^{0.45} \times 9{,}861.93\text{kN/m}^2 = 8{,}818.7\text{kN/m}^2$
>
> ④ 인장강도
>
> $\sigma_t = 0.8 \cdot I_{s(50)} = 0.8 \times 8{,}818.7\text{kN/m}^2 = 7{,}054.96\text{kN/m}^2 = 7.05\text{MPa}$

19 야외에서 Point Load 실험에 의하여 압축강도를 측정하고자 한다. 본 작업에 앞서 동종의 NX코어 54mm를 가지고 20개씩 Point Load 실험과 일축압축강도 시험을 실시하였다. 실험결과에 의해 회귀분석 결과 지수 값과 압축강도 사이에는 $\sigma_p = 0.05\sigma_c - 2.5 (\text{kg/cm}^2,$ $r^2 = 0.99)$ 관계가 성립하였다. 야외에서 NX코어의 직경방향으로 Point Load 실험에 의한 파괴하중이 2.91ton이었다면 이 암석의 압축강도는 얼마인가?　[06년 4회(기사), 19년 4회(기사)]

풀이

① 점하중지수 $I_s = 0.05\sigma_c - 2.5\text{kg/cm}^2 = \dfrac{P}{D_e^2} = \dfrac{2,910\text{kg}}{(5.4\text{cm})^2} = 99.79\text{kg/cm}^2$

② 압축강도 $\sigma_c = \dfrac{I_s + 2.5\text{kg/cm}^2}{0.05} = \dfrac{99.79\text{kg/cm}^2 + 2.5\text{kg/cm}^2}{0.05} = 2,045.8\text{kg/cm}^2$

20 등방 균질한 탄성체 암석에 압열인장시험을 하였을 때, 원판에 상하 5,000kgf의 하중이 작용하는 경우, 인장강도를 구하시오.(단, 원판의 두께는 2.5cm, 직경은 5cm이고, 인장강도의 단위는 MPa이다.)

풀이

$\sigma_t = \dfrac{2P}{\pi Dt} = \dfrac{2 \times 5,000\text{kgf}}{\pi \times 5\text{cm} \times 2.5\text{cm}} = 254.65\text{kg/cm}^2 = 24.97\text{MPa}$

21 등방 균질한 탄성체 암석에 압열인장시험을 할 경우 원형의 상하로 200kg 하중을 작용시켰을 때, 축방향 중심으로부터 발생하는 압축응력(kg/cm²)을 구하고, Mohr 원으로 도시하시오.(단, 암석 시험편의 직경은 4cm, 두께는 2cm이다.) [12년 1회(산기), 12년 4회(기사), 18년 4회(기사)]

풀이

$\sigma_t = \dfrac{2P}{\pi Dt} = \dfrac{2 \times 200\text{kg}}{\pi \times 4\text{cm} \times 2\text{cm}} = 15.92\text{kg/cm}^2$

$\sigma_c = 3\sigma_t = 3 \times 15.92\text{kg/cm}^2 = 47.76\text{kg/cm}^2$

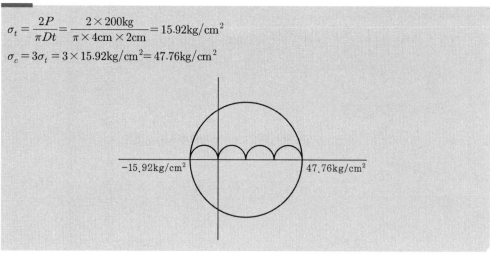

-15.92kg/cm^2 47.76kg/cm^2

22 셰브론 노치 인장시험편(Short Rod)에 인장하중을 가하여 파괴인성시험(Fracture Tough－ness Test)을 수행하였다. 시험편의 직경은 30mm, 최대하중은 10kN, 시료형상보정계수(C_k)는 1이었을 때 이 암석의 파괴인성을 구하시오. (단, 암석을 탄성체로 가정하여 최대하중만을 고려한 Level I 시험방법을 적용할 것) [15년 1회(기사)]

풀이

$$K_{sr} = \frac{C_k \cdot 24 \cdot F_{max}}{D^{\frac{3}{2}}}$$

$$K_{sr} = \frac{1 \cdot 24 \cdot 0.01\text{MN}}{(0.03\text{m})^{\frac{3}{2}}} = 46.19\text{MN/m}^{1.5} = 46.19\text{MPa} \cdot \sqrt{\text{m}}$$

23 직경 50mm인 암석코어에 대해 지간거리 40cm로 하여 3점 굴곡시험을 하였다. 파괴하중이 0.5ton이면 굴곡강도는 얼마인지 계산하시오. [13년 1회(기사)]

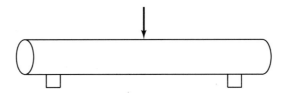

풀이

3점 굴곡시험(원주형)일 때의 굴곡강도

$$\sigma_t = \frac{8PL}{\pi D^3} = \frac{8 \times 500\text{kg} \times 40\text{cm}}{\pi \times (5\text{cm})^3} = 407.44\text{kg/cm}^2$$

24 직경 5cm인 암석코어로 4점 굴곡방식으로 휨시험 시의 인장강도는 얼마인가?(단, 지간거리는 40cm이고, 하중은 10,000N이다.) [09년 4회(기사), 17년 4회(산기)]

풀이

$$\sigma_t = \frac{16PL}{3\pi D^3} = \frac{16 \times 10,000\text{N} \times 0.4\text{m}}{3 \times \pi \times (0.05\text{m})^3} = 54,324,887.24\text{N/m}^2 = 54.32\text{MPa}$$

25 각각의 Mohr 원을 보고 해당하는 암반의 시험법을 쓰시오. [11년 1회(산기)]

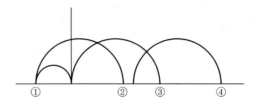

풀이

① 일축인장강도 시험법
③ 일축압축강도 시험법

② 압열인장강도 시험법
④ 삼축압축강도 시험법

26 일축압축강도가 100MPa, 압열인장시험에 의한 인장강도가 10MPa인 경우 압열인장시험의 원판형 시험편 중심에 발생하는 응력상태를 고려하여 전단강도를 구하여라.

[14년 4회(산기), 22년 1회(산기)]

풀이

$$\tau_s = \frac{S_c \times S_t}{2\sqrt{S_t(S_c - 3S_t)}} = \frac{100\text{MPa} \times 10\text{MPa}}{2\sqrt{10\text{MPa}(100\text{MPa} - 3 \times 10\text{MPa})}} = 18.9\text{MPa}$$

27 암석 시험편에 삼축압축시험을 2회 실시하였다. 주어진 구속압에 대한 삼축압축강도가 다음과 같고, 파괴포락선을 직선으로 가정할 때, 전단강도와 내부마찰각을 구하여라.

[07년 4회(기사), 11년 1회(기사), 14년 1회(기사)]

시험 순서	구속압(MPa)	삼축압축강도(MPa)
1	6	100
2	12	130

풀이

$$\tau = \frac{\sigma_{o(2)} \times R_1 - \sigma_{o(1)} \times R_2}{\sqrt{(\sigma_{o(2)} - \sigma_{o(1)})^2 - (R_2 - R_1)^2}}$$

$$\phi = \tan^{-1}\left[\frac{R_2 - R_1}{\sqrt{(\sigma_{o(2)} - \sigma_{o(1)})^2 - (R_2 - R_1)^2}}\right]$$

여기서 $\sigma_{o(1)}$과 $\sigma_{o(2)}$는 각 실험에서의 모어 응력원 중심이고, R_1과 R_2는 각 실험에서의 모어 응력원의 반경을 의미하며 다음과 같이 구한다.

$$\sigma_{o(1)} = \frac{\sigma_{1(1)} + \sigma_{3(1)}}{2} = 53\text{MPa}, \quad \sigma_{o(2)} = \frac{\sigma_{1(2)} + \sigma_{3(2)}}{2} = 71\text{MPa}$$

$$R_1 = \frac{\sigma_{1(1)} - \sigma_{3(1)}}{2} = 47\text{MPa}, \quad R_2 = \frac{\sigma_{1(2)} - \sigma_{3(2)}}{2} = 59\text{MPa}$$

따라서, 전단강도와 내부마찰각은 각각 다음과 같다.

$$\tau = \frac{71\text{MPa} \times 47\text{MPa} - 53\text{MPa} \times 59\text{MPa}}{\sqrt{(71\text{MPa} - 53\text{MPa})^2 - (59\text{MPa} - 47\text{MPa})^2}} = 15.65\text{MPa}$$

$$\phi = \tan^{-1}\left[\frac{59\text{MPa} - 47\text{MPa}}{\sqrt{(71\text{MPa} - 53\text{MPa})^2 - (59\text{MPa} - 47\text{MPa})^2}}\right] = 41.81°$$

28 밀도가 2.7g/cm^3이고, 직경이 5cm, 길이 10cm인 원주형 암석 시험편에 대하여 탄성파 속도 시험을 한 결과 P파의 도달 시간은 $12\mu\text{sec}$이고, S파의 도달 시간은 $30\mu\text{sec}$이었다. 이때의 동탄성계수를 구하여라. [05년 4회(기사), 12년 4회(기사)]

풀이

밀도 $\rho = 2.7\text{g/cm}^3 = 2,700\text{kg/m}^3$

P파 속도 $V_p = \dfrac{d}{t_p} = \dfrac{0.1\text{m}}{12 \times 10^{-6}} = 8,333.33\text{m/sec}$

S파 속도 $V_s = \dfrac{d}{t_s} = \dfrac{0.1\text{m}}{30 \times 10^{-6}} = 3,333.33\text{m/sec}$

동포아송비 $\nu_D = \dfrac{\left(\dfrac{V_p}{V_s}\right)^2 - 2}{2\left[\left(\dfrac{V_p}{V_s}\right)^2 - 1\right]} = 0.41$

동탄성계수 $E_D = 2(1 + \nu_D) \times \rho \times V_s^2$

$E_D = 2(1 + 0.41) \times 2,700\text{kg/m}^3 \times (3,333.33\text{m/sec})^2$
$\quad = 8.46 \times 10^{10}\text{kg/m}^3 \times \text{m}^2/\text{sec}^2 = 8.46 \times 10^{10}\text{Pa} = 84.6\text{GPa}$

29 밀도가 2.72g/cm^3이고, 직경이 5cm, 길이 10cm인 원주형 암석 시험편에 대하여 탄성파 속도 시험을 한 결과 P파의 도달 시간은 $1.27 \times 10^{-5}\text{sec}$이고, S파의 도달 시간은 $3.5 \times 10^{-5}\text{sec}$이었다. 이때의 동포아송비와 동탄성계수를 구하여라. [20년1회(산기)]

풀이

밀도 $\rho = 2.72\text{g/cm}^3 = 2,720\text{kg/m}^3$

P파 속도 $V_p = \dfrac{d}{t_p} = \dfrac{0.1\text{m}}{1.27 \times 10^{-5}\text{sec}} = 7,874.02\text{m/sec}$

S파 속도 $V_s = \dfrac{d}{t_s} = \dfrac{0.1\text{m}}{3.5 \times 10^{-5}\text{sec}} = 2,857.14\text{m/sec}$

$$\text{동포아송비 } v_D = \cfrac{\left(\cfrac{V_p}{V_s}\right)^2 - 2}{2\left[\left(\cfrac{V_p}{V_s}\right)^2 - 1\right]} = 0.424$$

$$\text{동탄성계수 } E_D = 2(1+v_D) \times \rho \times V_s^2$$

$$E_D = 2(1+0.424) \times 2,720\text{kg/m}^3 \times (2,857.14\text{m/sec})^2$$
$$= 6.324 \times 10^{10}\text{kg/m}^3 \times \text{m}^2/\text{sec}^2 = 6.324 \times 10^{10}\text{Pa} = 63.24\text{GPa}$$

30 암석 시료에 탄성파 속도 시험을 실시한 결과 S파 속도가 2,500m/sec로 나타났다. 암석의 동포아송비가 0.33이고 동탄성계수가 42GPa이라면, 이 암석 시료의 밀도는 얼마이겠는가?

[15년 4회(기사)]

풀이

$$V_s = 2,500\text{m/sec}, \ \nu_D = 0.33, \ E_D = 42\text{GPa}$$

$$E_D = 2(1+\nu_D) \cdot \rho \cdot V_s^2 \text{ 에서}, \ \rho = \cfrac{E_D}{2(1+\nu_D) \cdot V_s^2} = 2,526.32\text{kg/m}^3$$

31 스넬의 법칙을 이용하여 S파의 탄성파 속도를 구하시오. (단, 포아송수 = 4, $V_p = 3,500\text{m/sec}$)

[07년 1회(기사)]

풀이

$$\frac{V_p}{V_s} = \left[\frac{2(1-\nu)}{(1-2\nu)}\right]^{0.5}$$

$$\frac{3,500\text{m/sec}}{V_s} = \left[\frac{2(1-0.25)}{(1-2\times0.25)}\right]^{0.5} = 1.73$$

위 계산식을 S파의 탄성파 속도에 관하여 계산하면,

$$V_s = \frac{3,500\text{m/sec}}{1.73} = 2,023.12\text{m/sec}$$

32 동일 암반의 신선한 암석과 풍화된 암석의 탄성파 속도 측정 결과 풍화도가 0.3이었다. 신선한 암석의 탄성파 속도가 4.5km/sec일 때 풍화암석의 탄성파 속도는 얼마인가?

[09년 1회(산기)]

풀이

풍화도 $K = 1 - \dfrac{V_w(풍화암)}{V_u(신선암)}$

$0.3 = 1 - \dfrac{V_w(풍화암)}{4.5\text{km/sec}}$ 이므로,

풍화암의 탄성파 속도 $V_w(풍화암) = 0.7 \times 4.5\text{km/sec} = 3.15\text{km/sec}$

33 암석의 지연파괴와 피로파괴를 설명하여라.　　　　　　　　　　　[12년 4회(산기), 18년 4회(산기)]

풀이

① 지연파괴 : 정피로파괴라고도 하며, 암석에 적당한 하중을 가하고 그대로 하중을 일정하게 유지하면 어느 정도 시간이 경과한 후에 파괴가 일어나는 현상을 의미한다.

② 피로파괴 : 암석의 파괴강도보다 작은 응력을 주기적으로 반복해서 가하면, 암석은 변형되거나 파괴된다. 이렇게 주기적인 반복하중에 의해 파괴가 발생하는 현상을 피로파괴라 한다.

34 어떤 암석에서 첫 번째 층의 전달속도가 3km/sec이고 그 층의 밀도가 1.5t/m^3이고, 두 번째 층의 전달속도가 4km/sec이고 그 층의 밀도가 2.0t/m^3이었다면 전달응력파 σ_T의 크기는 입사응력파 σ_I의 몇 배인가?　　　　　　　　　[11년 1회(기사), 14년 1회(기사)]

풀이

전달응력파 $\sigma_T = \dfrac{2a}{1+a} \cdot \sigma_I$

　　여기서, a : 임피던스비 $a = \dfrac{\rho_2 \cdot C_2}{\rho_1 \cdot C_1}$

　　　　ρ_1 : 매질 1의 밀도, ρ_2 : 매질 2의 밀도

　　　　C_1 : 매질 1의 전달속도, C_2 : 매질 2의 전달속도

임피던스비 $a = \dfrac{2.0\text{t/m}^3 \cdot 4\text{km/sec}}{1.5\text{t/m}^3 \cdot 3\text{km/sec}} = 1.78$

따라서, 전달응력파 $\sigma_T = \dfrac{2 \times 1.78}{1+1.78} \cdot \sigma_I = 1.28 \cdot \sigma_I$ 이므로,

전달응력파 σ_T는 입사응력파 σ_I의 1.28배이다.

35 전달응력파 σ_T의 크기는 입사응력파 σ_I의 몇 배인가?(단, $C_1 = 3.5\mathrm{km/sec}$, $\rho_1 = 2.0\mathrm{t/m^3}$, $C_2 = 2.5\mathrm{km/sec}$, $\rho_2 = 1.2\mathrm{t/m^3}$) [16년 4회(기사), 20년 1회(기사)]

풀이

전달응력파 $\sigma_T = \dfrac{2a}{1+a} \cdot \sigma_I$

여기서, a : 임피던스비 $a = \dfrac{\rho_2 \cdot C_2}{\rho_1 \cdot C_1}$

ρ_1 : 매질 1의 밀도, ρ_2 : 매질 2의 밀도

C_1 : 매질 1의 전달속도, C_2 : 매질 2의 전달속도

임피던스비 $a = \dfrac{1.2\mathrm{t/m^3} \cdot 2.5\mathrm{km/sec}}{2.0\mathrm{t/m^3} \cdot 3.5\mathrm{km/sec}} = 0.43$

따라서, 전달응력파 $\sigma_T = \dfrac{2 \times 0.43}{1+0.43} \cdot \sigma_I = 0.60 \cdot \sigma_I$ 이므로,

전달응력파 σ_T는 입사응력파 σ_I의 0.6배이다.

36 어떤 암석에서 첫 번째 층의 전달속도가 $3\mathrm{km/sec}$이고 그 층의 밀도가 $1.5\mathrm{t/m^3}$, 두 번째 층의 전달속도가 $4\mathrm{km/sec}$이고 그 층의 밀도가 $2.0\mathrm{t/m^3}$이었다면 투과응력파 σ_T의 크기는 얼마인가?(단, 입사응력파의 크기는 50MPa이다.) [18년 4회(산기)]

풀이

전달응력파 $\sigma_T = \dfrac{2a}{1+a} \cdot \sigma_I$

임피던스비 $a = \dfrac{\rho_2 \cdot C_2}{\rho_1 \cdot C_1} = \dfrac{2.0\mathrm{t/m^3} \cdot 4\mathrm{km/sec}}{1.5\mathrm{t/m^3} \cdot 3\mathrm{km/sec}} = 1.78$

따라서, 전달응력파 $\sigma_T = \dfrac{2 \times 1.78}{1+1.78} \cdot 50\mathrm{MPa} = 64.03\mathrm{MPa}$

암석의 파괴이론

❶ 최대전단응력설(Tresca 이론)

물체 내에서의 항복 또는 파괴는 물체 내의 한 점에서의 최대전단응력 $\tau_{\max}$가 일정치 S_o(전단강도)에 도달하였을 때 발생한다는 이론이다. 이 파괴이론에서는 인장강도와 압축강도가 같은 크기를 갖는데, 실제 취성재료인 암석의 압축강도가 인장강도보다 상당히(10~20배 정도) 크므로 암석에는 적용하기 어렵다.

❷ Mohr – Coulomb 이론

① 모어(Mohr) 이론은 모어가 제시한 전단파괴이론으로 물체가 전단면을 따라 파괴될 때, 전단면에 작용하는 수직응력 σ와 전단응력 τ가 물체의 특성을 반영하는 다음 식으로 표현된다는 이론이다.

$$\tau = f(\sigma)$$

② Coulomb은 암석의 전단파괴 시 파괴면에 작용하는 전단응력은 파괴에 저항하는 물체의 점착력과 수직응력의 일정비의 합에 비례한다고 제안하였다.

$$\tau = c + \mu\sigma = c + \mu\tan\phi$$

여기서, σ : 수직응력 τ : 전단응력
　　　c : 점착력 μ : 내부마찰계수
　　　ϕ : 내부마찰각

③ Mohr – Coulomb 이론에 의하면 최대주응력은 다음의 식으로 표현된다.

$$\sigma_1 = 2c\frac{\cos\phi}{1-\sin\phi} + \sigma_3\frac{1+\sin\phi}{1-\sin\phi}$$
$$= 2c\tan\left(45^\circ + \frac{\phi}{2}\right) + \sigma_3\tan^2\left(45^\circ + \frac{\phi}{2}\right)$$
$$= \sigma_c + \sigma_3\tan^2\left(45^\circ + \frac{\phi}{2}\right)$$

이때, σ_c는 암석의 일축압축강도이며, 점착력 c와의 관계는 다음과 같다.

$$\sigma_c = 2c\tan\left(45^\circ + \frac{\phi}{2}\right)$$

④ 앞 식을 통해서 취성도를 다음과 같이 구할 수 있다.

$$B_r = \frac{S_c}{S_t} = \frac{1 + \sin\phi}{1 - \sin\phi} = \tan^2\left(45° + \frac{\phi}{2}\right) = k$$

여기서, k : 좌표계상의 기울기 값(계수)

⑤ 최소주응력이 작용하는 면과 파괴면이 이루는 각 : $2\theta = 90° - \phi$
⑥ 최대주응력이 작용하는 면과 파괴면이 이루는 각 : $2\theta = 90° + \phi$

❸ Griffith 제1이론

① 모든 재료의 파괴는 그 재료의 잠재적인 결함(Crack)으로부터 시작된다는 이론으로서, 재료의 내부에 포함된 미소균열로 인해 물체가 인장파괴될 때, 균열의 성장은 새로운 균열면의 형성을 통하여 나타나므로 균열의 성장에 필요한 에너지는 새로운 균열면을 형성하는 데 필요한 파단 에너지 α가 된다.

파단에너지 $\quad \alpha = \frac{(2S_t)^2}{E} \times c$

파괴강도 $\quad S_t = \frac{1}{2} \times \sqrt{\frac{E\alpha}{c}}$

② 일축압축의 경우 $\sigma_3 = 0$이 되므로 $\sigma_c = 8\sigma_t$의 관계가 성립하며 일축압축강도가 일축인장강도의 8배가 됨을 의미하나, 일반적으로 암석의 경우 실험적으로 일축압축강도는 일축인장강도의 10~20배의 크기를 가지므로 암석의 파괴 개시조건으로 보는 데는 문제가 있다.

Reference

Griffith 제2이론(2축 응력 조건)
압축응력을 (+)로 할 경우, $\sigma_1 + 3\sigma_3 \geq 0$이라면 아래 조건에서 파괴가 발생한다.
$$(\sigma_1 - \sigma_3)^2 - 8\sigma_t(\sigma_1 + \sigma_3) = 0$$

❹ McClintock 및 Walsh의 수정 Griffith 파괴이론

① Griffith 이론의 문제점을 보완한 수정식은 다음과 같다.

$$2\tau_s = 4S_t = \sigma_1(\sqrt{\mu^2 + 1} - \mu) - \sigma_3(\sqrt{\mu^2 + 1} + \mu)$$

여기서, μ는 내부마찰각(ϕ)에 대한 내부마찰계수로서 $\tan\phi$와 같고 σ_1, σ_3는 각각의 주응력이다. 만약 일축압축의 경우라면, $\sigma_3 = 0$, $\sigma_1 = S_c$와 같다.

② 앞의 파괴 공식을 이용하여 취성도를 다음과 같이 구할 수 있다.

$$B_r = \frac{S_c}{S_t} = \frac{4}{\sqrt{\mu^2 + 1} - \mu}$$

Reference

Von Mises 이론(소성변형의 법칙)
• 주변형률 성분의 방향은 주응력 방향과 일치한다.
• 물체의 체적은 변화되지 않는다.
• 변형률 증분은 편차응력에 비례한다.

⑤ Hoek – Brown의 경험식

1) 무결암의 파괴조건식

① 무결암일 때, 다음 식과 같이 표현된다.

$$\sigma_1 = \sigma_3 + (m\sigma_c\sigma_3 + s\sigma_c^2)^{0.5}$$

여기서, σ_1 : 최대주응력
σ_3 : 최소주응력
σ_c : 무결암의 일축압축강도
m : 암석 입자 간의 맞물림 정도
s : 암석 시료의 파쇄도(암석의 점착강도)

무결암의 경우 s 값은 1이 되며, 위의 식에서 $\sigma_3 = 0$인 경우 $\sigma_1 = \sigma_c\sqrt{s} = \sigma_c$가 된다. 이와 달리 파쇄의 정도가 심한 암석의 경우, 상수 s는 작은 값을 가지게 되어 강도가 작아지게 된다. 상수 m은 암석 입자 간의 결합도(맞물림)의 정도를 표현하며, 무결암의 경우 큰 값을 가지게 된다.

② 경험식을 통해 인장강도와 압축강도의 관계를 설명할 수 있으며, $\sigma_1 = 0$이고 $\sigma_t = \sigma_3$인 경우 무결암의 파괴조건식에 대입하면 다음과 같은 식을 얻을 수 있다.

$$\sigma_t = \frac{1}{2}\sigma_c(\sqrt{m^2 + 4s} - m)$$

③ $\sigma_3 = 0$인 경우와 $\sigma_1 = 0$인 경우의 각각의 압축강도와 인장강도를 통해서 취성도와의 관계를 나타낼 수 있다.

$$B_r = \frac{\sigma_c\sqrt{s}}{\frac{1}{2}\sigma_c(\sqrt{m^2 + 4s} - m)} = \frac{2\sqrt{s}}{\sqrt{m^2 + 4s} - m}$$

2) Balmer 식을 이용한 수직응력과 전단응력의 계산

무결암일 때, 다음 식과 같이 표현된다.

수직응력
$$\sigma_n = \sigma_3 + \frac{\tau_{\max}^2}{\tau_{\max} + \left(\dfrac{m \cdot \sigma_c}{8}\right)}$$

전단응력
$$\tau_f = (\sigma_n - \sigma_3) \cdot \sqrt{1 + \frac{m \cdot \sigma_c}{4\tau_{\max}}}$$

여기서, $\tau_{\max}$: 최대전단응력

01 암석의 파괴이론 중 최대전단응력설(Tresca 이론)을 취성암석에 적용하기 곤란한 이유를 설명하시오. [06년 4회(기사), 08년 1회(기사), 13년 4회(기사)]

풀이

Tresca 이론에서는 압축강도(S_c)와 인장강도(S_t)의 크기가 같은 것으로 간주되고 있으며, 이 경우 암석의 취성도 $B_r = \dfrac{S_c}{S_t} = 1$이 된다. 그러나 실제 암석의 취성도는 적어도 10에서 20 이상으로 분포하여 압축강도가 인장강도에 비해 10~20배 이상 크다. 따라서, 최대전단응력설(Tresca 이론)을 취성암석에 적용하기 곤란하다.

02 점착력이 15MPa이고, 마찰각이 45°인 사암으로 시료를 제작하여 10MPa의 봉압을 가할 경우, 시료가 파괴되기 위한 축방향 응력의 크기를 Mohr 파괴조건식을 이용하여 구하여라. [06년 1회(기사), 16년 1회(기사), 20년 1회(산기)]

풀이

$$\sigma_1 = 2 \cdot c \cdot \tan\left(45° + \frac{\phi}{2}\right) + \sigma_3 \cdot \tan^2\left(45° + \frac{\phi}{2}\right)$$
$$= 2 \cdot 15\text{MPa} \cdot \tan\left(45° + \frac{45°}{2}\right) + 10\text{MPa} \cdot \tan^2\left(45° + \frac{45°}{2}\right) = 130.71\text{MPa}$$

03 점착력(c)과 내부마찰각(ϕ)을 이용한 단축압축강도 추정식을 적으시오. [17년 1회(산기)]

풀이

$$\sigma_1 = 2 \cdot c \cdot \tan\left(45° + \frac{\phi}{2}\right) + \sigma_3 \cdot \tan^2\left(45° + \frac{\phi}{2}\right)$$
최소주응력 $\sigma_3 = 0$이면, $\sigma_1 = S_c$이므로,
$$S_c = 2 \cdot c \cdot \tan\left(45° + \frac{\phi}{2}\right)$$

04 점착력이 15MPa이고 내부마찰각이 45°인 경우, 암석의 일축압축강도는 얼마인가?(단, 선형 Mohr − Coulomb 이론을 따르며, 최소주응력은 0이다.)

[05년 4회(기사), 10년 1회(기사), 17년 1회(기사)]

풀이

$$\sigma_1 = 2 \cdot c \cdot \tan\left(45° + \frac{\phi}{2}\right) + \sigma_3 \cdot \tan^2\left(45° + \frac{\phi}{2}\right)$$

최소주응력 $\sigma_3 = 0$이면, $\sigma_1 = S_c$이므로,

$$S_c = 2 \cdot c \cdot \tan\left(45° + \frac{\phi}{2}\right) = 2 \cdot 15\text{MPa} \cdot \tan\left(45° + \frac{45°}{2}\right) = 72.43\text{MPa}$$

05 암석의 파괴기준식이 $\tau = \sigma\tan40° + 1\text{MPa}$로 나타난 암석에 5MPa의 봉압을 가하여 삼축압축시험을 실시하였다. 이 암석에 대한 파괴 시의 최대주응력과, 최대주응력과 파괴면이 이루는 각도를 구하여라.

[08년 4회(기사), 14년 4회(기사), 15년 4회(기사), 19년 4회(기사)]

풀이

Mohr − Coulomb 이론에 의해 파괴 시의 최대주응력을 구하면,

$$\sigma_1 = 2 \cdot c \cdot \tan\left(45° + \frac{\phi}{2}\right) + \sigma_3 \cdot \tan^2\left(45° + \frac{\phi}{2}\right)$$

$$= 2 \cdot 1\text{MPa} \cdot \tan\left(45° + \frac{40°}{2}\right) + 5\text{MPa} \cdot \tan^2\left(45° + \frac{40°}{2}\right) = 27.28\text{MPa}$$

최대주응력과 파괴면이 이루는 각도 $\theta = \left(45° + \frac{\phi}{2}\right) = \left(45° + \frac{40°}{2}\right) = 65°$

06 일축압축강도가 100MPa, 인장강도가 10MPa, 최대주응력은 150MPa일 때 봉압은 얼마이겠는가?(단, Mohr − Coulomb 파괴조건식을 적용한다.)

[13년 1회(기사), 16년 1회(기사)]

풀이

$$\sigma_1 = S_c + \sigma_3 \cdot \tan^2\left(45° + \frac{\phi}{2}\right) = S_c + \sigma_3 \cdot B_r = S_c + \sigma_3 \cdot \frac{S_c}{S_t}$$

즉, $\sigma_3 = (\sigma_1 - S_c) \times \frac{S_t}{S_c} = 5\text{MPa}$

07 점착력이 0이고, 내부마찰각이 30°일 때 사질토 지반에 연직응력 270kPa이 최대주응력으로 작용한다. 이때 주동파괴가 일어나기 위한 수평응력은 몇 kPa이어야 하는가?(단, 선형 Mohr − Coulomb 파괴기준을 가정한다.)

[18년 4회(기사)]

풀이

Mohr−Coulomb 이론에 의한 최대주응력 공식

$$\sigma_1 = 2 \cdot c \cdot \tan\left(45° + \frac{\phi}{2}\right) + \sigma_3 \cdot \tan^2\left(45° + \frac{\phi}{2}\right)$$

여기서, 점착력 $c = 0$이므로,

$$\sigma_1 = \sigma_3 \cdot \tan^2\left(45° + \frac{\phi}{2}\right)$$

수평응력, 즉 최소주응력 σ_3에 관한 식으로 바꾸면

$$\sigma_3 = \frac{\sigma_1}{\tan^2\left(45° + \frac{\phi}{2}\right)} = \frac{270\text{kPa}}{\tan^2\left(45° + \frac{30°}{2}\right)} = 90\text{kPa}$$

---

08 점착력 $c = 20$MPa, 내부마찰각은 $40°$, $\sigma_3 = 5$MPa일 때 심도(Z)의 증가에 따라 $0.025 \times Z$ MPa의 응력이 증가할 때 파괴가 일어나는 깊이를 구하시오.   [07년 1회(기사), 15년 1회(기사)]

풀이

$$\sigma_1 = 0.025 \times Z(\text{MPa})$$

Mohr−Coulomb 이론에 의해서,

$$\sigma_1 = 2c \cdot \tan\left(45° + \frac{\phi}{2}\right) + \sigma_3 \cdot \tan^2\left(45° + \frac{\phi}{2}\right)$$

$$= 2 \cdot 20\text{MPa} \cdot \tan\left(45° + \frac{40°}{2}\right) + 5\text{MPa} \cdot \tan^2\left(45° + \frac{40°}{2}\right) = 108.77\text{MPa}$$이므로,

$$Z = \frac{\sigma_1}{0.025} = 4,350.8\text{m}$$

---

09 암석에 정수압이 가해지는 경우 파괴가 발생하지 않는 이유를 모어 파괴이론을 이용하여 설명하라.   [12년 4회(기사)]

풀이

모어 파괴이론은 σ_1과 σ_3를 각 지점으로 하는 모어 응력원을 그렸을 때, 파괴포락선과 응력원이 접하는 지점에서 파괴가 발생한다는 이론이다. 그러나 정수압상태에서는 그림과 같이 σ_1과 σ_3가 같아서 하나의 점을 이루기 때문에 파괴포락선과 접하지 않아 파괴가 발생하지 않는다. (정수압 : $\sigma_v = \sigma_h$ 또는 $\sigma_1 = \sigma_3$인 상태)

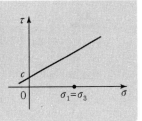

10 심부 암반에 대한 응력을 Coulomb – Navier의 파괴식에 의하여 계산하고자 한다. 암석의 실험결과 압축강도가 100MPa, 인장강도가 10MPa, 심부 암반의 초기수직응력이 5MPa, 측압계수가 2이고, 공극수압이 5MPa이라면 이때의 암반의 유효 최대주응력은 얼마이겠는가?

[08년 1회(기사)]

풀이

$$\sigma_1 = S_c + \sigma_3 \cdot \tan^2\left(45° + \frac{\phi}{2}\right) = S_c + \sigma_3 \cdot B_r = S_c + \sigma_3 \cdot K_\phi$$

여기서, 측압계수 $K = 2 = \dfrac{\sigma_h}{\sigma_v}$ 이므로, $\sigma_h = 10\text{MPa} = \sigma_3$

즉, 유효응력(σ') = 전체응력(σ) – 공극수압(u)이며,
따라서 유효 최대주응력은 다음과 같다.

$$\sigma_1' = S_c + \sigma_3' \cdot K_\phi = S_c + (\sigma_3 - u) \times K_\phi = 100\text{MPa} + (10\text{MPa} - 5\text{MPa}) \times 10 = 150\text{MPa}$$

11 재료를 파단하는 데 필요한 에너지가 $400\text{kg} \cdot \text{cm/cm}^2$이고, 틈의 선단의 길이가 0.8cm, 탄성률이 $8 \times 10^5\text{kg/cm}^2$일 때 Griffith의 파괴강도를 구하여라.

[06년 4회(기사)]

풀이

$S_t = \dfrac{1}{2}\sqrt{\dfrac{E\alpha}{c}}$ 에서 $E = 8 \times 10^5\text{kg/cm}^2$, $2c = 0.8\text{cm}$ 이므로 $c = 0.4\text{cm}$

$2\alpha = 400\text{kg} \cdot \text{cm/cm}^2$ 이므로 $\alpha = 200\text{kg} \cdot \text{cm/cm}^2$ 이다.

따라서, $S_t = \dfrac{1}{2}\sqrt{\dfrac{8 \times 10^5 \times 200}{0.4}} = 1.0 \times 10^4\text{kg/cm}^2$

12 다음 괄호 안에 알맞은 숫자를 적으시오.

[20년 1회(산기)]

> Griffith 파괴이론에 의하면 압축강도는 인장강도의 (①)배가 되고, 전단강도는 인장강도의 (②)배가 된다.

풀이

① 8

② 2

13 인장강도 10MPa을 가진 암석 시료에 봉압 $\sigma_3 = 2$MPa을 작용할 경우 그리피스 파괴이론에 의하면 압축강도 σ_1은 몇 MPa인가? [17년 4회(기사)]

풀이

그리피스 제2이론

$(\sigma_1 - \sigma_3)^2 - 8\sigma_t(\sigma_1 + \sigma_3) = 0$

$(\sigma_1 - 2\text{MPa})^2 - 8 \times 10\text{MPa}(\sigma_1 + 2\text{MPa}) = 0$

$\sigma_1^2 - 84\sigma_1 - 156 = 0$

근의 공식을 이용하여 σ_1을 계산하면,

$\dfrac{-b \pm \sqrt{b^2 - 4ac}}{2a} = \dfrac{84 \pm \sqrt{84^2 - 4 \times 1 \times (-156)}}{2} = 85.82\text{MPa}$

14 McClintock 및 Walsh의 수정 Griffith 이론식으로부터 암석의 취성도를 구하시오. (단, 단축압축의 경우 암석의 내부마찰각은 $45°$이다.) [07년 1회(기사), 09년 1회(기사), 18년 4회(기사)]

풀이

$2\tau_s = 4S_t = \sigma_1\left(\sqrt{\mu^2 + 1} - \mu\right) - \sigma_3\left(\sqrt{\mu^2 + 1} + \mu\right)$

여기서, 내부마찰계수 $\mu = \tan\phi = \tan 45° = 1$

일축압축상태에서 $\sigma_3 = 0$이면, $\sigma_1 = S_c$

즉, $\dfrac{4S_t}{S_c} = \left(\sqrt{1^2 + 1} - 1\right)$

취성도 $B_r = 9.66$

15 암석의 내부마찰각설에서 전단강도는 $2\tau_s = \sigma_1\left(\sqrt{1 + \mu^2} - \mu\right) - \sigma_3\left(\sqrt{1 + \mu^2} + \mu\right)$와 같이 표현된다. 암석의 단축압축강도가 100MPa이고, 암석의 내부마찰각이 $45°$라면 이때 암석의 전단강도는 얼마인가? [06년 4회(기사)]

풀이

$2\tau_s = 4S_t = \sigma_1\left(\sqrt{\mu^2 + 1} - \mu\right) - \sigma_3\left(\sqrt{\mu^2 + 1} + \mu\right)$

여기서, 내부마찰계수 $\mu = \tan\phi = \tan 45° = 1$

일축압축상태에서 $\sigma_3 = 0$이면, $\sigma_1 = S_c$

$2\tau_s = S_c\left(\sqrt{\mu^2 + 1} - \mu\right) = 41.42\text{MPa}$

따라서, 전단강도 $\tau_s = 20.71\text{MPa}$

16 Von Mises 이론의 적용을 위한 가정 3가지를 적으시오.

[08년 4회(기사), 10년 4회(기사), 15년 1회(기사)]

> **풀이**
>
> ① 주변형률 성분의 방향은 주응력 방향과 일치한다.
> ② 물체의 체적은 변화되지 않는다.
> ③ 변형률 증분은 편차응력에 비례한다.

17 Hoek – Brown 식을 이용하여 최대주응력을 계산하고자 한다. 신선암에 대한 암석의 단축인 장강도가 100MPa이고, 암석의 초기수직응력이 25MPa, 암석의 취성도가 2일 때 최대주응력은 얼마인가?

[07년 1회(기사)]

> **풀이**
>
> $\sigma_v = \sigma_3 = 25\text{MPa}$, $S_t = 100\text{MPa}$, $B_r = 2$이므로, $S_c = 200\text{MPa}$, 신선암일 때 $s = 1$
>
> $B_r = \dfrac{2}{\sqrt{m^2 + 4} - m}$ 에서, 강도정수 $m = 1.5$
>
> 따라서, 최대주응력은 다음과 같이 계산된다.
>
> $\sigma_1 = \sigma_3 + \sqrt{m \cdot \sigma_c \cdot \sigma_3 + s\sigma_c^2}$
> $\qquad = 25\text{MPa} + \sqrt{1.5 \cdot 200\text{MPa} \cdot 25\text{MPa} + (200\text{MPa})^2} = 242.94\text{MPa}$

18 Hoek – Brown의 강도정수 m 값이 10이고 일축압축강도가 60MPa인 무결한 등방성 중립질 사암시료를 이용하여 삼축압축시험을 실시하고자 한다. 이 시료의 구속압을 5MPa로 하였을 때 Hoek – Brown 파괴조건식으로 예상되는 압축강도와 인장강도는 각각 얼마인가?

[15년 4회(기사)]

> **풀이**
>
> ① $\sigma_3 = 0$일 때, $\sigma_1 = S_c$
>
> $S_c = \sigma_3 + \sqrt{m \cdot \sigma_c \cdot \sigma_3 + s\sigma_c^2}$ 에서, $S_c = \sqrt{s} \cdot \sigma_c = 60\text{MPa}$
>
> ② $\sigma_1 = 0$일 때, $\sigma_3 = S_t$
>
> $S_c = \sigma_3 + \sqrt{m \cdot \sigma_c \cdot \sigma_3 + s\sigma_c^2}$ 에서,
>
> $S_t = \dfrac{1}{2} \cdot \sigma_c \cdot \left(\sqrt{m^2 + 4s} - m \right) = \dfrac{1}{2} \cdot 60\text{MPa} \cdot \left(\sqrt{10^2 + 4} - 10 \right) = 5.94\text{MPa}$

19 Hoek – Brown 공식을 이용하여 다음을 구하시오. (단, 무결암이며 압축강도는 1,000MPa, 인장강도는 50MPa이다.) [07년 1회(기사), 17년 4회(기사)]

① 취성도
② 취성도(B_r)와 m의 관계식
③ S와 m

풀이

① 취성도 $B_r = \dfrac{S_c}{S_t} = \dfrac{1{,}000\mathrm{MPa}}{50\mathrm{MPa}} = 20$

② 취성도(B_r)와 m의 관계식

일축압축강도 → $\sigma_3 = 0$일 때

$$\sigma_1 = S_c = \sigma_c \cdot \sqrt{s}$$

일축인장강도 → $\sigma_1 = 0$일 때

$$\sigma_3 = S_t = \frac{1}{2} \cdot \sigma_c \cdot \left(\sqrt{m^2 + 4s} - m \right)$$

따라서, $B_r = \dfrac{\sigma_c \cdot \sqrt{s}}{\dfrac{1}{2} \cdot \sigma_c \cdot \left(\sqrt{m^2 + 4s} - m \right)} = \dfrac{2 \cdot \sqrt{s}}{\left(\sqrt{m^2 + 4s} - m \right)}$

③ S와 m

무결암 또는 신선암인 경우 $s = 1$이므로, 취성도와 m의 관계식에 대입하면,

$$B_r = \frac{2 \cdot \sqrt{s}}{\left(\sqrt{m^2 + 4s} - m \right)} = \frac{2}{\left(\sqrt{m^2 + 4} - m \right)}$$

위 관계식을 m에 관하여 풀면,

$$B_r = 20 = \frac{2}{\left(\sqrt{m^2 + 4} - m \right)}$$

$$10 = \frac{1}{\left(\sqrt{m^2 + 4} - m \right)}$$

$$0.1 = \left(\sqrt{m^2 + 4} - m \right)$$

$$m + 0.1 = \sqrt{m^2 + 4}$$

양변을 제곱하면

$$m^2 + 0.2m + 0.01 = m^2 + 4$$

$$0.2m = 3.99$$

따라서, $m = 19.95$

20 실험실에서 일축압축강도와 강도정수 m 값이 각각 100MPa, 20이고 봉압은 10MPa인 경우 신선암에 대하여 파괴면의 수직응력, 전단응력을 구하시오. [11년 1회(기사), 15년 1회(기사)]

풀이

① 최대주응력

$$\sigma_1 = \sigma_3 + \sigma_c \cdot \left(m \cdot \frac{\sigma_3}{\sigma_c} + s \right)^{0.5} = 10\text{MPa} + 100\text{MPa} \cdot \left(20 \cdot \frac{10}{100} + 1 \right)^{0.5} = 183.21\text{MPa}$$

② 최대전단응력

$$\tau_{\max} = \frac{\sigma_1 - \sigma_3}{2} = 86.61\text{MPa}$$

③ 파괴면의 수직응력

$$\sigma_n = \sigma_3 + \frac{\tau_{\max}^2}{\tau_{\max} + \left(\dfrac{m \cdot \sigma_c}{8} \right)} = 10\text{MPa} + \frac{(86.61\text{MPa})^2}{86.61\text{MPa} + \left(\dfrac{20 \cdot 100\text{MPa}}{8} \right)} = 32.28\text{MPa}$$

④ 파괴면의 전단응력

$$\tau_f = (\sigma_n - \sigma_3) \cdot \sqrt{1 + \frac{m \cdot \sigma_c}{4\tau_{\max}}} = (32.28 - 10) \cdot \sqrt{1 + \frac{20 \cdot 100}{4(86.61)}} = 57.98\text{MPa}$$

암반의 초기응력과 변형시험

❶ 암반의 초기응력

1) 초기응력

① 암반을 굴착하기 전에 암반 내부의 임의의 지점에 작용하는 응력으로서 일반적으로 수직(연직)응력과 수평응력으로 이루어져 있고, 각각의 응력 성분은 다음과 같이 표현된다.

    ㉠ 수직(연직)응력 : $\sigma_v = \gamma \times z$

    ㉡ 수평응력 : $\sigma_h = \left(\dfrac{\nu}{1-\nu} \right) \cdot \sigma_v = K \cdot \sigma_v$

    ㉢ 측압계수 : $K = \dfrac{\sigma_h}{\sigma_v} = \dfrac{\nu}{1-\nu} \leq 1$

        여기서, γ : 암반의 단위중량
              z : 지표로부터의 깊이(심도)
              ν : 포아송비
              K : 측압계수

② 측압계수는 수직응력에 대한 수평응력의 비로 표현한다. 일반적으로 암반의 수직응력은 수평응력보다 크기 때문에 측압계수는 1보다 작으나, 정수압상태일 경우 $\sigma_v = \sigma_h$가 되어 측압계수가 1이 된다. 또한 측압계수는 보통 지하 심부로 갈수록 정수압상태에 가까워진다.

③ 측압계수는 일반적으로 심도가 증가할수록 감소하는 경향을 보이며, 그 범위는 $0.3 + \dfrac{100}{Z}$ $< \overline{K} < 0.5 + \dfrac{1,500}{Z}$ 사이에 분포한다.(여기서, $\overline{K}$는 평균 측압계수)

심도 Z	평균 측압계수 $\overline{K}$
500m	$0.5 < \overline{K} < 3.5$
1,000m	$0.4 < \overline{K} < 2.0$
1,500m	$0.37 < \overline{K} < 1.5$
2,000m	$0.35 < \overline{K} < 1.25$

+ **Reference**

평균 측압계수($\overline{K}$)

$$\overline{K} = \dfrac{\dfrac{\sigma_H + \sigma_h}{2}}{\sigma_v}$$

    여기서, σ_H : 최대수평응력, σ_h : 최소수평응력, σ_v : 수직응력

Reference

수평터널의 방향이 최대수평응력과 45°를 이룰 때의 측압계수

$$K = \frac{\sigma_H \times \sin^2\theta + \sigma_h \times \cos^2\theta}{\sigma_v}$$

여기서, θ : 수평터널과 이루는 각도

2) 초기응력 측정 방법

① 수압파쇄법(Hydraulic Fracturing Method)

㉠ 측정원리

수압파쇄법은 1950년대 이후에 개발된 초기지압 측정법으로 시추공 내의 일정 구간을 팽창성 패카로 밀폐한 뒤 이 구간 내에 수압을 가하여 공벽을 인장파괴시킨 후, 가압과 중지의 사이클을 반복하여 발생된 균열의 열림과 닫힘에 따른 압력변화 양상을 측정하여 초기지압성분을 산정한다.

- 최소수평응력 : $\sigma_h = P_s$
- 최대수평응력 : $\sigma_H = 3P_s - P_c + T_o - P_o = 3P_s - P_r - P_o$
- 인장강도 : $T_o = \sigma_H - 3P_s + P_c + P_o = P_c - P_r$

여기서, P_c : 1차 균열 개시압력 P_s : 균열폐쇄압력
      P_r : 2차 균열 개시압력(균열개구압력) P_o : 공극수압

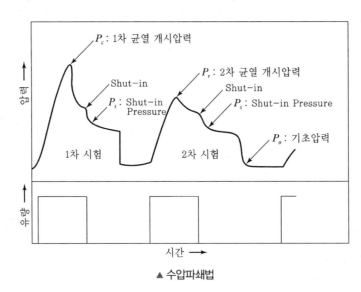

▲ 수압파쇄법

㉡ 특징

- 지하 구조물의 기초 설계단계에서 부지조사용 시추공을 이용하므로 굴착단계 이전에 초기응력 측정이 가능하다.
- 지하 심부까지 적용할 수 있다.

- 응력을 직접 측정하므로 응력해방법과 같이 탄성정수를 측정할 필요가 없다.
- 외곽 천공(Overcoring)이 필요하지 않아 비용이 절약된다.

② 응력보상법(Flat Jack Method)
  ㉠ 측정원리
    대상으로 하는 암반의 벽면에 측점을 설치하고 측점 사이에 드릴링 또는 다이아몬드톱으로 플랫잭을 넣을 수 있는 슬롯을 만든다. 슬롯이 형성되면 슬롯에 수직방향으로 작용하는 압력에 의해 슬롯이 수축되고 측점 사이의 거리는 점차 줄어든다. 슬롯에 플랫잭을 삽입하고 시멘트 등으로 암반에 완전히 밀착시킨 후 압력을 가하면 암반은 다시 원상태로 돌아가게 되며, 측점 사이의 거리가 슬롯 형성 전의 값까지 도달할 때의 압력이 곧 플랫잭의 수직방향응력이 된다.
    - 수평방향의 응력 : $\sigma_h = \dfrac{1}{8}P_w + \dfrac{3}{8}P_r$

    - 수직방향의 응력 : $\sigma_v = \dfrac{3}{8}P_w + \dfrac{1}{8}P_r$

        여기서, P_w : 측벽에서의 유압
        P_r : 천반에서의 유압

  ㉡ 특징
    - 달리 응력회복법이라고 부른다.
    - 측정장비가 간편하고 저렴하다.
    - 터널 벽면 부근에서 주로 측정하며, 지하 심부에서는 측정할 수 없다.
    - 탄성정수가 필요하지 않다.

③ 응력해방법(Overcoring Method)
  ㉠ 측정원리
    암반에 천공된 시험공 내에 계측기(변위계)를 설치한 후, 시험공 주위를 외곽 천공(Overcoring)하면 시험공을 포함한 코어 부분에서는 원 암반과 분리되면서 존재하던 응력이 해방된다. 이 응력해방에 따른 시험공의 변형 또는 변형률을 계측기를 통해 측정하여 천공 전에 존재하던 응력상태를 산출한다.
  ㉡ 특징
    - 탄성정수가 필요하다.
    - 측정심도에 한계가 있다.
    - 측정 장비의 비용이 비싸다.
  ㉢ 계측기(변위계)의 설치 위치에 따른 종류
    - 공경변형법
    - 공벽변형법
    - 공저변형법

❷ 암반의 현장시험

1) 암반의 변형성

① 암반의 변형성은 암반을 구성하는 암석의 성질, 암반 내에 존재하는 불연속면, 응력상태 및 지하수에 의한 공극수압 등에 의해 좌우된다. 그러나 실험실에서와 같이 암반을 시험하는 경우 이러한 요인들을 충분히 재현하기가 힘들다는 단점이 있다. 그렇기 때문에 전체 암반 구조물을 대표할 수 있는 보다 정확한 물성 값을 얻기 위해서는 현장 상태에서 실제 암반 규모를 대상으로 시험을 수행하는 것이 좋다.

② 대표적인 현장시험에는 암반의 정적 변형시험, 동적 변형시험 등이 있다.

2) 정적 변형시험

① **공내재하시험(공내팽창계시험)** : 재하방법에 따라 등분포재하법과 등변위재하법으로 구분하며, 시추공벽의 전체 또는 일부를 가압하여 그 하중에 따른 공벽의 변화량을 측정한다.

ㄱ 등분포재하법(Elastometer)

$$E = (1 + \nu) \cdot R \cdot \frac{\Delta P}{\Delta r}$$

여기서, E : 변형계수 ν : 포아송비
R : 반지름 ΔP : 압력증분
Δr : 반경증분

ㄴ 등변위재하법(Goodman Jack, Borehole Jack)

$$E = 0.86 \cdot C_h \cdot R \cdot K(\nu) \cdot \frac{\Delta P}{\Delta r}$$

여기서, E : 변형계수 R : 반지름
ΔP : 압력증분 Δr : 반지름증분
$K(\nu)$: 포아송비 보정값 C_h : 피스톤 마찰저항 보정계수

② **평판재하시험** : 재하방법에 따라 등변위법과 등분포하중법으로 구분하며, 하중 수준에 따른 암반의 변형 특성을 조사하기 위해 단계적으로 하중을 가한다.

ㄱ 등변위법 : 강성이 큰 재하판을 이용하여 평판의 침하량을 균등하게 유지하는 방법이다.

$$E = \frac{1 - \nu^2}{2a} \cdot \frac{\Delta F}{\Delta \delta}$$

여기서, E : 변형계수 ν : 포아송비
a : 강판반경 ΔF : 하중증분
$\Delta \delta$: 변위증분

ⓒ 등분포하중법(등압법) : 요성(Flexible)을 갖는 재하판(가압판, Flat Jack 또는 Diaphram)을 이용하여 평판의 작용응력을 등분포로 유지하는 방법이다.

$$E = 2(r_1 - r_2) \cdot (1 - \nu^2) \cdot \frac{\Delta P}{\Delta \delta}$$

여기서, E : 변형계수
ν : 포아송비
r_1 : Flat Jack 또는 Diaphram의 외경
r_2 : Flat Jack 또는 Diaphram의 내경
ΔP : 하중증분
$\Delta \delta$: 변위증분

③ **압력터널시험(수실시험)** : 압력터널이나 지하구조물 및 아치댐기초 설계 시 실시해야 하는 시험으로, 터널의 일정구간 전체를 가압하고 터널 주변의 공경 변형량을 측정하는 것으로 시험 결과의 정리는 공내재하시험과 거의 같다.

$$E = (1 + \nu) \cdot R \cdot \frac{P}{\Delta r}$$

여기서, E : 변형계수　　ν : 포아송비
R : 수실반경　　P : 작용수압
Δr : P가 작용했을 때의 반경 변화량

④ **원위치 전단시험** : 현장에서 암반에 적당한 크기의 시험체(직방체)를 절삭하여 만든 후 상면 및 측면의 재하면을 시멘트 모르타르로 평활하게 하고 2개의 유압잭(수직하중 및 전단하중용)을 설치한다. 수직응력을 일정하게 유지하고 수평방향의 하중을 증가시키면서 수직 및 수평방향의 변위를 측정한다.

3) 동적 변형시험

① 암반표면시험
② PS 검층
③ 종파 속도 측정법
④ 공내 종파 직접측정법

01 $\gamma = 2,700\text{kg/m}^3$이고, $H = 300\text{m}$일 때 연직응력을 계산하시오.(단, 연직응력의 단위는 MPa 이다.)

[17년 4회(기사)]

풀이

$$\sigma_v = \gamma \times H = 2,700\text{kg/m}^3 \times 300\text{m}$$
$$= 810,000\text{kg/m}^2 = 81\text{kg/cm}^2 = 7.94\text{MPa}$$

02 심도 $1,000\text{m}$에서 갱도굴착 시 심부층 암석의 평균 단위중량이 2.5t/m^3이고, 포아송비가 0.2라면 이론적 수평응력(t/m^2)은 얼마가 되겠는가?

[18년 4회(기사)]

풀이

$$\sigma_v = \gamma \times z = 2.5\text{t/m}^3 \times 1,000\text{m} = 2,500\text{t/m}^2$$
$$K = \frac{\nu}{1-\nu} = \frac{0.2}{1-0.2} = 0.25$$
$$K = \frac{\sigma_h}{\sigma_v}, \ \sigma_h = \sigma_v \times K = 2,500\text{t/m}^2 \times 0.25 = 625\text{t/m}^2$$

03 현지 암반 내에 존재하는 수평응력에 대한 수직응력의 비를 측압계수라 한다. 전 세계적으로 실제 측정된 지압자료에 의하면 측압계수는 심도에 따라 일정한 경향성을 보인다. 지표에서 2km 까지 심도 증가에 따른 측압계수의 일반적인 변화경향을 간략히 설명하라.

[09년 1회(산기)]

풀이

측압계수는 일반적으로 심도가 증가할수록 감소하는 경향을 보이며,

그 범위는 $0.3 + \dfrac{100}{Z} < \overline{K} < 0.5 + \dfrac{1,500}{Z}$ 사이에 분포한다.(여기서, $\overline{K}$는 평균 측압계수)

04 현지 암반의 초기지압 측정 결과 최대수평응력이 10MPa, 최소수평응력이 6MPa, 수직응력이 8MPa인 지역에 굴착된 수평터널의 방향이 최대수평응력과 $45°$ 각도를 이룰 때의 측압계수를 구하여라.

[12년 4회(산기)]

풀이

$$K=\dfrac{\sigma_H\times\sin^2\theta+\sigma_h\times\cos^2\theta}{\sigma_v}=\dfrac{10\mathrm{MPa}\times\sin^2 45^\circ+6\mathrm{MPa}\times\cos^2 45^\circ}{8\mathrm{MPa}}=1$$

05 지하심도가 증가할수록 지반 압력도 증가하기 때문에 암반의 공극이나 균열들은 닫히는 경향이 있고 그에 따라 암반의 단위중량도 점차 증가하는 경향이 있다. 암반단위중량이 지표에서 $23\mathrm{kN/m^3}$이며 심도에 따라 선형으로 점차 증가하여 심도 $1{,}000\mathrm{m}$에서 $27\mathrm{kN/m^3}$까지 증가하였다면 지하 $100\mathrm{m}$에서의 연직응력은 얼마인가? [12년 4회(산기)]

풀이

$$\gamma_z=\dfrac{27-23\mathrm{kN/m^3}}{1{,}000\mathrm{m}}\times z+23\mathrm{kN/m^3}=23.4\mathrm{kN/m^3}$$

$$\bar{\gamma}=\dfrac{23\mathrm{kN/m^3}+23.4\mathrm{kN/m^3}}{2}=23.2\mathrm{kN/m^3}$$

$$\sigma_z=\gamma\times z=23.2\mathrm{kN/m^3}\times100\mathrm{m}=2.32\mathrm{MPa}$$

06 현지 암반 초기지압 측정법에는 직접 지압을 측정하는 방법과 변형량을 측정하여 지압으로 변환하는 방법이 있다. 이 중에 지압을 측정하는 방법으로서 현재까지 널리 알려져 있는 측정법을 2가지 기술하시오. [05년 4회(산기)]

풀이

① 수압파쇄법 : 시추공 내의 일정 구간을 팽창성 패카로 밀폐한 뒤 이 구간 내에 수압을 가하여 공벽을 인장파괴시킨 후, 가압과 중지의 사이클을 반복하여 발생된 균열의 열림과 닫힘에 따른 압력변화 양상을 측정하여 초기지압성분을 산정한다.

② 응력보상법 : 암반의 벽면에 측점을 설치하고 측점 사이 슬롯에 플랫잭을 삽입하고 시멘트 등으로 암반에 완전히 밀착시킨 후 압력을 가하면 암반은 다시 원상태로 돌아가게 되며, 측점 사이의 거리가 슬롯 형성 전의 값까지 도달할 때의 압력이 곧 플랫잭의 수직방향응력이 된다.

③ 응력해방법 : 암반에 천공된 시험공 내에 계측기(변위계)를 설치한 후, 시험공 주위를 외곽 천공(Overcoring)하면 시험공을 포함한 코어 부분에서는 원 암반과 분리되면서 존재하던 응력이 해방된다. 이 응력해방에 따른 시험공의 변형 또는 변형률을 계측기를 통해 측정하여 천공 전에 존재하던 응력상태를 산출한다.

07 초기지압 측정법 중 정적 방법 3가지를 쓰시오.

> **풀이**

> ① 수압파쇄법   ② 응력보상법   ③ 응력해방법

08 지하 암반의 초기응력 측정법 중 Overcoring법과 비교하여 수압파쇄법의 장점 3가지를 쓰시오.
[11년 4회(산기)]

> **풀이**

> ① 부지조사용 시추공을 이용하므로 굴착단계 이전에 초기응력 측정이 가능하다.
> ② 지하 심부까지 적용할 수 있다.
> ③ 응력을 직접 측정하므로 탄성정수를 측정할 필요가 없다.
> ④ 외곽 천공(Overcoring)이 필요하지 않아 비용이 절약된다.

09 암반의 단위중량이 25kN/m³이고 지하 400m 지점에서 수압파쇄시험을 실시하였다. 15MPa의 수압에서 파쇄 균열이 발생하였고, 폐구압이 5MPa, 인장강도가 13MPa로 나타났다. 이 구간에서의 최대수평응력과 평균 측압계수를 구하여라.
[07년 4회(기사), 14년 1회(기사)]

> **풀이**

> $\sigma_H = 3P_s - P_c - P_o + T_o = (3 \times 5\text{MPa}) - 15\text{MPa} - 0 + 13\text{MPa} = 13\text{MPa}$이므로,
>
> $$\overline{K} = \frac{\dfrac{\sigma_H + \sigma_h}{2}}{\sigma_v} = \frac{\dfrac{13\text{MPa} + 5\text{MPa}}{2}}{10\text{MPa}} = 0.9$$

10 암반의 단위중량이 27kN/m³이고 지하 100m 지점에서 수압파쇄시험을 실시하였다. 5MPa의 수압에서 파쇄 균열이 발생하였고 폐구압이 3MPa로 나타났다면, 이 구간에서의 최대수평응력과 평균 측압계수를 구하여라. (단, 인장강도는 고려하지 않는다.)
[20년 1회(기사)]

> **풀이**

> $\sigma_H = 3P_s - P_c - P_o = (3 \times 3\text{MPa}) - 5\text{MPa} - 0 = 4\text{MPa}$이고
>
> $\sigma_h = P_s = 3\text{MPa}, \sigma_v = \gamma \times z = 27\text{kN/m}^3 \times 100\text{m} = 2.7\text{MPa}$이므로,
>
> $$\overline{K} = \frac{\dfrac{\sigma_H + \sigma_h}{2}}{\sigma_v} = \frac{\dfrac{4\text{MPa} + 3\text{MPa}}{2}}{2.7\text{MPa}} = 1.3$$

202 | 제3편 암석역학

11 단위중량이 $25kN/m^3$이고, 지하 400m 지점에서 수압파쇄시험을 실시하였다. 15MPa의 수압에서 파쇄 균열이 발생하였고, 최소수평주응력이 5MPa, 최대수평주응력이 13MPa이라면 이 구간에서의 인장강도를 구하고, 평균 측압계수를 구하여라. [11년 4회(기사)]

풀이

$\sigma_H = 13MPa$, $\sigma_h = 5MPa$

조건에 2차 균열파쇄압이 주어지지 않은 경우

인장강도 $T_o = \sigma_H - 3P_s + P_o + P_c = 13MPa - 3(5MPa) + 0 + 15MPa = 13MPa$

여기서 $\sigma_v = \gamma \times Z = 25kN/m^3 \times 400m = 10MPa$이므로,

평균 측압계수 $K_a = \dfrac{\dfrac{(\sigma_H + \sigma_h)}{2}}{\sigma_v} = \dfrac{\dfrac{(13MPa + 5MPa)}{2}}{10MPa} = 0.9$

12 암석에 수압파쇄법을 실시하였다. 1차 파쇄압이 $250kg/cm^2$, 2차 균열확장압이 $200kg/cm^2$, 폐구압이 $100kg/cm^2$일 때, 최대수평응력과 최소수평응력, 인장강도를 구하시오. [14년 1회(기사)]

풀이

① 최대수평응력 $\sigma_H = 3P_s - P_r - P_o = 300kg/cm^2 - 200kg/cm^2 - 0 = 100kg/cm^2$

② 최소수평응력 $\sigma_h = P_s = 100kg/cm^2$

③ 인장강도 $T_o = P_c - P_r = 250kg/cm^2 - 200kg/cm^2 = 50kg/cm^2$

13 직경이 2.4m인 원형 갱도에서 Flat Jack 2개를 설치하였다. 제1번 Flat Jack은 갱도 측벽에서 수평방향으로, 제2번 Flat Jack은 갱도 축방향과 평행하게 하여 천반에 설치하였다. Flat Jack 1호에서의 환원유압은 150MPa이었고, Flat Jack 2호에서의 환원유압은 250MPa이었다. 이 갱도의 각 지점에 작용하는 초기지압을 계산하고, 측압계수를 구하시오. [09년 1회(기사), 17년 4회(기사)]

풀이

① 수평방향의 응력 $\sigma_h = \dfrac{1}{8}P_w + \dfrac{3}{8}P_r = \dfrac{1}{8}(150MPa) + \dfrac{3}{8}(250MPa) = 112.5MPa$

② 수직방향의 응력 $\sigma_v = \dfrac{1}{8}P_r + \dfrac{3}{8}P_w = \dfrac{1}{8}(250MPa) + \dfrac{3}{8}(150MPa) = 87.5MPa$

③ 측압계수 $K = \dfrac{\sigma_h}{\sigma_v} = \dfrac{112.5MPa}{87.5MPa} = 1.29$

14 국제암반역학회(ISRM)에서 발표한 암반의 변형특성을 측정하는 시험법을 정적 방법과 동적 방법으로 나누어 각각 3가지씩 쓰시오. [05년 4회(기사)]

풀이

① 정적 방법 : 공내재하시험, 평판재하시험, 압력터널시험, 잭시험
② 동적 방법 : 종파 속도 측정법, 공내 종파 직접측정법, PS 검층, 암반표면시험

15 직경이 5cm인 공에 고무튜브를 사용하여 공내변형시험을 하였다. 가해진 압력이 100kg/cm^2일 때 시추공의 직경이 1mm만큼 증가하였다면 이 암반의 탄성계수는 얼마인가?(단, 암반의 포아송비는 0.25이다.) [08년 4회(기사), 18년 4회(기사)]

풀이

$$E = (1+\nu) \times R \times \frac{\Delta P}{\Delta r} = (1+0.25) \times 2.5\text{cm} \times \frac{100\text{kg/cm}^2}{0.05\text{cm}} = 6{,}250\text{kg/cm}^2$$

16 Goodman Jack법(등변위재하법)을 시행하였다. 초기 시추공 지름은 5cm이고, 압력은 40 kg/cm^2에서 48kg/cm^2으로 증가하였다. 포아송수는 4이고, 시추공 반지름의 변위는 5mm일 때 변형계수를 구하여라.(단, 피스톤 마찰저항 보정계수는 무시한다.) [12년 1회(산기)]

ν	0.1	0.2	0.25	0.3	0.4
$K(\nu)$	1.519	1.474	1.438	1.397	1.289

풀이

$K(\nu)$는 포아송비에 따른 보정값으로, 포아송비 $\nu = 0.25$에 해당하는 $K(\nu)$를 표에서 찾으면 $K(\nu) = 1.438$이다.

$$E = 0.86 \times C_h \times K(\nu) \times R \times \frac{\Delta P}{\Delta r} = 0.86 \times 1.438 \times 2.5\text{cm} \times \frac{8\text{kg/cm}^2}{0.5\text{cm}} = 49.47\text{kg/cm}^2$$

17 지름이 50cm인 강성판에 등변위재하시험을 실시하였다. 하중이 300kg일 때 1.5mm만큼의 변위가 발생했다면 이때의 변형계수는 얼마인가?(단, 포아송수 $m = 4$이다.) [08년 1회(기사)]

풀이

$$E = \frac{(1-\nu^2)}{2a} \times \frac{\Delta F}{\Delta \delta} = \frac{(1-0.25^2)}{2 \times 25\text{cm}} \times \frac{300\text{kg}}{0.15\text{cm}} = 37.5\text{kg/cm}^2$$

18 어떤 암반에서 외경이 80cm이고 내경이 50cm인 Flat Jack을 이용한 평판재하시험(등분포 재하법)을 하였을 때 응력증가분이 300kg/cm^2, 변위증가분이 15mm로 나타났다. 이때의 변형계수는 얼마인가?(단, 포아송수는 4이다.)

[06년 4회(기사)]

풀이

$$E = 2(r_1 - r_2) \times (1 - \nu^2) \times \frac{\Delta P}{\Delta \delta} = 2(40\text{cm} - 25\text{cm}) \times (1 - 0.25^2) \times \frac{300\text{kg/cm}^2}{1.5\text{cm}} = 5{,}625\text{kg/cm}^2$$

19 포아송비가 0.3인 암반에서 직경 4m의 수실시험 시 300kg/cm^2의 압력을 가했을 때 반경증 분이 10cm라면 이 암반의 변형계수는 얼마인가?(단, 암반의 변형계수의 단위는 MPa이다.)

[12년 4회(기사)]

풀이

변형계수 $E = (1 + \nu) \times R \times \dfrac{P}{\Delta r} = (1 + 0.3) \times 200\text{cm} \times \dfrac{300\text{kg/cm}^2}{10\text{cm}} = 7{,}800\text{kg/cm}^2$

문제 조건에 암반의 변형계수의 단위는 MPa로 명시되어 있으므로 단위를 환산하면,

$$E = \frac{7{,}800\text{kg/cm}^2}{10.2} = 764.71\text{MPa}$$

20 지름이 4m인 지하 터널에 대해서 압력터널시험을 실시하였다. 시험 시 터널 주위의 수압이 200kPa만큼 증가하였을 때 터널의 반경 변위가 0.5mm 발생되었다면, 이 암반의 변형계수는 얼마인가?(단, 포아송비는 0.25이다.)

[20년 2회(기사)]

풀이

$$E = (1 + \nu) \times R \times \frac{P}{\Delta r} = (1 + 0.25) \times 200\text{cm} \times \frac{200\text{kPa}}{0.05\text{cm}} = 1{,}000{,}000\text{kPa} = 1\text{GPa}$$

CHAPTER 06 | 암반 내 공동에서의 응력과 변위

❶ 공동에서의 응력과 변위

1) 단일 원형공동 주위에서의 응력상태

커시(Kirsch)의 해(또는 키르시의 방정식)는 초기응력 $P_1(\sigma_v = \sigma_y)$, $P_2(\sigma_h = \sigma_x)$가 작용하는 2축응력상태에서 굴착공동 주변의 임의의 지점에서의 응력상태를 다음과 같이 표현했다.

① 반경방향응력 : $\sigma_r = \dfrac{(\sigma_h + \sigma_v)}{2}\left(1 - \dfrac{a^2}{r^2}\right) + \dfrac{(\sigma_h - \sigma_v)}{2}\left(1 + \dfrac{3a^4}{r^4} - \dfrac{4a^2}{r^2}\right)\cos 2\theta$

② 접선방향응력 : $\sigma_\theta = \dfrac{(\sigma_h + \sigma_v)}{2}\left(1 + \dfrac{a^2}{r^2}\right) - \dfrac{(\sigma_h - \sigma_v)}{2}\left(1 + \dfrac{3a^4}{r^4}\right)\cos 2\theta$

③ 전단응력 : $\tau_{r\theta} = -\dfrac{(\sigma_h - \sigma_v)}{2}\left(1 - \dfrac{3a^4}{r^4} + \dfrac{2a^2}{r^2}\right)\sin 2\theta$

여기서, σ_v : 수직응력

σ_h : 수평응력

a : 공동 반경

r : 공동 중심에서 임의의 지점까지의 거리

θ : 공동의 측벽을 기준으로 임의의 지점까지의 반시계 방향 각도

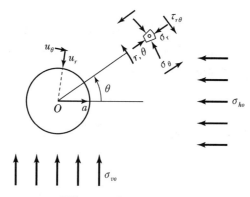

▲ 원형공동 주위에서의 응력 및 변위

2) 단일 원형공동 경계에서의 응력상태

커시의 해를 이용하여 단일 원형공동 경계에서의 각 응력성분을 측정할 수 있는데, 공동 경계에서는 공동의 반경 a와 공동의 중심에서 임의의 지점까지의 거리 r이 같아진다. 공동 경계, 즉 공동의 측벽과 천반에서의 응력상태는 커시의 해에 해당하는 세 가지 공식을 이용해 $a = r$을 적용하면 다음과 같다.

① 천반에서 $\theta = 90°$ 또는 $\theta = 270°$일 때

  ㉠ 반경방향응력 : $\sigma_r = 0$

  ㉡ 접선방향응력 : $\sigma_\theta = 3\sigma_h - \sigma_v = \sigma_v(3K - 1)$

  ㉢ 전단응력 : $\tau_{r\theta} = 0$

② 측벽에서 $\theta = 0°$ 또는 $\theta = 180°$일 때

  ㉠ 반경방향응력 : $\sigma_r = 0$

  ㉡ 접선방향응력 : $\sigma_\theta = 3\sigma_v - \sigma_h = \sigma_v(3 - K)$

  ㉢ 전단응력 : $\tau_{r\theta} = 0$

③ 측압계수 $K = 0$일 때

  ㉠ 천반에서의 접선방향응력 : $\sigma_\theta = \sigma_v(3K - 1) = -\sigma_v$(인장상태)

  ㉡ 측벽에서의 접선방향응력 : $\sigma_\theta = \sigma_v(3 - K) = 3\sigma_v$(최대압축상태)

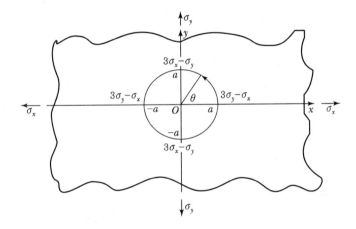

3) 단일 원형공동 경계에서의 변위상태

① 반경방향의 변위 : $u_r = \dfrac{\sigma_v \cdot a^2}{4 \cdot G \cdot r}\left[(1 + K) - (1 - K)\left\{4(1 - \nu) - \dfrac{a^2}{r^2}\right\}\cos 2\theta\right]$

② 접선방향의 변위 : $u_\theta = \dfrac{\sigma_v \cdot a^2}{4 \cdot G \cdot r}\left[(1 - K)\left\{2(1 - 2\nu) + \dfrac{a^2}{r^2}\right\}\sin 2\theta\right]$

③ 평면응력상태의 경우$(a = r)$

  ㉠ 반경방향의 변위 : $u_r = \dfrac{1}{E}[(\sigma_h + \sigma_v)a + 2(\sigma_h - \sigma_v)a \cdot \cos 2\theta]$

  ㉡ 접선방향의 변위 : $u_\theta = -\dfrac{1}{E}[2(\sigma_h - \sigma_v)a \cdot \sin 2\theta]$

④ 평면변형률상태의 경우($a = r$)

　　㉠ 반경방향의 변위 : $u_r = \dfrac{1-\nu^2}{E}[(\sigma_h + \sigma_v)a + 2(\sigma_h - \sigma_v)a \cdot \cos 2\theta]$

　　㉡ 접선방향의 변위 : $u_\theta = -\dfrac{1-\nu^2}{E}[2(\sigma_h - \sigma_v)a \cdot \sin 2\theta]$

4) 주응력과 방향

앞에서 표시한 입자에 작용하는 σ_r, σ_θ, $\tau_{r\theta}$의 응력에 대하여 최대 및 최소주응력, 그리고 주응력이 작용하는 방향은 다음 식으로 구할 수 있다.

① 최대주응력 : $\sigma_1 = \dfrac{\sigma_r + \sigma_\theta}{2} + \sqrt{\left(\dfrac{\sigma_r - \sigma_\theta}{2}\right)^2 + \tau_{r\theta}^2}$

② 최소주응력 : $\sigma_3 = \dfrac{\sigma_r + \sigma_\theta}{2} - \sqrt{\left(\dfrac{\sigma_r - \sigma_\theta}{2}\right)^2 + \tau_{r\theta}^2}$

③ 주응력이 작용하는 방향 : $\tan 2\alpha = \dfrac{2\tau_{r\theta}}{\sigma_\theta - \sigma_r}$

5) 두꺼운 원통(Thick Wall Cylinder)에서의 응력과 변위

① 두꺼운 원통의 공동 주위에서의 응력

　다음 그림과 같이 수직갱도에서 콘크리트 복공(Concrete Lining)을 하였을 경우를 후륜원관이라 칭한다. 정수압상태처럼 균등한 압력을 받을 때, 내압을 $P_i(P_a)$, 외압을 $P_o(P_b)$라 하면 공동 주위에서의 반경방향응력과 접선방향응력은 다음과 같이 표현된다.

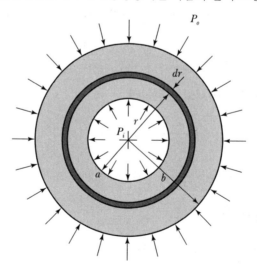

㉠ 반경방향응력 : $\sigma_r = \dfrac{b^2 \cdot P_b - a^2 \cdot P_a}{b^2 - a^2} - \dfrac{P_b - P_a}{b^2 - a^2} \times \dfrac{a^2 \cdot b^2}{r^2}$

㉡ 접선방향응력 : $\sigma_\theta = \dfrac{b^2 \cdot P_b - a^2 \cdot P_a}{b^2 - a^2} + \dfrac{P_b - P_a}{b^2 - a^2} \times \dfrac{a^2 \cdot b^2}{r^2}$

a는 공동 반경, b는 중심에서 복공까지 거리, r은 중심에서 응력 작용점까지 거리이며, 작용점이 공동 내측일 때 $a = r$이고 공동 외측일 때 $b = r$이 성립한다.

② 두꺼운 원통에서 정수압상태, 등방탄성체에서 반경방향의 변위

㉠ 반경방향의 변위(탄성계수) : $u_r = \dfrac{(1+\nu)a^2}{E \cdot r}(P_o - P_i)$

㉡ 반경방향의 변위(전단탄성계수) : $u_r = \dfrac{a^2}{2 \cdot G \cdot r}(P_o - P_i)$

상기 식에서 지보의 내압이나 수압이 작용하지 않는 경우에는 P_i를 생략한다.

6) 타원형공동에서의 응력상태

① 일반적으로 타원형공동에서 장축이 수평에 가까워질수록 공동 벽측에서의 접선방향응력의 최댓값은 증가하고, 타원형 단면의 뾰족한 부분이 평탄한 부분에서보다 응력이 집중되기 쉽기 때문에 장축이 수평방향이 되는 긴 타원형 단면은 피해야 한다. 다음은 이축응력상태에서 타원의 주축이 주응력방향과 같을 때 타원형공동 측벽과 천반부에서 발생하는 접선방향 응력 계산식이다.

㉠ 타원형공동 측벽에서의 접선방향응력 : $\sigma_\theta = \sigma_v \times \left(1 - K + \dfrac{2W}{H}\right)$

㉡ 타원형공동 천반(바닥)에서의 접선방향응력 : $\sigma_\theta = \sigma_v \times \left(K - 1 + \dfrac{2KH}{W}\right)$

여기서, K : 측압계수 H : 공동의 높이
W : 공동의 폭 σ_v : 수직응력

② 타원형공동의 폭이 높이에 비해서 클수록 측벽부에서의 접선방향응력이 증가하고, 타원형공동의 높이가 폭에 비해서 클수록 천반부에서의 접선방향응력이 증가한다. 또한, 타원형공동 끝 부분의 곡률반경이 클수록 접선방향응력이 감소되며, 곡률반경이 작을수록 응력이 집중된다.

③ 터널의 형상에 따른 천반 및 측벽부에서의 응력

㉠ 천반에서의 응력 : $\sigma_\theta = \sigma_v \times (A \times K - 1)$

㉡ 측벽에서의 응력 : $\sigma_\theta = \sigma_v \times (B - K)$

여기서, K : 측압계수 A : 터널의 형상에 따른 천반부 형상계수
σ_v : 수직응력 B : 터널의 형상에 따른 측벽부 형상계수

7) 복수공동(쌍굴터널, 병렬터널)에서의 응력상태

두 개의 터널을 근접하여 굴착하게 되면, 상호 간섭 효과로 인하여 쌍굴터널 사이에 응력이 집중하게 된다(이 부분을 잔주(Pillar)라고 한다).

① 단일공동에서의 응력집중계수 : $C = \dfrac{\sigma_\theta}{\sigma_v}$

② 복수공동에서의 응력집중계수 : $K' = C + 0.09 \times \left[\left(1 + \dfrac{W_o}{W_p} \right)^2 - 1 \right]$

여기서, σ_θ : 접선방향응력 $\qquad$ σ_v : 수직응력
$\qquad\qquad$ W_o : 공동의 폭 $\qquad\qquad$ W_p : 잔주의 폭

③ 복수공동 간 마주보는 측벽 벽면에서의 최대발생응력 : $\sigma_{\theta \max} = K' \times \sigma_v$

8) 반무한체의 집중응력

반무한 탄성지반의 표면에서 1점에 연직방향의 집중하중이 작용하는 경우 수직(연직)응력은 브시네스크(Boussinesq)의 이론에 의해 다음과 같이 표현된다.

$$\sigma_v = \frac{3Qz^3}{2\pi R^5} = \frac{Q}{z^2} \cdot I_{\sigma\theta}$$

여기서, σ_v : 연직응력 $\qquad\qquad$ Q : 연직방향의 집중하중
$\qquad\qquad$ R : 임의 지점의 반경 $\qquad\quad$ z : 임의 지점의 심도
$\qquad\qquad$ $I_{\sigma\theta}$: Boussinesq 지수 또는 영향계수

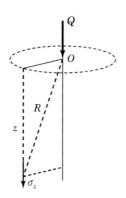

▲ 집중하중에 의한 연직응력

9) 면하중에 의한 응력 분포

① 지표면에 원형 등분포하중이 작용하는 경우 재하축 직하에서의 연직응력은 다음과 같이 표현된다.

$$\sigma_z = Q \cdot \left\{ 1 - \left[\frac{1}{1 + \left(\frac{r}{z} \right)^2} \right]^{1.5} \right\}$$

여기서, σ_z : 연직응력 Q : 연직방향의 등분포하중
r : 기초판의 반경 z : 임의 지점의 심도

② 재하영역 중심과 경계에서의 연직변위

㉠ 중심에서의 연직변위 : $W_o = 2r \times \dfrac{(1 - \nu^2) \times Q}{E}$

㉡ 경계에서의 연직변위 : $W_s = 4r \times \dfrac{(1 - \nu^2) \times Q}{\pi \times E}$

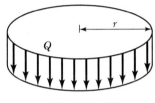

▲ 원형 등분포하중

2 간극수압의 영향

① 암석요소에 작용하는 총 수직응력 σ는 암석 입자들의 접촉에 의해 전달되는 응력, 즉 유효응력 σ'과 공극수압 P_W의 합으로 표시된다. 따라서 암석 내의 유효응력은 다음과 같이 표현된다.

$$\sigma' = \sigma - P_W$$

② 공극수압의 증가는 그만큼 수직응력을 감소시키는 결과를 낳지만 전단응력에는 영향을 미치지 않는다. 다음의 모어원은 공극수압이 없을 경우 현재의 응력조건(σ_1, σ_3)에서는 파괴가 발생하지 않지만 공극수압이 P_W만큼 상승하면 파괴가 발생한다는 것을 표현한 것이다. Mohr 원의 a는 초기상태의 응력조건에 해당하며, 이 경우 어떠한 방향으로도 파괴가 발생하지 않는다. 그러나 공극수압(P_W)이 증가하면 a는 응력원 b의 위치로 이동하게 되어 Mohr − Coulomb 파괴식과 접하게 되고, 최소주응력의 방향과 θ만큼 경사진 면을 따라 전단파괴가 발생한다.

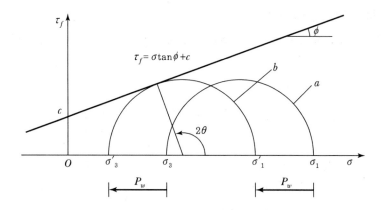

③ 공극수압 P_W를 고려한 유효법선응력과 유효전단응력은 다음과 같이 유도된다.

㉠ 유효법선응력

$$
\begin{aligned}
\sigma' &= \frac{\sigma_1' + \sigma_3'}{2} + \frac{\sigma_1' - \sigma_3'}{2} \cdot \cos 2\theta \\
&= \frac{(\sigma_1 - P_w) + (\sigma_3 - P_w)}{2} + \frac{(\sigma_1 - P_w) - (\sigma_3 - P_w)}{2} \cdot \cos 2\theta \\
&= \frac{\sigma_1 + \sigma_3 - 2P_w}{2} + \frac{\sigma_1 - \sigma_3}{2} \cdot \cos 2\theta = \frac{\sigma_1 + \sigma_3}{2} + \frac{\sigma_1 - \sigma_3}{2} \cdot \cos 2\theta - P_w = \sigma - P_w
\end{aligned}
$$

㉡ 유효전단응력

$$
\begin{aligned}
\tau_n' &= \frac{\sigma_1' - \sigma_3'}{2} \cdot \sin 2\theta \\
&= \frac{(\sigma_1 - P_w) - (\sigma_3 - P_w)}{2} \cdot \sin 2\theta = \frac{\sigma_1 - \sigma_3}{2} \cdot \sin 2\theta = \tau_n
\end{aligned}
$$

01 지표로부터 $1,000\text{m}$ 심부에 반경 a인 원형 갱도를 굴착했을 때 갱도의 벽면에 작용하는 접선 방향응력(σ_θ)은?(단, 상반암석의 단위중량은 2.5t/m^3이고, 수평응력은 고려하지 않는다.)

[15년 4회(산기)]

풀이

수직응력 $\sigma_v = \gamma \times z = 2.5\text{t/m}^3 \times 1,000\text{m} = 2,500\text{t/m}^2$, 수평응력 $\sigma_h = 0, a = r, \theta = 0$이므로,

접선방향응력 $\sigma_\theta = \dfrac{\sigma_h + \sigma_v}{2}\left(1 + \dfrac{a^2}{r^2}\right) - \dfrac{\sigma_h - \sigma_v}{2}\left(1 + \dfrac{3a^4}{r^4}\right)\cos 2\theta = 7,500\text{t/m}^2$

02 초기지압 $P_0 = 2\text{MPa}$이 모든 방향에서 작용하고 있는 암반에 직경 5m의 원형 터널을 굴착한다면 이 터널 벽면에 작용하는 접선방향응력, 반경방향응력, 전단응력을 구하시오.

[05년 4회(산기)]

풀이

터널 벽면($a = r$), $\theta = 0$, 초기지압(P_o)$= 2\text{MPa} = \sigma_v = \sigma_h$일 때, 퀴시의 방정식에 따라

① 접선방향응력

$\sigma_\theta = \dfrac{(\sigma_h + \sigma_v)}{2}\left(1 + \dfrac{a^2}{r^2}\right) - \dfrac{(\sigma_h - \sigma_v)}{2}\left(1 + \dfrac{3a^4}{r^4}\right)\cos 2\theta = \sigma_h + \sigma_v - 2(\sigma_h - \sigma_v) = 4\text{MPa}$

② 반경방향응력

$\sigma_r = \dfrac{(\sigma_h + \sigma_v)}{2}\left(1 - \dfrac{a^2}{r^2}\right) + \dfrac{(\sigma_h - \sigma_v)}{2}\left(1 + \dfrac{3a^4}{r^4} - \dfrac{4a^2}{r^2}\right)\cos 2\theta = 0$

③ 전단응력

$\tau_{r\theta} = -\dfrac{(\sigma_h - \sigma_v)}{2}\left(1 - \dfrac{3a^4}{r^4} + \dfrac{2a^2}{r^2}\right)\sin 2\theta = 0$

03 탄성암반 내에 직경 4m의 원형공동이 존재한다. 직경의 크기를 2배로 하는 경우 공동의 측벽에 발생하는 접선방향응력의 변화량을 식을 이용하여 설명하라.

[09년 1회(산기)]

풀이

접선방향응력 $\sigma_\theta = \dfrac{\sigma_h + \sigma_v}{2}\left(1 + \dfrac{a^2}{r^2}\right) - \dfrac{\sigma_h - \sigma_v}{2}\left(1 + \dfrac{3a^4}{r^4}\right)\cos 2\theta$에서

공동 측벽일 때, $a = r, \theta = 0$이고, $\sigma_\theta = (\sigma_h + \sigma_v) - 2(\sigma_h - \sigma_v) = 3\sigma_v - \sigma_h$이므로,

공동 측벽에 발생하는 접선방향응력은 공동 직경의 크기를 2배로 증가해도 변화가 없다.

04 8m의 원형공동에 수평응력 5kg/cm^2, 수직응력 10kg/cm^2이 작용하고 있다. 천장부에서 $45°$ 방향의 공동 경계에서의 접선방향 변위는 얼마인가?(단, 탄성계수 $= 4 \times 10^4 \text{kg/cm}^2$, 포아송비 $= 0.25$이다.)

[09년 1회(산기)]

풀이

$$U_\theta = \frac{\sigma_v \cdot a^2}{4 \cdot G \cdot r}\left[(1-K)\left\{2(1-2\nu)+\frac{a^2}{r^2}\right\}\sin2\theta\right]$$

공동 경계이므로 $a=r$, 측압계수 $K=\dfrac{\sigma_h}{\sigma_v}=\dfrac{5\text{kg/cm}^2}{10\text{kg/cm}^2}=0.5$

강성률 $G=\dfrac{E}{2(1+\nu)}=1.6\times10^4\text{kg/cm}^2$

따라서, 접선방향 변위는 다음과 같이 계산된다.

$$U_\theta = \frac{10\text{kg/cm}^2 \cdot 400\text{cm}}{4 \cdot 1.6\times10^4\text{kg/cm}^2}\left[(1-0.5)\left\{2(1-0.5)+1\right\}\sin90°\right]=0.0625\text{cm}=6.25\times10^{-2}\text{cm}$$

05 심도 200m에 지름 8m의 원형공동을 굴착하였다. $\sigma_h = 250\text{kg/cm}^2$, $\sigma_v = 500\text{kg/cm}^2$, $E = 2.7\times10^5\text{kg/cm}^2$이라면, 터널 벽면과 천반에서의 반경방향 변위를 구하시오.(단, 평면응력상태이다.)

[07년 1회(기사), 10년 4회(기사)]

풀이

① 터널 벽면에서의 반경방향 변위(벽면일 때의 $\theta = 0°$)

$$U_r = \frac{1}{E}\left[a(\sigma_h + \sigma_v)+2a(\sigma_h - \sigma_v)\cos2\theta\right]$$

$$= \frac{1}{2.7\times10^5\text{kg/cm}^2}\left[400 \cdot (250+500)+800 \cdot (250-500)\cos0°\right]$$

$$= 0.37\text{cm}$$

② 터널 천반에서의 반경방향 변위(천반일 때의 $\theta = 90°$)

$$U_r = \frac{1}{E}\left[a(\sigma_h + \sigma_v)+2a(\sigma_h - \sigma_v)\cos2\theta\right]$$

$$= \frac{1}{2.7\times10^5\text{kg/cm}^2}\left[400 \cdot (250+500)+800 \cdot (250-500)\cos180°\right]$$

$$= 1.85\text{cm}$$

06 지하 암반 200m 내에 반지름이 8m인 원형공동을 굴착하였고 수평응력이 250kg/cm^2, 수직응력이 500kg/cm^2이다. 평면응력상태에서 공동 경계에서의 접선방향 변위는 얼마인가?(단, 탄성계수 $E = 2.7\times10^5\text{kg/cm}^2$이고, $\theta = 30°$이다.)

[17년 4회(산기)]

풀이

평면응력상태에서 공동 경계에서의 접선방향 변위

$$U_\theta = -\frac{1}{E}\left[2(\sigma_h - \sigma_v)a \cdot \sin 2\theta\right]$$

$$= -\frac{1}{2.7\times10^5 \text{kg/cm}^2}\left[2\times(250\text{kg/cm}^2 - 500\text{kg/cm}^2)\times 800\text{cm}\times\sin 60°\right] = 1.28\text{cm}$$

07 수평응력은 2.5kg/cm^2, 수직응력은 5kg/cm^2, 포아송비는 0.25, 탄성계수는 $3.0\times10^4\text{kg/cm}^2$ 이고, 터널의 직경이 5m인 경우 천반에서의 반경방향 변위는 얼마인가?(단, 평면변형률상 태로 가정한다.)   [10년 1회(산기), 16년 1회(산기), 22년 1회(산기)]

풀이

평면변형률상태에서의 반경방향 변위(천반에서 $\theta = 90°$, 반경 $a = 2.5$m)

$$U_r = \frac{1-\nu^2}{E}\left[a(\sigma_h + \sigma_v) + 2a(\sigma_h - \sigma_v)\cdot\cos 2\theta\right]$$

$$= \frac{1-0.25^2}{3\times10^4\text{kg/cm}^2}\left[250\times(2.5+5) + 500\times(2.5-5)\cdot\cos 180°\right]$$

$$= 0.098\text{cm} ≒ 0.10\text{cm}$$

08 단일원형공동 굴착 시 터널 벽면에서 발생하는 반경방향 변위를 계산하였을 때, 평면응력상 태/평면변형률상태의 비는 얼마인가?(단, 포아송비 = 0.2이다.)   [11년 4회(산기)]

풀이

① 평면응력상태일 때의 반경방향 변위

$$U_r = \frac{1}{E}\left[a(\sigma_h + \sigma_v) + 2a(\sigma_h - \sigma_v)\cdot\cos 2\theta\right]$$

② 평면변형률상태일 때의 반경방향 변위

$$U_r = \frac{1-\nu^2}{E}\left[a(\sigma_h + \sigma_v) + 2a(\sigma_h - \sigma_v)\cdot\cos 2\theta\right]$$

③ 평면응력상태/평면변형률상태의 비

$$\frac{\frac{1}{E}\left[a(\sigma_h + \sigma_v) + 2a(\sigma_h - \sigma_v)\cdot\cos 2\theta\right]}{\frac{1-\nu^2}{E}\left[a(\sigma_h + \sigma_v) + 2a(\sigma_h - \sigma_v)\cdot\cos 2\theta\right]} = \frac{1}{1-\nu^2} = \frac{1}{1-(0.2)^2} = 1.04$$

제6장 암반 내 공동에서의 응력과 변위 | **215**

09 다음 그림에서 원형공동 측벽에서의 최대, 최소주응력을 구하여라. [14년 4회(기사)]

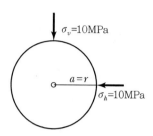

풀이

반경방향응력 $\sigma_r = \dfrac{(\sigma_h + \sigma_v)}{2}\left(1 - \dfrac{a^2}{r^2}\right) + \dfrac{(\sigma_h - \sigma_v)}{2}\left(1 + \dfrac{3a^4}{r^4} - \dfrac{4a^2}{r^2}\right)\cos 2\theta$

접선방향응력 $\sigma_\theta = \dfrac{(\sigma_h + \sigma_v)}{2}\left(1 + \dfrac{a^2}{r^2}\right) - \dfrac{(\sigma_h - \sigma_v)}{2}\left(1 + \dfrac{3a^4}{r^4}\right)\cos 2\theta$

전단응력 $\tau_{r\theta} = -\dfrac{(\sigma_h - \sigma_v)}{2}\left(1 - \dfrac{3a^4}{r^4} + \dfrac{2a^2}{r^2}\right)\sin 2\theta$

여기서 $\sigma_h = \sigma_v = 10\text{MPa}$이고, 원형공동 측벽에서 $a = r$이 성립하므로,

$\sigma_r = 0$, $\sigma_\theta = 20\text{MPa}$, $\tau_{r\theta} = 0$이 된다.

따라서, 최대, 최소주응력 σ_1, $\sigma_3 = \dfrac{\sigma_r + \sigma_\theta}{2} \pm \sqrt{\left(\dfrac{\sigma_r - \sigma_\theta}{2}\right)^2 + (\tau_{r\theta})^2} = 20\text{MPa or } 0$

즉, 최대주응력 $\sigma_1 = 20\text{MPa}$이고, 최소주응력 $\sigma_3 = 0$이다.

10 암반의 단위무게가 2.6t/m^3이고 지표면에서 100m 지점에서 직경 10m인 원형 터널을 굴착하였다. 정수압이 작용하는 상태에서 1m의 라이닝을 타설하였을 때 터널 내측에서의 최대접선방향응력을 구하여라. [14년 4회(기사)]

풀이

내경의 반지름 $a = 4\text{m}$, 외경의 반지름 $b = 5\text{m}$

외압 $P_b = \gamma \times Z = 2.6\text{t/m}^3 \times 100\text{m} = 260\text{t/m}^2$, 내압 $P_a = 0$

터널 내측인 경우 $a = r$이므로,

최대접선방향응력 $\sigma_\theta = \dfrac{b^2 \cdot P_b - a^2 \cdot P_a}{b^2 - a^2} + \dfrac{P_b - P_a}{b^2 - a^2} \times \dfrac{a^2 \cdot b^2}{r^2} = \dfrac{b^2 \cdot P_b + b^2 \cdot P_b}{b^2 - a^2}$

$= \dfrac{2(b^2 \cdot P_b)}{b^2 - a^2} = \dfrac{2((5\text{m})^2 \cdot 260\text{t/m}^2)}{(5\text{m})^2 - (4\text{m})^2}$

$= 1,444.44\text{t/m}^2$

11 지표로부터 100m인 곳에 직경 10m의 원형 터널 굴착 후 1m의 라이닝을 타설했다. 원형공동 외측 표면에 발생하는 접선방향응력을 구하시오. (단, 정수압상태이고, 암반의 단위중량은 25kN/m^3이다.) [10년 1회(기사), 13년 4회(기사), 17년 1회(기사), 20년 4회(기사)]

> **풀이**
>
> 내경의 반지름 $a = 4\text{m}$, 외경의 반지름 $b = 5\text{m}$
>
> 외압 $P_b = \gamma \times Z = 25\text{kN/m}^3 \times 100\text{m} = 2{,}500\text{kN/m}^2 = 2.5\text{MPa}$, 내압 $P_a = 0$
>
> 공동 외측인 경우 $b = r$이므로,
>
> $$\text{접선방향응력 } \sigma_\theta = \frac{b^2 \cdot P_b - a^2 \cdot P_a}{b^2 - a^2} + \frac{P_b - P_a}{b^2 - a^2} \times \frac{a^2 \cdot b^2}{r^2} = \frac{b^2 \cdot P_b + a^2 \cdot P_b}{b^2 - a^2}$$
>
> $$= \frac{((5\text{m})^2 \cdot 2.5\text{MPa}) + ((4\text{m})^2 \cdot 2.5\text{MPa})}{(5\text{m})^2 - (4\text{m})^2} = 11.39\text{MPa}$$

12 전단탄성계수 $G = 1\text{GPa}$이고 지압 2MPa로서 모든 방향에 동일하게 작용할 때, 균질 등방성 암반에 직경 5m 원형 터널을 굴착 시, 터널 벽면에서 발생하는 반경방향 변위는 얼마인가? [06년 1회(산기), 17년 1회(산기)]

> **풀이**
>
> 터널 벽면이므로 $a = r$, 내압 $P_i = 0$이므로,
>
> $$U_r = \frac{a^2}{2 \cdot G \cdot r}(P_o - P_i) = \frac{a}{2 \cdot G}(P_o) = \frac{2.5\text{m} \times 2\text{MPa}}{2{,}000\text{MPa}} = 0.0025\text{m} = 0.25\text{cm}$$

13 전단탄성계수 $G = 400\text{MPa}$, 초기지압 $P_o = 10\text{MPa}$인 암반에 직경 4m의 원형 수압터널을 굴착할 때 터널 내부에서 4MPa의 수압이 작용할 경우 이 터널의 내공변위는 몇 mm가 발생하겠는가? (단, 암반은 균질한 완전탄성체를 가정하고, 터널 내부로 향하는 변위는 (+)로 본다.) [18년 1회(기사)]

> **풀이**
>
> $$U_r = \frac{a^2}{2 \cdot G \cdot r}(P_o - P_i) = \frac{2{,}000\text{mm}}{2 \cdot 400\text{MPa}}(10\text{MPa} - 4\text{MPa}) = 15\text{mm}$$
>
> ※ 내공변위는 반경방향 변위와 같은 의미로 사용된다.

14 균질한 암반에서 높이 $9\mathrm{m}$, 폭이 $13\mathrm{m}$인 타원형공동을 굴착하였다. 수직응력이 $8\mathrm{kg/cm}^2$, 수평응력이 $4\mathrm{kg/cm}^2$일 때 측벽에서의 접선방향의 응력을 구하여라. [13년 1회(산기)]

풀이

$$\sigma_\theta = \sigma_v \times \left(1 - K + \frac{2W}{H}\right) = 8\mathrm{kg/cm}^2 \times \left(1 - 0.5 + \frac{2 \times 13\mathrm{m}}{9\mathrm{m}}\right) = 27.11\mathrm{kg/cm}^2$$

15 터널의 형상계수가 3.2이고 터널에 작용하는 수직응력과 수평응력이 $1.5\mathrm{MPa}$이다. 터널 천반에 작용하는 최대응력을 구하여라. [05년 4회(기사)]

풀이

$$\sigma_\theta = P_z \times (A \times K - 1) = 1.5\mathrm{MPa} \times (3.2 \times 1 - 1) = 3.3\mathrm{MPa}$$

16 지표에서 심도 $500\mathrm{m}$에 하부직경 $10\mathrm{m}$이고 터널 중심 간 거리가 $20\mathrm{m}$인 원형 병렬터널을 굴착하였다. 암반의 단위중량이 $2.7\mathrm{t/m}^3$, 압축강도가 $1{,}000\mathrm{MPa}$, 인장강도가 $100\mathrm{MPa}$, 포아송비가 0.25일 때 측압계수를 구하고, 마주보는 측벽 벽면에서의 최대발생응력을 구하여라. [06년 1회(기사)]

풀이

① $\sigma_v = \gamma \times z = 2.7\mathrm{t/m}^3 \times 500\mathrm{m} = 1{,}350\mathrm{t/m}^2 = 135\mathrm{kg/cm}^2$

② $K = \dfrac{\nu}{1 - \nu} = 0.33$

③ 단일공동에서의 응력집중계수 $C = \dfrac{\sigma_\theta}{\sigma_v}$

$$\sigma_\theta = \frac{(\sigma_h + \sigma_v)}{2}\left(1 + \frac{a^2}{r^2}\right) - \frac{(\sigma_h - \sigma_v)}{2}\left(1 + \frac{3a^4}{r^4}\right)\cos 2\theta \;\; (\text{공동 벽면이므로 } \theta = 0°, \; a = r)$$

$$\sigma_\theta = \sigma_h + \sigma_v - 2(\sigma_h - \sigma_v) = 3\sigma_v - \sigma_h = 3\sigma_v - K \cdot \sigma_v$$

따라서, 단일공동에서의 응력집중계수 $C = \dfrac{3\sigma_v - K \cdot \sigma_v}{\sigma_v} = 2.67$

④ 복수공동에서의 응력집중계수

$$K' = C + 0.09 \times \left[\left(1 + \frac{W_o}{W_p}\right)^2 - 1\right] = 2.67 + 0.09 \times \left[\left(1 + \frac{10\mathrm{m}}{10\mathrm{m}}\right)^2 - 1\right] = 2.94$$

⑤ 측벽 벽면에서의 최대발생응력

$$\sigma_{\theta\max} = K' \times \sigma_v = 396.9\mathrm{kg/cm}^2$$

17 다음 그림과 같이 집중하중 10kN이 작용할 때, 지표면 축 직하부 5m에서의 연직응력은 얼마인가?

[10년 1회(기사)]

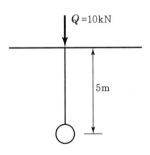

$Q = 10\text{kN}$

5m

풀이

집중하중 시, 연직응력(축 직하부인 경우, $R = Z$)

$$\sigma_z = \frac{3 \times Q \times Z^3}{2 \times \pi \times R^5} = \frac{3 \times 10\text{kN}}{2 \times \pi \times (5\text{m})^2} = 0.19\text{kN/m}^2 = 0.19\text{kPa}$$

18 직경이 3m인 구조물에 원형 등분포하중 75t/m^2 작용 시 하중 축 직하 5m 깊이에서의 연직지중응력을 구하여라.

[05년 4회(기사)]

풀이

$$\sigma_z = Q \cdot \left\{ 1 - \left[\frac{1}{1 + \left(\frac{r}{z}\right)^2} \right]^{1.5} \right\} = 75\text{t/m}^2 \cdot \left\{ 1 - \left[\frac{1}{1 + \left(\frac{1.5\text{m}}{5\text{m}}\right)^2} \right]^{1.5} \right\} = 9.1\text{t/m}^2$$

19 다음 그림과 같이 포아송비가 0.25, 탄성계수가 $3 \times 10^5 \text{kg/cm}^2$인 탄성지반의 지표면에 6,000ton의 등분포하중이 직경 4m의 원형 재하영역에 작용하고 있다. 재하영역의 중심과 경계에서의 연직변위는 얼마인가?

[12년 4회(기사), 17년 1회(산기)]

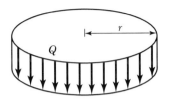

Q r

$$q = \frac{P}{\frac{\pi \times D^2}{4}} = \frac{6,000\text{ton}}{\frac{\pi \times (4\text{m})^2}{4}} = 477.46\text{t/m}^2 = 47.75\text{kg/cm}^2$$

① 재하영역 중심에서의 연직변위

$$W_o = 2r \times \frac{(1-\nu^2) \times q}{E} = 2 \times 200\text{cm} \times \frac{(1-0.25^2) \times 47.75\text{kg/cm}^2}{3 \times 10^5\text{kg/cm}^2} = 0.06\text{cm}$$

② 재하영역 경계에서의 연직변위

$$W_s = 4r \times \frac{(1-\nu^2) \times q}{\pi \times E} = 4 \times 200\text{cm} \times \frac{(1-0.25^2) \times 47.75\text{kg/cm}^2}{\pi \times 3 \times 10^5\text{kg/cm}^2} = 0.04\text{cm}$$

20 최대주응력을 σ_1, 최소주응력을 σ_3, 공극수압을 P, 파단각을 θ 라 할 때 유효법선응력, 유효전단응력을 식으로 유도하여라.

[05년 4회(기사)]

① 유효법선응력

$$\sigma_n' = \frac{\sigma_1' + \sigma_3'}{2} + \frac{\sigma_1' - \sigma_3'}{2} \cdot \cos 2\theta$$

$$= \frac{(\sigma_1 - P) + (\sigma_3 - P)}{2} + \frac{(\sigma_1 - P) - (\sigma_3 - P)}{2} \cdot \cos 2\theta$$

$$= \frac{\sigma_1 + \sigma_3 - 2P}{2} + \frac{\sigma_1 - \sigma_3}{2} \cdot \cos 2\theta = \frac{\sigma_1 + \sigma_3}{2} + \frac{\sigma_1 - \sigma_3}{2} \cdot \cos 2\theta - P = \sigma_n - P$$

② 유효전단응력

$$\tau_n' = \frac{\sigma_1' - \sigma_3'}{2} \cdot \sin 2\theta = \frac{(\sigma_1 - P) - (\sigma_3 - P)}{2} \cdot \sin 2\theta = \frac{\sigma_1 - \sigma_3}{2} \cdot \sin 2\theta = \tau_n$$

암반의 공학적 분류

1 Deere의 RQD(암질지수) 분류법

① Deere는 길이가 10cm 이상인 양호한 코어만을 고려하는 정량적 지수를 제안하였다.

$$RQD = \frac{10\text{cm 이상으로 회수된 코어 길이의 합}}{\text{전체 시추 길이}} \times 100\%$$

$RQD > 90$	매우 양호
$90 > RQD > 75$	양호
$75 > RQD > 50$	보통
$50 > RQD > 25$	불량
$25 > RQD$	매우 불량

② RQD와 J_v(단위체적당 절리 수) 사이에는 다음과 같은 관계가 있고, J_v가 4.5보다 작은 경우에는 RQD를 100%로 산정한다.

$$RQD = 115 - 3.3J_v$$

③ 불연속면의 평균밀도(λ)를 이용한 RQD 계산식은 다음과 같다.

$$RQD = 100e^{-0.1\lambda}(0.1\lambda + 1)$$

여기서, λ : 불연속면의 평균밀도$\left(= \dfrac{1}{S}\right)$

S : 절리군의 평균간격(m)

> **Reference**
>
> **단위체적당 절리 수**
> 절리군의 평균 간격으로 J_v(단위체적당 절리 수)를 산정할 수 있다.
>
> $$J_v = \sum \frac{1}{S} = \frac{1}{S_1} + \frac{1}{S_2} + \frac{1}{S_3} + \cdots + \frac{1}{S_n}$$
>
> 여기서, S_1, S_2, S_3 : 각 절리군의 평균 간격
>
> **시추 코어 회수율(TCR : Total Core Recovery)**
> $$TCR = \frac{\text{회수된 코어길이의 총합}}{\text{시추길이}} \times 100(\%)$$

❷ RSR(지반 지보량 예측모델) 분류법

Wickham, Tiedemann, Skinner에 의해 개발된 개념으로 암반의 암질을 평가하고 적절한 지보법을 선택할 수 있는 정량적 방법을 제시하고 있다. RSR은 다음과 같이 세 가지 기본변수로 구분되고, RSR은 암석의 강도와 변형을 고려하지 못하는 단점이 있다.

$$RSR(\%) = A + B + C$$

① A (30%) : 암반구조의 일반적인 평가(암석의 생성기원, 경도, 일반적인 지질구조)
② B (45%) : 굴진방향에 대한 불연속면의 패턴이 미치는 영향(절리간격, 방향성, 터널 굴진방향)
③ C (25%) : 지하수 유입에 의한 영향(암질 및 절리상태, 출수량)

❸ Bieniawski의 RMR 분류법

1) RMR 분류체계

Bieniawski는 3개 군의 불연속면을 가진 암반을 대상으로 하여, 현장에서 용이하게 측정 가능하며 시추자료로부터 구할 수 있는 6개 변수를 사용하여 암반 등급을 정량적으로 산정하는 암반 분류체계를 개발하였다.

$$RMR = (A + B + C + D + E) + F$$

① A (15%) : 무결암의 일축압축강도
② B (20%) : RQD(암질지수)
③ C (20%) : 절리간격
④ D (30%) : 절리상태
⑤ E (15%) : 지하수 조건
⑥ F (0 ~ −60) : 절리방향과 굴착방향에 따른 보정 인자

위의 A부터 E까지의 변수들의 점수의 합을 100%로 하는 기본 RMR을 산정한 후, F의 보정 인자를 더하거나 빼서 최종적으로 암반에 대한 RMR 등급을 정한다. 이 RMR 값을 구하면 공동의 무지보상태의 평균유지(자립)시간과 폭, 암반의 점착력 및 마찰각 등을 추정할 수 있다.

2) RMR 분류체계의 분류표

① 변수의 분류 평점

	변수		평점 범위						
1	무결암의 강도	점하중 강도지수	>10MPa	4~10MPa	2~4MPa	1~2MPa	일축압축강도 측정 필요		
		일축압축 강도	>250MPa	100~250MPa	50~100MPa	25~50MPa	5~25	1~5	<1
	평점		15	12	7	4	2	1	0
2	RQD		90~100%	75~90%	50~75%	25~50%	<25%		
	평점		20	17	13	8	3		
3	절리간격		>2m	0.6~2m	20~60cm	6~20cm	<6cm		
	평점		20	15	10	8	5		
4	절리상태		매우 거친 절리면, 연속성 없음, 틈간격 없음, 절리면 풍화되지않음	약간 거친 절리면, 틈간격 <1mm, 절리면 약간 풍화	약간 거친 절리면, 틈간격 <1mm, 절리면 심하게 풍화	단층마찰면 또는 충전물 <5mm 두께 또는 틈간격 1~5mm, 연속적 절리면	연약한 충전물, >5mm 두께 또는 분리 틈새>5mm, 연속적 절리면		
	평점		30	25	20	10	0		
5	지하수	터널길이 10m당 출수량	없음	<10	10~25	25~125	>125		
		절리수압/ 최대주응력	0	<0.1	0.1~0.2	0.2~0.5	>0.5		
		암반상태	완전 건조	습기	젖음	물방울이 떨어짐	지하수가 흐름		
	평점		15	10	7	4	0		

② 불연속면의 방향에 따른 평점의 보정

절리의 주향과 경사		매우 유리	유리	보통	불리	매우 불리
평점	터널과 광산	0	−2	−5	−10	−12
	기초	0	−2	−7	−15	−25
	사면	0	−5	−25	−50	−60

③ 분류평점 합계에 의한 암반 등급

평점	100~81	80~61	60~41	40~21	<21
암반 등급	I	II	III	IV	V
암반 상태	매우 양호	양호	보통	불량	매우 불량

④ 암반 등급의 의미

암반 등급	I	II	III	IV	V
평균 자립시간	15m 폭 20년	10m 폭 1년	5m 폭 1주일	2.5m 폭 10시간	1m 폭 30분
암반의 점착력(kPa)	>400	300~400	200~300	100~200	<100
암반의 마찰각	>45	35~45	25~35	15~25	<15

⑤ 터널 굴착에서 불연속면의 주향과 경사 방향의 영향

주향이 터널의 축방향에 수직		주향이 터널의 축과 평행	
경사방향으로 굴착 경사 45~90°	매우 유리	경사 45~90°	매우 불리
경사방향으로 굴착 경사 20~45°	유리	경사 20~45°	보통
경사 반대 방향으로 굴착 경사 45~90°	보통	주향과 무관한 경우 경사 0~20°	보통
경사 반대 방향으로 굴착 경사 20~45°	불리		

3) RMR을 이용한 암반의 물성 산출

① 터널 굴착 지보하중

㉠ $P = \dfrac{100 - RMR}{100} \cdot \gamma \cdot B$

여기서, P : 지보압, B : 터널의 폭(m), γ : 암석의 단위중량(t/m³)

㉡ $L = \sqrt{\dfrac{\gamma \times B^2 \times h_t}{2 \times \sigma_h}}$

여기서, L : 레진볼트 길이, h_t : 사하중 높이(m, $h_t = \dfrac{P}{\gamma}$), σ_h : 수평응력(t/m²)

+ **Reference**

Terzaghi 설에 의한 수직지보하중

$$P_z = \dfrac{b + 2h \times \tan\left(45° - \dfrac{\phi}{2}\right)}{2\tan\phi} \times \gamma_t$$

여기서, b : 터널의 폭, h : 터널의 높이, γ_t : 암석의 단위중량(t/m³), ϕ : 내부마찰각

② 현지 암반의 변형률

㉠ RMR > 50인 경우 : $E_d = 2 \cdot RMR - 100$(GPa)

㉡ RMR ≤ 50인 경우 : $E_d = 10^{\left(\frac{RMR - 10}{40}\right)}$(GPa)

㉢ Nicholson and Bieniawski의 변형률 저감계수

$$MRF = \dfrac{E_d}{E_r} = 0.0028 RMR^2 + 0.9\exp\left(\dfrac{RMR}{22.82}\right)$$

여기서, E_d : 현지 암반의 변형계수, E_r : 무결암의 변형계수

ⓐ Hoek and Brown(1997) : $q_c \leq 100 \text{MPa}$

$$E_d = \frac{\sqrt{q_c}}{10} \times 10^{\left(\frac{RMR-10}{40}\right)} (\text{GPa})$$

❹ SMR 분류법

SMR 분류법은 암반 사면의 공학적 분류법으로서 RMR 수정법으로도 불리며 다음과 같이 표현된다.

$$SMR = RMR_{basic} + (F_1 \times F_2 \times F_3) + F_4$$

① F_1 : 절리의 주향과 사면의 주향에 대한 보정(0.15~1)

② F_2 : 절리의 경사각에 대한 보정(0.15~1)

③ F_3 : 사면의 경사각과 절리의 경사각에 대한 보정($-60 \sim 0$)

④ F_4 : 사면의 굴착법에 대한 보정($-8 \sim +15$)

기존의 RMR 분류법은 기본 RMR 평점에 굴착방향과 절리방향에 대한 보정값으로 산출하였는데, SMR 분류법은 절리방향에 대한 보정값을 암반 사면에 맞게 새롭게 수정한 것으로 볼 수 있다.

❺ Q 분류법

암반분류 체계인 Q 분류법은 Barton, Lien, Lunde에 의해 개발되었다. Q 분류법은 스칸디나비아의 약 200개의 터널에 대한 사례연구를 분석하여 제안된 정량적인 분류체계로서 터널지보설계가 가능한 공학적 시스템이다. 이 분류법은 6개의 변수를 이용하여 암반의 암질을 정량적 수치로 평가한다.

1) Q-system

6개의 변수들을 3개의 그룹으로 나누어 종합적인 암반의 암질 Q를 다음과 같이 계산할 수 있다.

$$Q = \frac{RQD}{J_n} \times \frac{J_r}{J_a} \times \frac{J_w}{SRF}$$

여기서, RQD : 암질지수 J_n : 절리군의 수
J_r : 절리면의 거칠기 J_a : 절리의 변질도
J_w : 지하수 SRF : 응력조건

① $\left(\dfrac{RQD}{J_n}\right)$: 암반의 전체적 구조를 표현하며 블록 크기를 상대적으로 나타내는 값

② $\left(\dfrac{J_r}{J_a}\right)$: 절리면 또는 충전물의 거칠기 및 마찰특성으로, 전단강도와 관련된 지수를 나타내는 값

③ $\left(\dfrac{J_w}{SRF}\right)$: 터널 굴착 현장에서의 지하수압 및 현장응력(활동성 응력)수준을 나타내는 값

2) 터널의 유효크기(등가치수)

Q값에 의한 터널 지보량을 산정하기 위해서는 터널의 유효크기를 결정해야 한다. 터널의 유효크기는 규모와 용도의 함수로서 굴착폭, 직경 또는 벽면 높이를 굴착지보비(ESR)로 나누어 구할 수 있다.

$$유효크기\ D_e = \frac{B \text{ or } H \text{ or } D}{ESR}(m)$$

굴착용도	ESR
임시적인 광산갱도	3.0~5.0
수직갱도	2.0~2.5
영구적인 터널, 수력발전소 도수터널	1.6~2.0
저장공동, 소규모 도로 및 철도터널	1.2~1.3
발전소, 대규모 고속도로 또는 철도터널	0.9~1.1
지하 핵 발전소, 철도역, 스포츠나 공공시설, 대규모 가스 파이프라인 터널	0.5~0.8

3) Q값을 이용한 암반의 물성 산출

① 최대 무지보 폭

$$B_{max}(m) = 2 \times ESR \times Q^{0.4}$$

② 영구지보압

㉠ 절리군 수가 3개 이상일 때 : $P_{roof}(kg/cm^2) = \dfrac{2.0}{J_r} \times Q^{-\frac{1}{3}}$

㉡ 절리군 수가 3개 미만일 때 : $P_{roof}(kg/cm^2) = \dfrac{2.0}{J_r} \times Q^{-\frac{1}{3}} \times \dfrac{\sqrt{J_n}}{3}$

③ Q의 변형계수

$$E_m(GPa) = 25 \times \log Q$$

④ Q값을 이용한 RMR 산정

$$RMR = 9\ln Q + 44(\text{Bieniawski, 1976})$$
$$RMR = 13.5\log Q + 43(\text{Rutledge, 1978})$$

⑤ RSR과의 상관관계

$$RSR = 0.77RMR + 12.4(\text{Rutledge, 1978})$$
$$RSR = 13.3\log Q + 46.5(\text{Rutledge, 1978})$$

⑥ 터널 보강량 설정을 위한 평균 Q지수

$$\log Q_m = \frac{b \cdot \log Q_{wz} + \log Q_{sr}}{b+1}$$

여기서, Q_{wz} : 연약대의 Q지수 Q_{sr} : 주위 암반의 Q지수
b : 연약대의 폭(m)

⑦ 탄성파 속도(V_p)와 Q값의 상관식

$$V_p = \log Q + 3.5 \text{km/sec}$$

⑧ 일축압축강도를 이용한 Q의 수정식

$$Q_c = Q \times \left(\frac{\sigma_c}{100} \right) \text{(단, } \sigma_c \geq 100\text{MPa)}$$

⑨ Q_c를 이용한 암반의 평균 변형계수 산정식

$$\overline{M} = 10 \cdot (Q_c)^{\frac{1}{3}} = 10 \cdot 10^{\left(\frac{V_P - 3.5}{3} \right)}$$

⑩ ESR을 이용한 록볼트의 길이 산정식

$$L_1 = \frac{2.0 + 0.15B}{ESR}, \quad L_2 = \frac{2.0 + 0.15H}{ESR}$$

여기서, L_1 : 천반에서의 볼트 길이(m) L_2 : 측벽에서의 볼트 길이(m)
B : 터널의 폭(m) H : 터널의 높이(m)

4) Q 분류법의 특징

① 불연속면의 방향과 암석의 일축압축강도는 고려하지 않는다.
② Q값은 $0.001 < Q < 1,000$ 사이의 값으로 대수스케일을 가지며, 그 범위가 넓어 정확한 값 산정을 위해서 전문가의 노하우가 필요하다.
③ $\left(\dfrac{RQD}{J_n} \right)$에서의 평점의 최댓값과 최솟값의 차이는 400배이다(RQD : 10~100, J_n : 0.5~20).

5) 수정 Q′ 분류법

완전 건조상태와 중간 응력상태를 가정하면 Q 분류법에서 지하수(J_w), 응력조건(SRF)이 1이 되는 수정 분류체계인 Q′ 분류법을 얻을 수 있다.

$$Q' = \frac{RQD}{J_n} \times \frac{J_r}{J_a}$$

❻ GSI (지질강도지수)

1) Hoek–Brown 경험식

$$\sigma_1 = \sigma_3 + (m\sigma_c\sigma_3 + s\sigma_c{}^2)^{0.5}$$

위 식은 원래 지하공동 주변의 암반처럼 구속을 받는 조건에 대해 개발되었기 때문에 사면이나 지표 부근의 암반에 대해서는 적용하기가 어려웠다. Hoek는 기존 식을 보완하기 위해 교란 및 비교란 암반의 개념을 도입하였고, RMR 지수를 이용하여 현장 암반의 강도정수 m과 s를 결정하는 방법도 제시하였다.

$$\sigma_1 = \sigma_3 + (m_b\sigma_c\sigma_3 + s\sigma_c{}^2)^{0.5}$$

여기서, m_b : 현장 암반의 m

RMR을 이용하여 다음 경험식으로부터 현장 암반의 강도정수 m과 s를 추정 가능하다.

① 교란 암반 : $\dfrac{m_b}{m_i} = \exp\left(\dfrac{RMR-100}{14}\right)$, $s = \exp\left(\dfrac{RMR-100}{6}\right)$

② 비교란 암반 : $\dfrac{m_b}{m_i} = \exp\left(\dfrac{RMR-100}{28}\right)$, $s = \exp\left(\dfrac{RMR-100}{9}\right)$

2) Hoek–Brown 일반식

RMR 분류법은 터널 설계를 위해 제안된 방법으로 단순히 암반을 평가하는 목적으로 사용하기에는 모순이 있다는 주장이 제기되었고, Hoek 등(1995)은 기존 강도식이 암질이 매우 불량한 암반에 적용할 수 없는 결점을 보완하기 위해 수정식을 다음과 같이 제안하였다.

$$\sigma_1 = \sigma_3 + (m_b\sigma_c\sigma_3 + s\sigma_c{}^2)^a$$

Hoek–Brown 일반식은 기존의 지수 0.5가 새로운 강도정수 a로 대체됨으로써 보다 다양한 암반상태에 적용이 가능하도록 수정하였고, 매우 불량한 암반에 대해서 RMR 지수를 산정하기 곤란한 점을 극복하기 위해 새로운 강도지수인 GSI를 도입하였다.

① 현장 암반의 강도정수 : $\dfrac{m_b}{m_i} = \exp\left(\dfrac{GSI-100}{28}\right)$

② 비교란 상태에서 $GSI > 25$일 때 : $s = \exp\left(\dfrac{GSI-100}{9}\right)$, $a = 0.5$

③ 비교란 상태에서 $GSI < 25$일 때 : $s = 0$, $a = 0.65 - \dfrac{GSI}{200}$

3) 교란계수를 이용한 Hoek – Brown 파괴조건식(2002)

GSI가 25보다 큰지 작은지를 경계로 s와 a의 추정식을 달리하는 불편함을 제거하여 전 범위에 GSI 값이 적용될 수 있도록 다음과 같이 파괴조건식을 개정하였다.

$$\frac{m_b}{m_i} = \exp\left(\frac{GSI - 100}{28 - 14D}\right)$$

$$s = \exp\left(\frac{GSI - 100}{9 - 3D}\right)$$

$$a = \frac{1}{2} + \frac{1}{6}\left(e^{-\frac{GSI}{15}} - e^{-\frac{20}{3}}\right)$$

여기서, 교란계수 D는 발파손상이나 응력이완에 의해 암반이 교란되는 정도를 나타내는 지수로, 심하게 교란된 암반일 때 D는 1이고, 교란되지 않은 암반일 때 D는 0이다.

Reference

굴착방법 및 암반 상태	교란계수 D
고품질의 조절발파나 TBM을 이용한 굴착으로 터널 주변 암반의 교란이 최소화됨	$D = 0$
발파를 하지 않고 기계식 혹은 인력에 의한 굴착으로 주변 암반의 교란이 최소화됨	$D = 0$
소규모 발파 공사로 인해 암반에 가해지는 손상이 심하지 않으나, 응력이완에 의해 암반의 교란이 발생된 상태	$D = 0.7$(발파 결과 양호) $D = 1.0$(발파 결과 불량)
암반의 강도가 낮아 기계식 굴착에 의해 암반의 교란이 발생된 상태	$D = 0.7$(기계 굴착)
암반의 강도가 높은 터널 등에서 발파 품질이 매우 불량하면 주변 암반에서 국부적으로 심한 손상이 발생되는 상태	$D = 0.8$
광산이나 사면에서 대규모 발파 공사로 인해 피복암반의 제거로 인한 응력이완으로 암반의 교란이 심하게 발생된 상태	$D = 1.0$

4) GSI의 성립 조건

① 암반의 불연속면이 매우 유리한 방향으로 발달되어 있다.
② 암반이 완전 건조상태여야 한다.

5) RMR 분류법으로부터 GSI 계산

① Bieniawski의 1976년 RMR 분류법 적용 시
  ㉠ $RMR(76) > 18$이면, $GSI = RMR(76)$
  ㉡ $RMR(76) < 18$이면, $GSI = 9\ln Q' + 44$(수정 Q'값 이용)

② Bieniawski의 1989년 RMR 분류법 적용 시
  ㉠ $RMR(89) > 23$이면, $GSI = RMR(89) - 5$
  ㉡ $RMR(89) < 23$이면, $GSI = 9\ln Q' + 44$(수정 Q'값 이용)

7 BGD(Basic Geotechnical Description of Rock Masses)

국제암반역학회(ISRM)에서 제안한 암반 분류법으로 암반을 풍화 정도, 암석구조, 역학적 성질로 구분하여 각 등급에 따른 기호로 나타낸 분류체계이다.

1) 풍화 정도

분류	신선암	약간 풍화	보통 풍화	매우 풍화	완전 풍화
기호	W_1	W_2	W_3	W_4	W_5

2) 암석구조

층 두께(cm)			절리간격(cm)		
두께	분류	기호	간격	분류	기호
없음	−	L_0	없음	−	F_0
200 이상	매우 두꺼움	L_1	200 이상	매우 넓음	F_1
60~200	두꺼움	L_2	60~200	넓음	F_2
20~60	보통	L_3	20~60	보통	F_3
6~20	얇음	L_4	6~20	좁음	F_4
6 미만	매우 얇음	L_5	6 미만	매우 좁음	F_5

3) 역학적 성질

일축압축강도(MPa)			균열의 내부마찰각(°)		
범위	분류	기호	범위	분류	기호
200 이상	매우 큼	S_1	45 이상	매우 큼	A_1
60~200	큼	S_2	35~45	큼	A_2
20~60	보통	S_3	25~35	보통	A_3
6~20	작음	S_4	15~25	작음	A_4
6 미만	매우 작음	S_5	15 미만	매우 작음	A_5

01 RQD를 정의하시오.

[17년 4회(기사)]

풀이

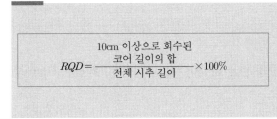

$$RQD = \frac{10\text{cm 이상으로 회수된 코어 길이의 합}}{\text{전체 시추 길이}} \times 100\%$$

$RQD > 90$	매우 양호
$90 > RQD > 75$	양호
$75 > RQD > 50$	보통
$50 > RQD > 25$	불량
$25 > RQD$	매우 불량

02 RQD를 추정하기 불가능한 경우에 적용할 수 있는 조건식과 그 내용을 설명하여라.

[06년 1회(기사)]

① 적용 조건식
② 적용하는 방법

풀이

① 적용 조건식

$RQD = 115 - 3.3 J_v$

② 적용하는 방법

J_v는 단위체적당 절리군 수를 의미하며, J_v가 4.5보다 작으면 RQD를 계산 없이 100%로 본다.

03 단위체적당 절리 수가 20일 때 RQD를 구하여라.

[17년 1회(기사)]

풀이

$RQD = 115 - 3.3 \times 20\text{개}/\text{m}^3 = 49.00 = 49\%$

04 막장 관찰을 통해 지배적인 절리군이 4개인 것으로 나타났고, 각 절리군의 절리 발생빈도가 각각 6개/10m³, 5개/5m³, 24개/10m³, 10개/5m³일 경우 단위체적당 절리군 수를 평가하여 RQD를 구하여라.
[11년 1회(산기), 15년 4회(산기)]

풀이

$$J_v = \frac{6\text{개}}{10\text{m}^3} + \frac{5\text{개}}{5\text{m}^3} + \frac{24\text{개}}{10\text{m}^3} + \frac{10\text{개}}{5\text{m}^3} = 0.6 + 1 + 2.4 + 2 = 6\text{개}/\text{m}^3$$

즉, $RQD = 115 - 3.3 \times 6\text{개}/\text{m}^3 = 95.2\%$

05 현장 암반의 불연속면에서 각 절리군의 평균 간격이 60cm, 40cm, 20cm, 10cm로 조사되었다. 이 암반의 RQD를 계산하여라.
[15년 4회(기사)]

풀이

$$RQD = 115 - 3.3 J_v$$

$$J_v = \sum \frac{1}{S} = \frac{1}{S_1} + \frac{1}{S_2} + \frac{1}{S_3} + \frac{1}{S_4} = \frac{1}{0.6\text{m}} + \frac{1}{0.4\text{m}} + \frac{1}{0.2\text{m}} + \frac{1}{0.1\text{m}} = 19.17$$

즉, $RQD = 115 - 3.3(19.17) = 51.74\%$

06 총 시추길이가 3m이고, 코어의 총 회수 길이가 216cm이다. 다음 시추 코어 모식도를 보고 RQD와 TCR을 구하여라.
[20년 1회(산기)]

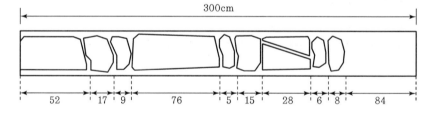

풀이

$$RQD = \frac{52 + 17 + 76 + 15 + 28}{300} \times 100\% = 62.67\%$$

$$TCR = \frac{52 + 17 + 9 + 76 + 5 + 15 + 28 + 6 + 8}{300} \times 100\% = 72\%$$

07 암반의 공학적 분류체계 중 RSR의 분류 인자에 대해 설명하시오. [11년 1회(기사), 15년 4회(산기)]

풀이

$$RSR = A + B + C$$

① A(30%) : 암반 구조의 일반적인 평가
② B(45%) : 굴진방향에 대한 불연속면의 패턴이 미치는 영향
③ C(25%) : 지하수 유입에 의한 영향

08 기본 RMR을 계산하는 데 사용되는 평가 인자를 나열하고 그들의 배점을 표시하시오.
[06년 1회(기사)]

풀이

$$RMR = A + B + C + D + E$$

① A(15%) : 무결암의 일축압축강도 ② B(20%) : RQD(암질지수)
③ C(20%) : 절리간격 ④ D(30%) : 절리상태
⑤ E(15%) : 지하수 조건

09 암반의 공학적 분류 방법인 RMR 평가 인자 중 비율이 가장 큰 것은 무엇인가? [20년 1회(산기)]

풀이

절리상태(30%)

10 암반 분류법인 RMR 분류법에 의해 터널의 안정성을 판단하고자 한다. RMR 값이 80인 경우 암반의 점착력과 마찰각의 범위를 쓰시오. [19년 1회(산기)]

풀이

① 분류평점 합계에 의한 암반 등급

평점	100~81	80~61	60~41	40~21	<21
암반 등급	I	II	III	IV	V
암반 상태	매우 양호	양호	보통	불량	매우 불량

② 점착력과 마찰각의 범위

암반 등급	I	II	III	IV	V
평균 자립시간	15m 폭 20년	10m 폭 1년	5m 폭 1주일	2.5m 폭 10시간	1m 폭 30분
암반의 점착력(kPa)	>400	300~400	200~300	100~200	<100
암반의 마찰각	>45	35~45	25~35	15~25	<15

11 절리가 터널의 굴진방향과 수직이고 경사반대방향으로 30°이다. 매우 유리, 유리, 양호, 불리, 매우 불리 중 해당되는 것을 적고 보정값을 적으시오. [09년 4회(산기), 18년 4회(산기)]

풀이

① 터널 굴착에서 불연속면의 주향과 경사 방향의 영향 : 불리

주향이 터널의 축방향에 수직		주향이 터널의 축과 평행	
경사방향으로 굴착 경사 45~90°	매우 유리	경사 45~90°	매우 불리
경사방향으로 굴착 경사 20~45°	유리	경사 20~45°	보통
경사 반대 방향으로 굴착 경사 45~90°	보통	주향과 무관한 경우	보통
경사 반대 방향으로 굴착 경사 20~45°	**불리**	경사 0~20°	

② 불연속면의 방향에 따른 평점의 보정 : −10점

절리의 주향과 경사		매우 유리	유리	보통	불리	매우 불리
평점	터널과 광산	0	−2	−5	−10	−12
	기초	0	−2	−7	−15	−25
	사면	0	−5	−25	−50	−60

12 불연속면의 주향과 터널의 굴진방향에 상관없이 양호한 판정을 받는 경사각은?

[07년 4회(기사), 13년 1회(기사)]

풀이

경사각이 0~20°인 경우 불연속면의 주향과 터널의 굴진방향에 상관없이 항상 양호(보통) 판정을 받는다.

13 터널에서 기본 RMR = 65이고, 30° 역경사로 절리와 굴진방향이 수직일 때 다음에 답하여라.

[07년 4회(산기)]

① RMR 등급
② 최대 무지보 폭과 시간

풀이

① RMR 등급
터널에서 30° 역경사로 절리와 굴진방향이 수직일 때 불리 판정이며, 그에 따른 보정값은 −10점이다. 따라서 RMR 점수는 55점이 되고, 41~60점 사이에 해당하므로 암반 등급은 Ⅲ(보통)이다.
② 최대 무지보 폭과 시간
암반 등급이 Ⅲ(보통)일 때, 5m 폭, 1주일이다.

14 Bieniawski의 RMR에 대한 변형계수와 관련하여 다음에 답하시오. [21년 1회(산기)]

① RMR이 65인 경우 적용할 수 있는 변형계수 산정식을 적으시오.

② 해당 변형계수 식을 적용할 수 없는 범위를 적으시오.

③ 위의 적용할 수 없는 범위에 RMR에 대하여 사용하는 변형계수식을 적으시오.

풀이

① $E_n = 2RMR - 100 \, (\mathrm{GPa})$

② $RMR \le 50$

③ $E_n = 10^{\left(\frac{RMR-10}{40}\right)} \, (\mathrm{GPa})$

15 RMR을 이용한 변형계수 추정을 위한 그래프를 보고 다음 물음에 답하시오. [11년 1회(산기)]

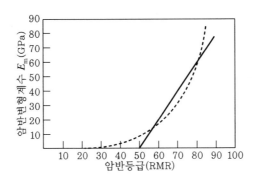

① 직선의 방정식(Bieniawski(1978))을 쓰시오.

② 곡선의 방정식(Serafin and Peraira(1983))을 쓰시오.

③ RMR = 47인 경우의 변형계수를 추정하시오.

풀이

① 직선의 방정식(Bieniawski(1978))

  $RMR > 50$일 때, $E_n = 2RMR - 100L \, (\mathrm{GPa})$

② 곡선의 방정식(Serafin and Peraira(1983))

  $RMR \le 50$일 때, $E_n = 10^{\left(\frac{RMR-10}{40}\right)} \, (\mathrm{GPa})$

③ $RMR \le 50$이므로 곡선의 방정식을 적용하여 변형계수를 추정한다.

  $E_n = 10^{\left(\frac{47-10}{40}\right)} = 8.41 \mathrm{GPa}$

16 RMR이 88일 때 Bieniawski 식을 이용한 변형계수를 구하시오. [08년 1회(기사)]

풀이

$RMR > 50$ 일 때, $E = 2RMR - 100 = 2(88) - 100 = 76\text{GPa}$

17 RMR이 30일 때 Serafin and Pereira(1983) 식을 이용하여 탄성계수(GPa)를 계산하시오.

[17년 1회(기사)]

풀이

$RMR \leq 50$ 일 때, $E_n = 10^{\left(\frac{RMR - 10}{40}\right)} = 3.16\text{GPa}$

18 현지 암반의 RMR 값이 50이고 실험실 변형계수가 20GPa일 때 현지 암반의 변형계수 값을 구하라. [13년 1회(기사)]

풀이

Nicholson and Bieniawski의 변형률 저감계수

$MRF = \dfrac{E_d}{E_r} = 0.0028 RMR^2 + 0.9\exp\left(\dfrac{RMR}{22.82}\right)$

$MRF = 0.0028(50)^2 + 0.9\exp\left(\dfrac{50}{22.82}\right) = 15.05\%$

$E_d = MRF \times E_r$ 이므로, $E_d = 0.1505 \times 20\text{GPa} = 3.01\text{GPa}$

19 현지 암반의 RMR 값이 88일 때, 암반의 변형계수를 구하기 위한 감쇄지수(MRF)를 구하여라. [09년 4회(기사), 16년 4회(기사)]

풀이

$MRF(\%) = \dfrac{E_d}{E_r} = 0.0028 \times RMR^2 + 0.9\exp\left(\dfrac{RMR}{22.82}\right)$

$MRF(\%) = 0.0028 \times 88^2 + 0.9\exp\left(\dfrac{88}{22.82}\right) = 64.24\%$

20 단위중량이 $2.4t/m^3$인 암반에 폭이 8m인 터널을 굴착하였을 때, 사하중이 $12t/m^2$인 것으로 나타났다. 이 암반의 RMR 값은 얼마이겠는가? [16년 1회(산기)]

풀이

$P = \dfrac{100 - RMR}{100} \times \gamma \times B$에서 RMR에 관한 식으로 변환하면,

$RMR = -\left(\dfrac{100 \times P}{\gamma \times B} - 100 \right) = 37.5$

21 심도 200m 지점에 터널 폭이 6m인 원형 터널을 굴착할 시, 현지 암반의 RMR 점수가 60점일 때 천반의 레진볼트 길이를 구하시오. (단, 수평응력 $2t/m^2$, 수직응력 $6t/m^2$, 단위중량 $2.6t/m^3$이다.) [06년 1회(산기), 16년 1회(산기)]

풀이

레진볼트 길이 $L = \sqrt{\dfrac{\gamma \times B^2 \times h_t}{2 \times \sigma_h}}$

여기서 h_t는 사하중의 높이로서, 사하중(P)과의 관계식을 통해 계산한다.

$P = \dfrac{100 - RMR}{100} \times \gamma \times B = h_t \times \gamma$에서 $h_t = \dfrac{P}{\gamma} = \dfrac{6.24t/m^2}{2.6t/m^3} = 2.4m$

따라서, 레진볼트 길이는 다음과 같이 계산된다.

$L = \sqrt{\dfrac{\gamma \times B^2 \times h_t}{2 \times \sigma_h}} = \sqrt{\dfrac{2.6t/m^3 \times (6m)^2 \times 2.4m}{2 \times 2.0t/m^2}} = 7.49m$

22 암반의 단위중량이 $1.7t/m^3$, 내부마찰각이 $35°$인 토사지반에 폭 8m, 높이 6m인 터널을 굴착 시 Terzaghi 설에 의한 수직지보하중과 측압계수를 구하여라. (단, 수평응력은 $17t/m^2$이다.) [07년 4회(기사), 10년 4회(기사)]

풀이

① Terzaghi에 의한 수직지보하중

$P_z = \dfrac{b + 2h \times \tan\left(45° - \dfrac{\phi}{2}\right)}{2\tan\phi} \times \gamma_t = \dfrac{8m + 2(6m) \times \tan\left(45° - \dfrac{35°}{2}\right)}{2\tan35°} \times 1.7t/m^3 = 17.29t/m^2$

② 측압계수

$K = \dfrac{\sigma_h}{\sigma_v} = \dfrac{17.00t/m^2}{17.29t/m^2} = 0.98$

23 암반 분류법 중 하나인 SMR의 5가지 요소를 적으시오.　　　　　　　　　[17년 1회(산기)]

풀이

$$SMR = RMR_{basic} + (F_1 \times F_2 \times F_3) + F_4$$

① RMR_{basic}

② F_1 : 절리의 주향과 사면의 주향에 대한 보정

③ F_2 : 절리의 경사각에 대한 보정

④ F_3 : 사면의 경사각과 절리의 경사각에 대한 보정

⑤ F_4 : 사면의 굴착법에 대한 보정

24 다음 조건을 통해 암반 분류법인 SMR의 점수를 구하시오.

[08년 4회(기사), 12년 1회(기사), 18년 4회(기사)]

① Basic RMR = 60

② 절리의 주향과 사면의 주향에 대한 보정 : 0.7

③ 절리의 경사각에 대한 보정 : 0.4

④ 사면의 경사각과 절리의 경사각에 대한 보정 : −50

⑤ 사면의 굴착법에 대한 보정 : 8

풀이

$$SMR = RMR_{basic} + (F_1 \times F_2 \times F_3) + F_4 = 60 + (0.7 \times 0.4 \times (-50)) + 8 = 54$$

25 RQD = 60%이고 절리군 계수가 6.0, 절리면의 거칠기 계수가 2.0, 절리면의 변질정도 계수가 1.0, 응력저감계수가 2.0, 지하수 보정계수가 2.0일 때 Q값을 구하고, 다음 각 항목의 의미를 쓰시오.

[11년 1회(기사)]

① Q값　　　　　　　　　　　　　　② (RQD/J_n)

③ (J_r/J_a)　　　　　　　　　　　　④ (J_w/SRF)

풀이

① $Q = \dfrac{RQD}{J_n} \times \dfrac{J_r}{J_a} \times \dfrac{J_w}{SRF} = \dfrac{60}{6} \times \dfrac{2}{1} \times \dfrac{2}{2} = 20$

② 암반의 전체적 구조를 표현하며 블록 크기를 상대적으로 나타내는 값

③ 절리면 또는 충전물의 거칠기 및 마찰특성으로, 전단강도와 관련된 지수를 나타내는 값

④ 터널 굴착 현장에서의 지하수압 및 현장응력(활동성 응력)수준을 나타내는 값

26 Q – 시스템에서 굴착대상 암반에 작용하는 주동응력 혹은 활동응력의 상태를 평가하는 항목은? [18년 4회(기사)]

풀이

$$\left(\frac{J_w}{SRF}\right)$$

27 단위체적당 총 절리 수가 5개/m^3이고, $J_n = 4$, $J_r = 4$, $J_a = 2$, $J_w = 1$, SRF = 2일 때, Q값은 얼마인가? [11년 4회(기사)]

풀이

$$RQD = 115 - 3.3J_v = 115 - 3.3 \times 5개/m^3 = 98.5\%$$

$$Q = \frac{RQD}{J_n} \times \frac{J_r}{J_a} \times \frac{J_w}{SRF} = \frac{98.5}{4} \times \frac{4}{2} \times \frac{1}{2} = 24.63$$

28 터널 막장면에서 절리빈도(λ)는 5개/m이고, $J_n = 4$, $J_r = 2$, $J_a = 4$, $J_w = 2$, SRF = 1로 평가되었다면, Q값은 얼마인가? [16년 4회(기사), 20년 4회(기사)]

풀이

$$RQD = 100e^{-0.1\lambda}(0.1\lambda + 1) = 100e^{-0.1 \times 5}(0.1 \times 5 + 1) = 90.98\%$$

$$Q = \frac{RQD}{J_n} \times \frac{J_r}{J_a} \times \frac{J_w}{SRF} = \frac{90.98}{4} \times \frac{2}{4} \times \frac{2}{1} = 22.75$$

29 RMR과 Q – system의 차이점 2가지를 적으시오. [16년 1회(기사)]

풀이

Q – system에서는 불연속면의 방향, 무결암의 일축압축강도를 고려하지 않는다.

30 Q – system의 분류 인자 중 유효크기에 대해서 설명하여라. [06년 1회(기사)]

풀이

Q값에 의한 터널 지보량을 산정하기 위해서는 터널의 유효크기를 결정해야 한다. 터널의 유효크기는 규모와 용도의 함수로서 굴착폭, 직경 또는 벽면 높이를 굴착지보비(ESR)로 나누어 구할 수 있다.

유효크기 $D_e = \dfrac{B\,or\,H\,or\,D}{ESR}$ (m)

31 어떤 터널 현장에 분포하는 암반에 대해 Q – 시스템을 적용한 결과 Q값 8을 얻었다. 절리면의 거칠기가 1.5이었고, 현장에는 4개의 절리군이 분포하고 있다. 이 터널의 영구지보압력은 얼마인가?

[17년 1회(산기)]

풀이

절리군의 수가 3개 이상이므로,

$$P_{roof} = \frac{2.0}{J_r} \times Q^{-\frac{1}{3}} = \frac{2.0}{1.5} \times 8^{-\frac{1}{3}} = 0.67 \text{kg/cm}^2$$

32 Q값이 4일 때 Rutledge 식을 이용하여 RSR을 계산하시오.

[17년 1회(기사)]

풀이

Rutledge(1978)가 제안한 암반 분류 시스템 사이의 상관식

$RSR = 13.3 \log Q + 46.5$

$RSR = 13.3 \log 4 + 46.5 = 54.51$

33 연약대의 폭은 9m, 연약대의 Q값은 0.1, 연약대 주변 암반의 Q값은 10인 경우 연약대와 주변 암반의 평균 Q값은 얼마인가?

[10년 1회(기사), 14년 1회(기사)]

풀이

$$\log Q_m = \frac{b \cdot \log Q_{wz} + \log Q_{sr}}{b+1} = \frac{9\text{m} \cdot \log 0.1 + \log 10}{9\text{m}+1} = -0.8$$

$Q_m = 10^{-0.8} = 0.16$

34 현지 암반의 일축압축강도가 200MPa이었다. 이 암반의 Q – system에 의한 Q값이 10점일 때 탄성파 속도(V_p)는 얼마인가?(단, 일축압축강도에 의한 수정 Q값을 이용하시오.)

[10년 1회(산기), 15년 4회(산기)]

풀이

$V_p = \log Q_c + 3.5 \text{km/sec}$

여기서 Q_c는 수정 Q값으로 다음과 같이 계산된다.

$$Q_c = Q \times \frac{\sigma_c}{100} = 10 \times \frac{200\text{MPa}}{100} = 20 \text{ (단, } \sigma_c \geq 100\text{MPa)}$$

따라서, 탄성파 속도 $V_p = \log 20 + 3.5 \text{km/sec} = 4.8 \text{km/sec}$

35 현지 암반의 Q값이 10이고 일축압축강도가 120MPa이었다. 일축압축강도에 의한 수정 Q 값을 이용하여 변형계수 E_m을 구하여라. [13년 1회(산기)]

풀이

$Q = 10$, $\sigma_c = 120\text{MPa}(\sigma_c \geq 100\text{MPa})$이므로,

$Q_c = Q \times \dfrac{\sigma_c}{100} = 10 \times \dfrac{120\text{MPa}}{100} = 12$

$E_m = 10 \times Q_c^{\frac{1}{3}} = 10 \times 12^{\frac{1}{3}} = 22.89\text{GPa}$

36 굴착지보계수(ESR)는 1이고, 터널 폭이 10.6m, 터널 높이가 8.1m일 때, 터널의 천반과 측벽에서의 적절한 록볼트의 길이는 얼마인가? [10년 4회(기사)]

풀이

① 천반에서의 록볼트 길이

$L = \dfrac{2 + 0.15B}{ESR} = \dfrac{2 + (0.15 \times 10.6\text{m})}{1} = 3.59\text{m}$

② 측벽에서의 록볼트 길이

$L = \dfrac{2 + 0.15H}{ESR} = \dfrac{2 + (0.15 \times 8.1\text{m})}{1} = 3.22\text{m}$

37 다음 조건에서의 GSI와 RMR의 관계식을 쓰시오. [08년 1회(기사)]

① $RMR_{76} > 18$

② $RMR_{89} > 23$

풀이

① $RMR_{76} > 18 \Rightarrow GSI = RMR_{76}$

② $RMR_{89} > 23 \Rightarrow GSI = RMR_{89} - 5$

38 어떤 암반의 RMR 분류평점이 30점이라면, 이 암반에 대한 지질강도지수(GSI)는 얼마이겠는가?(단, Bieniawski(1989)의 관계식을 적용한다.) [20년 4회(기사)]

풀이

$RMR_{89} > 23 \Rightarrow GSI = RMR_{89} - 5 = 25$

39 다음의 변수를 가지고 지질강도지수(GSI : Geological Strength Index)를 구하시오. (RQD = 70%, J_n = 2, J_r = 2, J_a = 1, J_w = 1, SRF = 1)

[09년 4회(기사), 13년 4회(기사), 14년 4회(기사), 17년 1회(기사), 20년 2회(기사)]

풀이

$$GSI = 9\ln Q' + 44$$

$$Q' = \frac{RQD}{J_n} \times \frac{J_r}{J_a} = \frac{70}{2} \times \frac{2}{1} = 70$$

즉, $GSI = 9\ln 70 + 44 = 82.24$

---

40 RMR이 60일 때 신선암의 강도정수 m이 25라면, 발파에 의한 굴착 시 m과 s는 얼마인가?

[07년 4회(기사)]

풀이

발파에 의한 굴착 시 암반은 교란 상태로 적용한다.

$$m_b = m_i \times \exp\left(\frac{RMR - 100}{14}\right) = 1.44$$

$$s = \exp\left(\frac{RMR - 100}{6}\right) = 1.27 \times 10^{-3}$$

---

41 1,000m 심부 암반 내에 일반발파에 의한 암반 구조물을 구축하고자 한다. 이때 암반구조물에 대한 후크 - 브라운의 파괴조건식을 이용하여 최대주응력을 계산하고자 한다. 신선암에 대한 삼축압축실험 결과 m값이 15, 단축압축강도가 100MPa, 초기수직응력이 25MPa이었다. 현장 암반에 대한 측압계수가 0.8이고, RMR이 80이라면 최대주응력은 얼마이겠는가?

[06년 1회(기사)]

풀이

발파에 의한 굴착 시 암반은 교란 상태로 적용한다.

$$m_b = m_i \times \exp\left(\frac{RMR - 100}{14}\right) = 3.59$$

$$s = \exp\left(\frac{RMR - 100}{6}\right) = 0.04$$

$K = 0.8 = \dfrac{\sigma_h}{\sigma_v}$ 에서, $\sigma_v = 25$MPa이므로, $\sigma_h = 20$MPa $= \sigma_3$

따라서, 최대주응력은 다음과 같다.

$$\sigma_1 = \sigma_3 + \sqrt{m_b \cdot \sigma_c \cdot \sigma_3 + s\sigma_c^2}$$

$$= 20\text{MPa} + \sqrt{3.59 \cdot 100\text{MPa} \cdot 20\text{MPa} + 0.04 \cdot (100\text{MPa})^2} = 107.06\text{MPa}$$

42 교란 암반, 측압계수가 0.8이고, 수직응력이 25MPa, RMR은 80, 일축압축강도가 20MPa일 때, 최대주응력을 구하시오.(단, 신선암의 강도정수 m은 10이다.) [17년 4회(기사)]

풀이

$$\sigma_1 = \sigma_3 + \sqrt{m_b \cdot \sigma_c \cdot \sigma_3 + s\sigma_c^2}$$

$$m_b = m_i \times \exp\left(\frac{RMR-100}{14}\right) = 2.4$$

$$s = \exp\left(\frac{RMR-100}{6}\right) = 0.04$$

$\sigma_3 = K \cdot \sigma_v = 20\text{MPa}$이므로, 최대주응력은 다음과 같다.

$$\sigma_1 = 20\text{MPa} + \sqrt{2.4 \cdot 20\text{MPa} \cdot 20\text{MPa} + 0.04 \cdot (20\text{MPa})^2} = 51.24\text{MPa}$$

43 RMR이 70이고 봉압이 4MPa, 단축압축강도가 10MPa일 때 신선암의 강도정수 m이 10이라면, 암반의 파괴 시에 발생하는 최대주응력은 얼마인가?(단, 암반의 굴착은 기계식으로 한다.) [16년 4회(기사)]

풀이

기계식 굴착의 경우 암반은 비교란 상태로 적용한다.

$$\sigma_1 = \sigma_3 + \sqrt{m_b \cdot \sigma_c \cdot \sigma_3 + s\sigma_c^2}$$

$$m_b = m_i \times \exp\left(\frac{RMR-100}{28}\right) = 3.43$$

$$s = \exp\left(\frac{RMR-100}{9}\right) = 0.04$$이므로,

$$\sigma_1 = 4\text{MPa} + \sqrt{3.43 \cdot 10\text{MPa} \cdot 4\text{MPa} + 0.04 \cdot (10\text{MPa})^2} = 15.88\text{MPa}$$

44 무교란 암반에서 RMR이 80이고 $\sigma_c = 100\text{MPa}$, $\sigma_3 = 10\text{MPa}$일 때 Hoek-Brown 식으로 현지 암반의 일축압축강도와 일축인장강도를 구하여라.(단, 신선암의 강도정수 m은 10이다.) [20년 1회(기사)]

풀이

$$\sigma_1 = \sigma_3 + \sqrt{m_b \cdot \sigma_c \cdot \sigma_3 + s\sigma_c^2}$$

$$m_b = m_i \times \exp\left(\frac{RMR-100}{28}\right) = 4.9$$

$$s = \exp\left(\frac{RMR-100}{9}\right) = 0.11$$이므로,

일축압축강도 $\Rightarrow \sigma_3 = 0$일 때, $\sigma_1 = S_c = \sigma_c \times \sqrt{s} = 100\text{MPa} \times \sqrt{0.11} = 33.17\text{MPa}$

일축인장강도 $\Rightarrow \sigma_1 = 0$일 때, $\sigma_3 = S_t = \frac{1}{2} \times \sigma_c \times \left(\sqrt{m^2 + 4s} - m\right) = 2.23\text{MPa}$

45 무교란 암반에서 GSI가 72이고, 최소주응력이 10MPa일 때, 후크 – 브라운 식을 이용하여 암반이 파괴될 때의 최대주응력을 구하여라.(단, 무교란 암반의 m은 32, 실험실 일축압축강도는 150MPa이다.)

[09년 1회(기사), 12년 1회(기사)]

풀이

$$\sigma_1 = \sigma_3 + \sigma_c \times \left(m_b \times \frac{\sigma_3}{\sigma_c} + s \right)^a$$

$$m_b = m_i \times \exp\left(\frac{GSI - 100}{28} \right) = 11.77$$

$$s = \exp\left(\frac{GSI - 100}{9} \right) = 0.04, \ 비교란\ 상태에서\ GSI > 25일\ 때\ a = 0.5이므로,$$

$$\sigma_1 = 10\text{MPa} + 150\text{MPa} \times \left(11.77 \times \frac{10\text{MPa}}{150\text{MPa}} + 0.04 \right)^{0.5} = 146.22\text{MPa}$$

46 GSI가 75이고 $\sigma_c = 60$MPa, $\sigma_3 = 10$MPa, 실험실 $m = 20$일 때, 후크 – 브라운 식으로 현지 암반의 일축압축강도와 일축인장강도의 비를 구하여라.

[11년 4회(기사), 16년 1회(산기)]

풀이

$$\sigma_1 = \sigma_3 + \sigma_c \times \left(m_b \times \frac{\sigma_3}{\sigma_c} + s \right)^a$$

$$m_b = m_i \times \exp\left(\frac{GSI - 100}{28} \right) = 8.19$$

$$s = \exp\left(\frac{GSI - 100}{9} \right) = 0.06, \ 비교란\ 상태에서\ GSI > 25일\ 때\ a = 0.5이므로,$$

일축압축강도 $\Rightarrow \sigma_3 = 0$일 때, $\sigma_1 = S_c = \sigma_c \times S^a = 60\text{MPa} \times 0.06^{0.5} = 14.7\text{MPa}$

일축인장강도 $\Rightarrow \sigma_1 = 0$일 때, $\sigma_3 = S_t = \dfrac{1}{2} \times \sigma_c \times \left(\sqrt{m^2 + 4s} - m \right) = 0.44\text{MPa}$

따라서, 현지 암반의 일축압축강도와 일축인장강도의 비 $\dfrac{S_c}{S_t} = 33.41$이다.

47 Hoek – Brown 공식이 다음과 같을 때 암석의 단위중량이 25kN/m³, 포아송비가 0.2이고, 지표 내 200m 지점에 터널 굴착 시 최대주응력은 얼마인가?(단, 단축압축강도는 100MPa, 강도정수 m_i는 20, GSI는 70, 교란계수는 0.5이다.)

[09년 4회(기사), 21년 4회(기사)]

$$\sigma_1 = \sigma_3 + \sigma_{ci} \left(m_b \frac{\sigma_3}{\sigma_{ci}} + s \right)^a$$

풀이

$$m_b = m_i \times \exp\left(\frac{GSI - 100}{28 - 14D}\right) = 4.79$$

$$s = \exp\left(\frac{GSI - 100}{9 - 3D}\right) = 0.02$$

$$a = \frac{1}{2} + \frac{1}{6}\left(e^{-\frac{GSI}{15}} - e^{-\frac{20}{3}}\right) = 0.5$$

$$\sigma_v = \gamma \times z = 25\text{kN/m}^3 \times 200\text{m} = 5\text{MPa}$$

측압계수 $K = \dfrac{\sigma_h}{\sigma_v} = \dfrac{\nu}{1 - \nu}$ 에서, $\sigma_h = K \times \sigma_v = 1.25\text{MPa} = \sigma_3$

따라서, 최대주응력은 다음과 같다.

$$\sigma_1 = 1.25\text{MPa} + 100\text{MPa} \times \left(4.79 \times \frac{1.25\text{MPa}}{100\text{MPa}} + 0.02\right)^{0.5} = 29.51\text{MPa}$$

48 어느 지역에서 암반 분포 Granitic Gneiss, W_4, L_2, F_3, S_4, A_3를 얻었다. 이것을 BGD에 따라 설명하시오.

[10년 4회(기사)]

풀이

화강암질 편마암, 매우 풍화, 두꺼운 층 두께(60~200cm), 절리간격 보통(20~60cm), 일축압축강도 작음(6~20MPa), 균열의 내부마찰각 보통(25~35°)

CHAPTER 08 암반 내 불연속면

1 불연속면의 특징

1) 국제암반역학회(ISRM)가 정하는 불연속면의 특징

① 불연속면의 방향성   ② 간격

③ 연장성(연속성)   ④ 거칠기

⑤ 틈새   ⑥ 충전물질

⑦ 지하수   ⑧ 유출상태

> **Reference**
>
> • 단층경면 : 단층면이 전단마찰에 연마되어 매우 평탄하고, 매끄러운 면(Slicken Side)
> • 단층각력 : 단층면에서 단층운동에 의해 암편이 마모되지 않은 각력상태로 존재하는 것
> • 단층점토 : 단층면에서 단층운동에 의해 암편이 점토상태로 존재하는 것

2 지압과 단층

1) 단층의 응력상태

일반적으로 지압과 단층의 관계를 나타낼 때 수직(연직)응력, 최대수평응력, 최소수평응력 간의 상대적 크기에 따라서 어느 응력이 최대, 중간, 최소주응력이 되는가에 따라 파괴가 정단층 상태인지, 역단층 상태인지, 주향이동단층 상태인지를 구분한다.

① 정단층 응력상태 : $\sigma_v > \sigma_H > \sigma_h$

② 역단층 응력상태 : $\sigma_H > \sigma_h > \sigma_v$

③ 주향이동단층 응력상태 : $\sigma_H > \sigma_v > \sigma_h$

2) 단층 파괴면의 경사각

단층에 있어서 3가지 주응력의 힘의 크기가 모두 다를 때 파괴면의 경사각은 항상 $\theta = 45° + \dfrac{\phi}{2}$ 가 된다. 다만, 단층면 자체의 경사각은 정단층 시 $\theta = 45° + \dfrac{\phi}{2}$, 역단층 시 $\theta = 45° - \dfrac{\phi}{2}$ 가 된다.

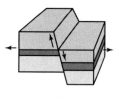

▲ 정단층

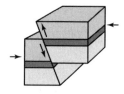

▲ 역단층

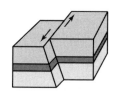

▲ 주향이동단층

❸ 주향과 경사 및 경사방향

1) 주향

불연속면과 수평면의 교선이 가리키는 두 방향 중, 북에 가까운 방향을 의미한다. 만약, 교선의 방향이 북쪽에서 동쪽으로 40° 기울어진 경우 주향은 N40E가 된다.

2) 경사

불연속면이 수평면에서 하향으로 기울어진 최대 각도로서 수평면과 주향에 모두 수직인 평면 내에 존재한다.

3) 경사방향

면의 경사를 나타내는 벡터의 방향을 북에서 시계방향으로의 각도로 표시한다. 따라서 경사방향은 0~360°의 범위를 가지며, 주향과는 항상 90°의 차이가 난다.

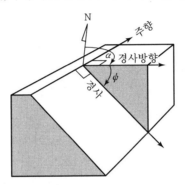

주향, 경사, 경사각의 표기 방법
주향이 N40E이고, 남동쪽으로 60° 경사진 면의 방향은 N40E, 60SE로 표기하며, 경사방향과 경사로 표시하면 (130/60)이 된다. 이때 경사방향은 3자리 숫자로, 경사각은 2자리 숫자로 표기한다.

❹ 평사투영법(Stereographic Projection)

1) 주향이 N70W, 경사가 60NE인 경우의 예

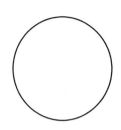

① 평사투영지를 준비한다.

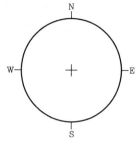

② 투영지 중심에 교점을 그린 후 동서남북의 방향을 각각 E, W, S, N으로 표시한다.

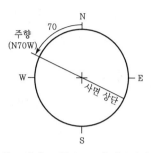

③ N에서 W 쪽으로 70° 이동하여 원주상에 점을 찍고 중심을 통과하는 선을 그린다. 이 선이 주향과 사면의 상단을 나타낸다.

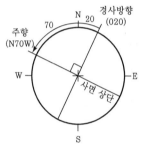

④ 주향을 표시한 점에서 시계방향으로 90° 회전한 점을 찍고, 그 점과 중심을 통과하는 선을 그린다. 이 점이 경사방향을 나타낸다.

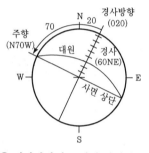

⑤ 경사방향이 표시된 점에서 중심방향으로 60°를 헤아려 표시한 다음, 이 점을 포함한 대원을 그린다. 파괴는 이 대원의 방향으로 발생한다.

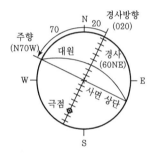

⑥ 경사방향선의 연장선상에서 중심에서 경사방향 반대 방향으로 경사각 만큼인 60°를 헤아려 표시하면 그 점이 극점이 된다.

∴ 최종적으로 경사방향은 020, 경사는 60°로, 경사방향/경사로 표현하면 020/60과 같다.

❺ Barton의 전단강도

1) Barton의 경험식

$$\tau = \sigma_n \tan\left[JRC \times \log\left(\frac{JCS}{\sigma_n}\right) + \phi_b\right]$$

여기서, JRC : 절리의 거칠기 계수
JCS : 절리면의 압축강도
ϕ_b : 기본마찰각
σ_n : 절리면에 작용하는 수직응력

① **기본마찰각** : Barton의 식은 신선암에 대해 기본마찰각 ϕ_b를 적용하나, 풍화암에 대해서는 ϕ_b 대신 잔류마찰각을 의미하는 ϕ_r을 적용한다. 기본마찰각은 경사활락시험의 경사활락각 α를 통해서 구할 수 있다.

$$\phi_b = \tan^{-1}(1.155\tan\alpha)$$

② **잔류마찰각** : 슈미트해머 시험을 이용해서 구할 수 있다.

$$\phi_r = (\phi_b - 20°) + 20 \cdot \left(\frac{r}{R}\right)$$

　　여기서, r : 풍화된 절리 표면에 대한 슈미트해머 반발계수
　　　　　　R : 신선한 절리 표면에 대한 슈미트해머 반발계수

③ **절리의 거칠기 계수** : 시편을 기울여 내부마찰각을 평가하는 시험인 경사활락시험(틸트 시험)을 통해 절리의 거칠기 계수를 구할 수 있다.

$$JRC = \frac{\alpha - \phi_r}{\log\left(\dfrac{JCS}{\sigma_n}\right)}$$

④ **절리면의 압축강도** : 신선암에 대한 슈미트해머 반발계수 R과 건조단위중량 γ_d와 다음의 관계식이 성립한다.

$$\log JCS = 0.00088\gamma_d \times R + 1.01$$

2) 현장에서의 JRC, JCS 산정식

$$JRC_n = JRC_o \times \left(\frac{L_n}{L_o}\right)^{-0.02 \times JRC_o}$$

$$JCS_n = JCS_o \times \left(\frac{L_n}{L_o}\right)^{-0.03 \times JRC_o}$$

　　여기서, JRC_n : 현장에서의 JRC
　　　　　　JRC_o : 실험실 JRC
　　　　　　JCS_n : 현장에서의 JCS
　　　　　　JCS_o : 실험실 JCS
　　　　　　L_n : 현장 절리의 길이(m)
　　　　　　L : 실험실 시험편의 길이(m)

3) 절리면 압축시험 및 절리면 전단시험 시 강성 계산

$$K_p = \frac{\Delta\sigma}{\Delta v} \,(\text{MPa/m})$$

$$K_s = \frac{\Delta\tau}{\Delta u} \,(\text{MPa/m})$$

여기서, K_p : 수직강성 $\Delta\sigma$: 수직응력

        Δv : 수직변형 K_s : 전단강성

        $\Delta\tau$: 전단응력 Δu : 전단변형

4) 절리면의 전단강성도 산정식(Barton and Choubey, 1977)

$$K_s = \frac{100}{L} \times \sigma_n \times \tan\left[JRC \times \log\left(\frac{JCS}{\sigma_n}\right) + \phi_r\right]$$

여기서, K_s : 전단강성도(MPa/m)

        L : 절리의 시험편 길이(m)

5) 절리면의 수직강성 산정식(Bandis 등, 1983)

$$K_n = K_{ni} \times \left(1 - \frac{\sigma}{\Delta V_{\max} \times K_{ni} + \sigma}\right)^{-2}$$

여기서, K_n : 절리면의 수직강성(Pa/mm)

        K_{ni} : 초기강성(Pa/mm)

        σ : 수직응력(Pa)

        $\Delta V_{\max}$: 최대닫힘변위(mm)

01 국제암반역학회(ISRM)에서 불연속면의 특징을 설명하기 위해 조사해야 하는 항목들을 제시하고 있다. 그중 고려해야 하는 항목 4가지를 적으시오.

[07년 4회(기사), 10년 1회(기사), 11년 4회(기사), 14년 1회(기사), 16년 4회(기사)]

풀이

① 불연속면의 방향성 ② 간격
③ 연장성(연속성) ④ 거칠기
⑤ 틈새 ⑥ 충전물질
⑦ 지하수 ⑧ 유출상태

02 단층면이 전단마찰에 연마되어 매우 평탄하고, 매끄러운 면을 무엇이라 하는가?

[17년 4회(기사)]

풀이

단층경면(Slicken Side)

03 다음을 각각 설명하시오.

[18년 4회(기사)]

① 단층경면
② 단층각력
③ 단층점토

풀이

① 단층면이 전단마찰에 연마되어 매우 평탄하고, 매끄러운 면
② 단층면에서 단층운동에 의해 암편이 마모되지 않은 각력상태로 존재하는 것
③ 단층면에서 단층운동에 의해 암편이 점토상태로 존재하는 것

04 현지 암반에 작용하는 초기응력을 각각 σ_v(수직응력), σ_H(최대수평응력), σ_h(최소수평응력)이라 할 때 정단층이 발생하기 위한 응력상태를 쓰고, $\phi=30°$일 때 θ를 구하시오.

[13년 1회(기사)]

풀이

> 정단층이 발생하기 위한 응력상태 : $\sigma_v > \sigma_H > \sigma_h$
>
> 정단층일 때의 $\theta = 45° + \dfrac{\phi}{2} = 45° + \dfrac{30°}{2} = 60°$

05 암석의 초기응력이 각각 수직응력(σ_v), 최대수평응력(σ_H), 최소수평응력(σ_h)이라 할 때, 역단층일 때의 응력의 방향을 그림으로 나타내어라. 또한 내부마찰각이 $30°$일 때 파괴면의 경사각을 구하여라.

[11년 1회(산기), 15년 4회(산기)]

풀이

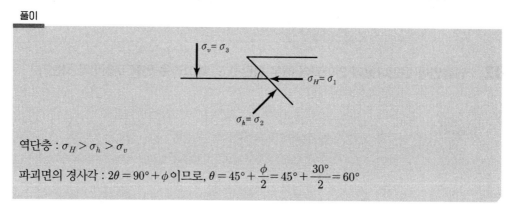

역단층 : $\sigma_H > \sigma_h > \sigma_v$

파괴면의 경사각 : $2\theta = 90° + \phi$이므로, $\theta = 45° + \dfrac{\phi}{2} = 45° + \dfrac{30°}{2} = 60°$

06 050/45를 주향과 경사로 표현하시오.

[12년 1회(기사)]

풀이

$050/45 \Rightarrow$ N40W/45NE

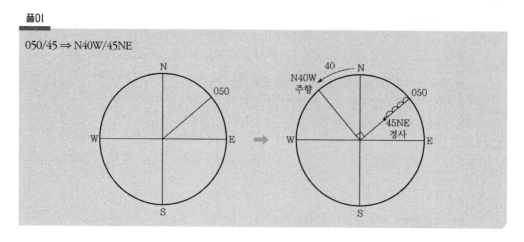

07 다음의 주어진 주향과 경사를 경사방향과 경사로 나타내시오. [10년 1회(기사), 20년 1회(산기)]

> N45E, 40NW

풀이

N45E/40NW ⇒ 315/40

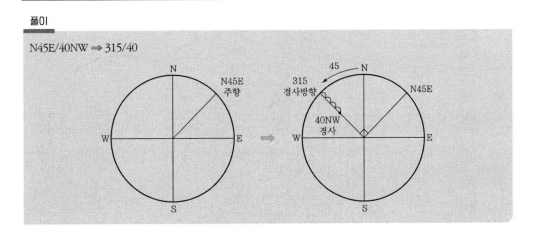

08 다음 주어진 주향과 경사를 경사방향과 경사로 쓰시오. [15년 1회(기사)]

① N30E, 60SE
② N30E, 60NW

풀이

① N30E/60SE ⇒ 120/60

② N30E/60NW ⇒ 300/60

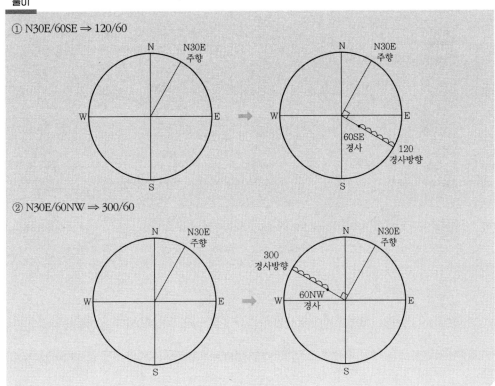

09 지질조사로부터 N35E인 주향과 50NW의 경사를 갖는 주 절리를 경사방향/경사로 표시하고 다음의 평사투영도에 극점을 표시하시오. [13년 1회(기사)]

풀이

N35E/50NW ⇒ 305/50

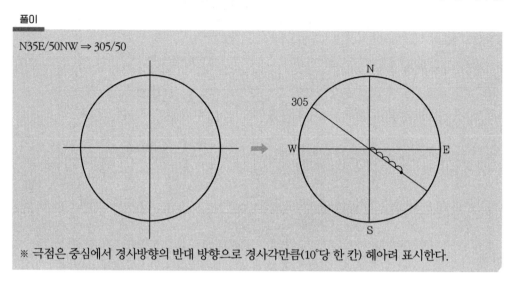

※ 극점은 중심에서 경사방향의 반대 방향으로 경사각만큼(10°당 한 칸) 헤아려 표시한다.

10 다음 주어진 주향과 경사를 경사방향과 경사로 쓰시오. [17년 1회(산기)]

N30W, 50SW

풀이

N30W/50SW ⇒ 240/50

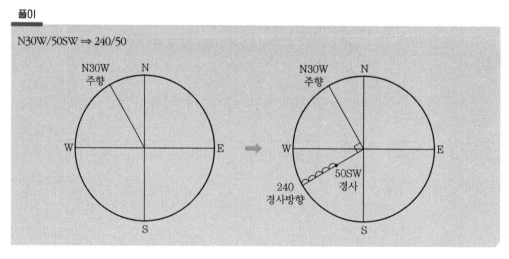

11 절리면 거칠기 계수가 8.9이고 절리면의 거칠기 압축강도가 92MPa, 잔류 마찰각이 28°, 이 절리면에 작용하는 수직응력이 0.8MPa일 때 절리면의 최대전단강도를 구하여라.

[06년 1회(기사)]

풀이

$$\tau = \sigma_n \cdot \tan\left[JRC \times \log\left(\frac{JCS}{\sigma_n}\right) + \phi_r\right]$$

$$= 0.8\text{MPa} \cdot \tan\left[8.9 \times \log\left(\frac{92\text{MPa}}{0.8\text{MPa}}\right) + 28°\right] = 0.84\text{MPa}$$

12 JRC = 20, 수직응력 40kg/cm^2, JCS = 200kg/cm^2, **기본마찰각 30°, 슈미트해머 반발계수 비가 0.3일 때 전단강도를 구하시오.**

[15년 1회(기사)]

풀이

$$\tau = \sigma_n \cdot \tan\left[JRC \times \log\left(\frac{JCS}{\sigma_n}\right) + \phi_r\right]$$

$$\phi_r = (\phi_b - 20) + 20 \times \frac{r}{R} = (30° - 20) + 20 \times 0.3 = 16°$$

$$\tau = 40\text{kg/cm}^2 \cdot \tan\left[20 \times \log\left(\frac{200\text{kg/cm}^2}{40\text{kg/cm}^2}\right) + 16°\right] = 23.07\text{kg/cm}^2$$

13 Barton의 마찰각에 대하여 서술하시오.

[06년 4회(기사), 10년 4회(기사)]

풀이

Barton의 마찰각

① 기본마찰각 : Barton의 식은 신선암에 대해 기본마찰각 ϕ_b를 적용하나, 풍화암에 대해서는 ϕ_b 대신 잔류마찰각을 의미하는 ϕ_r을 적용한다. 기본마찰각은 경사활락시험의 경사활락각 α를 통해서 구할 수 있다.

$$\phi_b = \tan^{-1}(1.155\tan\alpha)$$

② 잔류마찰각 : 슈미트해머 시험을 이용해서 구할 수 있다.

$$\phi_r = (\phi_b - 20°) + 20 \cdot \left(\frac{r}{R}\right)$$

여기서, r : 풍화된 절리 표면에 대한 슈미트해머 반발계수

R : 신선한 절리 표면에 대한 슈미트해머 반발계수

14 절리면에 대한 경사활락시험(Tilt Test)을 통해 경사활락각이 $50°$, 잔류마찰각이 $20°$, JCS $= 80\text{MPa}$, 절리면에서의 수직응력이 0.1MPa일 때 JRC를 구하여라.   [10년 1회(산기)]

> **풀이**
>
> 경사활락각 $\alpha = 50°$, 잔류마찰각 $\phi_r = 20°$, $JCS = 80\text{MPa}$, 수직응력 $\sigma_n = 0.1\text{MPa}$
>
> $$JRC = \frac{\alpha - \phi_r}{\log\left(\dfrac{JCS}{\sigma_n}\right)} = \frac{50° - 20°}{\log\left(\dfrac{80\text{MPa}}{0.1\text{MPa}}\right)} = 10.33$$

15 현장 절리의 길이가 3m이고, 실험실 시험편의 길이가 1m일 때 현장에서의 JRC와 JCS를 구하라.(단, 실험실에서의 JRC $= 16$이고, JCS $= 96\text{MPa}$이다.)   [13년 4회(기사), 21년 1회(기사)]

> **풀이**
>
> 현장 절리의 길이 $L_n = 3\text{m}$, 실험실 시험편의 길이 $L_o = 1\text{m}$
> 실험실에서의 $JRC_o = 16$, 실험실에서의 $JCS_o = 96\text{MPa}$일 때
>
> ① $JRC_n = JRC_o \times \left(\dfrac{L_n}{L_o}\right)^{-0.02 \times JRC_o} = 16 \times \left(\dfrac{3\text{m}}{1\text{m}}\right)^{-0.02 \times 16} = 11.26$
>
> ② $JCS_n = JCS_o \times \left(\dfrac{L_n}{L_o}\right)^{-0.03 \times JRC_o} = 96\text{MPa} \times \left(\dfrac{3\text{m}}{1\text{m}}\right)^{-0.03 \times 16} = 56.66\text{MPa}$

16 현장 절리의 길이가 4m이고, 실험실 시험편의 길이가 1m일 때 현장에서의 JRC를 구하라. (단, 실험실에서의 JRC $= 24$이다.)   [20년 1회(산기)]

> **풀이**
>
> 현장 절리의 길이 $L_n = 4\text{m}$, 실험실 시험편의 길이 $L_o = 1\text{m}$, 실험실에서의 $JRC_o = 24$
>
> $$JRC_n = JRC_o \times \left(\frac{L_n}{L_o}\right)^{-0.02 \times JRC_o} = 24 \times \left(\frac{4\text{m}}{1\text{m}}\right)^{-0.02 \times 24} = 12.34$$

17 한 변의 길이가 5cm인 정육면체의 암반에 길이 방향으로 100kg의 전단하중을 가했을 때, 1mm의 변위가 발생했다면 전단강성은 얼마이겠는가?   [07년 4회(기사), 17년 4회(기사)]

> **풀이**
>
> $$K_s = \frac{\tau}{\Delta u} = \frac{\dfrac{P}{A}}{\Delta u}$$
>
> $$= \frac{\dfrac{100\text{kg}}{25\text{cm}^2}}{1 \times 10^{-1}\text{cm}} = \frac{4\text{kg/cm}^2}{10^{-1}\text{cm}} = 40\text{kg/cm}^2/\text{cm} = 3.9216\text{MPa/cm} = 392.16\text{MPa/m}$$

18 절리의 시험편 길이가 20cm이고, JRC = 10, JCS = 5MPa, σ_n = 1MPa, ϕ_r = 20°일 때 이 절리면의 전단강성도를 구하시오. (단, Barton and Choubey(1977)의 식을 이용한다.)

[13년 1회(기사)]

풀이

$$\text{전단강성도 } K_s = \frac{100}{L} \times \sigma_n \times \tan \left[JRC \times \log \left(\frac{JCS}{\sigma_n} \right) + \phi_r \right]$$

$$K_s = \frac{100}{0.2\text{m}} \times 1\text{MPa} \times \tan \left[10 \times \log \left(\frac{5\text{MPa}}{1\text{MPa}} \right) + 20 \right] = 254.65 \text{MPa/m}$$

19 절리면에 작용하는 수직응력이 10MPa이고, 초기강성 K_{ni} = 10MPa/mm일 때 수직강성 K_n은 얼마인가? (단, 최대닫힘변위는 1mm이다.)

[12년 4회(기사), 19년 4회(기사)]

풀이

수직강성

$$K_n = K_{ni} \times \left(1 - \frac{\sigma}{\Delta V_{\max} \times K_{ni} + \sigma} \right)^{-2}$$

$$K_n = 10\text{MPa/mm} \times \left(1 - \frac{10\text{MPa}}{1\text{mm} \times 10\text{MPa/mm} + 10\text{MPa}} \right)^{-2}$$

$$K_n = 40\text{MPa/mm} = 40,000\text{MPa/m} = 40\text{GPa/m}$$

CHAPTER 09 암반 사면

1 파괴 종류 및 조건

암반 사면은 흙 사면과는 달리 가장 취약한 불연속면의 주향과 경사에 따라 파괴 형태가 결정되며, 대표적인 암반 사면의 파괴 형태는 원호파괴, 평면파괴, 쐐기파괴, 전도파괴의 4가지로 분류된다.

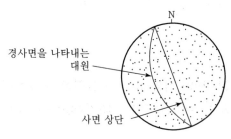

(a) 일정한 지질구조 형태를 보이지 않는 표토, 폐석, 심한 파쇄암반에서의 원호파괴

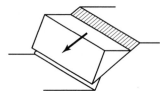
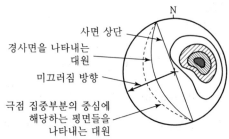

(b) 점판암 같이 질서정연한 지질구조를 가지는 암반에서의 평면파괴

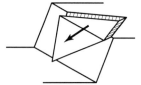
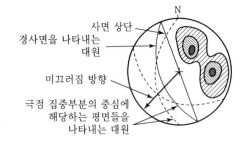

(c) 교차하는 두 불연속면 위에서의 쐐기파괴

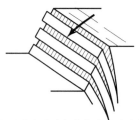
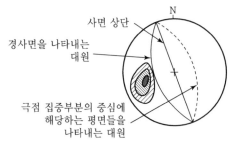

(d) 급경사 불연속면에 의해 분리된 주상(柱狀) 구조를 형성하고 있는 경암암반에서의 전도파괴

1) 원호파괴

흙이나 암석 입자들이 사면의 크기와 비교했을 때 매우 작고 맞물려 있지 않을 때 발생하며, 특히 대규모 폐석더미를 이루는 파쇄 암석들이나 심하게 변질되고 풍화된 암석에서 자주 발생한다. 또한 연약한 풍화암의 경우 주 방향이 존재하지 않고, 소규모 절리의 수가 무수히 많을 때 발생하기도 한다.

2) 평면파괴

① 층리, 절리 같은 불연속면의 주향이 사면과 평행하고 그 경사각이 마찰각보다 큰 경우에 발생하며, 주로 탁월한 불연속면이 한 개만 발달한 경우로서, 파괴면은 평면의 모양을 이룬다. 평면파괴는 평사투영법에서 경사방향과 같은 방향으로 극점이 집중적으로 분포한 형태를 보인다.

② 평면파괴의 기하학적 지질조건
  ㉠ 미끄러짐이 일어나는 면은 반드시 경사면에 평행하거나 거의 평행(±20° 이내)한 주향을 가진다.
  ㉡ 파괴면은 경사면에 노출되어야 한다. 즉, 파괴면의 경사각이 사면의 경사각보다 작아야 한다($\psi_f > \psi_p$).
  ㉢ 파괴면의 경사각은 그 파괴면의 마찰각보다는 커야 한다($\psi_p > \phi$).
    즉, 예상 파괴면의 마찰각 ϕ < 파괴면의 경사각 ψ_p < 사면의 경사각 ψ_f
  ㉣ 미끄러짐에 거의 무시할 정도의 저항력을 갖는 이완면이 미끄러짐의 측면 경계부로서 양측 암반 내에 존재해야 한다.

3) 쐐기파괴

두 개의 불연속면이 사면을 따라 비스듬하게 교차할 때 발생하며, 평사투영법에 의해 불연속면들의 극점(Pole)을 분석한 결과, 극점이 사면방향과 같은 방향으로 두 곳에 집중된 경우 쐐기파괴를 예상할 수 있다.

4) 전도파괴

① 사면과 평행한 규칙적인 층리나 절리 등에 의해 구성된 암주가 역전되어 와해되면서 발생하는 것으로서 굴곡전도파괴, 블록전도파괴, 복합전도파괴 등으로 구분된다. 전도파괴는 한계평형법(극한평형법)으로는 계산할 수 없으며, 주상절리, 판상절리 등이 전도파괴에 속한다. 또한, 사면의 주향과 동일한 방향의 주향을 갖고 사면 경사와 반대 방향의 급경사를 나타내는 불연속면이 존재하는 사면에서 발생한다.

② 전도파괴의 기하학적 지질조건
  ㉠ 불연속면의 주향과 사면의 주향이 30° 이내이어야 한다.

ⓒ 전도파괴가 발생하기 위해서는 다음과 같은 조건식이 성립되어야 한다.

$$(90° - \psi_p) + \phi < \psi_f$$
$$\psi_f + \psi_p > 90° + \phi$$

여기서, ψ_f : 사면의 경사각
ψ_p : 파괴면의 경사각
ϕ : 파괴면의 마찰각

③ 블록전도파괴의 조건

ⓐ 안전영역 : $\psi < \phi$, $b/h > \tan\psi$

ⓑ 활동영역 : $\psi > \phi$, $b/h > \tan\psi$

ⓒ 토플링영역 : $\psi < \phi$, $b/h < \tan\psi$

ⓓ 활동-토플링영역 : $\psi > \phi$, $b/h < \tan\psi$

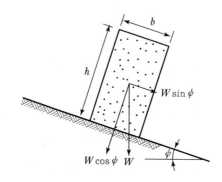

② 암반 사면의 안전율

수평면에 대하여 ψ의 각을 갖는 경사면 위에 놓인 중량 W인 암석 블록에 대하여, 중량 W는 연직방향으로 작용하는데, 중량 W를 경사면 아랫방향으로 작용하여 미끄러짐을 유발하는 성분 $W\sin\psi$와 경사면에 수직으로 작용하여 블록을 안정화시키는 성분 $W\cos\psi$로 구분할 수 있다.

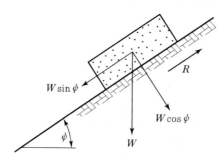

1) 건조사면의 경우

인장균열 안이나 활동면에 수압이 작용하지 않는 완전 건조된 사면 내에서의 사면의 안전율은 다음과 같다.

$$F = \frac{CA + W \cdot \cos\psi \cdot \tan\phi}{W \cdot \sin\psi}$$

여기서, C : 점착력
ϕ : 활동면의 마찰각
A : 면적

2) 사면 내 인장균열에만 수압이 작용하는 경우

건기 후에 비가 내리면 지표수가 인장균열 내부로 스며들면서 갑작스럽게 수압을 형성할 때 그 수압에 의한 수평력 V가 작용하고 수압에 의한 부양력 U는 0이 된다. 이때의 사면의 안전율은 다음과 같다.

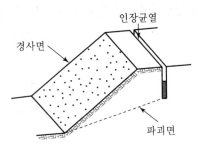

$$F = \frac{CA + (W \cdot \cos\psi - V \cdot \sin\psi) \cdot \tan\phi}{W \cdot \sin\psi + V \cdot \cos\psi}$$

수평력 $V = \dfrac{1}{2} \cdot \gamma_w \cdot Z_w{}^2$ 이고, 인장균열의 높이가 Z일 때, Z_w는 인장균열 안의 물의 깊이, γ_w는 물의 단위중량이다.

> **Reference**
>
> **사면 내 인장균열이 있을 때 암괴 면적 A와 암괴 중량 W의 계산식**
>
> $\bullet\ A = \dfrac{H - Z}{\sin\psi_p} \times B$
>
> $\bullet\ W = \dfrac{1}{2} \times \gamma_t \times H^2 \times \left\{ \left[1 - \left(\dfrac{Z}{H} \right)^2 \right] \times \cot\psi_p - \cot\psi_f \right\} \times B$

- 사면 정상 시작점으로부터 인장균열이 발생한 지점까지의 수평거리 공식

$$\overline{BC} = H \times \left(\sqrt{\cot\beta \times \cot\theta} - \cot\beta \right)$$

- 사면의 한계 인장균열 깊이 공식

$$\overline{ZC} = H \times \left(1 - \sqrt{\cot\beta \times \tan\theta} \right)$$

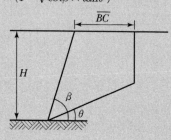 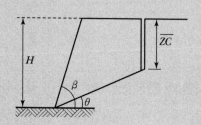

3) 장기 호우 시 사면 내 인장균열과 활동면에 수압이 작용하는 경우

장기 호우 시 인장균열 안과 활동면 위에 수압이 작용할 때 사면의 안전율은 다음과 같다.

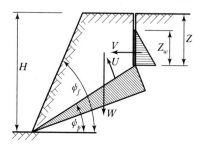

$$F = \frac{CA + (W \cdot \cos\psi - U - V \cdot \sin\psi) \cdot \tan\phi}{W \cdot \sin\psi + V \cdot \cos\psi}$$

부양력 $U = \dfrac{1}{2} \cdot \gamma_w \cdot Z_w \cdot A$ 이고, 인장균열 높이 $Z = Z_w$ 와 같다.

인장균열이 존재하지 않고 부양력만 작용 시

$$U = \frac{\gamma_w \cdot H_w^2}{4\sin\psi}, \quad A = \frac{H}{\sin\psi_p} \times B$$

여기서, H_w : 부양력이 작용하는 높이

4) 지진이 작용하는 경우

사면 내에 지진이 작용하는 경우, 사면의 안전율은 다음과 같다.

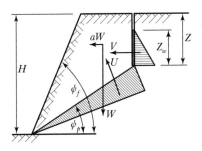

$$F = \frac{CA + (W \cdot \cos\psi - \alpha W \cdot \sin\psi - U - V \cdot \sin\psi) \cdot \tan\phi}{W \cdot \sin\psi + \alpha W \cdot \cos\psi + V \cdot \cos\psi}$$

α는 수평방향의 가속도로서 중력가속도 g와 같다. 만약 α가 수직방향의 가속도라면 위의 식에서 지진에 해당하는 sin과 cos의 위치를 바꾸어야 한다.

5) 록볼트 등을 통해 사면을 보강한 경우

여러 요인에 의해 사면이 불안정한 경우, 록볼트 등과 같은 외부하중을 적용하면 사면의 안전율은 다음과 같다.

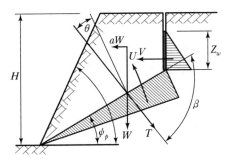

$$F = \frac{CA + (W \cdot \cos\psi - \alpha W \cdot \sin\psi - U - V \cdot \sin\psi + T \cdot \sin\beta) \cdot \tan\phi}{W \cdot \sin\psi + \alpha W \cdot \cos\psi + V \cdot \cos\psi - T \cdot \cos\beta}$$

여기서, T : 록볼트의 인장력
　　　　β : 활동면과 록볼트 T 사이의 각

6) 건조사면의 안전율 식으로 록볼트 등의 외부하중 T를 구하는 경우

건조사면일 때 외부하중 T를 적용하면 다음과 같다.

$$F = \frac{CA + (W \cdot \cos\psi + T \cdot \sin\beta) \cdot \tan\phi}{W \cdot \sin\psi - T \cdot \cos\beta}$$

위 식을 외부하중 T에 관한 식으로 바꾸면 다음과 같다.

$$T = \frac{FW\sin\psi - W\cos\psi \cdot \tan\phi - CA}{\sin\beta \cdot \tan\phi + F\cos\beta}$$

점착력이 0이고, 사면에 수직으로 록볼트를 타설하는 경우 안전율이 1 이상이 되는 최소한의 록볼트 축력은 다음과 같다.

$$T = \frac{FW\sin\psi_p}{\tan\phi} - W\cos\psi_p$$

+ Reference

점착력 C가 0인 조건에서 안전율 식으로부터 록볼트 인장력 식으로의 변환

$$F = \frac{CA + (W \cdot \cos\psi + T \cdot \sin\beta) \cdot \tan\phi}{W \cdot \sin\psi - T \cdot \cos\beta}$$

$$F(W\sin\psi - T\cos\beta) = (W\cos\psi + T\sin\beta) \times \tan\phi$$

$$FW\sin\psi - FT\cos\beta = W\cos\psi \times \tan\phi + T\sin\beta \times \tan\phi$$

$$T\sin\beta \times \tan\phi + FT\cos\beta = FW\sin\psi - W\cos\psi \times \tan\phi$$

$$T(\sin\beta \times \tan\phi + F\cos\beta) = FW\sin\psi - W\cos\psi \times \tan\phi$$

$$\therefore T = \frac{FW\sin\psi - W\cos\psi \times \tan\phi}{\sin\beta \times \tan\phi + F\cos\beta}$$

7) 안전율을 높이기 위한 최소 록볼트 인장력이 될 때의 각 β

$$\beta = \tan^{-1}\left(\frac{1}{F} \cdot \tan\phi\right)$$

8) 안전율 확보를 위한 필요 록볼트의 개수

$$N = \frac{T}{P}$$

여기서, T : 전체 록볼트의 축력
P : 록볼트 1개의 지지하중

9) 록볼트의 안전율

$$F = \frac{P}{W \times \gamma \times S_1 \times S_2}$$

여기서, P : 록볼트의 극한 지지하중 W : 공동 천장부 두께(m)
γ : 암반의 단위중량 S_1 : 종방향 설치 간격
S_2 : 횡방향 설치 간격

10) Barton의 전단강도를 이용한 암반 사면의 안전율

$$F = \frac{\sigma_n \times \tan\left[JRC \times \log\left(\frac{JCS}{\sigma_n} \right) + \phi_r \right]}{\frac{W\sin\psi}{A}}, \quad \sigma_n = \frac{W\cos\psi}{A}$$

여기서, T : 록볼트의 인장력
β : 활동면과 록볼트 T 사이의 각

11) 늑골형 잔주의 안전율

$$F = \frac{S_c}{\sigma_p}, \quad \sigma_p = \gamma \times z \times \left(1 + \frac{W_o}{W_p} \right)$$

여기서, S_c : 암반의 단축압축강도 σ_p : 평균 잔주응력
γ : 암반의 단위중량 z : 임의 지점의 심도
W_o : 공동의 폭 W_p : 잔주의 폭

01 암반 사면의 파괴 종류 4가지를 적으시오. [17년 1회(기사)]

풀이

① 원호파괴
② 평면파괴
③ 쐐기파괴
④ 전도파괴

02 아래 그림에서 A영역과 B영역이 의미하는 사면의 파괴형태는 각각 무엇인가?

[09년 4회(기사), 13년 4회(기사)]

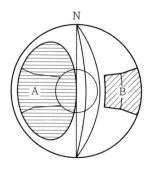

풀이

① 평면파괴
② 전도파괴

03 다음 그림의 사면 파괴 형태와 방향을 쓰시오. (단, 주향과 경사는 N30E/60SE이다.)

[14년 4회(기사)]

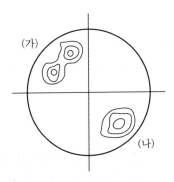

풀이

① (가) : 쐐기파괴

   (나) : 전도파괴

② 경사방향 : 120

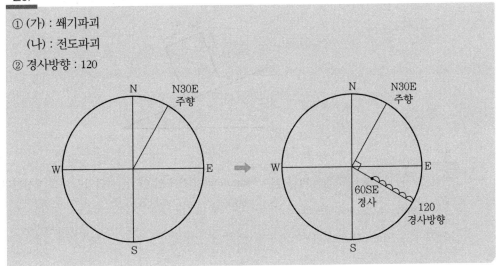

04 암반의 사면 파괴 형태 중 평면파괴가 발생할 수 있는 기하학적(지질구조적) 조건에 대하여 서술하시오.

[07년 1회(기사), 09년 1회(기사), 17년 1회(기사)]

풀이

① 미끄러짐이 일어나는 면은 반드시 경사면에 평행하거나 거의 평행(± 20° 이내)한 주향을 가진다.

② 파괴면은 경사면에 노출되어야 한다. 즉, 파괴면의 경사각이 사면의 경사각보다 작아야 한다 ($\psi_f > \psi_p$).

③ 파괴면의 경사각은 그 파괴면의 마찰각보다는 커야 한다($\psi_p > \phi$).

   즉, 예상 파괴면의 마찰각 ϕ < 파괴면의 경사각 ψ_p < 사면의 경사각 ψ_f

④ 미끄러짐에 거의 무시할 정도의 저항력을 갖는 이완면이 미끄러짐의 측면 경계부로서 양측 암반 내에 존재해야 한다.

05 전도파괴가 발생할 수 있는 암반조건(불연속면의 존재형태)에 대하여 서술하시오.

[06년 1회(산기)]

풀이

사면과 평행한 규칙적인 층리나 절리 등에 의해 구성된 암주가 역전되어 와해되면서 발생하는 것으로서, 사면의 주향과 동일한 방향의 주향을 갖고 사면 경사와 반대 방향의 급경사를 나타내는 불연속면이 존재하는 사면에서 발생한다.

06 다음과 같은 사면의 상부에 암석 블록이 있고 사면의 경사각이 20°, 암석 블록의 폭이 5m이다. H가 얼마 이상일 때 전도파괴가 발생하겠는가?(단, 내부마찰각은 30°이다.)

[06년 1회(기사), 13년 4회(기사), 19년 1회(기사)]

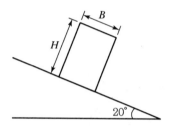

풀이

블록 전도파괴의 발생 조건에 따라, $B/H < \tan\psi$의 조건에 만족하는 사면의 높이를 계산한다.

$\dfrac{B}{H} < \tan\psi$, $\dfrac{5\text{m}}{H} < \tan20°$이므로, $H \geq \dfrac{5\text{m}}{\tan20°} = 13.74\text{m}$

즉, H가 13.74m 이상일 때 전도파괴가 발생한다.

07 다음 그림과 같이 경사면 상부에 암석 블록이 놓여 있을 때, 점착력을 무시하고 마찰력에 의해서만 블록이 지지된다고 가정하면 이 암석 블록이 활동 및 토플링이 발생하기 위한 조건은 무엇인가?(단, 암석 블록의 높이와 폭은 각각 h, b이고, 블록 저면과 사면의 마찰각은 ϕ, 그리고 사면의 경사각은 ψ이다.)

[17년 4회(산기)]

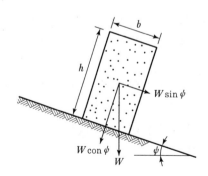

① 안전영역 : $\psi < \phi,\ b/h > \tan\psi$

② 활동영역 : $\psi > \phi,\ b/h > \tan\psi$

③ 토플링영역 : $\psi < \phi,\ b/h < \tan\psi$

④ 활동－토플링영역 : $\psi > \phi,\ b/h < \tan\psi$

08 사면의 경사방향/경사가 125/60, 불연속면의 경사방향/경사가 125/46이고, 점착력이 $3\mathrm{t/m^2}$, 접촉면적이 $12\mathrm{m^2}$, 내부마찰각이 $40°$, 암반의 자중이 $62\mathrm{ton}$일 때 사면의 안전율을 구하시오.   [05년 4회(기사), 15년 1회(기사)]

풀이

$$F = \frac{CA + (W\cos\psi)\cdot\tan\phi}{W\sin\psi} = \frac{3\mathrm{t/m^2}\times 12\mathrm{m^2} + (62\mathrm{t}\times\cos 46°)\cdot\tan 40°}{62\mathrm{t}\times\sin 46°} = 1.62$$

09 암반의 단위중량이 $2.7\mathrm{t/m^3}$, 마찰각이 $35°$, 사면의 경사각과 불연속면의 경사각이 각각 $70°$, $45°$이고, 점착력이 $10\mathrm{t/m^2}$, 사면의 높이가 $15\mathrm{m}$, 인장균열의 깊이가 $5\mathrm{m}$인 암반 사면에서 인장균열층에 수압이 작용할 때의 안전율은 얼마인가?

[07년 4회(기사), 10년 1회(기사), 16년 4회(기사)]

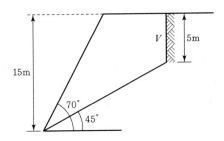

풀이

$$A = \frac{H-Z}{\sin\psi_p}\times B = \frac{15\mathrm{m}-5\mathrm{m}}{\sin 45°}\times 1\mathrm{m} = 14.14\mathrm{m^2}$$

$$V = \frac{1}{2}\times\gamma_w\times Z^2\times B = \frac{1}{2}\times 1\mathrm{t/m^3}\times(5\mathrm{m})^2\times 1\mathrm{m} = 12.5\mathrm{ton}$$

$W = \gamma\times v$에서, 암괴의 체적 v가 주어지지 않은 경우 아래와 같이 구한다.

$$W = \frac{1}{2}\times\gamma_t\times H^2\times\left\{\left[1-\left(\frac{Z}{H}\right)^2\right]\times\cot\psi_p - \cot\psi_f\right\}\times B = 159.44\mathrm{ton}$$

따라서, 안전율 F는 다음과 같다.

$$F = \frac{10\mathrm{t/m^2}\times 14.14\mathrm{m^2} + (159.44\mathrm{t}\times\cos 45° - 12.5\mathrm{t}\times\sin 45°)\times\tan 35°}{159.44\mathrm{t}\times\sin 45° + 12.5\mathrm{t}\times\cos 45°} = 1.76$$

10 다음 그림과 같이 암괴의 중량이 $1,860\text{ton}$, 점착력이 $1.23\text{t}/\text{m}^2$, 사면의 경사각이 $70°$, 절리의 경사각이 $30°$, 내부마찰각이 $25°$인 경우 사면의 안전율을 구하시오.

[09년 1회(기사), 14년 4회(기사), 17년 4회(산기)]

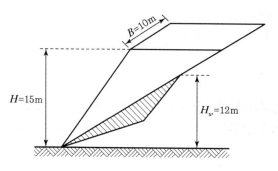

풀이

$$U = \frac{\gamma_w \cdot H_w^2}{4\sin\psi_p} \times B = \frac{1\text{t}/\text{m}^3 \cdot (12\text{m})^2 \cdot 10\text{m}}{4 \cdot \sin30°} = 720\text{ton}$$

$$A = \frac{H \cdot B}{\sin\psi_p} = \frac{15\text{m} \cdot 10\text{m}}{\sin30°} = 300\text{m}^2$$

$$F = \frac{CA + (W\cos\psi_p - U) \cdot \tan\phi}{W\sin\psi_p}$$

$$= \frac{1.23\text{t}/\text{m}^2 \cdot 300\text{m}^2 + (1,860\text{t} \cdot \cos30° - 720\text{t}) \cdot \tan25°}{1,860\text{t} \cdot \sin30°} = 0.84$$

11 다음 그림은 암반 사면에서 단위폭당 171ton의 활동 암괴가 $30°$ 경사진 미끄러짐면 위에 놓여 있음을 의미한다. 물이 미끄러짐면과 인장균열 높이 2m까지 가득 차 있다면, 이 암반 사면의 안전율은 얼마인가?(단, 점착력은 $2.55\text{t}/\text{m}^2$, 단위면적은 10m^2, 내부마찰각 $\phi = 30°$이다.)

[12년 4회(기사), 17년 1회(기사)]

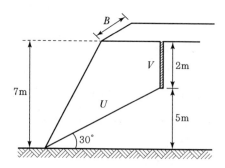

$$V = \frac{1}{2} \times \gamma_w \times Z_w^2 \times B = \frac{1}{2} \times 1\text{t/m}^3 \times (2\text{m})^2 \times 1\text{m} = 2\text{ton}$$

$$U = \frac{\gamma_w \times Z_w \times H_w \times B}{2\sin\psi} = \frac{1\text{t/m}^3 \times 2\text{m} \times 5\text{m} \times 1\text{m}}{2\sin30°} = 10\text{ton}$$

$$F = \frac{CA + (W\cos\psi - U - V\sin\psi) \cdot \tan\phi}{W\sin\psi + V\cos\psi}$$

$$= \frac{2.55\text{t/m}^2 \cdot 10\text{m}^2 + (171\text{t} \cdot \cos30° - 10\text{t} - 2\text{t} \cdot \sin30°) \cdot \tan30°}{171\text{t} \cdot \sin30° + 2\text{t} \cdot \cos30°} = 1.2$$

12 암반 사면의 상부에 178ton의 암괴가 있다. 점착력이 1.5t/m^2이고 사면의 높이가 10m, 사면의 경사각이 70°, 불연속면의 경사각이 30°, 내부마찰각이 30°일 때 물이 5m만큼 차 있는 경우 지진을 고려하였을 때 안전율은?(단, 지진가속도 $a = 0.25g$로 한다.) [14년 1회(기사)]

풀이

$$U = \frac{\gamma_w \cdot H_w^2}{4\sin\psi_p} \times B = \frac{1\text{t/m}^3 \cdot (5\text{m}^2) \cdot 1\text{m}}{4 \cdot \sin30°} = 12.5\text{ton}$$

$$A = \frac{H \cdot B}{\sin\psi_p} = \frac{10\text{m} \cdot 1\text{m}}{\sin30°} = 20\text{m}^2$$

$$F = \frac{CA + (W\cos\psi_p - U - \alpha\,W\sin\psi_p) \cdot \tan\phi}{W\sin\psi_p + \alpha\,W\cos\psi_p}$$

$$= \frac{1.5\text{t/m}^2 \cdot 20\text{m}^2 + (178\text{t} \cdot \cos30° - 12.5\text{t} - 0.25g \cdot 178\text{t} \cdot \sin30°) \cdot \tan30°}{178\text{t} \cdot \sin30° + 0.25g \cdot 178\text{t} \cdot \cos30°} = 0.78$$

13 다음 주어진 조건을 이용하여 지진 진동을 고려한 경우와 고려하지 않은 경우의 각각의 안전율을 구하시오. [06년 4회(기사), 10년 4회(기사)]

> $W = 178\text{ton}, \ C = 1.5\text{t/m}^2, \ H = 10\text{m}, \ H_w = 5\text{m}, \ a = 0.25g, \ \phi = 30°, \ \psi_p = 30°$

① 지진 진동을 고려한 경우
② 지진 진동을 고려하지 않은 경우

풀이

① 지진 진동을 고려한 경우

$$U = \frac{\gamma_w \cdot H_w^2}{4\sin\psi_p} \times B = \frac{1\text{t/m}^3 \cdot (5\text{m}^2) \cdot 1\text{m}}{4 \cdot \sin30°} = 12.5\text{ton}$$

$$A = \frac{H \cdot B}{\sin\psi_p} = \frac{10\text{m} \cdot 1\text{m}}{\sin30°} = 20\text{m}^2$$

$$F = \frac{CA + (W\cos\psi_p - U - \alpha W\sin\psi_p) \cdot \tan\phi}{W\sin\psi_p + \alpha W\cos\psi_p}$$

$$= \frac{1.5\text{t/m}^2 \cdot 20\text{m}^2 + (178\text{t} \cdot \cos30° - 12.5\text{t} - 0.25g \cdot 178\text{t} \cdot \sin30°) \cdot \tan30°}{178\text{t} \cdot \sin30° + 0.25g \cdot 178\text{t} \cdot \cos30°} = 0.78$$

② 지진 진동을 고려하지 않은 경우

$$F = \frac{CA + (W\cos\psi_p - U) \cdot \tan\phi}{W\sin\psi_p}$$

$$= \frac{1.5\text{t/m}^2 \cdot 20\text{m}^2 + (178\text{t} \cdot \cos30° - 12.5\text{t}) \cdot \tan30°}{178\text{t} \cdot \sin30°} = 1.26$$

14 암반 사면에서 점착력이 0이고, 절리의 경사각은 45°, 암괴의 자중이 12ton, 불연속면의 내부마찰각이 30°일 때, 사면에 수직으로 록볼트를 타설한 경우, 안전율이 1 이상이 되는 최소한의 록볼트 축력은 얼마인가? [07년 1회(기사), 12년 1회(기사), 15년 4회(기사)]

풀이

$$F = \frac{CA + (W\cos\psi_p + T\sin\beta) \cdot \tan\phi}{W\sin\psi_p - T\cos\beta}$$

여기서, 점착력 $C = 0$이고 록볼트 타설각도 $\beta = 90°$이므로

$$T = \frac{FW\sin\psi_p}{\tan\phi} - W\cos\psi_p = \frac{1 \times 12\text{t} \times \sin45°}{\tan30°} - 12\text{t} \times \cos45° = 6.21\text{t}$$

15 암반 사면 내 절리면의 경사가 40°, 점착력이 0이고, 암괴의 자중이 10ton, 절리면에 수직으로 록볼트를 타설한 경우 록볼트의 축력은 얼마인가?(단, 안전율은 1이고 절리면의 내부마찰각은 30°이다.) [11년 4회(기사)]

풀이

$$F = \frac{CA + (W\cos\psi_p + T\sin\beta) \cdot \tan\phi}{W\sin\psi_p - T\cos\beta}$$

여기서, 점착력 $C = 0$이고 록볼트 타설각도 $\beta = 90°$이므로

$$T = \frac{FW\sin\psi_p}{\tan\phi} - W\cos\psi_p = \frac{1 \times 10\text{t} \times \sin40°}{\tan30°} - 10\text{t} \times \cos40° = 3.47\text{t}$$

16 사면의 안정성이 의심되어 안전율을 1.5로 확보하기 위하여 록볼트를 설치할 경우 록볼트의 인장력이 최소가 되는 록볼트 설치각도, 즉 절리면과 록볼트 사이의 각도는 얼마인가?(단, 내부마찰각은 35°이다.)

[11년 4회(산기)]

풀이

$$\beta = \tan^{-1}\left(\frac{1}{F} \times \tan\phi\right) = \tan^{-1}\left(\frac{1}{1.5} \times \tan 35°\right) = 25.02°$$

17 다음 그림에서 사면의 정상 시작점으로부터 인장균열이 발생한 지점까지의 수평거리, 즉 B – C 간의 거리를 구하시오.(단, 사면의 높이는 10m, $\theta = 20°$, $\beta = 60°$이다.)

[06년 1회(기사), 09년 4회(기사)]

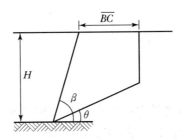

풀이

$B - C$ 간의 거리
$$\overline{BC} = H \times \left(\sqrt{\cot\beta \times \cot\theta} - \cot\beta\right) = 10\text{m} \times \left(\sqrt{\cot 60° \times \cot 20°} - \cot 60°\right) = 6.82\text{m}$$

18 다음 그림에서 사면의 한계 인장균열 깊이를 구하시오.(단, 사면의 높이는 10m, $\theta = 20°$, $\beta = 60°$이다.)

[08년 4회(기사)]

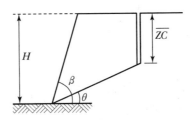

풀이

$Z - C$ 간의 거리
$$\overline{ZC} = H \times \left(1 - \sqrt{\cot\beta \times \tan\theta}\right) = 10\text{m} \times \left(1 - \sqrt{\cot 60° \times \tan 20°}\right) = 5.42\text{m}$$

19 경사 30°인 경사면 위에 밑바닥 면적이 $100m^2$, 두께가 4m, 단위중량이 $25kN/m^3$인 육면체 암석 블록이 있다. 사면과 암석의 내부마찰각이 20°이고 점착력이 0일 때, 사면의 안정성을 위해 수직으로 면적이 $10cm^2$인 록볼트를 100MPa의 인장력으로 타설할 경우 2.0의 안전율을 확보하기 위해서는 몇 개의 록볼트가 필요한가?　　　　　　　　　　　　[12년 1회(산기)]

풀이

암괴의 중량 $W = \gamma \times V = 25kN/m^3 \times 100m^2 \times 4m = 10MN$

$F = \dfrac{CA + (W\cos\psi_p + T\sin\beta) \cdot \tan\phi}{W\sin\psi_p - T\cos\beta}$ 에서 점착력 $C = 0$, $\beta = 90°$이므로,

$T = \dfrac{FW\sin\psi_p}{\tan\phi} - W\cos\psi_p = 18.81MN$

$P = \sigma \times A = 100MPa \times 10cm^2 = 100MN/m^2 \times 10m^2 \times 10^{-4} = 0.1MN$

$N = \dfrac{T}{P} = \dfrac{18.81MN}{0.1MN} = 188.1$

따라서, 록볼트의 개수 N은 188개 또는 189개이다.

20 암반 사면 내 불연속면의 경사가 40°이고, 가로 10m, 세로 10m, 높이 5m인 암석이 존재할 때, Barton의 전단강도 식을 이용하여 사면의 안전율을 구하여라. (단, JRC = 10, JCS = 100MPa, 암석의 단위중량은 $26kN/m^3$, $\phi_r = 30°$이다.)　　　　[11년 1회(기사), 18년 4회(기사)]

풀이

$W = \gamma_t \times V = 26kN/m^3 \times 10m \times 10m \times 5m = 13MN$

$A = 100m^2$

$\sigma_n = \dfrac{W\cos\psi}{A} = \dfrac{13MN \times \cos 40°}{100m^2} = 0.1MPa$

따라서, 안전율은 다음과 같다.

$F = \dfrac{\sigma_n \times \tan\left[JRC \times \log\left(\dfrac{JCS}{\sigma_n}\right) + \phi_r\right]}{\dfrac{W\sin\psi}{A}}$

$\quad = \dfrac{0.1MPa \times \tan\left[10 \times \log\left(\dfrac{100MPa}{0.1MPa}\right) + 30°\right]}{\dfrac{13MN \times \sin 40°}{100m^2}} = 2.07$

21 암반의 단축압축강도 $S_c = 1,000\mathrm{kg/cm^2}$이고 안전율을 5로 할 때, 지하 300m 지점에 단위중량이 $2.6\mathrm{t/m^3}$이고 공동 폭이 15m일 때 늑골형 잔주의 폭은 얼마인가? [07년 4회(기사)]

풀이

$$\text{평균잔주응력 } \sigma_p = \frac{S_c}{F} = \gamma \times Z \times \left(1 + \frac{W_o}{W_p}\right)$$

$$\frac{1,000\mathrm{kg/cm^2}}{5.0} = 2.6\mathrm{t/m^3} \times 300\mathrm{m} \times \left(1 + \frac{15\mathrm{m}}{W_p}\right)$$

$$\frac{10,000\mathrm{t/m^2}}{5.0} = 780\mathrm{t/m^3} \times \left(1 + \frac{15\mathrm{m}}{W_p}\right)$$

따라서, 늑골형 잔주의 폭 $W_p = 9.59\mathrm{m}$

22 아래 그림과 같이 터널 각 지점마다 변위를 측정한 결과 시험구간 A – B 지점 간의 거리는 1m, A – B 지점 간의 변위차는 0.1mm였다. 봉의 지름이 25mm이고, 봉의 영률이 200GPa인 경우, A – B에 가해진 축력은 얼마인가? [09년 1회(기사)]

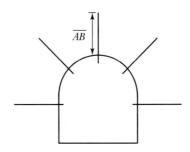

풀이

$$\sigma = \frac{P}{A} = E \times \varepsilon \text{로부터},$$

$$P = A \times E \times \frac{\Delta l}{l} = \frac{\pi \cdot d^2}{4} \times E \times \frac{\Delta l}{l}$$

$$= \frac{\pi \cdot (0.025\mathrm{m})^2}{4} \times (200 \times 10^9 \mathrm{N/m^2}) \times \frac{0.0001\mathrm{m}}{1\mathrm{m}}$$

$$= 9,817.48\mathrm{N} = 9.82\mathrm{kN}$$

PART

04

화약류 안전관리
관계 법규

01 총포 · 도검 · 화약류 등의 안전관리에 관한 법률

총포 · 도검 · 화약류 등의 안전관리에 관한 법률

1 목적(법 1조) 및 정의(법 2조 및 영 2조)

① 이 법은 총포 · 도검 · 화약류 · 분사기 · 전자충격기 · 석궁의 제조 · 판매 · 임대 · 운반 · 소지 · 사용과 그 밖에 안전관리에 관한 사항을 정하여 총포 · 도검 · 화약류 · 분사기 · 전자충격기 · 석궁으로 인한 위험과 재해를 미리 방지함으로써 공공의 안전을 유지하는 데 이바지함을 목적으로 한다.

② 이 법에서 "화약류"란 화약, 폭약 및 화공품(火工品 : 화약 및 폭약을 써서 만든 공작물을 말한다.)을 말한다.

> **Reference**
>
> **보안물건**
> 화약류의 취급상의 위해로부터 보호가 요구되는 장비 · 시설 등을 말하며, 제1종 보안물건, 제2종 보안물건, 제3종 보안물건 및 제4종 보안물건으로 구분한다.
>
> **보안물건 종별 분류**
>
> | 구분 | 분류 |
> |---|---|
> | 제1종 보안물건 | 국보로 지정된 건조물, 시가지의 주택, 학교, 보육기관, 병원, 사찰, 교회 및 경기장 |
> | 제2종 보안물건 | 촌락의 주택 및 공원 |
> | 제3종 보안물건 | 제1종 보안물건 및 제2종 보안물건에 속하지 않는 주택, 철도, 궤도, 선박의 항로 또는 계류소, 석유저장시설, 고압가스제조 · 저장시설(충전소 포함), 발전소, 변전소 및 공장 |
> | 제4종 보안물건 | 도로, 고압전선, 화약류취급소 및 화기취급소 |

2 화약류의 환산기준(영 6조)

① 화약류의 정체 및 저장에 있어서 폭약 1톤에 해당하는 화약 또는 화공품의 수량은 다음 표와 같다.

화약 및 화공품의 종류	폭약 1톤으로 환산하는 수량
화약	2톤
실탄 또는 공포탄	200만 개
신관 또는 화관	5만 개
총용뇌관	250만 개
공업용뇌관 또는 전기뇌관	100만 개
신호뇌관	25만 개
도폭선	50킬로미터
미진동파쇄기	5만 개
그 밖의 화공품	당해 화공품의 원료가 되는 화약 2톤 또는 폭약 1톤

❸ 화약류 등의 사용

1) 화약류의 취급(영 16조)

① 화약류를 사용하고자 하는 사람이 그 화약류를 사용하는 장소에서 화약류(초유폭약을 제외한다)를 취급하는 때에는 다음 각 호에 따라야 한다.

1. 화약·폭약과 화공품은 각각 다른 용기에 넣어 취급할 것
2. 얼어서 굳어진 다이너마이트는 섭씨 50도 이하의 온탕을 바깥통으로 사용한 융해기 또는 섭씨 30도 이하의 온도를 유지하는 실내에서 누그러뜨려야 하며 직접 난로·증기관 그 밖의 높은 열원에 접근시키지 아니하도록 할 것
3. 굳어진 다이너마이트는 손으로 주물러서 부드럽게 할 것
4. 사용하다가 남은 화약류 또는 사용에 적합하지 아니한 화약류는 화약류저장소에 반납할 것
5. 전기뇌관에 대하여는 도통시험 또는 저항시험을 하되, 미리 시험전류를 측정하여 0.01암페어를 초과하지 아니하는 것을 사용하는 등 충분한 위해예방조치를 할 것
6. 낙뢰의 위험이 있는 때에는 전기뇌관 및 전기도화선에 관계되는 작업을 하지 아니할 것
7. 화약류를 사용하는 작업을 끝낸 때에는 부득이한 경우를 제외하고는 사용장소에 화약류를 남겨두지 아니하도록 할 것

2) 화약류취급소(영 17조)

① 화약류의 사용허가를 받은 사람과 화약류를 사용하는 사람은 사용장소 부근에 화약류의 관리 및 발파의 준비(약포에 공업용뇌관 또는 전기뇌관을 끼우거나 끼워진 약포를 취급하는 작업을 제외한다)에 전용되는 건물(이하 "화약류취급소"라 한다)을 설치하여야 한다. 다만, 1일 사용량으로 화약 또는 폭약 25킬로그램 이하, 공업용뇌관 또는 전기뇌관 50개 이하, 도폭선 250미터 이하를 3일이 내에 사용하는 장소로서 경찰서장이 화약류취급소의 설치가 필요하지 아니하다고 인정하는 경우에는 그러하지 아니하다.

② 화약류취급소의 정체량은 1일 사용예정량 이하로 하되, 화약 또는 폭약(초유폭약을 제외한다)에 있어서는 300킬로그램, 공업용뇌관 또는 전기뇌관은 3,000개, 도폭선은 6킬로미터를 초과하여서는 아니 된다.

③ 화약류취급소에는 장부를 비치하고, 화약류의 출납 및 그 사용하고 남은 양을 명확히 기록해야 한다.

❹ 기술상의 기준

1) 화약류 발파의 기술상의 기준(영 18조)

① 화약류(초유폭약을 제외한다)의 발파 또는 연소의 기술상의 기준은 다음 각 호와 같다.

1. 화약류를 갱내 또는 발파장소에 운반하고자 하는 때에는 배낭 그 밖의 이와 비슷한 운반용기를 사용하되, 화약 또는 폭약과 공업용뇌관 및 전기뇌관은 동일인이 동시에 운반하지 아니하

도록 할 것

2. 발파장소에서 휴대할 수 있는 화약류의 수량은 그 발파에 사용하고자 하는 예정량을 초과하지 아니하도록 할 것

3. 화약류관리보안책임자는 발파현장의 작업보조자를 정하고, 화약류의 출납량 및 그 사용하고 남은 양, 천공(구멍 뚫기) 방법 또는 약실에 대한 화약류의 장전 방법 등의 작업지시를 할 것

4. 장전 전에 천공된 구멍 또는 약실의 위치 및 암반 등의 상황을 검사하고 적절한 안전장전 방법에 의하여 장전할 것

5. 한번 발파한 천공된 구멍에 다시 장전하지 아니할 것

6. 화약 또는 폭약을 장전하는 때에는 그 부근에서 담배를 피우거나 화기를 사용하지 아니할 것

7. 발파준비작업이 끝난 후 화약류가 남는 때에는 지체 없이 화약류저장소에 반납할 것

8. 발파하고자 하는 장소에 누전이 되어 있는 때에는 전기발파를 하지 아니할 것

9. 발파를 하고자 하는 때에는 미리 정한 위험구역 안에 감시원을 배치하여 그 구역 안에 관계인 외의 출입을 금지시키고 발파의 경고를 하는 등 위험이 없음을 확인한 후에 점화할 것

10. 점화한 후에는 그 점화한 발파공수와 폭음수의 일치 여부를 확인할 것

11. 발파는 화약류관리보안책임자의 책임하에 할 것

2) 전기발파의 기술상의 기준(영 19조)

전기발파를 하는 때에는 제18조의 기준에 의하는 외에 다음 각 호의 기준에 의한다.

1. 발파모선은 고무 등으로 절연된 전선 30미터 이상의 것을 사용하되, 사용 전에 그 선이 끊어졌는지의 여부를 검사할 것

2. 발파모선의 한쪽 끝은 점화할 때까지 점화기에서 떼어 놓고, 전기뇌관의 각선에 연결하고자 하는 다른 끝의 심선은 서로 사이가 떨어져 합선되지 아니하도록 할 것

3. 발파모선을 부설하는 때에는 전선·충전부 그 밖의 정전기를 일으킬 염려가 많은 것으로부터 거리를 띄워서 부설할 것

4. 다수의 전기뇌관을 일제히 발파하는 때에는 전압·전원·발파모선·전기도화선 및 전기뇌관 등의 모든 저항을 고려한 후 전기뇌관에 필요한 전류를 흐르게 할 것

5. 전기발파기의 손잡이는 점화하는 때를 제외하고는 고정식은 자물쇠로 잠그고, 이탈식은 그 손잡이를 작업자가 직접 지닐 것

6. 전선은 점화하기 전에 화약류를 장전한 장소로부터 30미터 이상 떨어진 안전한 장소에서 도통시험 및 저항시험을 할 것

3) 대발파의 기술상의 기준(영 20조)

300킬로그램 이상의 폭약을 사용하여 발파하는 경우(각 약실의 폭약량의 합계가 300킬로그램 이상으로서 동시 또는 단계적으로 발파하는 경우를 포함한다)에는 제18조 및 제19조의 기준에 의하는 외에 다음 각 호의 기준에 따른다.

1. 위해 예방에 필요한 주의사항을 보기 쉬운 곳에 게시하여 작업자가 이에 따라 작업하도록 할 것
2. 발파의 계획과 작업은 1급화약류관리보안책임자로 하여금 직접 하게 할 것
3. 발파를 하는 장소 및 그 부근의 지형·암층·암질, 사용하고자 하는 폭약의 종류 등을 검토하여 약실의 위치, 폭약의 양, 갱도의 폐쇄, 대피장소 그 밖의 필요한 사항을 미리 정하여 실시할 것
4. 갱도의 굴진(굴 파기)작업을 하는 때에는 그 작업에 필요한 최소량의 화약류만 가지고 들어갈 것
5. 갱 안에서 폭약을 운반하는 때에는 포장지가 파손되어 폭약이 흐트러지는 일이 없도록 할 것
6. 약포는 약실에 밀접하게 장전하고 습기가 차지 아니하도록 할 것

4) 불발된 장약에 대한 조치(영 21조)

① 장전된 화약류를 점화하여도 그 화약류가 폭발되지 아니하거나 폭발여부의 확인이 곤란한 때에는 점화 후 15분 이상(전기발파에 있어서는 발파모선을 점화기로부터 떼어서 다시 점화가 되지 아니하도록 한 후 5분 이상)을 경과한 후가 아니면 화약류를 장전한 곳에 사람의 출입이나 접근을 금지하여야 한다.
② 불발된 장약은 다음 각 호의 방법에 의하여 처리하여야 한다.
1. 불발된 천공된 구멍으로부터 60센티미터 이상(손으로 뚫은 구멍인 경우에는 30센티미터 이상)의 간격을 두고 평행으로 천공하여 다시 발파하고 불발한 화약류를 회수할 것
2. 불발된 천공된 구멍에 고무호스로 물을 주입하고 그 물의 힘으로 메지와 화약류를 흘러나오게 하여 불발된 화약류를 회수할 것
3. 불발된 발파공에 압축공기를 넣어 메지를 뽑아내거나 뇌관에 영향을 미치지 아니하게 하면서 조금씩 장전하고 다시 점화할 것
4. 제1호 내지 제3호의 방법에 의하여 불발된 화약류를 회수할 수 없는 때에는 그 장소에 적당한 표시를 한 후 화약류관리보안책임자의 지시를 받을 것

5 저장소

1) 화약류의 저장(법 24조)

① 화약류는 제25조에 따른 화약류저장소에 저장하여야 하며, 대통령령으로 정하는 저장방법, 저장량, 그 밖에 재해예방에 필요한 기술상의 기준에 따라야 한다. 다만, 대통령령으로 정하는 수량 이하의 화약류의 경우에는 그러하지 아니하다.

2) 화약류저장소의 종류(영 28조)

① 화약류저장소의 종별 구분은 다음과 같이 하되, 제1호·제2호·제4호 내지 제8호의 저장소는 시·도경찰청장의 허가를, 제3호 및 제9호의 저장소는 경찰서장의 허가를 받아 설치한다.

1. 1급저장소
2. 2급저장소
3. 3급저장소
4. 수중저장소
5. 실탄저장소
6. 꽃불류저장소
7. 장난감용 꽃불류저장소
8. 도화선저장소
9. 간이저장소

> **Reference**
>
> 보안거리(D)는 저장화약류의 수량(W)을 통해 다음과 같이 계산할 수 있다.
>
> $$D = K \cdot \sqrt[3]{W}$$
>
> | 구분 | 제1종 보안물건 | 제2종 보안물건 | 제3종 보안물건 | 제4종 보안물건 |
> |---|---|---|---|---|
> | 기본 K | 16 | 14 | 8 | 5 |
> | 흙둑을 쌓은 때 K | 16 | 10 | 5 | 4 |
>
> - 부속시설의 경우 제3종 보안물건에 해당하는 거리의 1/2이고, 경비실은 1/8이다.
> - 저장소 간의 거리는 K에 0.75를, 흙둑 존재 시는 1.5를 적용한다.
> - 다만, 상기 식은 수중저장소에 대하여는 적용할 수 없다.

> **Reference**
>
> **저장소의 지반 두께(L) 계산식**
>
> $$L = 10.7 \cdot \sqrt[3]{W} - 7.4 \qquad W = \left(\frac{L + 7.4}{10.7} \right)^3$$
>
> 여기서, 저장하는 폭약 W의 단위는 ton이다.

6 저장소별 저장량 및 저장과 취급의 방법

1) 저장량(영 45조)

① 저장소에 저장할 수 있는 화약류의 저장량은 별표 12와 같다. 다만, 부득이한 사유가 있는 때에는 허가관청의 허가를 받아 그 저장량을 초과하여 저장할 수 있다.

② 1급저장소 · 2급저장소 · 3급저장소 및 간이저장소에 있어서 2종 이상의 화약류를 동일한 장소에 저장하는 경우의 저장량은 각각 그 화약류의 수량을 별표 12에 의한 당해 화약류의 최대저장량으로 나눈 수의 합계가 1을 초과하지 아니하는 수량으로 한다.

[별표 12] 화약류저장소 및 화약류저장량

저장소의 종류 / 화약류의 종류	1급 저장소	2급 저장소	3급 저장소	수중 저장소	꽃불류 저장소	간이저장소
화약	**80톤**	**20톤**	50kg	400톤		**30kg**
폭약	40톤	**10톤**	25kg	200톤		15kg
공업뇌관 및 전기뇌관	4,000만 개	1,000만 개	1만 개			**5,000개**
신호뇌관	**1,000만 개**		1만 개			5,000개
도폭선	**2,000km**	**500km**	**1,500m**			**1,000m**
총용뇌관	**5,000만 개**		**10만 개**			**30,000개**
실탄 및 공포탄	**8,000만 개**	2,000만 개	**6만 개**			30,000개
신관 및 화관	**200만 개**		3만 개			10,000개
미진동파쇄기	**400만 개**	**100만 개**	**1만 개**		**25만 개**	**300개**
신호염관 · 신호화전 및 꽃불류와 이의 원료용화약 및 폭약	80톤		100kg		**5톤**	50kg
장난감용 꽃불류						
도화선 및 전기도화선	무제한	무제한	무제한		**무제한**	10,000m
타정총용 공포탄	**8,000만 개**	2,000만 개	30,000개			30,000개

7 화약류의 운반

1) 화약류의 운반(법 26조)

① 화약류를 운반하려는 사람은 행정안전부령으로 정하는 바에 따라 발송지를 관할하는 경찰서장에게 신고하여야 한다. 다만, 대통령령으로 정하는 수량 이하의 화약류를 운반하는 경우에는 그러하지 아니하다.

② 제1항에 따른 운반신고를 받은 경찰서장은 행정안전부령으로 정하는 바에 따라 화약류운반신고증명서를 발급하여야 한다.

③ 화약류를 운반하는 사람은 제2항에 따라 발급받은 화약류운반신고증명서를 지니고 있어야 한다.

④ 화약류를 운반할 때에는 그 적재방법, 운반방법, 운반경로, 운반표지 등에 관하여 대통령령으로 정하는 기술상의 기준과 제2항에 따른 화약류운반신고증명서에 적힌 지시에 따라야 한다. 다만, 철도 · 선박 · 항공기로 운반하는 경우에는 그러하지 아니하다.

2) 운반신고를 하지 아니하고 운반할 수 있는 수량(영 48조)

운반신고를 하지 아니하고 운반할 수 있는 화약류의 종류 및 수량은 별표 13과 같다.

[별표 13] 운반신고를 하지 아니하고 운반할 수 있는 화약류의 종류 및 수량

화약류 구분			수량
화공품	총용뇌관		10만 개
	포경용뇌관 · 포경용화관		3만 개
	실탄	1개당 장약량 0.5그램 이하	10만 개
	공포탄	1개당 장약량 0.5그램 이상	5만 개
	도폭선		1,500미터
	폭발천공기		600개
	미진동파쇄기		5,000개
	꽃불류	장난감용 꽃불류	500kg
		기타의 꽃불류	150kg
	상기 이외의 화공품		25kg
비고	이 표에서 정한 다른 종류의 화약류를 동시에 운반할 경우의 수량은 각 구분마다 화약류의 운반하려는 수량을 각각 당해 구분에 정한 수량으로 나눈 수를 합한 수가 1이 되는 수량으로 한다.		

3) 운반표지(영 51조)

① 화약류를 운반하는 차량은 화약류의 운반 중임을 나타내기 위하여 다음의 표지를 하여야 한다.

1. 주간에는 가로 · 세로 각 35센티미터 이상의 붉은색 바탕에 "화"라고 희게 쓴 표지를 차량의 앞뒤와 양옆의 보기 쉬운 곳에 붙일 것. 다만, 부득이한 경우에는 허가관청의 승인을 얻어 위장표지를 할 수 있다.

2. 야간에는 제1호의 규정에 의한 표지를 붙이되 그 표지를 반사체로 하고, 150미터 이상의 거리에서 명확히 확인할 수 있는 광도의 붉은 색등을 차량의 앞뒤의 보기 쉬운 곳에 달 것

② 다음 각 호의 1에 해당하는 수량의 화약류를 운반하는 때에는 제1항 또는 제2항의 규정에 의한 표지를 하지 아니할 수 있다.

1. 10킬로그램 이하의 화약
2. 5킬로그램 이하의 폭약
3. 100개 이하의 공업용뇌관 또는 전기뇌관
4. 1만 개 이하의 총용뇌관
5. 1천 개 이하의 실탄 · 공포탄 또는 미진동파쇄기
6. 100미터 이하의 도폭선

8 안정도 시험

1) 화약류의 안정도 시험(법 32조)

① 화약류를 제조하거나 수입한 자 또는 제조·수입 후 대통령령으로 정하는 기간이 지난 화약류를 소유하고 있는 자는 대통령령으로 정하는 바에 따라 그 안정도를 시험하여야 한다.

② 제1항에 따라 안정도를 시험한 자는 그 시험 결과를 시·도경찰청장에게 보고하여야 한다.

③ 경찰청장 또는 시·도경찰청장은 재해 예방을 위하여 필요하다고 인정되는 경우에는 화약류의 소유자에 대하여 제1항에 따른 안정도 시험을 실시하도록 명할 수 있다.

2) 안정도 시험(영 59조)

① 화약류의 제조자 또는 소유자가 안정도를 시험하여야 하는 화약류는 다음 각 호와 같다.

1. 질산에스텔 및 그 성분이 들어 있는 화약 또는 폭약으로서 제조일로부터 1년이 지난 것과 제조일이 분명하지 아니한 것

2. 질산에스텔의 성분이 들어 있지 아니한 폭약으로서 제조일로부터 3년이 된 것과 제조일이 분명하지 아니한 것

3. 화공품으로서 제조일부터 3년이 지난 것과 제조일이 분명하지 아니한 것

② 화약류를 수입한 자는 수입한 날부터 30일 이내에 다음 각 호의 구분에 따라 그 화약류에 대하여 안정도 시험을 실시하여야 한다.

1. 질산에스텔 및 그 성분이 들어 있는 화약 또는 폭약은 유리산시험 또는 내열시험

2. 질산에스텔의 성분이 들어 있지 아니한 폭약은 유리산시험 또는 가열시험

③ 안정도 시험은 다음 각 호의 방법에 의하여 추출한 표본의 화약류에 대하여 이를 실시하여야 한다.

1. 제조소·제조일 및 종류가 동일한 화약 또는 폭약으로서 제조일로부터 2년이 지나지 아니한 것은 25상자마다 1상자 이상의 상자에서 뽑아낼 것

2. 제조소·제조일 및 종류가 동일한 화약 또는 폭약으로서 제조일로부터 2년이 지난 것은 10상자마다 1상자 이상의 상자에서 뽑아낼 것

3. 제1호 및 제2호에 규정한 것 외의 화약 및 폭약은 상자마다 뽑아낼 것

3) 유리산시험(영 60조)

① 제59조의 규정에 의한 유리산시험은 다음 각 호의 방법에 의한다.

1. 시험하고자 하는 화약류의 포장지를 제거하고 유리산시험기에 그 용적의 5분의 3이 되도록 시료를 넣은 후 청색리트머스시험지를 시료 위에 매달고 마개를 봉할 것

2. 시료를 밀봉한 후 청색리트머스시험지가 전면 적색으로 변하는 시간을 유리산시험시간으로 하여 이를 측정할 것

② 제1항제2호의 규정에 의한 측정결과 다음 각 호에 해당하는 화약류는 이를 안정성이 있는 것으로 한다.

1. 질산에스텔 및 그 성분이 들어 있는 화약에 있어서는 유리산시험시간이 6시간 이상인 것
2. 폭약에 있어서는 유리산시험시간이 4시간 이상인 것

4) 내열시험(영 61조)

① 제59조에 따른 내열시험은 다음 각 호의 방법으로 한다.

1. 시험관에 넣는 시료는 다음의 것으로 할 것
   가. 규조토질 다이너마이트에 있어서는 니트로글리세린 또는 니트로글리콜 3그램 내지 3.5그램
   나. 아교질 다이너마이트에 있어서는 3.5그램(유리판 위에서 쌀알 정도의 크기로 세분하여 막자사발에 넣고 정제활석분 7그램을 가하여 나무로 된 막자공이로 서서히 가볍게 혼합할 것)
   다. 가목 및 나목외의 다이너마이트에 있어서는 건조한 것은 그 상태로 3.5그램, 습기가 흡수되어 있는 것은 섭씨 45도로 약 5시간 건조한 것
   라. 질산에스텔의 성분이 들어 있는 화약으로서 쌀알정도의 크기로 되어 있는 것은 그 상태로 시험관 높이의 3분의 1에 해당하는 양
   마. 만약 그 밖의 폭약에 있어서는 건조한 것은 그 상태로, 습기가 흡수되어 있는 것은 평상온도에서 진공건조기에 의하여 충분히 건조하여 시험관 높이의 3분의 1에 해당하는 양
2. 시험관에 시료를 넣고 증류수와 글리세린의 등분혼합액을 유리봉으로 아이오딘화칼륨녹말종이의 윗부분에 적신 후 그 젖은 부분을 유리봉에 달린 고리에 매달아 아이오딘화칼륨녹말종이의 아래 끝이 시료의 약간 위에 닿도록 시험관에 넣고 나무 또는 고무 등의 마개로 시험관의 입구를 봉할 것
3. 탕전기의 온도를 섭씨 65도로 유지하고, 시험관을 온도계와 동일한 깊이로 꽂아 넣은 후 아이오딘화칼륨전분지의 건습 경계부가 표준색지와 같은 농도의 색으로 변할 때까지의 시간을 내열시험시간으로 하여 이를 측정할 것
② 제1항제3호의 규정에 의한 측정결과 내열시험시간이 8분 이상인 것은 이를 안정성이 있는 것으로 한다.

5) 가열시험(영 62조)

① 제59조의 규정에 의한 가열시험은 다음 각 호의 방법에 의한다.
1. 습기가 흡수되어 있는 시료는 평상온도에서 진공건조기 등에 의하여 건조할 것
2. 청량병에 건조한 시료 약 10그램을 넣고 이를 섭씨 75도의 시험기 안에 48시간 넣어두고 줄어드는 양을 측정할 것
② 제1항제2호의 규정에 의한 측정결과 줄어드는 양이 100분의 1 이하인 것은 이를 안정성이 있는 것으로 한다.

6) 안정도 시험의 보고(영 64조)

안정도 시험 결과를 보고할 때에는 다음 각 호의 사항을 포함하여야 한다.

1. 시험을 실시한 화약류의 종류·수량 및 제조일
2. 시험실시연월일
3. 시험방법 및 시험성적
4. 수입허가 번호(수입한 화약류의 경우만 해당한다)

01 총포 · 도검 · 화약류 등의 안전관리에 관한 법률에서 정하는 제3종, 제4종 보안물건을 각 2가지씩 적으시오.　　　　　　　　　　　　　　　　　　　　　[11년 1회(산기)]

풀이

① 제3종 보안물건 : 제1종 보안물건 및 제2종 보안물건에 속하지 않는 주택, 철도, 궤도, 선박의 항로 또는 계류소, 석유저장시설, 고압가스제조 · 저장시설(충전소 포함), 발전소, 변전소 및 공장
② 제4종 보안물건 : 도로, 고압전선, 화약류취급소 및 화기취급소

02 총포 · 도검 · 화약류 등의 안전관리에 관한 법률에서 정하는 제1종, 제3종 보안물건을 각 2가지씩 적으시오.　　　　　　　　　　　　　　　　　　　　　[21년 1회(기사)]

풀이

① 제1종 보안물건 : 국보로 지정된 건조물, 시가지의 주택, 학교, 보육기관, 병원, 사찰, 교회 및 경기장
② 제3종 보안물건 : 제1종 보안물건 및 제2종 보안물건에 속하지 않는 주택, 철도, 궤도, 선박의 항로 또는 계류소, 석유저장시설, 고압가스제조 · 저장시설(충전소 포함), 발전소, 변전소 및 공장

03 폭약 1톤에 해당하는 환산수량을 적으시오.　　　　　　　　　　　　[18년 4회(산기)]
① 실탄 또는 공포탄
② 도폭선
③ 신호뇌관
④ 미진동파쇄기

풀이

① 200만 개
② 50km
③ 25만 개
④ 5만 개

04 화약류취급소의 정체량을 각각 적으시오. (단, 1일 사용예정량 이하) [16년 1회(산기), 20년 2회(산기)]

화약	전기뇌관	도폭선
①	②	③

풀이

① 300kg ② 3,000개 ③ 6km

05 발파 후 처리 방법에 대한 내용 중 빈칸을 채우시오. [15년 4회(산기)]

> 장전된 화약류를 점화하여도 그 화약류가 폭발되지 아니하거나 폭발여부의 확인이 곤란한 때에는 점화 후 (　) 이상(전기발파에 있어서는 발파모선을 점화기로부터 떼어서 다시 점화가 되지 아니하도록 한 후 (　) 이상)을 경과한 후가 아니면 화약류를 장전한 곳에 사람의 출입이나 접근을 금지하여야 한다.

풀이

① 15분 ② 5분

06 안전거리와 보안거리는 개념이 다르다. 각각을 설명하시오. [06년 1회(산기), 09년 4회(산기)]

풀이

① 안전거리 : 발파 시 발생할 수 있는 비석, 폭발사고 등에 의한 발파작업과 장비 및 기타 인원 등의 피해가 발생하지 않기 위한 최소한의 이격거리

② 보안거리 : 법으로 규정된 화약류저장소의 저장량에 따라 그 저장소의 외벽으로부터 보안물건에 이르기까지의 이격거리

07 화약류저장소와 200m 이격된 거리에 제2종 보안물건이 있는 경우 저장할 수 있는 최대저장량은 얼마인가? [08년 4회(산기)]

풀이

$$D = K \times \sqrt[3]{W} \text{에서, } W = \left(\frac{D}{K}\right)^3 = \left(\frac{200\text{m}}{14}\right)^3 = 2,915.45\text{kg}$$

구분	제1종 보안물건	제2종 보안물건	제3종 보안물건	제4종 보안물건
기본 K	16	14	8	5
흙둑을 쌓은 때 K	16	10	5	4

08 다음 빈칸에 알맞은 화약류저장소의 최대저장량을 쓰시오. [06년 4회(기사)]

저장소 종류 / 화약류 종류	1급 저장소	2급 저장소	3급 저장소
폭약	40톤	10톤	①
실탄 및 공포탄	8,000만 개	②	6만 개
미진동파쇄기	③	100만 개	④

풀이

① 25kg   ② 2,000만 개
③ 400만 개   ④ 1만 개

09 다음 빈칸에 알맞은 화약류저장소의 최대저장량을 쓰시오. [09년 1회(기사)]

저장소 종류 / 화약류 종류	1급 저장소	3급 저장소	간이 저장소
도폭선	2,000km	1,500m	②
총용뇌관	5,000만 개	①	3만 개
미진동파쇄기	400만 개	③	④

풀이

① 10만 개   ② 1,000m
③ 1만 개   ④ 300개

10 다음 빈칸에 알맞은 화약류저장소의 최대저장량을 쓰시오. [11년 4회(기사), 14년 1회(기사)]

저장소 종류 / 화약류 종류	1급 저장소	3급 저장소	간이 저장소
폭약	40톤	25kg	⑤
실탄 및 공포탄	8,000만 개	6만 개	3만 개
미진동파쇄기	①	1만 개	⑥
신호뇌관	②	③	5,000개
총용뇌관	5,000만 개	④	3만 개

풀이

① 400만 개   ② 1,000만 개   ③ 1만 개
④ 10만 개   ⑤ 15kg   ⑥ 300개

11 다음 빈칸에 알맞은 화약류저장소의 최대저장량을 쓰시오. [13년 1회(산기), 19년 1회(산기)]

화약류 종류 \ 저장소 종류	1급 저장소
공업뇌관 및 전기뇌관	①
도폭선	②
신관 및 화관	③
미진동파쇄기	④
총용뇌관	⑤

풀이

① 4,000만 개   ② 2,000km   ③ 200만 개

④ 400만 개   ⑤ 5,000만 개

12 다음 빈칸에 알맞은 화약류저장소의 최대저장량을 쓰시오. [21년 1회(기사)]

화약류 종류 \ 저장소 종류	2급 저장소	3급 저장소	간이 저장소
도폭선	500km	1,500m	①
실탄 및 공포탄	②	6만 개	③
미진동파쇄기	100만 개	④	300개

풀이

① 1,000m   ② 2,000만 개

③ 3만 개   ④ 1만 개

13 운반 신고를 하지 않고 운반할 수 있는 화약류의 수량을 쓰시오. [19년 4회(기사)]

총용뇌관	도폭선	미진동파쇄기	폭발천공기	장난감용 꽃불류
①	②	③	④	⑤

풀이

① 10만 개   ② 1,500m   ③ 5,000개

④ 600개   ⑤ 500kg

14 운반신고를 하지 않고 화약류를 운반할 경우 미진동파쇄기 2,500개, 총용뇌관 2만 개를 운반한다면 동일 차량에 함께 운반할 수 있는 도폭선의 운반수량은 얼마인가?

[14년 1회(기사), 20년 4회(기사), 21년 1회(산기)]

> **풀이**
>
> 다른 종류의 화약류를 동시에 운반할 경우의 수량은 각 화약류의 운반하려는 수량을 최대수량으로 나눈 수를 합한 수가 1이 되는 수량으로 한다.
>
> $$1 = \frac{2,500개}{5,000개} + \frac{20,000개}{100,000개} + \frac{x}{1,500\text{m}} = \frac{1}{2} + \frac{1}{5} + \frac{x}{1,500\text{m}} = \frac{7}{10} + \frac{x}{1,500\text{m}}$$
>
> 즉, $\frac{x}{1,500\text{m}}$ 가 $\frac{3}{10}$ 이 되어야 하므로, $x = 450\text{m}$

15 운반신고를 하지 않고 화약류를 운반할 경우 총용뇌관 4만개, 도폭선 750m를 운반한다면 동일 차량에 함께 운반할 수 있는 미진동파쇄기의 운반수량은 얼마인가?

[10년 1회(산기), 17년 4회(산기)]

> **풀이**
>
> 다른 종류의 화약류를 동시에 운반할 경우의 수량은 각 화약류의 운반하려는 수량을 최대수량으로 나눈 수를 합한 수가 1이 되는 수량으로 한다.
>
> $$1 = \frac{40,000개}{100,000개} + \frac{750\text{m}}{1,500\text{m}} + \frac{x}{5,000개} = \frac{2}{5} + \frac{1}{2} + \frac{x}{5,000개} = \frac{9}{10} + \frac{x}{5,000개}$$
>
> 즉, $\frac{x}{5,000개}$ 가 $\frac{1}{10}$ 이 되어야 하므로, $x = 500개$

16 운반표지 없이 운반 가능한 화약량을 적으시오.

[12년 4회(기사), 14년 4회(기사)]

화약	폭약	전기뇌관	실탄, 공포탄	도폭선	미진동파쇄기	총용뇌관
①	5kg	100개	②	③	④	1만 개

> **풀이**
>
> ① 10kg
>
> ② 1천 개
>
> ③ 100m
>
> ④ 1천 개

17 운반표지 없이 운반 가능한 화약류의 수량을 쓰시오. [15년 1회(기사), 20년 1회(기사)]

① 폭약
② 뇌관
③ 미진동파쇄기
④ 총용뇌관

풀이

① 5kg
② 100개
③ 1천 개
④ 1만 개

18 운반표지 없이 운반 가능한 화약량을 적으시오. [17년 4회(산기)]

① 화약
② 폭약
③ 전기뇌관
④ 총용뇌관
⑤ 미진동파쇄기
⑥ 도폭선

풀이

① 10kg	② 5kg	③ 100개
④ 1만 개	⑤ 1천 개	⑥ 100m

19 화약류는 자연분해에 저항하는 성질이 있으며, 이 성질을 화약류의 안정도라고 한다. 총포 · 도검 · 화약류 등의 안전관리에 관한 법률에서 정하고 있는 화약류의 안정도 시험 종류 3가지를 적으시오. [20년 1회(기사)]

풀이

① 유리산시험
② 가열시험
③ 내열시험

20 다음 괄호 안에 알맞은 내용을 적으시오.　　　　　　　　　　　[20년 4회(기사)]

> 안정도시험은 다음의 방법에 의해 추출한 표본의 화약류에 대하여 실시한다.
> 1) 제조소 · 제조일 및 종류가 동일한 화약 또는 폭약으로서 제조일로부터 (①)년이 지나지 아니한 것은 (②)상자마다 1상자 이상의 상자에서 뽑아낼 것
> 2) 제조소 · 제조일 및 종류가 동일한 화약 또는 폭약으로서 제조일로부터 (③)년이 지난 것은 (④)상자마다 1상자 이상의 상자에서 뽑아낼 것

풀이

① 2　　　　　② 25　　　　　③ 2　　　　　④ 10

21 유리산시험에 대하여 설명하고, 빈칸에 알맞은 것을 적으시오.　　　[21년 1회(기사)]

1) 시험방법
2) 합격기준 : 질산에스텔 및 그 성분이 들어 있는 화약에 있어서는 유리산 시험시간이 (①) 이상인 것, 폭약에 있어서는 유리산 시험시간이 (②) 이상인 것

풀이

1) 시험하고자 하는 화약류의 포장지를 제거하고 유리산 시험기에 그 용적의 5분의 3이 되도록 시료를 넣은 후, 청색리트머스시험지를 시료 위에 매달고 마개를 봉한 후, 청색리트머스시험지가 전면 적색으로 변하는 시간을 유리산 시험시간으로 하여 이를 측정할 것
2) ① 6시간　② 4시간

22 유리산시험, 내열시험 및 가열시험의 안정성 판단 기준을 적으시오.　　[20년 2회(기사)]

1) 유리산시험
　　① 질산에스테르 및 그 성분이 있는 화약
　　② 폭약
2) 내열시험
3) 가열시험

풀이

1) 유리산시험
　　① 질산에스테르 및 그 성분이 있는 화약 : 6시간 이상
　　② 폭약 : 4시간 이상
2) 내열시험 : 8분 이상
3) 가열시험 : 1/100 (0.01) 이하

23 내열시험에서 화약 종류에 따라 시료를 만드는 방법 3가지를 쓰시오.

[18년 1회(기사), 20년 2회(기사)]

풀이

① 젤라틴 다이너마이트는 3.5g을 유리판 위에서 쌀알 크기로 잘라, 자기 막자사발에서 정제 활석가루 7g과 혼합하여 시료로 한다.

② 무연화약의 경우 알갱이 모양 그대로, 그 밖의 것은 잘게 끊어서 시료로 하되, 시험관 높이의 1/3까지 채운다.

③ 그 밖의 화약으로서 건조한 것은 그대로, 흡습한 것은 60℃에서 약 5시간 건조한 것을 시료로 하되, 시험관 높이의 1/3까지 채운다.

24 화약류 제조·수입 후 대통령령이 정하는 기간이 지난 화약류를 소지한 사람은 대통령령에 의해 그 안정도 시험을 실시해야 하는데 안정도 시험의 결과보고에 포함되어야 할 것 3가지는 무엇인가?(단, 법률에 포함된 내용으로 적을 것)

[06년 4회(산기), 15년 1회(산기)]

풀이

① 시험을 실시한 화약류 종류·수량 및 제조일

② 시험실시연월일

③ 시험방법 및 시험성적

Explosives Handling

05

굴착공학

CHAPTER 01 흙의 기본

1 흙의 정의

흙은 흙 입자들 사이의 빈 공간을 메우는 물, 공기, 부식된 유기체 등의 고결되지 않은 집합체를 의미하며, 흙과 암석은 일반적으로 발파의 유무에 따라서 발파 없이 절취가 가능한 것을 흙으로 보고, 발파를 행해야 하는 경우는 암석으로 구분 짓기도 한다. 흙은 크고 작은 토립자에 물과 공기가 소량 혼합된 매체로서 암석의 풍화로 인해 형성되는 것이 대부분이며, 일부는 식물 등의 부패로 생성되기도 한다.

2 흙의 물리적 성질

1) 공극(간극)

입자 내의 공기나 물로 채워진 틈새를 공극(간극)이라고 한다.

① 공극률 : 입자 전체의 부피에 대한 공극 부피의 비율을 백분율로 표시

$$n = \frac{V_v}{V} \times 100$$

② 공극비 : 입자 전체 부피 중 흙의 부피에 대한 공극의 부피의 비로 표시

$$e = \frac{V_v}{V_s}$$

> **Reference**
>
> **공극률과 공극비**
> 일반적으로 다음과 같은 식이 성립한다.
>
> $$e = \frac{n}{1-n}, \quad n = \frac{e}{1+e} \times 100$$
>
> **공극률과 밀도와의 관계**
>
> $$n = \left(1 - \frac{겉보기 밀도}{진밀도}\right) \times 100$$

2) 비중(Specific Gravity)

흙의 단위중량과 물의 단위중량의 비로서 기호는 G_s로 표시한다.

① 함수비(흡수율) : 흙의 공극 속에 들어 있는 물의 양을 흙의 건조질량에 대한 백분율로 표시

$$w = \frac{M_w}{M_s} \times 100 = \frac{n}{(1-n)\,G_s}$$

② 포화도 : 공극의 부피에 대한 공극 속에 포함된 물의 부피의 비율을 백분율로 표시

$$S = \frac{V_w}{V_v} \times 100$$

+ Reference

암석의 비중, 공극비, 포화도, 함수비 사이에는 다음과 같은 식이 성립한다.
$$S \times e = G_s \times w$$

③ 전체(습윤)단위중량 : 자연 상태에 있는 흙의 중량을 이에 대응하는 부피로 나눈 값

$$\gamma_t = \frac{G_s + Se}{1+e}\gamma_w = \frac{1+w}{1+e}G_s \cdot \gamma_w$$

④ 건조단위중량 : 흙을 건조시켰을 때의 단위중량

$$\gamma_d = \frac{G_s}{1+e}\gamma_w = \frac{\gamma_t}{1+w}$$

+ Reference

건조단위중량과 공극비 사이에는 다음과 같은 식이 성립한다.
$$e = \frac{G_s \times \gamma_w}{\gamma_d} - 1$$

⑤ 포화단위중량 : 흙이 수중에 있어 완전히 포화되었을 때의 단위중량

$$\gamma_{sat} = \frac{G_s + e}{1+e}\gamma_w$$

⑥ 수중단위중량 : 흙이 지하수면 아래에서는 부력을 받으며, 포화단위중량에서 부력을 뺀 값

$$\gamma_s = \gamma_{sat} - \gamma_w = \frac{G_s - 1}{1+e}\gamma_w$$

+ Reference

상대밀도 D_r

$$D_r = \frac{e_{\max} - e}{e_{\max} - e_{\min}} \times 100\%$$

여기서, $e_{\max}$: 최대간극비, $e_{\min}$: 최소간극비

❸ 흙의 응력 분포

1) 전응력

간극수가 어떠한 외력에 의하여 받는 압력을 의미하며 다음과 같이 표현된다.

$$\sigma = (\gamma_w \times H) + (\gamma_{sat} \times H_n)$$

여기서, σ : 임의의 지점에서의 전응력
γ_w : 물의 단위중량
γ_{sat} : 흙의 포화단위중량
H : 지표면에서 물의 깊이
H_n : 물의 깊이에서 임의의 지점까지의 깊이

2) 간극수압

물로 전달되는 압력을 의미하며 다음과 같이 표현된다.

$$u = (\gamma_w \times H) + (\gamma_w \times H_n)$$

3) 유효응력

토립자의 접촉면을 통해 전달되는 압력을 가리키며, 전응력에서 간극수압을 제외한 것이다. 일반적으로 유효응력이 클수록 흙은 촘촘한 상태를 유지하며, 흙의 체적변화와 강도를 제어한다. 포화토에서의 유효응력은 침투의 유무나 방향에 따라 다르게 나타나며, 유효응력은 물의 깊이 H와는 무관하고 흙의 깊이와 관련이 깊다.

$$\sigma' = \sigma - u = [(\gamma_w \times H) + (\gamma_{sat} \times H_n)] - [(\gamma_w \times H) + (\gamma_w \times H_n)]$$

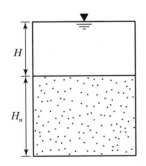

① 지하수위 아래 일정 깊이(H)까지는 물로 존재하고, 임의의 지점(H_n)은 포화토로 차 있는 경우

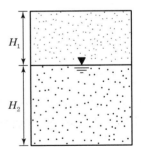

② 지표에서 지하수위 사이에 건조모래로 차 있고, 지하수위 아래는 포화토로 차 있는 경우

④ 토압의 기본

1) 정지토압(P_o)

흙막이 구조물에 항복을 일으키지 않고 수평방향의 변위가 발생하지 않는 상태의 토압(구조물이 뒷채움 토사에 대하여 완전 정지상태에 있을 때)을 의미하나, 실제로는 어느 정도의 변위가 불가피하므로 구조물 주변의 지반은 주동상태 혹은 수동상태를 받는다.

2) 주동토압(P_a)

구조물이 원래의 위치에서 멀어지는 상태의 변위(벽체 바깥쪽, 구조물이 뒷채움 토사의 반대방향으로 움직일 때)가 발생하는 것을 의미한다. 지표면은 침하가 발생하고 변위가 생기면서 토압이 감소하고, 구조물 벽의 변위가 매우 클 경우 지반 내에서는 전단파괴가 일어나 쐐기 형태의 하향거동이 발생하게 되며, 이러한 파괴상태에서의 최소토압을 주동토압이라고 한다.

3) 수동토압(P_p)

구조물 벽의 변위가 지반 쪽으로(벽체 안쪽, 구조물이 뒷채움 토사의 방향으로 움직일 때) 발생하면 지표면은 상승하고 수평토압은 증가하게 되는데 변위가 계속되면 배면지반은 압축파괴에 이르게 되며 역시 쐐기 형태의 압축거동이 발생하게 되고, 이러한 파괴상태에서의 최대토압을 수동토압이라고 한다.

4) 정지토압계수(K_o)

구조물의 벽이 정지상태일 경우 그 내부의 흙은 탄성평형상태에 있게 되는데 이때의 수평응력과 수직응력의 비를 정지토압계수라고 하며, 다음과 같이 표현한다.

$$K_o = \frac{\sigma_h}{\sigma_\nu}, \ \sigma_\nu = \gamma \times z, \ \sigma_h = K_o \times \sigma_\nu$$

Reference
- 정지상태 사질토층에서의 정지토압계수(K_o) : $1 - \sin\phi$
- 정지상태 압밀층에서의 정지토압계수(K_o) : $0.95 - \sin\phi$

5 Rankine의 주동 및 수동토압

① 주동토압
$$P_a = \frac{1}{2} \times K_a \times \gamma \times H^2$$

② 주동토압계수
$$K_a = \frac{1-\sin\phi}{1+\sin\phi} = \tan^2\left(45° - \frac{\phi}{2}\right)$$

③ 전주동토압
$$P_a = \frac{1}{2} \times K_a \times \gamma \times H^2 - 2 \times C \times H \times \sqrt{K_a}$$

④ 수동토압
$$P_p = \frac{1}{2} \times K_p \times \gamma \times H^2$$

⑤ 수동토압계수
$$K_p = \frac{1+\sin\phi}{1-\sin\phi} = \tan^2\left(45° + \frac{\phi}{2}\right)$$

⑥ 전수동토압
$$P_p = \frac{1}{2} \times K_p \times \gamma \times H^2 - 2 \times C \times H \times \sqrt{K_p}$$

Reference

Z 깊이의 토류 구조물에 작용하는 수평응력 계산식(벽의 구속효과를 고려한 수정식)

$$\sigma_h = \frac{0.28q}{H^2} \times \frac{b^2}{(0.16+b^2)^3} \ (a \le 0.4일 \text{ 때})$$

$$\sigma_h = \frac{1.77q}{H^2} \times \frac{a^2 \times b^2}{(a^2+b^2)^3} \ (a > 0.4일 \text{ 때})$$

$$a = \frac{L}{H}, \ b = \frac{Z}{H}$$

여기서, H : 옹벽의 높이(m) L : 집중하중 작용지점과 옹벽 간 거리(m)
Z : 깊이(m) Q : 집중하중(ton)

기출 및 실전문제

01 어떤 암석 시험편의 부피가 200cm^3, 건조질량은 500g, 포화질량은 508g인 경우 공극률과 입자밀도, 함수비를 구하여라.(단, 물의 밀도는 1g/cm^3으로 한다.)

[12년 4회(산기), 16년 1회(산기), 19년 1회(산기)]

풀이

① 공극률 $n = \dfrac{V_v}{V} \times 100\% = \dfrac{\dfrac{(M_s - M_d)}{\rho_w}}{V} \times 100\% = \dfrac{\dfrac{(508\text{g} - 500\text{g})}{1\text{g/cm}^3}}{200\text{cm}^3} \times 100\% = 4\%$

② 입자밀도 $\rho_g = \dfrac{M_d}{V_g} = \dfrac{500\text{g}}{(200-8)\text{g/cm}^3} = 2.6\text{g/cm}^3$

③ 함수비 $W = \dfrac{M_s - M_d}{M_d} \times 100\% = \dfrac{8\text{g}}{500\text{g}} \times 100\% = 1.6\%$

02 최대간극비 $e_{\max} = 0.8$, 최소간극비 $e_{\min} = 0.4$이고, 입자의 비중 $G = 2.60$, 자연 상태의 함수비 8%인 사질토가 있다. 흙의 전체 단위중량이 1.8t/m일 때 포화도, 건조밀도, 상대밀도를 구하여라.

[12년 4회(기사), 17년 1회(기사)]

풀이

① 건조밀도

$\gamma_d = \dfrac{\gamma_t}{1+w} = \dfrac{1.8\text{t/m}^3}{1+0.08} = 1.67\text{t/m}^3$

② 상대밀도

$D_r = \dfrac{e_{\max} - e}{e_{\max} - e_{\min}} \times 100\%$

$e = \dfrac{G \times \gamma_w}{\gamma_d} - 1 = \dfrac{2.60 \times 1.0\text{t/m}^3}{1.67\text{t/m}^3} - 1 = 0.56$

$D_r = \dfrac{0.8 - 0.56}{0.8 - 0.4} \times 100\% = 60\%$

③ 포화도

$s(\%) = \dfrac{G \times w}{e} = \dfrac{2.60 \times 0.08}{0.56} = 37.14\%$

03 어떤 셰일이 녹니석 30%, 황철석 70%로 구성되어 있으며, 공극률은 36%이다. 이 셰일의 겉보기 밀도를 구하시오.(단, 녹니석의 입자 밀도는 2.8g/cm³이고 황철석의 입자 밀도는 5.05g/cm³이다.)
right[13년 1회(기사), 19년 1회(기사)]

풀이

셰일의 밀도 $\rho_s = (0.3 \times 2.8\text{g/cm}^3) + (0.7 \times 5.05\text{g/cm}^3) = 4.38\text{g/cm}^3$

셰일의 겉보기 밀도 = 체적 × 밀도이므로,

$\rho = (100 - 36)\% \times 4.38\text{g/cm}^3 = 2.8\text{g/cm}^3$

04 다음 그림과 같이, 지표 아래 5m까지 건조모래가 차 있고 그 하부에는 포화점토로 구성된 지반에서 심도 10m 지점에서의 유효응력은 얼마인가?(단, 모래의 건조단위중량은 1.6t/m³, 점토의 포화단위중량은 1.9t/m³이다.)
right[06년 4회(기사), 12년 1회(기사)]

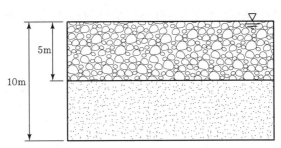

풀이

① 전체 수직응력

건조층에서의 $\sigma_v = 1.6\text{t/m}^3 \times 5\text{m} = 8.0\text{t/m}^2$

포화층에서의 $\sigma_v = 1.9\text{t/m}^3 \times 5\text{m} = 9.5\text{t/m}^2$

따라서, 전체 수직응력 $\sigma_v = 8.0\text{t/m}^2 + 9.5\text{t/m}^2 = 17.5\text{t/m}^2$

② 공극수압

$P_o = 1.0\text{t/m}^3 \times 5\text{m} = 5.0\text{t/m}^2$

③ 유효응력

$\sigma_v{'} = \sigma_v - P_o = 17.5\text{t/m}^2 - 5.0\text{t/m}^2 = 12.5\text{t/m}^2$

05 점착력이 0이고 내부마찰각이 30°인 모래지반에 높이 5m의 수직옹벽이 설치되어 있는 경우 Rankine의 주동토압계수와 수동토압계수를 구하시오. [09년 4회(기사)]

> **풀이**
>
> ① 주동토압계수
>
> $$K_a = \frac{1-\sin\phi}{1+\sin\phi} = \tan^2\!\left(45° - \frac{\phi}{2}\right) = 0.33$$
>
> ② 수동토압계수
>
> $$K_p = \frac{1+\sin\phi}{1-\sin\phi} = \tan^2\!\left(45° + \frac{\phi}{2}\right) = 3$$

06 다음 그림과 같이 옹벽 뒤에 포아송비가 0.5인 흙을 뒷채움하였다. 옹벽 뒷면에서부터 4m가 되는 지표면에 10ton의 집중하중이 작용한다면, 지표로부터 2m 깊이의 옹벽에 작용하는 집중하중에 의한 수평응력을 구하여라. (단, 벽의 구속효과를 고려한 수정식을 이용한다.)

[12년 4회(기사)]

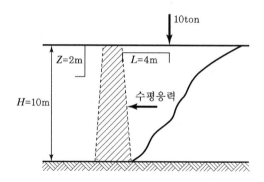

> **풀이**
>
> $H = 10\text{m}, Z = 2\text{m}, L = 4\text{m}, q = 10\text{ton}$
>
> Z 깊이의 토류 구조물에 작용하는 수평응력을 구하면
>
> $a = \dfrac{L}{H} = \dfrac{4}{10} = 0.4$ 이고, $b = \dfrac{Z}{H} = \dfrac{2}{10} = 0.2$ 이므로
>
> $a \leq 0.4$ 일 때, $\sigma_h = \dfrac{0.28q}{H^2} \times \dfrac{b^2}{(0.16 + b^2)^3} = \dfrac{0.28 \times 10\text{t}}{(10\text{m})^2} \times \dfrac{0.2^2}{(0.16 + 0.2^2)^3} = 0.14\text{t/m}^2$

사면 파괴 및 지반침하

1 사면 파괴

1) 유한사면의 종류

① 사면 선단 파괴 : 사면의 활동면이 사면의 끝을 통과하여 파괴되는 경우

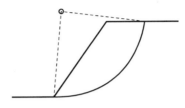

② 사면 저부 파괴 : 사면의 활동면이 사면의 끝보다 아래를 통과하여 파괴되는 경우

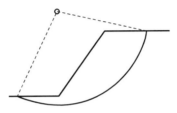

③ 사면 내 파괴 : 사면의 활동면이 사면의 끝보다 위를 통과하여 파괴되는 경우

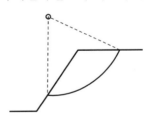

2) 흙 사면의 안전율

원호활동을 하는 흙 사면의 안전율은 다음과 같이 구할 수 있다.

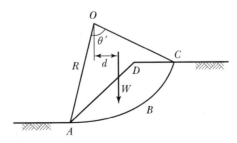

$$F = \frac{R^2 \times \theta' \times C_u}{W \times d}$$

여기서, θ' : 부채꼴 각도$\left(= \dfrac{\theta}{180} \times \pi\right)$

d : 원호의 중심으로부터 토피 중심까지의 거리

R : 활동원의 반경$(= \overline{OA})$

C_u : 흙의 전단강도 정수

W : 흙의 중량

❷ 사면안정공법

사면안정공법에는 사면의 안전율을 유지시키는 사면보호공법과 안전율을 증가시키는 사면보강공법이 있다.

1) 사면보호(억제)공법

① 배수공법

② 식생안정공법

③ 블록쌓기공법

④ 표층안정공법

⑤ 피복공법

2) 사면보강(억지)공법

① 소일네일링(Soil Nailing)공법

② 록앵커(Rock Anchor)공법

③ 어스앵커(Earth Anchor)공법

④ 앵커(Anchor)공법

⑤ 록볼트공법

⑥ 억지말뚝공법

⑦ 압성토공법

⑧ 옹벽공법

⑨ 경사완화공법

⑩ 절토공법

❸ 지반침하

지하에 형성된 공동이 붕락되면서 발생하는 공동 상부 지층의 변형을 말하며, 보통은 지표가 가라앉는 것을 뜻한다.

1) 지반침하의 주요 원인

지반침하의 원인은 매우 복잡하고 다양하나, 대표적 원인은 굴착에 따른 지반의 이완과 지하수의 탈수로 볼 수 있으며 중요 원인은 다음과 같다.
① 굴착에 따른 지반응력의 해방으로 인한 침하
② 토사층의 함수량 감소에 따른 침하
③ 지보공 변형에 따른 지반 이완의 확대
④ 이완의 시간 증대

2) 침하 형태에 따른 분류 및 특징

① 연속형 침하(골형 침하)
② 불연속형 침하(함몰형, 왕관형, 굴뚝형＝플러그형, 돌리네형 침하)

구분	연속형 침하	불연속형 침하
경사층	수평층 또는 완만한 경사층	급경사층
침하 면적	넓은 지역에 걸쳐 발생	좁은 지역에 걸쳐 발생
발생 시간	오랜 시간에 걸쳐 서서히 발생	갑자기 발생
침하량	침하 면적에 비해 작음	침하 면적에 비해 큼
발생 심도	심도에 크게 영향 없음	비교적 얕은 심도에서 발생
침하 형상	완만	불연속적

❹ 지반조사

1) 지질조사

지질조사는 광범위한 지역에 걸쳐 지반의 전체적인 지질학적 분류, 형성과정, 지질구조 등을 조사하는 것으로서 물리탐사 및 검층, 시추조사 등이 있다.

① 물리탐사 및 검층
  ㉠ 탄성파탐사
  ㉡ 전기탐사
  ㉢ 속도검층
  ㉣ DS검층

② 보링조사

    ㉠ 수세식 시추(Wash Boring)조사

    ㉡ 선진수평보링

    ㉢ 시추공을 이용한 공내 검층

2) 토질조사 및 원위치시험

계획, 설계, 시공에 필요한 지층구조, 원위치 상태의 역학적 성질이나 흙 및 암반의 물리화학적 성질 등의 지반정보를 얻기 위해 조사하는 것을 말하며, 대상으로 하는 지반에 국한되어 실시된다.

① 표준관입시험 : 호박돌을 제외한 모든 토질의 지반토에 대한 물리적 특성의 상호관계를 나타내는 데 사용된다. 지반의 지지력, 즉 지반이 무게를 견딜 수 있는 능력을 측정하는 시험으로 63.5kg의 추로 76cm의 높이에서 타격 시 로드가 30cm 관입할 때의 타격횟수 N을 구하는 것이다. 표준관입시험은 기초의 설계 및 흙막이 설계를 위하여 사질토의 상대밀도, 점성토의 전단강도 등 여러 가지 지반의 특성을 파악하는 데 이용된다.

    ㉠ 수정 N값 계산 : $N_2 = 15 + \dfrac{1}{2}(N_1 - 15)$ (단, $N_1 > 15$일 때 토질에 의한 수정)

    ㉡ N치의 추정 항목

      • 사질토의 경우 : 상대밀도, 내부마찰각, 기초지반의 탄성침하와 허용지지력, 액상화 가능성

      • 점성토의 경우 : 전단강도, 일축압축강도, 기초지반의 허용지지력, 연경도(Consistency)

01 사면의 안정화 공법 중 억지공법 4가지를 적으시오. [11년 4회(기사), 14년 1회(기사)]

풀이

① 소일네일링공법   ② 록앵커공법
③ 어스앵커공법   ④ 앵커공법
⑤ 록볼트공법   ⑥ 억지말뚝공법
⑦ 압성토공법   ⑧ 옹벽공법
⑨ 경사완화공법   ⑩ 절토공법

02 지표침하 현상을 지반침하, 지표함락 또는 광해라고도 부르는데 이러한 현상의 발생원인 3가지를 서술하시오. [11년 1회(기사), 15년 1회(기사)]

풀이

① 굴착에 따른 지반응력의 해방으로 인한 침하
② 토사층의 함수량 감소에 따른 침하
③ 지보공 변형에 따른 지반 이완의 확대
④ 이완의 시간 증대

03 지반침하 중 연속형 침하의 발생 형태에 대해 서술하시오. [12년 4회(기사)]

풀이

구분	연속형 침하
경사층	수평층 또는 완만한 경사층
침하 면적	넓은 지역에 걸쳐 발생
발생 시간	오랜 시간에 걸쳐 서서히 발생
침하량	침하 면적에 비해 작음
발생 심도	심도에 크게 영향 없음
침하 형상	완만

04 지표침하의 원인 중 함몰형 침하에 대하여 서술하시오. [13년 4회(기사)]

풀이

구분	함몰형(불연속형) 침하
경사층	급경사층
침하 면적	좁은 지역에 걸쳐 발생
발생 시간	갑자기 발생
침하량	침하 면적에 비해 큼
발생 심도	비교적 얕은 심도에서 발생
침하 형상	불연속적

05 모래지반에서 표준관입시험의 N값으로 직접 추정할 수 있는 사항을 쓰시오. [14년 4회(기사)]

풀이

① 상대밀도
② 내부마찰각
③ 기초지반의 탄성침하와 허용지지력
④ 액상화 가능성

CHAPTER 03 암반 터널의 굴착

❶ 터널 지보

1) 지보재

지반에 터널을 굴착하면 지반은 굴착과 동시에 이완을 시작하여 즉시 지보를 하지 않으면 지반 이완대의 확대로 결국 붕락하게 된다. 따라서 굴착 직후 지보를 시공하여 암반 자체의 지지력을 강화시켜 주벽이 붕괴되었을 때 암석 파편이 터널 내로 침입하는 것을 방지하고, 주벽에 걸려야 할 응력을 지보재가 대신 받는 동시에 주벽이 파괴되지 않게 하고, 터널 주위 암반이 돌출됨으로써 생기는 공간축소를 방지한다.

2) 록볼트(Rock Bolt)

암반 내부에 수직 방향으로 천공하여 시공함으로써 암반 자체의 지지력을 보강시켜주는 지보법으로 영구지보로 사용된다. 또한, 굴착으로 형성된 공동에서 주변 암반이 이완되기 전에 암반 내부에 타설하여 암반 자체를 삼축응력상태로 유지시켜 암반 침하를 억제시켜준다. 종래의 목재 철재지보와는 달리 암반 자체의 지지력을 최대한 활용하는 능동적 지보법으로, 암반의 변형을 어느 정도 허용하는 범위에서 공동 내부에 발생하는 외부 압력을 지지하는 역할을 한다.

① Rock Bolt의 작용 효과

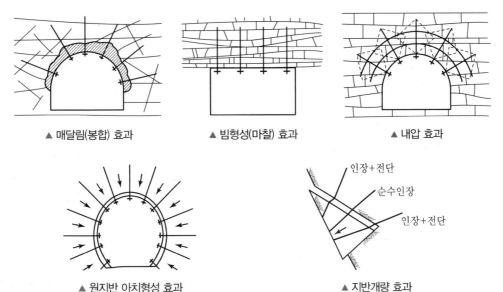

▲ 매달림(봉합) 효과 ▲ 빔형성(마찰) 효과 ▲ 내압 효과

▲ 원지반 아치형성 효과 ▲ 지반개량 효과

ⓘ 매달림(봉합) 효과 : 굴착에 의해 이완된 암괴를 이완되지 않은 원지반에 고정시켜 낙하를 방지한다.

ⓛ 빔형성(마찰) 효과 : 록볼트로 층과 층 사이를 조여줌으로써 터널 주변 층이 합성빔으로서 거동한다.

ⓒ 내압 효과 : 록볼트의 인장력만큼 벽면에 압력이 작용하도록 하여 원지반을 삼축응력상태로 유지하는 효과로 원지반의 강도 또는 내하능력의 저하를 방지한다.

ⓡ 원지반 아치형성 효과 : 시스템 볼팅으로 내압 효과가 일체화되게 하여 내하능력이 높아진 터널 주변 원지반에 아치를 형성한다.

ⓜ 지반개량 효과 : 지반의 전단저항력 및 내하력이 증가되어 지반 전체의 물성을 개선한다.

Reference

록볼트(Rock Bolt)와 다우웰(Dowel)의 기능상 차이

록볼트(Rock Bolt)	다우웰(Dowel)
Pretension이 있다.	Pretension이 없이 고정만 시킨다.
암반 변위 발생 후에 타설이 가능하다.	암반의 변위 발생 전, 굴착 초기에 타설해야 한다.
록볼트 자체로 힘이 발현된다.	암반의 변위가 발생해야만 강재봉의 힘이 발현된다.
다우웰에 비해 경제적이다.	과다설계 및 과다시공의 우려로 비용이 높다.
숙련공이 필요 없다.	숙련공이 필요하다.

3) 강아치 지보공(Steel Ribs)

H형강 등의 강재를 터널의 형태에 맞추어 가공하여 일정한 간격으로 타설한 것으로 터널 굴착 직후 강아치 지보공을 시공하고 그 상태에서 라이닝을 시공하여 일체가 되도록 지지하여, 조립과 동시에 암반을 지지하는 능력을 발휘한다. 막장의 자립성이 낮거나, 균열과 절리가 많아 붕괴 위험이 있을 때, 터널 내부에서 암반을 지지하여 안정을 유지시킬 필요가 있는 경우에 효과적이다.

4) 라이닝(Lining)

라이닝은 터널 굴착 후 다음 터널의 목적에 적합하게 영구히 유지될 수 있도록 철재, 콘크리트, 뿜어붙이기 등의 재료를 사용하여 일정한 두께로 시공하여야 한다. 또한 토압이나 하중에 견디게 하며 변형이나 붕괴, 누수에 따른 침식이나 강도 저하가 없도록 내구적으로 시공되어야 한다.

5) 숏크리트(Shotcrete)

시멘트 모르타르를 분사시켜 지반에 밀착시키는 지보재로서, 시공 방법에 따라 건식 숏크리트와 습식 숏크리트로 분류되며, 숏크리트의 합리적 시공을 위해서는 리바운드율, 뿜어붙이기 압력, 각도와 거리 등에 유의해야 한다.

① Shotcrete 시공 방법에 따른 분류

　㉠ 건식 숏크리트 : 시멘트, 골재, 급결제 등의 혼합재료를 압축공기의 힘으로 호스 내로 이동시켜 노즐에서 뿜기 전, 압력수와 함께 뿜어 붙이는 방법으로 노즐에서 물과 재료가 혼합되므로 작업숙련도에 따라 숏크리트의 품질이 결정된다. 일반적으로 건식 방식은 작은 공기압으로도 시공이 가능하여 압송거리가 비교적 길다.

　㉡ 습식 숏크리트 : 숏크리트 재료의 정확한 계량으로 미리 혼합하여 펌프 또는 압축공기로 압송하여 뿜어 붙이는 방법으로, 작업 도중에 중단이 있으면 호스 등이 막히기 쉽고 부착성이 나쁘게 된다.

② 건식 숏크리트와 습식 숏크리트의 비교

구분	건식 숏크리트	습식 숏크리트
품질관리	시공 직전 재료를 혼합하므로 복잡 (숙련자 필요)	재료가 미리 혼합되어 품질관리가 용이
작업성	제한이 적음	재료 공급이 제한적
압송거리	장거리 가능(약 500m)	단거리(약 100m)
리바운드율	많음	비교적 적음
분진량	많음	적음
장비 유지관리	비교적 쉬움	어려움

③ Shotcrete의 작용 효과

　㉠ 낙석 방지 효과 : 터널 굴착 직후 숏크리트를 시공하여 낙석 위험개소나 시간 경과에 따라 낙석 위험이 우려되는 개소에서 낙석을 방지한다.

　㉡ 내압 효과(약층 보강효과) : 연암이나 토사지반 등에서 휨압력 또는 축력에 대한 저항을 높여 주변 암반에 내압을 발생시켜 지반강도를 강화한다.

　㉢ 응력집중 완화 효과(암반하중의 배분효과) : 지반의 오목한 부분을 메우고 연약층의 깊은 곳까지 접착시켜 응력집중을 완화한다.

　㉣ 풍화 방지 효과(피복효과) : 지반을 피복 시공하여 풍화 방지 및 지수 효과를 얻는다.

　㉤ 지반 아치형성 효과 : 암반과의 부착력에 의해 숏크리트에 작용하는 외력을 지반에 분산시키며, 터널 주변의 틈이나 균열에 전단저항을 줌으로써 벽면에 지반 아치를 형성한다.

6) 터널 지보 관련 계산식

① 록볼트 정착길이 계산식

$$L = \frac{F \times T}{\pi \times D \times C}$$

여기서, L : 록볼트 정착길이(cm)　　　F : 안전율
　　　　T : 록볼트 인장력(kg)　　　D : 록볼트 직경(cm)
　　　　C : 정착암반과 그라우트 재료와의 마찰저항(kg/cm²)

② 록볼트 1개가 받는 하중

$$P = \frac{B \times L \times T \times \gamma}{(n_1 + 1) \times (n_2 + 1)}$$

여기서, P : 록볼트 1개가 받는 하중(ton)　　B : 공동의 폭(m)
　　　　L : 공동의 길이(m)　　　　　　　　T : 공동의 두께(m)
　　　　n_1 : 길이 방향 록볼트 설치 개수　　n_2 : 폭 방향 록볼트 설치 개수
　　　　γ : 암반의 밀도(t/m³)

③ 숏크리트(라이닝)의 최대지보압력

$$P_{\max} = \frac{1}{2} \times \sigma_c \left(\frac{b^2 - a^2}{b^2} \right)$$

여기서, σ_c : 일축압축강도(MPa)　　　　b : 터널의 반경(m)
　　　　a : b − 숏크리트(라이닝) 두께(m)

④ Rabcewicz의 숏크리트의 두께 제안식

$$t = 0.424 \times \frac{P \times r}{\tau}$$

여기서, t : 숏크리트의 두께(m)　　　　P : 숏크리트에 작용하는 응력(kg/m²)
　　　　r : 터널의 반경(m)　　　　　　τ : 숏크리트 재료의 허용 전단강도(kg/m²)

② NATM 공법

1) NATM 공법의 정의

록볼트와 숏크리트를 중요한 지보재로 활용하며 암반의 강도를 최대로 유지하고 암반 자체가 지닌 내하능력을 적극적으로 활용하는 가축성 지보 적용을 원칙으로 하면서 터널 굴착의 현장 계측 및 관리를 바탕으로 터널을 굴진하는 공법이다.

2) NATM 공법의 주 지보재

① 1차 지보 : 록볼트, 숏크리트, 강아치 지보, 철망(Wire Mesh)
② 2차 지보 : 콘크리트 라이닝

3) 보조공법의 분류

터널 굴착 전이나 굴착 중에 보조공법을 시공하여 터널 굴착의 안정성 및 시공성을 향상시키기 위한 것으로 암반 상태, 용수량, 시공성 등에 따라 용수 대책과 막장 안정 대책을 적용한다.

① 용수 대책 : 터널 내 지층의 유출, 낙반, 막장 자립성 저하 등의 문제 발생 시 적용
　㉠ 배수공법 : 물빼기 갱도, 물빼기 시추, 디프 웰(Deep Well) 공법, 웰 포인트(Well Point) 공법, 집수장 배수공법
　㉡ 지수 및 차수공법 : 약액주입공법, 압기공법, 동결공법, 지하벽공법

② 막장 안정 대책

    ⊙ 천반부 안정공법 : 선수봉(Forepoling) 공법, 미니 파이프 루프(Mini Pipe Roof) 공법, 시트 파일(Sheet Pile) 공법, 동결공법, 강관다단 그라우팅

    ⓒ 막장면 안정공법 : 막장면 숏크리트(Face Shotcrete), 막장면 록볼트(Face Rock Bolt), 약 액주입공법

4) NMT(Norwegian Method of Tunnelling) 공법

견고한 지반을 대상으로 Norway의 현장 시공 실적을 적립하여 개발한 터널 공법으로, Drill & Blast 방식으로 터널을 굴착하고 Q-system에 의해 암반을 분류한 공법이다. 보강 방법을 미리 결정하는 확정 설계 개념으로 NATM 공법과는 다음과 같이 비교할 수 있다.

구분	NATM 공법	NMT 공법
암반 분류	RMR 기본	Q-system 기본
지보	록볼트, 숏크리트, 강아치 지보, 콘크리트 라이닝(필수)	록볼트, 숏크리트, 강아치 지보, 콘크리트 라이닝 (지반이 매우 약한 경우 선택적 시행)
특징	• 시공 경험이 풍부해야 한다. • 굴착 과정별 계측을 통한 정보화 시공으로 설계 변경 횟수가 많다.	• 시공이 비교적 간단하다. • 보다 합리적 보강 방식으로 경제성이 우수하고 굴착 전 초기 단계에서 철저한 지반조사로 설계 변경이 거의 없어 공기 단축이 가능하다.

❸ 터널의 계측

터널의 계측은 일상의 시공관리를 위해 반드시 실시해야 하는 일상계측(계측 A)과 정밀 분석을 위한 정밀계측(계측 B)으로 구분하며 각 계측 항목은 다음과 같다.

1) 일상계측(계측 A)

① 갱내(막장) 관찰조사 : 굴착이 진행되는 동안 막장의 지질상태와 기 시공구간에 대한 1차 지보상태를 조사, 기록하고 필요에 따라 적절한 조치를 강구한다.

② 내공변위 측정 : 터널의 침하 및 하반부의 융기를 포함하여 터널 벽면 간 거리의 상대적인 변화량을 측정하여 터널 시공의 안정성, 지보의 효과, 지보의 시공 시기 및 방법 등을 검토하기 위한 기본적인 계측으로, 막장 굴착 후 가능한 한 초기에 최종 변위량을 예측하고 주변 지반의 안정성을 검토하여 1차 지보의 타당성과 효과, 그리고 2차 복공 콘크리트의 타설 시기를 판단한다.

③ 천단침하 측정 : 내공변위 측정과 함께 주변 지반의 확인 및 숏크리트와 록볼트 등 1차 지보재의 효과를 파악하기 위해 실시한다. 주로 고결도가 낮은 지층이나 토피가 얇은 경우, 팽창성 지반의 경우, 단층 등의 붕괴가 일어나기 쉬운 장소에서 시행된다.

④ 록볼트 인발 시험 : 록볼트의 종류 선정 및 시공 후 정착 효과를 확인하기 위하여 실시한다.

2) 정밀계측(계측 B)

① **지표침하 측정** : 천단침하 측정과 같이 지반 안정 상태 확인 및 지보 효과를 파악할 목적으로 행하며, 추가적으로 터널 굴착에 의한 지표상의 영향 범위와 그 정도를 미리 파악하여 지표 면에서의 피해 발생을 미연에 방지하기 위해서도 실시한다.

② **지중침하 측정** : 지중변위 측정과 같이 터널 주변 지반의 이완영역을 파악하거나 터널 천단 부근의 선행침하를 파악하기 위해 주로 실시한다.

③ **지중변위 측정** : 터널 반경방향으로 변위를 측정하여 굴착 시에 발생하는 주변 암반의 변위 거동을 명백히 하여 이완영역(Relaxed Zone)의 유무나 그 크기를 파악하고, 록볼트의 적정 길이를 판정할 목적으로 실시한다.

④ **록볼트 축력 측정** : 록볼트에 발생하는 축력의 크기와 분포상황을 파악하기 위해 실시한다.

⑤ **숏크리트 응력 측정** : 1차 복공의 안정성과 2차 복공의 두께 및 시기를 결정하기 위해 실시한다.

⑥ **갱내 탄성파 속도 측정**

⑦ **지반 암석 시료 시험**

01 터널 및 암반 사면의 안정성을 위하여 실시하는 록볼트의 효과 4가지를 적으시오.

[10년 4회(기사), 16년 1회(기사)]

풀이

① 매달림(봉합) 효과
② 빔형성(마찰) 효과
③ 내압 효과
④ 원지반 아치형성 효과
⑤ 지반개량 효과

02 터널 등 지하공간의 지보재로 사용되는 록볼트와 다우웰의 기능상 가장 두드러진 차이점을 서술하시오.

[06년 4회(기사), 08년 4회(기사)]

풀이

록볼트(Rock Bolt)	다우웰(Dowel)
Pretension이 있다.	Pretension이 없이 고정만 시킨다.
암반 변위 발생 후에 타설이 가능하다.	암반의 변위 발생 전, 굴착 초기에 타설해야 한다.
록볼트 자체로 힘이 발현된다.	암반의 변위가 발생해야만 강재봉의 힘이 발현된다.
다우웰에 비해 경제적이다.	과다설계 및 과다시공의 우려로 비용이 높다.
숙련공이 필요없다.	숙련공이 필요하다.

03 숏크리트 시공 방식은 크게 건식공법과 습식공법으로 분류된다. 건식공법과 비교한 습식공법의 장점과 단점을 2가지씩 쓰시오.

[05년 4회(기사), 08년 1회(기사), 17년 1회(기사)]

풀이

① 장점 : 미리 혼합하므로 품질 관리에 용이하다. 리바운드율 및 분진이 적다.
② 단점 : 재료 공급이 제한적이다. 장거리 이동이 어렵다.

04 숏크리트 건식공법에 비교한 습식공법의 장점을 4가지 쓰시오. [11년 1회(기사)]

풀이

① 미리 혼합하므로 품질 관리에 용이하다.
② 리바운드율(반동)이 적다.
③ 건식에 비해 경제적이다.
④ 분진이 적다.

05 록볼트의 설계 인장력이 10ton이고, 록볼트의 직경이 25mm일 때 안전율 1.5를 확보하기 위해서는 모암에서의 정착길이 L은 최소한 얼마가 되어야 하는가?(단, 정착암반과 그라우트 재료와의 마찰저항은 $10kg/cm^2$이다.) [06년 4회(기사), 10년 4회(기사), 18년 4회(기사)]

풀이

$$L = \frac{F \times T}{\pi \times D \times C} = \frac{1.5 \times 10{,}000kg}{\pi \times 2.5cm \times 10kg/cm^2} = 190.99cm$$

06 길이가 40m, 폭이 30m, 두께가 2m, 밀도가 $2.6g/cm^3$인 주방식 형태의 공동에 길이 4m, 폭 6m 간격으로 록볼트를 설치했을 때, 록볼트 1개가 받는 하중을 구하시오. [17년 4회(기사)]

풀이

$$P = \frac{B \times L \times T \times \gamma}{(n_1+1) \times (n_2+1)} = \frac{30m \times 40m \times 2m \times 2.6t/m^3}{(9+1) \times (4+1)} = 124.8ton$$

07 정수압 압력장인 지반에 직경 3m의 원형 터널을 굴착하고 10cm 두께의 콘크리트 라이닝을 시공하였다. 라이닝 내벽에 작용하는 접선방향응력의 최댓값이 단축압축강도일 때 일어난다고 가정하고, 라이닝의 단축압축강도가 $220kg/cm^2$일 때 라이닝의 최대지보압력을 구하여라. [05년 4회(기사), 15년 4회(산기), 16년 4회(기사)]

풀이

$$P_{max} = \frac{1}{2} \times \sigma_{c(con'c)} \times \left(\frac{b^2-a^2}{b^2} \right) = \frac{1}{2} \times 220kg/cm^2 \times \left(\frac{(1.5m)^2-(1.4m)^2}{(1.5m)^2} \right) = 14.18kg/cm^2$$

08 터널에서 천반의 안정을 위해 적용하는 보조공법 2가지를 적으시오. [15년 4회(기사)]

풀이

① 선수봉(Forepoling) 공법
② 미니 파이프 루프(Mini Pipe Roof) 공법
③ 시트 파일(Sheet Pile) 공법
④ 동결공법
⑤ 강관다단 그라우팅

09 터널 공법 중 NMT 공법의 주 보강재를 2가지 적으시오. [15년 4회(기사)]

풀이

① 록볼트
② 숏크리트(SFRS, 강섬유 보강 숏크리트)

10 터널에서 일상의 시공관리를 위해 반드시 실시하는 일상계측 2가지를 적으시오.
[13년 1회(기사), 16년 1회(기사), 21년 4회(기사)]

풀이

① 내공변위 측정
② 천단침하 측정
③ 갱내 관찰조사
④ 록볼트 인발 시험

11 터널에서 일상계측에 추가하여 실시하는 계측을 3가지 쓰시오. [15년 1회(기사)]

풀이

① 지표침하 측정
② 지중침하 측정
③ 지중변위 측정
④ 록볼트 축력 측정
⑤ 숏크리트 응력 측정
⑥ 갱내 탄성파 속도 측정
⑦ 지반 암석 시료 시험

Explosives Handling

PART

06

작업형

터널발파 설계

1 터널발파

1) 터널 심발발파

① 터널은 노천의 벤치발파(2자유면 이상)와는 달리 자유면이 하나인 형태로 작업이 진행되기 때문에, 터널발파에서 가장 중요한 것은 자유면 형성을 위한 심발발파이며, 심발발파는 경사심발(Angle Cut)공법과 평행심발(Parallel Cut)공법으로 분류한다.

② 심발공은 보통 터널 단면 중앙에서 약간 하부에 위치시키나 작업 조건에 따라 어느 부분에 위치시켜도 무방하다. 하지만 심발공의 목적은 자유면을 형성하기 위함이므로 심발 위치는 암이 가장 무른(약한) 곳에 선정하여 자유면을 확실히 낼 수 있는 곳이어야 한다. 다만, 절리나 파쇄대 존재 시에는 여굴이나 붕락에 대비하여 상대적으로 암질이 양호한 곳에 심발을 선정하는 경우도 있다.

2) 터널 표준단면

터널의 표준단면은 암반의 공학적 분류 방법인 RMR이나 Q-system에 의해 지보량과 굴진장, 그리고 굴착공법이 결정된다. 특히, TYPE-1~3의 경우처럼 연암 이상의 암반에서는 전단면 굴착과 함께 평행심발을 적용하는 것이 일반적이며, TYPE-4~6의 경우 상·하 반단면 굴착과 함께 경사심발을 적용한다. 그러나 이것은 경험적 설계에 의한 것으로서, 암질상태 및 경제적 효율성을 고려하여 TYPE-1~3에서 평행심발 대신 경사심발이 적용되는 경우도 있다.

구분	지반 분류	단선		복선		비장약량 (kg/m³)
		굴착공법	1회 굴진장	굴착공법	1회 굴진장	
TYPE-1	경암	전단면 굴착	3.5~4.0m	전단면 굴착	3.5~4.0m	1.1~1.2
TYPE-2	보통암	전단면 굴착	3.0~3.5m	전단면 굴착	3.0~3.5m	1.1~1.2
TYPE-3	연암	전단면 굴착	2.0~2.5m	전단면 굴착	2.0~3.0m	1.0~1.1
TYPE-4	풍화암	반단면 굴착	1.5m / 3.0m	반단면 굴착	1.5m	0.9~1.0
TYPE-5	풍화암 (파쇄대)	반단면 굴착	1.2m / 1.2m	반단면 굴착	1.0~1.2m	0.7~0.8
TYPE-6	갱구부	반단면 굴착	1.0m / 1.0m	반단면 굴착	0.8~1.0m	0.7~0.8

① **전단면 굴착** : 암질이 양호하고 지반 사체의 지보능력이 커서 막장 자립시간이 긴 경우, 조기에 터널 안정화가 가능하며 막장 단일 작업으로 효율성이 좋다.

② **상·하 반단면 굴착** : 암질이 비교적 불량하고 막장 자립시간이 비교적 짧은 경우에 적용되며, 하부 굴착 시 상부 1차 보강의 파손이 우려되고, 작업이 복잡하여 공기가 길어질 수 있다.

암반의 압축강도에 따른 지반 분류

지반 분류	일축압축강도 (kgf/cm²)	지반 분류	일축압축강도 (kgf/cm²)
극경암	1,800 이상	연암	700~1,000
경암	1,300~1800	풍화암	300~700
보통암	1,000~1,300	–	–

② 평행심발

1) 평행심발의 특징

① 중앙에 화약을 넣지 않는 무장약공을 천공하고 그 주위에 장약공을 천공하여 무장약공이 자유면의 역할을 담당하도록 하는 방법이다.

② 장공 천공이 가능하여 1회 굴진거리를 경사심발보다 크게 할 수 있다는 장점이 있으나 천공 길이가 짧을 때는 경사심발보다 비효율적이다.

③ 파석의 비산거리가 비교적 짧고 막장 부근에 집중되므로 파석처리가 편리하지만, 평행 천공이 요구되고 천공위치는 큰 편차가 허용되지 않으므로 천공기술에 숙련을 요한다.

④ 천공이 근접되므로 폭약이 유폭되거나 사압현상으로 잔류약이 발생되기도 하며, 소결현상을 억제하기 위해 저비중 폭약을 사용하는 것이 좋다.

소결현상

강력한 폭약이 가까운 무장약공을 향해서 기폭되면 한번 분쇄되었던 암분이 무장약공에 다져져서 굳어지는 현상이다. 심빼기 발파 중 번 컷의 경우, 고비중 폭약이 집중장약된 장약공의 폭발로 분쇄된 암석입자가 주변의 무장약공에 다져져서 무장약공이 더 이상 자유면 역할을 하지 못하게 된다.

2) 평행심발의 종류

① **번 컷(Burn Cut)** : 수 개의 심발공을 공간거리를 근접시켜 평행으로 천공하면 그중 몇 공은 무장약공으로 새로운 자유면의 역할을 하게 되므로 효과적이다. 특히 심공발파가 가능하며, 천공이 용이하고 시간이 단축된다. 전 발파공은 대체로 수평이고 자유면과 직각이며, 파쇄석의 비산이 적고, 심공발파 시 폭약소비량이 적다. 다만, 현재는 대구경(75mm 이상)을 이용하여 효율이 더 좋은 실린더 컷(Cylinder Cut)을 주로 이용한다.

② **코로만트 컷(Coromant Cut)** : 소단면 갱도에서 1발파당 굴진길이를 Burn Cut보다 길게 하기 위해 고안된 신 천공법으로, 천공 예정 암벽에 안내판을 사용하여 천공배치가 정확하게 된다. 또한 저렴하고 간단한 보조 기구만으로 미숙련 작업자도 용이하게 천공할 수 있으며, 파쇄 암석이 균일하므로 적재 능력이 향상된다.

③ 집중식 노 컷(No Cut) : 충격이론으로 유도한 발파법으로 Burn Cut과 같이 수직공을 뚫고 무장약공이 없으며 보통보다도 더 많이 천공하여 심빼기에 폭약을 집중하여 장전하는 방법이다. 공경은 크게 할수록 유리하며, 심빼기에 동시 폭발이 필요하므로 도폭선이나 순발전기 뇌관을 사용한다.

④ 스파이럴 컷(Spiral Cut) : Burn Cut 발파에서 나타나는 소결현상을 방지하기 위하여 대구경 천공의 주위에 나선(Spiral)상으로 천공배치하여 무장약공에서 가까운 것부터 차례로 발파하는 방법이다.

⑤ 라인 컷(Line Cut) : 장약공과 무장약공을 번갈아서 일렬로 배치하는 방법이다.

⑥ 슬롯 컷(Slot Cut) : 무장약공을 Hole이 아닌 옆으로 길게 천공하는 방법이다.

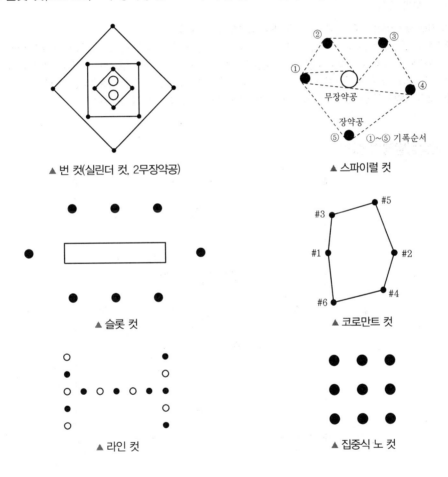

▲ 번 컷(실린더 컷, 2무장약공)   ▲ 스파이럴 컷

▲ 슬롯 컷   ▲ 코로만트 컷

▲ 라인 컷   ▲ 집중식 노 컷

3) 무장약공 및 인접 장약공의 설계

① 무장약공을 이용한 심발 설계에서 가장 중요한 것은 무장약공의 크기, 인접 장약공과의 거리, 장약밀도이다. 무장약공과 인접 장약공과의 거리 α는 보통 무장약공의 1.5배 정도로 하며, 장약공의 기폭은 자유면을 확대해 가는 순서로 점화되도록 설계한다.

② 평행공 심발법에서 무장약공의 크기는 곧 굴진장과 연결된다. 직경이 커질수록 1회 발파에 있어서 천공장을 길게 할 수 있고, 그 결과로 굴진장 또한 길게 할 수 있다. 천공장과 무장약 공의 직경을 통해 굴진장을 예상하기도 하는데 만약 무장약공이 2개 이상인 경우 환산직경 계산식을 이용한다.

$$D = d\sqrt{n}$$

여기서, D : 무장약공의 환산직경
d : 무장약공의 지름
n : 무장약공의 수

4) 평행심발공의 설계

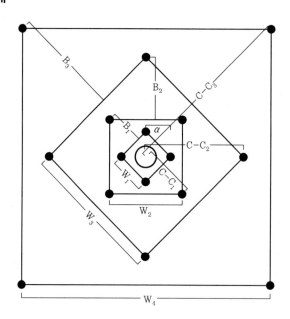

① 첫 번째 사각형

㉠ 무장약공과 장약공 간 거리 $\alpha = 1.5 \times \phi$

㉡ 첫 번째 사각형 한 변의 길이 $W_1 = \alpha \times \sqrt{2}$

② 두 번째 사각형

㉠ 무장약공과 두 번째 장약공 간 거리 $C - C_1 = 1.5 \times W_1$

ⓛ 두 번째 사각형 한 변의 길이 $W_2 = 1.5 \times W_1 \times \sqrt{2}$

ⓒ 첫 번째 사각형 한 변과 두 번째 장약공 간 거리(첫 번째 사각형의 저항선) $B_1 = W_1$

③ 세 번째 사각형

ⓖ 무장약공과 세 번째 장약공 간 거리 $C - C_2 = 1.5 \times W_2$

ⓛ 세 번째 사각형 한 변의 길이 $W_3 = 1.5 \times W_2 \times \sqrt{2}$

ⓒ 두 번째 사각형 한 변과 세 번째 장약공 간 거리(두 번째 사각형의 저항선) $B_2 = W_2$

④ 네 번째 사각형

ⓖ 무장약공과 네 번째 장약공 간 거리 $C - C_3 = 1.5 \times W_3$

ⓛ 네 번째 사각형 한 변의 길이 $W_4 = 1.5 \times W_3 \times \sqrt{2}$

ⓒ 세 번째 사각형 한 변과 네 번째 장약공 간 거리(세 번째 사각형의 저항선) $B_3 = W_3$

3 경사심발

1) 경사심발의 특징

① 터널 단면이 크지 않고, 장공 천공을 위한 장비 투입이 어려운 경우에 많이 적용되는 방법으로 터널의 크기에 따라 천공장의 제약을 받아 1회 발파 진행장이 한정된다.

② 심발공 간에 집중장약이 이루어지며, 사용 폭약은 강력한 폭약이 좋다.

③ 시공 시 가장 중요한 것은 천공 각도를 설계대로 정확히 유지하는 것으로 높은 숙련도를 요하나, 평행심발보다 적용성이 좋아 국내외 경험자 및 숙련자가 많다.

④ 암질의 변화에 대응하여 심빼기 방법을 바꿀 수 있다.

2) 경사심발의 종류

① 브이 컷(V-cut) : 가장 많이 사용되는 방법으로 천공저가 일직선이 되도록 하며, 그 단면은 V형이다. 천공각도는 일반적으로 $60 \sim 70°$이며, 공저에서의 공간격은 20cm 정도, 기저장약장은 천공장의 1/3이 적당하다.

ⓖ V-cut에서 Baby Hole을 넣는 경우

- 암반강도가 클 때
- 폭약의 위력이 작을 때
- 1발파당 굴진장이 길 때

② 피라미드 컷(Pyramid Cut) : 피라미드형으로 천공할 때 발파공의 공저가 합쳐지도록 하는 방법으로 실제로는 곤란하나 경암의 심발에 적당하며, 수평갱도에는 부적합하다. 이때 심발공은 제발발파에 의한 발파를 하여야 효과적이다.

③ 팬 컷(Fan Cut) : 천공을 부채꼴로 하여 암석의 층상을 이용하는 것으로, Italian Cut이라고도 하며, 1m³당 폭약량이 적게 들며 비교적 긴 굴진이 가능하고, 단면적이 작은 곳에서는 적용하기 어렵다.

④ 노르웨이 컷(Norway Cut) : V−cut과 Pyramid Cut의 두 방법을 조합한 것으로 비교적 좁은 작업구역에서 사용된다. 천공 수가 많으므로 굳은 암석에 적합하고, 1대의 착암기로 다수의 천공을 해야 한다.

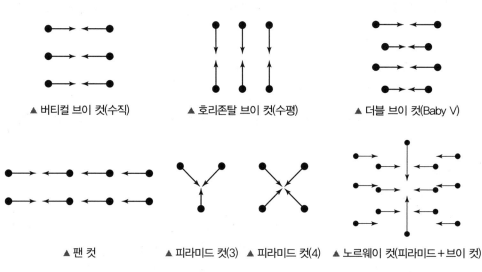

▲ 버티컬 브이 컷(수직)　　▲ 호리존탈 브이 컷(수평)　　▲ 더블 브이 컷(Baby V)

▲ 팬 컷　　▲ 피라미드 컷(3)　▲ 피라미드 컷(4)　▲ 노르웨이 컷(피라미드+브이 컷)

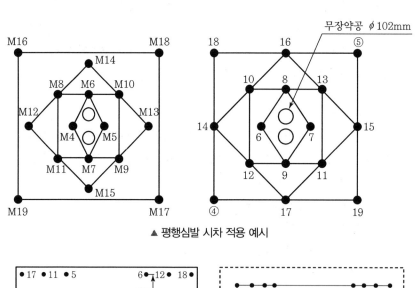

무장약공 φ102mm

▲ 평행심발 시차 적용 예시

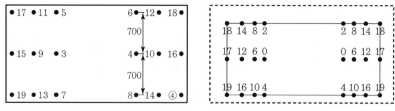

▲ 경사심발 시차 적용 예시

4 터널 표준단면별 설계 패턴 예시

1) 발파패턴 TYPE-1~2

천공경	45mm	굴진장	3.5m
무장약공	102mm	비장약량	1.1~1.2
천공장	3.8m	굴착방법	전단면 굴착

분류	메가맥스 (32mm×420mm×0.400kg)	정밀폭약(Finex) (17mm×500mm×0.100kg)	공당 장약량(kg/hole)
심발공	8EA	—	3.2
심발확대공	7EA	—	2.8
확대공	6EA	—	2.4
외곽공	1EA	6EA	1.0
바닥공	7EA	—	2.8

2) 발파패턴 TYPE-3

천공경	45mm	굴진장	2.0m
무장약공	102mm	비장약량	1.0~1.1
천공장	2.2m	굴착방법	전단면 굴착

분류	메가맥스 (32mm×420mm×0.400kg)	정밀폭약(Finex) (17mm×500mm×0.100kg)	공당 장약량(kg/hole)
심발공	4EA	—	1.6
심발확대공	3EA	—	1.2
확대공	3EA	—	1.2
외곽공	0.5EA	4EA	0.6
바닥공	4EA	—	1.6

3) 발파패턴 TYPE-4~5

천공경	45mm	굴진장	1.2m
심발 경사	70°	비장약량	0.8~1.0
천공장	1.3m	굴착방법	반단면 굴착

분류	뉴마이트 (32mm×295mm×0.250kg)	정밀폭약(Finex) (17mm×500mm×0.100kg)	공당 장약량(kg/hole)
심발공	3EA	–	0.75
심발확대공	3EA	–	0.75
확대공	2EA	–	0.5
외곽공	1EA	2EA	0.45
바닥공	3EA	–	0.75

4) 발파패턴 TYPE-6

천공경	45mm	굴진장	1.0m
심발 경사	70°	비장약량	0.7~0.8
천공장	1.1m	굴착방법	반단면 굴착

분류	뉴마이트 (32mm×295mm×0.250kg)	정밀폭약(Finex) (17mm×500mm×0.100kg)	공당 장약량(kg/hole)
심발공	2EA	–	0.5
심발확대공	2EA	–	0.5
확대공	1.5EA	–	0.375
외곽공	0.5EA	2EA	0.325
바닥공	2EA	–	0.5

Reference

작업형 시험에서는 (주)한화 제품을 표준으로 설계가 진행되기 때문에 상기 패턴 예시에 적용된 폭약 재원은 (주)한화 제품을 따른다.

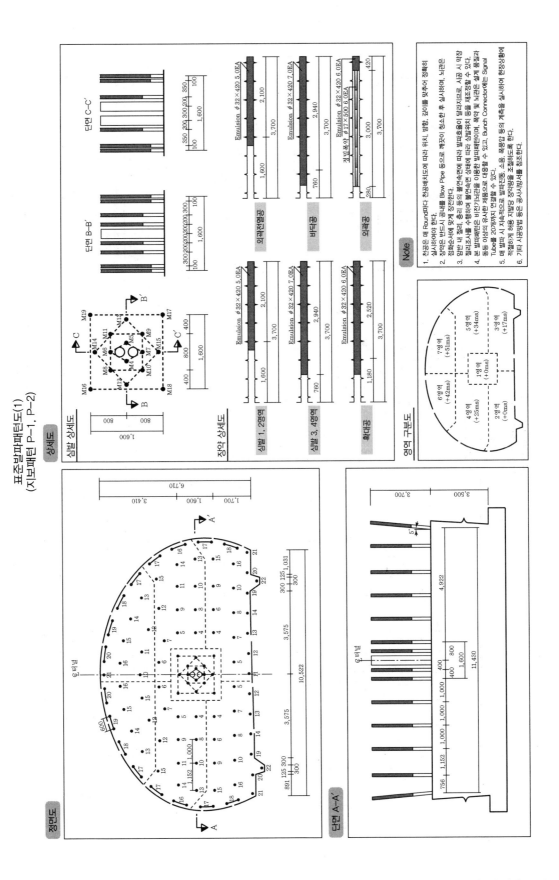

표준발파패턴도(1)
(지보패턴 P-1, P-2)

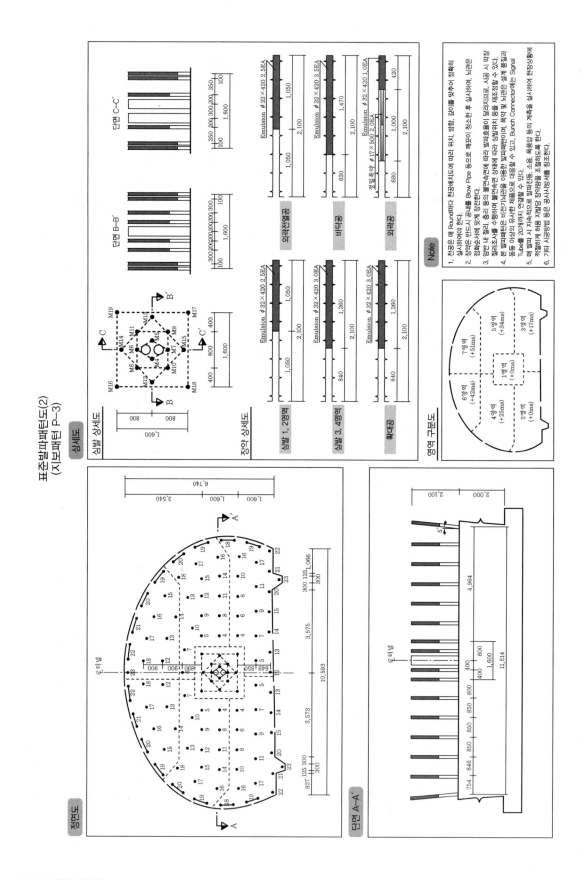

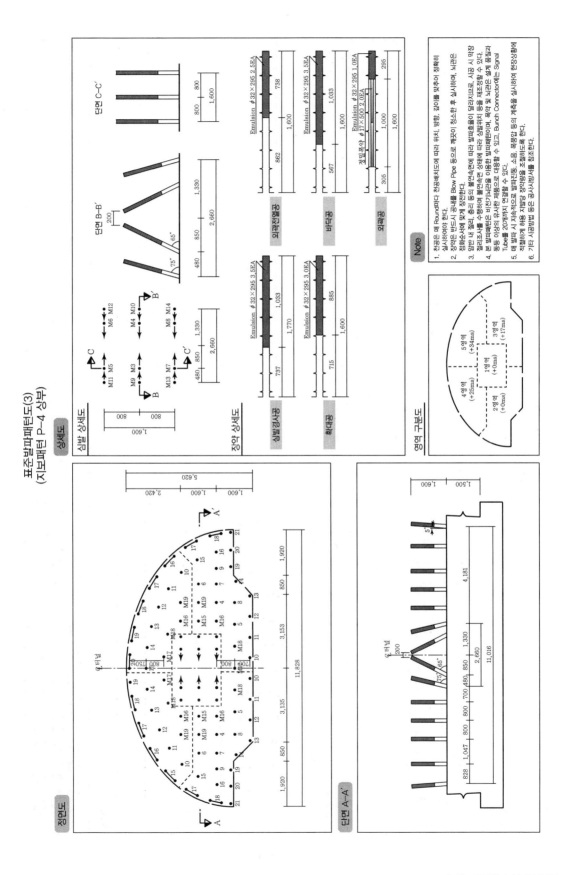

표준발파패턴도(3)
(지보패턴 P-4 상부)

표준발파패턴도(4)
(지보패턴 P-4 하부)

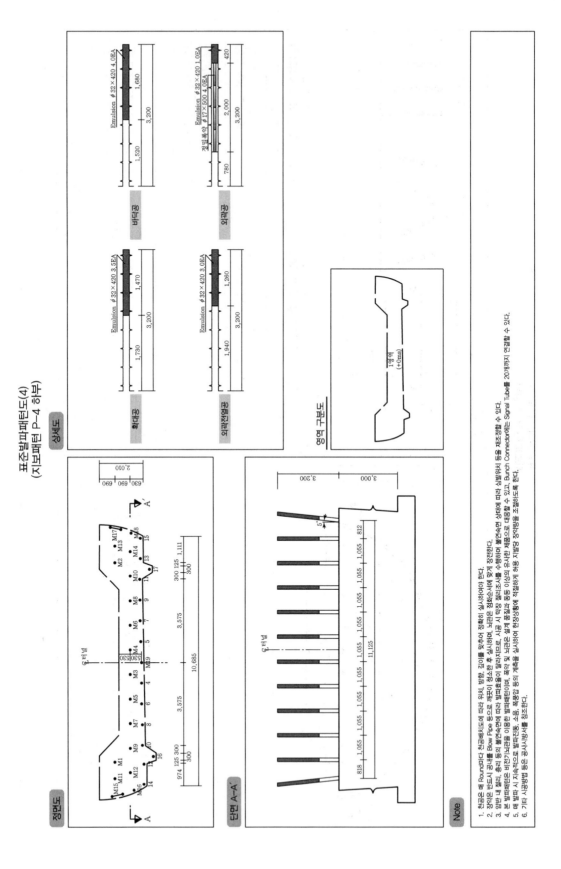

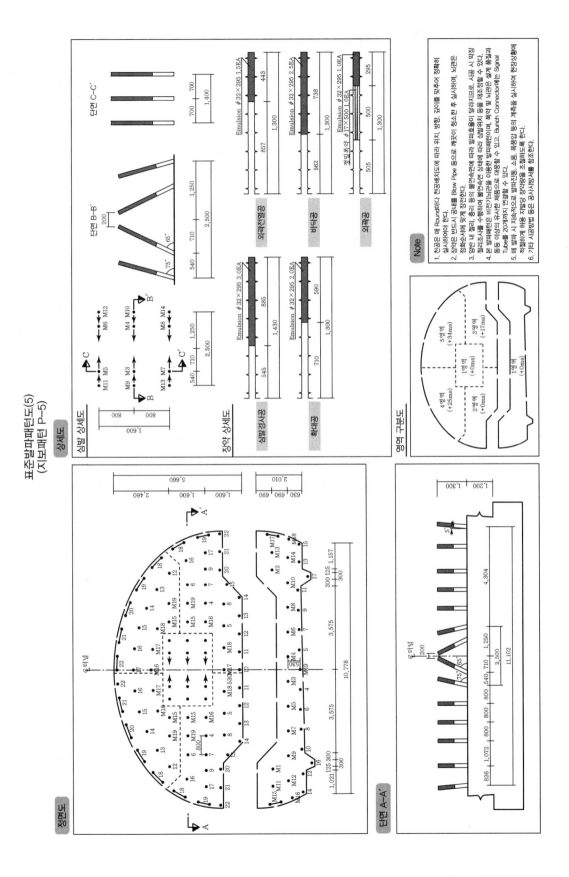

표준발파패턴도(5)
(지보패턴 P-5)

CHAPTER 02 벤치발파 설계

❶ 계단식 발파의 이해

계단식 발파(벤치발파, Bench Blasting)란 가장 일반적인 발파 방법으로, 2개 이상의 자유면에 대해서 1열 또는 다열로 이루어진 종방향의 발파 방법으로 상부로부터 평탄한 여러 단의 계단을 조성하고 굴착이 진행된다.

1) 표준발파공법(국토교통부의 「도로공사 노천발파 설계·시공 지침」)

① 발파의 규모에 따라 미진동 굴착, 정밀진동제어발파, 소규모 진동제어발파, 중규모 진동제어발파, 일반발파, 대규모 발파의 6가지 Type으로 공법을 분류, 표준화하였다.

② 표준발파패턴은 여러 가지 선택 가능한 패턴 중의 하나일 뿐이며 시공 시에는 암반의 상태와 보안물건의 거리 등을 감안하여 적절히 변형하여 적용한다. 예로서 영역 내에서 보안물건과 거리가 가까운 경계 쪽은 공법 내 최저장약패턴이나 이를 변형한 패턴을 적용한다.

③ 발파패턴에서 적용한 계산식은 일반적으로 많이 적용되고 있는 Langefors 제안식과 Oloffson 방식을 채택하였으며 실시설계와 시험발파 단계에서 현장조건을 감안하여 조정이 가능하다.

④ 암반은 보통암 기준으로 적용하며 이에 대한 에멀젼 폭약의 정상발파 비장약량을 0.3~0.35kg/m³로 반영하였다.

⑤ 폭약은 국내외적으로 가장 많이 사용되고 있는 에멀젼 폭약을 기준폭약으로 적용하였으며, 대규모 발파는 주 폭약으로 ANFO를, 기폭약으로 에멀젼 폭약을 적용하였다.

구분	TYPE I 미진동 굴착공법	TYPE II 정밀진동 제어발파	TYPE III · IV 진동제어발파		TYPE V 일반발파	TYPE VI 대규모 발파
			소규모	중규모		
공법 개요	보안물건 주변에서 TYPE II 공법 이내 수준으로 진동을 저감시킬 수 있는 공법으로서 대형 브레이커로 2차 파쇄를 실시하는 공법	소량의 폭약으로 암반에 균열을 발생시킨 후, 대형 브레이커에 의한 2차 파쇄를 실시하는 공법	발파영향권 내에 보안물건이 존재하는 경우 시험발파 결과에 의해 발파 설계를 실시하여 규제기준을 준수할 수 있는 공법		1공당 최대장약량이 발파 규제 기준을 충족시킬 수 있을 만큼 보안물건과 이격된 영역에 대해 적용하는 공법	발파영향권 내에 보안물건이 전혀 존재하지 않는 산간 오지 등에서 발파효율만을 고려하는 공법
주 사용폭약 또는 화공품	최소단위미만폭약 미진동파쇄기 미진동파쇄약	에멀젼 계열 폭약	에멀젼 계열 폭약		에멀젼 계열 폭약	• 주폭약 : 초유 폭약 • 기폭약 : 에멀 젼 계열 폭약
지발당 장약량 범위(kg)	폭약 기준 0.125 미만	0.125 이상 0.5 미만	0.5 이상 1.6 미만	1.6 이상 5.0 미만	5.0 이상 15.0 미만	15.0 이상
천공직경	ϕ51mm 이내	ϕ51mm 이내	ϕ51mm 이내	ϕ76mm	ϕ76mm	ϕ76mm 이상
천공장비	공기압축기식 크롤러 드릴 또는 유압식 크롤러 드릴 선택 사용					
천공깊이(m)	1.5	2.0	2.7	3.4	5.7	8.7
최소저항선(m)	0.7	0.7	1.0	1.6	2.0	2.8
천공간격(m)	0.7	0.8	1.2	1.9	2.5	3.2
표준 지발당 장약량(kg)	−	0.25	1.0	3.0	7.5	20.0
파쇄 정도	균열만 발생 (보통암 이하)	파쇄+균열	파쇄+균열		파쇄+대괴	파쇄+대괴
계측관리	필수	필수	필수		선택	선택
발파보호공	필수	필수	필수		불필요	불필요
2차 파쇄	대형 브레이커 적용	대형 브레이커 적용	−		−	−

※ 천공깊이, 최소저항선, 천공간격 치수 등은 평균적으로 제시한 수치이며, 공사시행 전에는 시험발파에 따라 현장별로 검토 · 적용할 것

2) 계단높이별 패턴 설계 예시

국토교통부의 표준발파공법의 경우에는 각 공법별 대표적인 패턴으로 제시하고 있으나, 작업형 시험장에서는 주로 계단높이에 따라 패턴 설계를 요구하는 경우가 많다. 다음은 계단높이별 패턴 설계 예시이므로, 표준발파공법과 함께 참고하도록 한다.

구분	TYPE I 미진동 굴착공법	TYPE II 정밀진동 제어발파	TYPE IV 소규모 진동제어	TYPE IV 중규모 진동제어	TYPE V 일반발파	TYPE VI 대규모 발파	석산발파
계단높이(m)	1.3	2	3	4	6	9	15
천공장(m)	1.5	2.2	3.2	4.4	6.5	10.0	16.5
저항선(m)	0.4	0.8	1.0	1.8	2.0	2.5	3.0
공간격(m)	0.5	0.8	1.2	2.0	2.5	3.0	3.5
천공경	ϕ51mm	ϕ51mm	ϕ51mm	ϕ76mm	ϕ76mm	ϕ76mm	ϕ102mm ϕ127mm
약경	ϕ32mm	ϕ32mm	ϕ32mm	ϕ50mm	ϕ50mm	ϕ50mm	ϕ50mm
사용폭약	에멀젼	에멀젼	에멀젼	에멀젼	에멀젼	ANFO +에멀젼	ANFO +에멀젼
지발당 장약량(kg)	0.125	0.5	1.25	4.5	9.0	20	55
비장약량 (kg/m³)	0.48	0.39	0.35	0.31	0.30	0.30	0.35
천공방식	수직	수직	수직	수직	경사	경사	경사

여기서, ANFO : 포장당 20kg, 평균폭속 3,300m/sec
에멀젼 : 뉴마이트 플러스 I , 평균폭속 5,700m/sec
ϕ32mm : 길이 295mm, 250g
ϕ50mm : 길이 420mm, 1,000g

Reference

로드(Rod) 길이별 실제 천공길이

이론상 1로드 길이	실제 천공길이
3.0m	약 2.5~2.7m
3.6m	약 3.0~3.2m
4.0m	약 3.4~3.6m

❷ 기타 발파 방법

1) 바닥고르기 작업(수준발파, 정지작업, Leveling)

바닥의 수평을 위한 바닥고르기 발파는 낮은 계단의 발파로서 계단높이가 최대저항선의 2배보다 낮은 곳에 적용되며, 뿌리깎기로 불리기도 한다. 계단식 발파에서 뿌리깎기를 잘하기 위하여 서브드릴링 또는 토우홀 방식으로 천공하며, 이러한 작업을 하지 않으면 바닥에 암석이 남게 되어 쇼벨, 백호우 등의 중기류 움직임을 원활하게 할 수 없어 작업에 지장을 초래한다.

① Sub-drilling : 바닥면보다 약간 깊게($0.3 \sim 0.35 B_{\max}$) 천공한다.

② Toe Hole(Snake Hole) : 막장을 향해 수평 혹은 약간 하부($5 \sim 10°$)로 천공한다.

③ 일반적으로 수직천공을 실시하며, 비산의 위험과 지반진동을 줄이기 위해 소구경의 발파공을 사용한다.

2) 트렌치 발파

트렌치 발파(Trench Blasting)는 기름, 가스의 보급, 케이블, 상하수도, 물 공급 등에 이용되는 파이프라인 개설에 적용되는 발파 방법으로, 계단식 발파와 비슷한 형식이지만 Bench의 폭이 좁은 것이 특징이다. 일반적으로 Bench의 폭이 4m보다 작으면 트렌치 발파라 부르며, Bench의 폭이 좁아 암반이 구속된 정도가 계단식 발파보다 크므로 높은 비장약량과 비천공장이 요구된다.

① 트렌치 발파에서 중간공의 발파공($50 \sim 75$mm)은 여굴과 비석의 위험을 가중시키므로 천공경의 크기는 트렌치 폭에 의해 결정되어야 한다.

$$d = \frac{W}{60}$$

여기서, d : 공경(mm)
W : 트렌치 폭(m)

② 전통적인 트렌치 발파(Traditional Trench)

가운데(중앙) 공은 앞에, 측벽(주변) 공은 뒤에 위치하며, 모든 공의 장약량은 같고, 중간 장약밀도는 정상적인 Bench 발파보다 작으나, 하부 장약밀도는 증가한다. Traditional Trench의 장점은 모든 공의 장약량이 동일하여 지반진동이 적다는 것이고, 단점은 천공패턴이 불균일하며, 여굴(Overbreak)이 발생한다는 것이다.

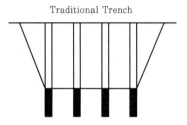

제2장 벤치발파 설계 | 341

③ 스무스한 벽의 트렌치 발파(Smoothwall Trench)

발파공을 1열에 한 줄로 있도록 하며, 측벽(주변)공은 모서리 파쇄를 증가, 즉 여굴이 되므로, 이를 방지하기 위하여 측벽공의 장약밀도를 낮춘다. Smoothwall Trench의 경우 여굴을 감소시켜 주변을 미려하게 하지만, 짧은 메지(전색)로 인해 비석의 위험을 증가시킨다. 장점은 천공패턴이 일정하고, 여굴(Overbreak)을 감소시킨다는 것이며, 단점은 가운데 공과 측벽공의 장약량이 다르며, 가운데 공에 폭약량이 많아 지반진동이 크다는 것이다.

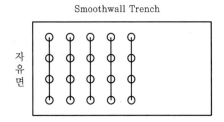
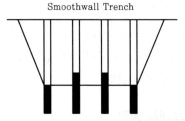

> **Reference**
>
> 천공의 경사는 트렌치 발파에서 대단히 중요하다. 특히 수직천공을 피하고 경사천공을 실시해야 하는데, 수직천공 시 이론상의 계산보다 더 큰 Toe를 발생시키기 때문이다.

3) 확대발파법(와이드 스페이스, Wide Space Blasting)

천공장은 일반적인 벤치발파의 경우와 동일하게 유지하며, 천공간격을 넓히고 반대로 저항선을 작게 함으로써(공간격/저항선의 비율을 2~8배 정도로 한다.) 파쇄 버력을 작게 또는 비교적 균일하게 하는 발파 방법이다. 또한, 버력의 입도가 작게 되어 소할 및 적재, 운반비 등이 감소하여 파쇄 후 2차 비용이 감소되며, 첫 열의 경우에는 천공간격과 저항선의 비를 1.25 정도로 하여 비석의 위험을 방지한다.

4) 소할발파(Secondary Blasting)

소할발파 또는 2차 발파는 매우 큰 암괴를 파쇄하는 것이다. 대괴의 처리는 비용이 많이 드는 작업이기 때문에 대괴가 나오지 않도록 발파 계획이 이루어져야 한다.

① **천공법** : 암석에 직접 천공을 하고 발파하는 방법으로, 암석 내부 중심을 향하여 2/3~3/4 깊이까지 천공을 하고 장약을 한다. 다른 방법보다 소량의 폭약으로도 발파가 가능하기 때문에 효과적이다.

② **사혈법** : 옥석이나 암석의 일부분에 구멍을 파고 폭약을 장전해서 발파하는 방법으로, 전색을 철저히 해야 하며, 암석에 천공이 어려운 경우 적용된다.

③ **복토법(붙이기 발파법, 외부장약법)** : 암석 외부의 움푹 파헤쳐진 부분에 폭약을 장전하고 점토 등으로 두껍게 그 위를 덮은 다음 발파하는 방법으로, 폭속과 맹도가 큰 폭약을 사용해야 한다.

5) 파쇄입도

파쇄입도란 발파 후 얻어진 파쇄암석의 평균 크기를 의미하며, 최적 입도의 암석이란 발파 후 별도의 처리를 필요로 하지 않는 크기의 파쇄암이다.

① 대괴 원석을 얻기 위한 방법
- ㉠ 비장약량을 적게 한다(상부장약, 주상장약을 감소시킨다).
- ㉡ 천공간격(S)과 최소저항선(B)의 비율(S/B)을 1보다 작게(최소저항선을 천공간격보다 크게) 한다.
- ㉢ 1회당 1열씩 기폭시킨다.
- ㉣ 제발발파를 실시한다.
- ㉤ 전색장을 늘려서 발파한다.
- ㉥ 동일 암석체적에 대한 천공 수를 감소시킨다.

② 소괴 원석을 얻기 위한 방법
- ㉠ 비장약량을 높게 한다(상부장약, 주상장약을 증가시킨다).
- ㉡ 천공간격(S)과 최소저항선(B)의 비율(S/B)을 1보다 크게(최소저항선을 천공간격보다 작게) 한다.
- ㉢ 1회당 여러 열씩 기폭시킨다.
- ㉣ 지발발파를 실시한다.
- ㉤ 전색장을 줄여서 발파한다.
- ㉥ 동일 암석체적에 대한 천공 수를 증가시킨다.

조절발파 설계

1 조절발파의 이해

조절발파는 지하공동이나 도로 및 철도 작업에 의해 드러난 암반 사면, 터널 등에서 안정성을 높이기 위해 실시되며, 기본 원리는 적은 장약량으로 공 주위에 균열을 발생시켜 공과 공을 연결하는 파단면을 형성하는 것이다. 일반적으로, 발파공 지름에 비해 작은 지름의 폭약을 장약하여 폭약과 발파공의 벽 사이에 공간을 형성하여 발파할 때 가스압을 감소시켜 공 벽면의 손상을 적게 하고 공 사이에 균열을 유도한다. 이를 효과적으로 적용하기 위해 디커플링(Decoupling) 장약 방법 및 디커플링 효과를 이용한다.

2 조절발파의 종류

1) 라인 드릴링(Line Drilling)

굴착 예정면을 따라 일렬의 공들을 공간격이 좁게 연속적으로 천공하여 본 발파를 할 때 파단면의 형성이 유도되도록 하는 방법이다. 프리스플리팅이나 스무스 블라스팅과 비교 시, 파단 예정면에 천공한 공에는 장약을 하지 않는다는 것이 특징이다. 주로 노천 발파 작업 시 적용되며, 터널 작업에서 적용되기도 한다.

① Line Drilling의 실시
  ㉠ Line Drilling 공의 지름은 35~75mm를 사용하다.
  ㉡ 공간격은 공 지름의 2~4배 크기로 천공한다.
  ㉢ Line Drilling 공에는 장약을 하지 않고 자유면과 굴착 예상면 사이에 천공된 발파공들에 장약을 한다.
  ㉣ Line Drilling과 인접한 첫 번째 주변공과의 거리는 본 발파 최소저항선의 0.5~0.75배 정도가 되게 한다.
  ㉤ 첫 번째 열의 공간격은 본 발파 공간격의 0.5~0.75배 정도가 되게 하고, 장약은 일반 장약량의 0.5배 정도로 한다.

② Line Drilling의 장점
  ㉠ 무장약공이 진동 차단 역할을 겸한다.
  ㉡ 발파 시 후방으로 전달되는 폭발에너지의 일부가 굴착 예상면에 천공된 공들에 의해 차단되어 뒤쪽 암반에 영향을 주지 않기 때문에 매끈한 면을 얻을 수 있다.
  ㉢ 약장약일 경우에 굴착선에 영향을 줄 수 있는 지반에서 적용 가능하다.

③ Line Drilling의 단점

　　㉠ 균질하지 않은 암반(층리, 절리 등을 지닌 이방성이 심한 암반구조)에서는 비효율적이다.

　　㉡ 천공간격을 밀접하게 하기 때문에 천공 비용이 증가한다.

　　㉢ 천공 수가 많기 때문에 천공시간이 많이 소요된다.

　　㉣ 예정 파단선상의 공들이 평행 천공이 이루어지기 때문에 천공작업의 숙련도가 요구된다.

　　㉤ 아주 작은 천공오차에도 나쁜 결과를 초래한다.

2) 스무스 블라스팅(Smooth Blasting)

노천이나 지하 터널 작업 모두에서 사용할 수 있지만 주로 지하 터널 작업 시 최외곽부의 발파공에 적용되며, 일반 발파 방법과 마찬가지로 예상 굴착면의 발파공을 제일 나중에 발파시키는 점에서는 같으나 천공 형태는 정상적인 발파작업에 비해 공간격을 좁게 하고 다른 공보다 작은 지름 및 낮은 장약밀도를 가진 폭약을 사용하는 점에서 차이가 있다.

① Smooth Blasting의 실시

　　㉠ Smooth Blasting의 공간격 대 최소저항선의 비는 Smooth Blasting의 효과를 좌우하는 중요한 요소로서, 일반적으로 공간격은 최소저항선의 0.5~0.8배 정도로 한다.

　　㉡ SB공의 장약은 정밀폭약을 사용해야 하고, 디커플링 지수를 2.0~3.0 정도로 하며, 전폭성이 좋아야 한다. 또한, 장약량은 1m당 0.2~0.3kg 정도를 표준으로 한다.

　　㉢ SB공은 가능한 한 동시에 기폭시키는 것이 좋고, 전폭약의 위치는 정기폭이 Cut - off의 우려가 있을 경우 중기폭이나 역기폭을 실시한다.

② Smooth Blasting의 장점

　　㉠ 굴착면을 평활하게 함으로써 수정 작업이 적어 공기가 단축된다.

　　㉡ 낙석이나 낙반의 위험이 적어지므로 안전상 좋다.

　　㉢ 여굴의 감소로 공사 비용이 적게 든다.

③ Smooth Blasting의 단점

　　㉠ 절리, 층리, 편리 등이 발달한 암석에서는 효과가 적다.

　　㉡ SB공의 천공간격이 보통의 발파법보다 좁기 때문에 천공 수가 많아진다.

　　㉢ SB공의 공간격과 최소저항선과의 사이에 조화와 정확도를 요구함으로써 고도의 천공기술이 요구된다.

④ 정밀 폭약 날개의 역할

　　㉠ 폭약을 공 중심에 위치시켜 폭발압력을 공벽에 고루 작용시킨다.

　　㉡ 약포를 연속적으로 장전하도록 돕는다.

　　㉢ 약포를 빠지지 않게 한다.

　　㉣ 디커플링 효과를 최대화한다.

3) 쿠션 블라스팅(Cushion Blasting)

Line Drilling과 같이 일렬의 발파공들이 천공되지만 천공 수에서는 Line Drilling보다 적게 요구된다. Smooth Blasting과 마찬가지로 굴착 예상면의 발파공들을 제일 나중에 기폭시키지만 장약 방법이 상이하다. Cushion Blasting의 발파공은 천공경보다 훨씬 작은 지름의 폭약을 발파공 내에 분산시키고 폭약을 자유면 쪽의 발파공 벽에 장약하고 나머지 부분은 전색을 실시한다. 이 방법은 작업의 어려움 때문에 지하 작업에서는 적용이 어렵고 노천 발파 시 수평 및 경사공에 적용할 수 있다.

① Cushion Blasting의 실시
- ㉠ 쿠션 발파공들은 소량 장약하며, 완전 전색이 되게 하면서 잘 분배되어야 한다.
- ㉡ Cushion Blasting에서는 공들 간에 연시초시를 없애거나, 아주 짧게 하여 점화한다.
- ㉢ 절단면을 좋게 하기 위해 하부 장약량을 증가시킨다.
- ㉣ 폭음과 소음이 문제가 되지 않는 곳에서는 도폭선으로 점화하는 것이 가장 좋다.

② Cushion Blasting의 장점
- ㉠ 공간격을 크게 할 수 있어 천공 수가 적어진다.
- ㉡ 암반이 불균일한 곳에 적용성이 좋다.

③ Cushion Blasting의 단점
- ㉠ 쿠션 발파공이 점화되기 전에 주 발파공이 점화되어야 한다.
- ㉡ Pre-splitting과 결합 없이 직각인 코너에서 적용하기 어렵다.

4) 프리스플리팅(Pre-splitting)

Line Drilling과 같이 파단선을 따라 천공열을 만드나 이들 공 속에는 폭약을 장전하여 다른 공보다 먼저 발파함으로써 예정 파단선을 미리 만들어 놓고 다른 공을 발파하여 파괴가 이 파단선을 넘지 않도록 하는 공법으로, 2개의 공 사이에서 발생하는 응력파가 겹치지 않고 서로 충돌하여 충돌 부위에서 암석을 당겨 균열을 발생시킨다. 일반적으로 도폭선과 순발전기뇌관을 이용할 시 가장 효율적인 것으로 알려져 있다.

① Pre-splitting의 실시
- ㉠ Pre-splitting의 장약량은 두 가지 방식으로 나뉘며, 그중 하나는 1공당 장약량으로서 암석계수, 공간격, 천공장을 통해 다음과 같이 계산된다.

$$W = C \times S \times L$$

다른 하나는 단위길이당 장약량으로서 천공경에 따라 다음과 같이 계산된다.

$$W = \frac{d^2}{0.12}$$

ⓛ Pre－splitting의 공간격은 근접공 내의 상호 간에 발생한 폭발압력에 의해 생긴 균열의 신장 길이로 결정되며, 사용된 폭약의 종류와 디커플링 지수 및 균열반경의 관계를 고려해서 천공경의 10~12배 정도를 표준으로 하며, 최소저항선의 0.5배 정도로 하기도 한다.

ⓒ 두 개의 평행한 Pre－splitting Line 간의 사이가 4m 이내인 경우 동시 기폭은 피해야 하며, 한 Line의 기폭은 제발시키는 것이 효과가 높기 때문에 순발 전기뇌관을 사용한다.

② Pre－splitting의 장점

ⓐ 균질한 암반에서 효과적이다.

ⓛ 암반 균열을 최소화한다.

ⓒ 제발발파가 효과적이다.

③ Pre－splitting의 단점

ⓐ 선행 발파 시 소음 및 진동이 우려된다.

ⓛ 암반상태의 미확인 상태에서 본 발파를 시행해야 한다.

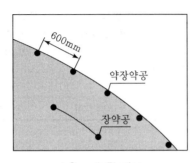

▲ Smooth Blasting

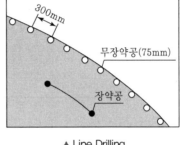

▲ Line Drilling

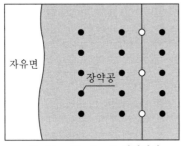

Cushion Blasting공 연결선이
발파 직전 자유면

▲ Cushion Blasting

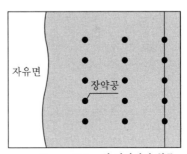

Pre-splitting의 연결선이 최종
발파 후 자유면(선행발파)

▲ Pre－splitting

❸ 조절발파의 종류별 특징

구분	Smooth Blasting	Cushion Blasting	Pre-splitting	Line Drilling
개요	최종 열에 좁은 공간격, 최소저항선, 소구경 화약을 이용한 약장약으로 주변에 미치는 영향을 최소화	소량의 분상장약과 전색재, 공기에 의한 완충효과를 활용하며, 장약을 자유면 쪽에 붙여 수행	발파 전에 선행발파를 실시하여 인위적 파단면을 형성함으로써 진동의 전파경로를 차단	보안물 방향에 천공경의 2~4배 간격으로 천공하여 인위적으로 진동전파 경로를 차단
천공 간격	• $S : W$ $=(0.5{\sim}0.8) : 1$ • S : 공간격 • W : 최소저항선	• 넓은 공간격 • 공간격은 최소저항선의 0.8배	• 공경에 비례(10~12배) • SB보다 좁은 공간격 • 최소저항선의 0.5배	• 공경의 2~4배 • 전열 최소저항선의 0.5~0.75배
장점 및 단점	• 주발파와 동시 시행 • 정밀폭약 이용으로 장약이 용이 • 주변 암반의 이완 손상이 적음 • 여굴이 적고 평활한 굴착면 확보	• Line Drilling에 비해 천공 수가 적음 • 불량 암질에서 효과적 • 부분 장약 • 주발파 완료 후 시행 • 장약 시 주의 • 소음이 문제되지 않는 경우, 도폭선이 효과적	• 균질 암반에서 효과적 • 암반균열 최소화 • 선행 발파 시 소음, 진동 우려 • 숙련공 필요 • 제발발파가 효과적 • SB보다 적은 장약량	• 진동 경감 • 암반 균열 최소화 • 무장약 • 과도한 천공비 • 숙련공 필요 • 첫 주변공의 장약은 일반 장약의 절반
용도	노천·터널발파	노천발파	노천·터널발파	노천·터널발파

CHAPTER 04 모의발파 작업

1 발파작업 순서

▲ 천공위치의 선정 및 천공

▲ 화약류 수령 및 검수

▲ 공청소 실시

▲ 전폭약포 제작(뇌관 삽입)

▲ 전폭약포 제작(뇌관 연결)

▲ 전폭약포 장전

▲ 전색

▲ 뇌관 결선

▲ 경계원 배치 및 대피

▲ 도통테스트

▲ 발파기 충전 및 점화

▲ 발파 확인

❷ 모의발파 순서

천공 → 발파기, 도통시험기 수령 및 작동 확인 → 폭약 및 전색제 수령 → 전기뇌관 수령 → 공청소 실시 → 전폭약포 제작 및 장전 → 전색 → 뇌관 결선 → 모선 연결 → 경계원 배치 및 대피 → 발파기 충전 및 점화 → 발파 확인

1) 천공

천공은 발파공을 천공(Drilling)하는 작업으로, 발파공의 위치나 깊이, 크기 등은 발파의 목적과 사용 폭약의 종류, 암반의 특성, 자유면의 상태 등에 의해 결정되며, 가급적 천공방향은 자유면에 평행하도록 한다. 또한, 천공은 크게 수직천공과 경사천공으로 분류되며, 수직천공에 비교한 경사천공의 장점 및 단점은 다음과 같다.

① 경사천공의 장점
- ㉠ 자유면 반대방향의 후면 파괴(배면파괴, Back Break) 영역 감소
- ㉡ 1자유면에서의 문제성 감소
- ㉢ 낮은 계단 발파에서의 원거리 비산
- ㉣ 낮은 계단 발파에서의 양호한 파쇄율
- ㉤ 느슨한 암석의 자유면 보호에 유리

② 경사천공의 단점
- ㉠ 공구 자리잡음의 곤란
- ㉡ 정확한 경사각 유지의 곤란
- ㉢ 공 내에 로드 걸림 현상이 자주 발생
- ㉣ 장약 작업의 곤란
- ㉤ 지질학적 불연속면의 영향 증가

2) 발파기, 도통시험기 수령 및 작동 확인

폭약 및 뇌관 수령 전에 먼저 발파기와 도통시험기 등의 정상작동을 확인하는 것이 좋다. 다만, 폭약 및 뇌관을 먼저 수령 시에는 발파기 등의 기자재를 확인하는 동안 방치될 우려가 있으니 주의하도록 한다. 보통 발파기는 발파키(Key, 스위치) 삽입 후 충전 버튼을 눌렀을 때 발파기 상단에 불이 들어오는지 확인할 수 있으며, 도통시험기는 뇌관 각선을 금속부에 접촉시킴으로써 정상작동 여부를 확인할 수 있다.

3) 폭약 및 전색제 수령

일반적으로 작업형 시험장에서는 에멀젼 계열의 폭약을 취급하며, 폭약 수령 시에는 뇌관과 동시에 수령하지 않는다. 다만, 전색제의 경우에는 가능하므로 주어지는 조건(발파패턴이나 천공수)에 따라 폭약 개수를 정하여 폭약과 전색제의 비율이 1 : 1이 되도록 한다(즉, 폭약 1본당 전색제 1개).

4) 전기뇌관 수령

전기뇌관의 경우에는 각선 색상마다 시차가 다르므로, 작업형 시험 전에 각각의 고유 시차별 각선 색상을 익혀두는 것이 좋다. 또한, 시험장마다 전기뇌관의 종류를 다르게 준비하지만, 대체로 같은 색상의 뇌관보다는 번호가 순차적으로 진행될 수 있도록 챙기는 것이 좋다.(예로서 1번, 2번, 3번, 4번, …)

5) 공청소 실시

폭약을 장전하기 전에 먼저 발파공에 남아 있는 암석 가루 등을 청소해야 한다.

6) 전폭약포 제작 및 장전

① 천공 내의 폭약을 폭발시키는 데에는 전기뇌관을 폭약의 포장지 속으로 넣어 점화시키는 방법이 주로 이용된다. 여기서, 뇌관을 삽입한 폭약을 전폭약이라 하며 전폭약의 장전위치에 따라 정기폭, 역기폭, 중기폭으로 구분한다.

㉠ 정기폭 : 자유면 방향, 즉 구멍 입구 쪽에 기폭점을 두는 것이 안쪽에 두는 것보다 충격파가 자유면에 도달하는 시간이 빠르고, 자유면에서 반사하는 반사파의 세기가 크다.

㉡ 역기폭 : 기폭약포를 공저에 넣는 방법으로, 기폭점이 안쪽에 있어 발파위력이 내부에 더욱 크게 작용하여 잔류공을 남기는 일이 거의 없으나, 폭약을 다져 넣는 데 주의해야 한다.

㉢ 중기폭 : 기폭점을 공 입구와 공저 중간 부분에 두는 것으로, 장약의 길이가 긴 경우 주로 사용된다.

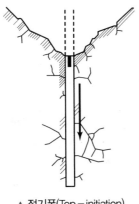

▲ 정기폭(Top - initiation)

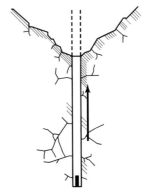

▲ 역기폭(Bottom - initiation)

② 장약작업에는 나무로 만든 다짐봉을 사용하여 장전비중이 커지도록 폭약을 압입한다. 그리고 발파효과를 높이기 위해서는 천공 구멍의 지름과 약포 지름의 차를 되도록 작게 하여 장전밀도를 크게 해주는 것이 좋다.

③ 다만, 장전밀도가 너무 크게 되면 오히려 폭굉이 일어나지 않게 되어 사압현상을 일으킬 우려가 있다.

④ 삽입봉(다짐봉)은 마디가 없는 나무 종류가 좋으며, 주변의 전기용접 작업이나 화기 등에 주의한다.

7) 전색

① 전색은 발파위력을 크게 하고, 폭풍압의 발생을 억제하며, 갱내에서의 가스나 석탄가루에 대한 인화의 위험성을 적게 하여 안전성을 높이고, 발파 후 발생 가스를 적게 하므로 특수한 경우를 제외하고는 전색 없이 발파를 하는 경우는 거의 없다.

② 전색은 발파 시 발생될 수 있는 공발을 방지하고, 발파효과를 높이기 위하여 충분히 하여야 한다.

③ 전색물의 조건
  ㉠ 발파공벽과 마찰이 커서 발파에 의한 발생 가스의 압력을 이겨낼 수 있는 것
  ㉡ 재료의 구입과 운반이 쉽고 값이 저렴한 것
  ㉢ 틈새를 쉽게 빨리 메울 수 있는 것

② 압축률이 작지 않아 단단히 다져질 수 있는 것

⑩ 불발이나 잔류 폭약을 회수하기에 안전한 것

⑭ 폭약의 기폭 시 연소되지 않는 것

8) 뇌관 결선

① 전기식 뇌관의 결선

    ㉠ 직렬 결선 : 인접된 전기뇌관의 각선을 연결하고 처음과 끝의 각선을 모선에 연결하는 방법

    ㉡ 병렬 결선 : 각 뇌관의 각선을 모선에 연결하는 방법

    ㉢ 직병렬 결선 : 몇 개의 직렬군을 병렬로 결선하는 것으로, 전등선이나 동력선으로 대량 제 발발파하거나, 수갱이나 사갱 등의 대발파에서 이용하는 방법

구분	장점	단점
직렬 결선	• 결선이 간단하여 틀리지 않는다. • 불발 시 조사가 쉽다. • 모선, 각선의 단락이 거의 없다. • 한 군데라도 불량하면 모두 불발된다. • MS뇌관을 사용하는 데 적합하다.	• 전기뇌관의 모든 저항이 동일해야 한다. • 저항이 큰 것은 먼저 기폭된다. • 각선 길이 및 뇌관 형식이 동일해야 한다.
병렬 결선	• 전기뇌관의 저항이 조금씩 다르더라도 상관없다. • 대형발파에 적용할 수 있다.	• 결선이 복잡하여 틀리기 쉽다. • 결선이나 뇌관에 불량이 있으면 그것만 불발되어 발견이 곤란하다. • 모선, 각선의 단락이 잦다. • 많은 전류가 필요하다.
직병렬 결선	• 적당한 전력으로 다수의 뇌관을 점화할 수 있다. • 도통시험기로 적용이 용이하다. • 보조모선을 이용하면 전류를 쉽게 균등 배분할 수 있다.	• 각 분로의 저항이 같아야 한다(분로균형).

② 결선방법

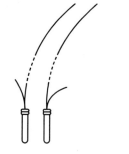 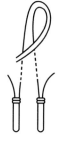 

㉠ 결선할 선을 나란히 정렬   ㉡ 두 선을 한 묶음으로 하여   ㉢ 5회 이상 돌려 감아서 단
    한다.   고리를 만든다.   단하게 결선한다.

9) 모선 연결

① 모선을 연결할 때에는 물기가 있는 장소, 철관, 레일, 동력선, 신호선은 피한다. 또한, 뇌관 각 선 근처 등 배선이 상할 염려가 있는 곳은 발파모선보다 보조모선을 사용하는 것이 좋다.

② 모선은 30m 이상 길이로 하여 안전거리를 충분히 확보할 수 있도록 하고, 결선상태를 점검하는 등 주의해야 한다.

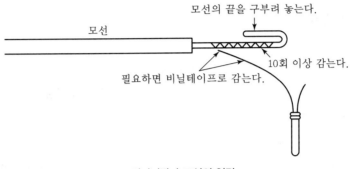

▲ 전기뇌관과 모선의 연결

10) 경계원 배치 및 대피

① 앞의 과정들이 완료되면, 폭약의 점화에 필요한 작업자 이외에는 모두 안전한 곳으로 대피하여야 하며, 필요한 위치에 경계원을 배치하여야 한다.

② 대피 장소
  ㉠ 발파의 진동으로 지반이나 측벽이 무너지지 않는 곳
  ㉡ 발파로 인한 파쇄석이 날아오지 않는 곳
  ㉢ 경계원으로부터 연락을 받을 수 있는 곳

③ 경계원 배치 시 확인하여야 할 사항
  ㉠ 경계하는 구역
  ㉡ 경계하는 위치
  ㉢ 발파횟수
  ㉣ 발파 완료 후의 연락방법

11) 발파기 충전 및 점화

① 발파 5분 전 : 모선을 발파기에 연결하기 전 최종적으로 도통시험기를 통해 결선 상태를 점검한다.

② 발파 1분 전 : 발파키(Key, 스위치)를 삽입하고 충전을 시작하며, 충전 완료 후에는 발파 카운트(5초) 후에 발파 버튼을 누른다. 이때, 충전 버튼은 발파가 완료될 때까지 계속 누르고 있어야 하며, 도중에 충전 버튼에서 손을 떼면 리셋되므로 주의한다.

12) 발파 확인

① 발파가 완료되면 발파키(Key, 스위치)를 제거한다.

② 재폭발을 막기 위해 모선을 발파기에서 분리 후 단락시킨다.

③ 안전지역에서 5분 이상 대기 후 파쇄상태 등을 육안으로 확인한다.

④ 잔류약의 유무나 불발된 발파공이 있는지 확인하고, 적절한 조치를 취한다.

13) 불발 및 잔류약

① 불발의 발생원인

㉠ 결선법의 부적합 및 발파기의 용량 부족

㉡ 습윤, 백금선 절단, 전기저항 이상과 같은 뇌관 자체의 이상

㉢ 폭약의 변질, 습윤, 동결 등의 폭약 자체 결함

② 잔류약의 발생원인

㉠ 폭약에 의한 원인 : 분말계 폭약의 비중 과대와 약경 과소, 장기저장에 의한 변질과 흡습에 의한 고체화 및 동결 등

㉡ 장전에 의한 원인 : 뇌관위치의 부적절, 채널 효과에 의할 때, 장약장이 너무 길어 폭굉이 중단될 때, 약포 간에 공간이나 이물질이 끼어 있을 때 등

㉢ 발파에 의한 원인

③ 불발 시 처리 방법

㉠ 불발된 천공 구멍으로부터 60cm 이상(손으로 뚫은 구멍인 경우에는 30cm 이상)의 간격을 두고 평행으로 천공하여 다시 발파하고 불발한 화약류를 회수한다.

㉡ 불발된 천공 구멍에 고무호스로 물을 주입하고 그 물의 힘으로 메지(전색물)와 화약류를 흘러나오게 하여 불발된 화약류를 회수한다.

㉢ 불발된 발파공에 압축공기를 넣어 메지(전색물)를 뽑아내거나 뇌관에 영향을 미치지 아니하게 하면서 조금씩 장전하고 다시 점화한다.

㉣ 이상의 방법으로 불발된 화약류를 회수할 수 없는 때에는 그 장소에 적당한 표시를 한 후 화약류관리보안책임자의 지시를 받는다.

❸ 도폭선 발파

도폭선은 심선의 색상에 따라 심약이 다르게 함유되어 있다. 작업형 시험장에서는 대개 녹색(심약 5g/m) 도폭선이 사용되며, 도폭선을 이용한 전폭약포의 제작이나 도폭선 상호 간의 결선, 뇌관과의 결합 등에 대하여 숙지해야 한다.

1) 전폭약포 제작

① 뇌관을 도폭선 또는 폭약과 결합 시 뇌관의 이상 유무를 확인해야 한다.

② 도폭선 상호 간 결선 및 도폭선과 전기뇌관의 결합을 잘못하면 도폭선의 전폭이 되지 않고 불발될 염려가 있으므로, 다음 표에 나타낸 옳은 결선법에 의해서 결선해야 한다.

분류		옳음	나쁨
도폭선의 결선	접속	5cm 이상 5cm 이상 ── 테이프	
	분기	폭파방향 뇌관 (폭발 진행방향이 명확할 때) 90° (폭발 진행방향이 불명확할 때)	뇌관 ── 폭파방향 θ X (폭발 진행방향의 반대로 분기되면 안 된다.)
도폭선과 뇌관의 결합		뇌관 폭파방향 (뇌관은 후두부를 폭발 진행방향으로 향하게 한다.)	뇌관 폭파방향

㉠ 도폭선의 결선은 흡습한 경우를 고려하여 끝으로부터 적어도 5cm 이상 되는 곳에서 실시해야 한다.

㉡ 도폭선과 뇌관의 결합에 있어서는 도폭선과 뇌관을 평행으로 하고 테이프로 단단히 동여맨다. 다만, 이 경우 발파방향과 각선방향이 일치하면 전폭하지 않으므로 주의한다.

㉢ 도폭선의 분기방향이 발파의 진행방향과 반대로 되지 않도록 주의해야 한다. 발파의 진행방향이 불명확할 때에는 간선과 지선을 직각으로 결선해도 좋다.

2) 도폭선 규격

제품명	평균폭속(m/sec)	심약량(g/m)	색상
하이코드 50	7,000	5	녹색
하이코드 100	7,000	10	적색
하이코드 200	7,000	20	백색
하이코드 400	7,000	40	백색바탕 적색띠

▲ 도폭선

4 폭약의 종류별 특징

구분	다이너마이트	에멀젼 폭약	ANFO	정밀폭약
제품 개요				
내수성	우수	최우수	취약	우수
폭속	5,600~6,700m/sec	4,500~5,800m/sec	2,800m/sec	3,900~4,400m/sec
후가스	880~900L/kg	810~890L/kg	970L/kg	640L/kg
장점	• 경암구간 잔류공 최소화 • 심빼기효율 극대화 • 암질의 변화에 따른 포용범위 우수	• 소음·진동저감 우수 • 안정성 및 경제성 우수 • 내수성 최우수	• 석회석 및 노천 채굴에 적용 • 경제성 우수 • 전용 장전기로 장전	• 모암 균열 극소화 • 여굴 방지, 발파면의 미려함과 정밀성을 만족시켜 발파효율, 안전성, 경제성 향상
단점	• 후가스 다소 불량 • 감도 민감	• ANFO에 비해 고가 • 사압 가능성 내재 • 장공발파 정기폭 시 잔류약 발생 가능	• 장약량 제어 곤란 • 경암 발파 시 천공 효율 저하 • 후가스 불량 • 내수성 다소 불량	• 장약량 제어 곤란 • 사압 가능성 내재 • 고가
적용성	• 암편 탄성파 속도 4.7km 이상 • 경암~극경암	• 암편 탄성파 속도 2.7~4.7km 이내 • 경암~보통암	• 암편 탄성파 속도 2.7~4.7km 이내 • 대규모 발파현장	• 암편 탄성파 속도 2.7~4.7km 이내 • 경암~보통암
용도	• 산악터널 • 건설산업용	• 도심지 발파나 발파 공해로 인한 민원지역 • 용출수가 많은 지역	• 대발파	• 굴착선공 등 제어발파에 사용 • 대절토 비탈면 굴착 경계부의 암균열·이완 억제

5 뇌관의 종류별 특징

구분	전기뇌관	비전기뇌관	전자뇌관
뇌관모양			
사용 및 시공성	• 비전기식 뇌관의 보급 확대로 숙련공 확보에 문제 없음 • 장약공 장전시간은 큰 차이 없음 • 결선 소요시간은 비전기식 뇌관 방식이 다소 단축		별도의 전용 장비 소요
사용단수	• MS시리즈 : 20단차 • LP시리즈 : 25단차 • MS+LP 최대조합단수 : 41단차	• MS시리즈 : 20단차 • LP시리즈 : 25단차 • TLD/Bunch : 7단차 (0, 17, 25, 42, 67, 109, 176ms) • Bunch 적용으로 무한 단차	프로그램 Unit를 사용하여 ms단 위로 초시설정 가능
외부전류	미주전류, 정전기, 유도전류, 전파 등의 전기적 요인에 민감	물리적 외력, 미주전류, 정전기, 전파 등에 대해 안전	물리적 외력, 미주전류, 정전기, 전파에 안전
낙뢰	낙뢰에 대해서 위험하므로, 원칙적으로 낙뢰 발생 시 화약류 취급 금지, 대피		알려진 바 없음
결선확인	계기에 의한 점검	육안에 의한 점검	전용 장비로 점검
경제성	비전기식에 비해 저렴	전기식 대비 다소 고가	전기식, 비전기식 대비 고가
효율성	다단식 발파기 적용 시 단차 확장 가능	• 지연초시 편차 극소화 • 진동·소음저감 우수	• 특수발파 • 진동·소음저감 우수
적용사례	일반발파 지역	전기적인 위험이 있는 지역	국내 적용사례가 점진적으로 증가되고 있음

1) 전기뇌관 초시규격

MS 시리즈			LP 시리즈		
단수	초시(ms)	각선 색상	단수	초시(ms)	각선 색상
순발	0	오렌지	1	100	백적
1	25	백적	2	200	백청
2	50	백청	3	300	백자
3	75	백자	4	400	백록
4	100	백록	5	500	백황
5	125	백황	6	600	백흑
6	150	백흑	7	700	적청
7	175	적청	8	800	적자
8	200	적자	9	900	적록
9	225	적록	10	1,000	적황
10	250	적황	11	1,200	백적
11	275	백적	12	1,400	백청
12	300	백청	13	1,600	백자
13	325	백자	14	1,800	백록
14	350	백록	15	2,000	백황
15	375	백황	16	2,500	백흑
16	400	백흑	17	3,000	적청
17	425	적청	18	3,500	적자
18	450	적자	19	4,000	적록
19	475	적록	20	4,500	적황
–	–	–	21	5,000	백적
–	–	–	22	5,500	백청
–	–	–	23	6,000	백자
–	–	–	24	6,500	백록
–	–	–	25	7,000	백황

2) 전기뇌관 표준저항

각선길이(m)	뇌관 1발당 저항(Ω)	각선길이(m)	뇌관 1발당 저항(Ω)
1.5	0.72~1.12	4.5	1.31~1.71
2.0	0.82~1.22	6.0	1.61~2.01
2.5	0.92~1.32	8.0	2.00~2.40
3.5	1.12~1.52	12.0	2.78~3.18
4.0	1.21~1.61		

CHAPTER 05 발파공해 이론

1 발파공해

발파공해란 발파작업을 실시할 때 발생하는 발파에 의한 지반진동, 소음, 폭풍압, 비석 등을 의미하며, 이러한 공해들은 직간접적인 피해를 발생시키기 때문에 그 원인을 분석하여 대책을 수립하는 것이 좋다. 그러나 발파에 의한 발파공해를 원천적으로 없앨 수는 없기 때문에 일부 경감시킬 수 있는 요소들을 고려하여 안전하고 효율적인 발파작업이 진행되도록 계획하여야 한다.

2 발파진동

1) 발파진동의 특성

발파로 인한 지반진동은 일반적으로 변위(Particle Displacement), 입자속도(Particle Velocity), 입자가속도(Particle Acceleration)의 3성분과 주파수(Frequency Wave)로 표시된다.

① **변위(D)** : 시시각각의 이동거리를 말하지만 실제로 계측할 수 있는 것은 변위진폭이다.

② **입자속도(V)** : 변위의 시간에 대한 변화 비율이며, 속도진폭으로 표시된다.

③ **입자가속도(A)** : 입자가속도는 입자속도의 시간에 대한 변화 비율이며, 가속도진폭으로 표시된다.

④ **주파수(f)** : 1초 동안의 Cycle 수, 즉 진동이 1초 동안 반복된 횟수이며, 주기(1회 진동하는 데 필요한 시간, T)의 역수이다.

2) 발파진동의 성분

① 발파에 의한 지반진동 측정 시 다음 세 가지 성분을 확인하여야 한다.

   ㉠ $L(X)$ 성분 : 폭원으로부터 측점을 향하는 평면파의 진행방향(Longitudinal) 성분으로, P파가 이에 속한다.

   ㉡ $V(Z)$ 성분 : 진행방향에 직교하는 수직방향(Vertical) 성분으로, R파가 이에 속한다.

   ㉢ $T(Y)$ 성분 : L과 V 방향과 직각을 이루는 접선방향(Transverse) 성분으로, S파가 이에 속한다.

이들 3 성분의 상대적 크기는 대상 암반이나 지형 및 발파에 의해 생성된 3가지 탄성파 등의 상호 간섭에 따라 변하고 진동 주파수는 각각 다르게 나타난다.

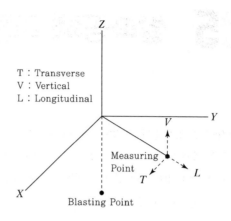

② PPV(Peak Particle Velocity)와 PVS(Peak Vector Sum)의 적용

 ㉠ PPV는 지반진동을 입자속도로 측정하였을 때 직교하는 세 방향의 측정성분[$X(L)$, $Y(T)$, $Z(V)$]별 최대진폭으로 정의된다. 이 성분들 중 가장 큰 값을 최대입자속도($PPV_{\max}$)라고 한다.

 ㉡ PVS는 각 방향의 입자속도를 벡터합으로 나타낸 값으로, 최대의벡터합과 최대실벡터합으로 나뉜다.

 ㉢ 최대의벡터합은 시간대가 다른 각 방향 입자속도의 최댓값을 기준으로 벡터합을 취한 것으로 다음과 같다.

$$PVS = \sqrt{V_{L\max}{}^2 + V_{V\max}{}^2 + V_{T\max}{}^2}$$

 ㉣ 최대실벡터합은 각 방향의 입자속도를 동시간대(실시간) 값을 기준으로 벡터합을 취했을 때 가장 큰 값으로 다음과 같다.

$$PVS = \sqrt{V_L{}^2 + V_V{}^2 + V_T{}^2}$$

Reference

국내의 경우 PPV와 PVS 중 어느 것을 진동 기준으로 하여야 한다는 법적 기준은 없으나, 국토교통부의 「도로공사 노천발파 설계 · 시공 요령 및 지침」에서 설계 시 PPV를 기준으로 제안하고 있으므로 대부분의 경우 PPV를 적용하고 있다.(다만, 일부 현장 설계 시 보수적 접근을 위하여 PVS를 기준으로 적용하기도 한다.)

3) 발파진동과 주파수

발파진동의 주 진동수는 0.5~200Hz의 범위에 속하며, 일반적으로 근거리에서는 고주파수가, 원거리에서는 저주파수가 우세하다. 구조물의 경우 고주파수보다 저주파수에 취약한데, 이것은 구조물이 지닌 고유의 주파수 대역이 저주파수에 속하기 때문이다.

4) 발파진동과 지진동의 비교

일반적으로 지진의 경우 허용한계를 진동가속도로 규정하고 있으나, 발파진동의 경우 진동속도를 취하고 있다. 지진과 발파진동 간에는 진동 주파수의 차이와 진동 계속시간의 차이가 있기 때문이다. 지진의 주파수 대역은 수 Hz 미만의 저주파수로서 이는 구조물에 큰 영향을 준다. 그러나 발파의 경우 통상 수십 Hz 이상의 주파수 대역을 가지며, 진동 계속시간도 지진의 경우 수 초에서 수분 동안 지속되는 데 반해 발파의 경우 수초 이내에서 종료된다.

분류	발파진동	지진동
주파수	고주파	저주파
지속시간	짧다	길다
진원지	얕다	깊다
각 파형의 도착순서	동시 도착	분리 도착
파형	비교적 단순하다	복잡하다
피해 단위	진동속도	가속도

> **Reference**
>
> **발파진동과 지진동의 환산식(MM Scale : Modified Mercalli Scale : 1931, 1956)**
>
> $$\log V = \frac{S}{2} - 1.4$$
>
> 여기서, V : 진동속도(cm/sec), S : 진도

5) 발파진동의 전파 특성

① 입지조건 : 발파부지와 인근 구조물의 기하학적 형태, 대상암반의 지질학적 특성 및 역학적 특성 등
② 발파조건 : 사용하는 폭약, 장약량, 기폭방법, 폭원과의 거리 등

6) 발파진동의 경감대책

① 발파원으로부터 진동 발생을 억제하는 방법

  ㉠ 장약량의 제한 : 발파진동을 허용기준 이내로 억제하기 위해 지발당 장약량을 안전발파를 위한 한계치 이내로 감소시켜야 한다. 터널에서는 한 발파당 굴진장을 감소시키거나, 단면을 분할해서 발파하는 것이 좋다. 또한, 최소저항선과 공간격을 줄이거나 약경을 천공 지름에 비해 작게 하여 디커플링 효과를 이용하는 것도 좋다. 벤치발파의 경우 벤치 높이를 감소시키는 것이 가장 좋다.

  ㉡ 점화방법의 분할 : 지발뇌관을 사용한 지발발파는 분할 점화방법에 비해 작업능률을 저하시키지 않으면서 발파진동을 경감시키는 데 효과적이다.

ⓒ 저폭속 폭약의 사용 : 발파진동은 폭약에너지의 충격파에 의한 동적 파괴의 경우 더욱 커지므로 발파진동을 경감시키기 위해서는 저폭속 폭약을 사용하는 것이 효과적이다.

ⓔ MS뇌관의 사용 : MS뇌관을 사용한 지발발파는 제발발파에 비해 진동의 상호 간섭에 의한 진동을 경감시키며, 발파효과는 비슷하게 거둘 수 있어 벤치발파에 주로 이용된다.

② 전파하는 진동을 차단하는 방법

ⓐ 발파원과 보안물건 사이에 라인 드릴링이나 프리스플리팅을 실시하여 진동의 전파를 차단하는 파쇄대나 불연속면을 만들면 진동을 경감시키는 데 유효하다.

ⓑ 전파되는 경로상의 지표면에 일정 깊이의 방진구(에어갭)를 파면 상당한 양의 진동이 더 이상 전파되지 못하고 감소된다.

7) 진동 허용기준치

① 진동속도에 따른 기준

(단위 : cm/sec, kine)

구분	진동속도에 따른 규제 기준	
	건물 종류	허용진동속도
도로공사 노천발파 설계 · 시공 지침 (국토교통부, 2006)	가축	0.1
	유적, 문화재, 컴퓨터시설물	0.2
	주택, 아파트	0.3~0.5
	상가	1.0
	철근콘크리트 건물 및 공장	1.0~5.0
발파작업표준안전작업지침 (고용노동부 고시)	문화재	0.2
	주택, 아파트	0.5
	상가(금이 없는 상태)	1.0
	철근콘크리트 빌딩 및 상가	1.0~4.0

② 생활 · 건설 진동의 규제기준

(단위 : dB(V))

구분	주간(06:00~22:00)	심야(22:00~06:00)
주거지역, 녹지지역, 관리지역 중 취락지구 및 관광, 휴양개발진흥지구, 자연환경보전지역, 그 밖의 지역 안에 소재한 학교, 병원, 공공 도서관	65 이하	60 이하
그 밖의 지역	70 이하	65 이하

ⓐ 진동의 측정 및 평가기준은 「환경분야 시험 · 검사 등에 관한 법률」 제6조제1항제2호에 해당하는 분야에 따른 「환경오염공정시험기준」에서 정하는 바에 따른다.

ⓑ 대상지역의 구분은 「국토의 계획 및 이용에 관한 법률」에 의한다.

ⓒ 규제기준치는 생활진동의 영향이 미치는 대상지역을 기준으로 하여 적용한다.

ⓔ 공사장의 진동규제기준은 주간의 경우 특정공사의 사전신고대상 기계·장비를 사용하는 작업시간이 1일 2시간 이하일 때는 +10dB(V)를, 2시간 초과 4시간 이하일 때는 +5dB(V)를 규제기준치에 보정한다.

ⓜ 발파진동의 경우 주간에 한하여 규제기준치에 +10dB(V)를 보정한다.

8) 표준발파공법 및 진동규제기준별 적용 이격거리

(단위 : m)

Type	발파공법	V=0.1cm/s	0.2cm/s	0.3cm/s	0.5cm/s	1.0cm/s	5.0cm/s
I	미진동 굴착공법	40m까지	25m까지	20m까지	15m까지	5m까지	3m까지
II	정밀진동 제어발파	40~80	25~50	20~40	15~30	5~20	3~7
III	소규모 진동 제어발파	80~140	50~90	40~70	30~50	20~30	7~10
IV	중규모 진동 제어발파	140~260	90~170	70~130	50~90	30~60	10~25
V	일반발파	260~450	170~290	130~220	90~160	60~110	25~40
VI	대규모 발파	450m 이상	290m 이상	220m 이상	160m 이상	110m 이상	40m 이상

❸ 발파소음

1) 폭풍압의 정의

① 발파로 인해 발생되는 폭음은 일반 소음과는 달리 비교적 큰 압력을 갖기 때문에 폭풍압(Air Blast)이라고도 한다. 이 폭풍압은 주로 폭약의 폭발에너지가 파쇄되는 암괴를 통해 대기 중에 방출되는 압축파에 기인한다.

② 발파에 의한 폭풍압의 세기는 압력의 단위(Pa, kg/cm²)로 표현하며, 인체에 따른 감응 정도를 고려한 청감보정을 거쳐 음압수준(dB)으로 표현된다.

③ 발파음의 주파수대는 50~2,000Hz이며, 주요 주파수는 50~150Hz이다. 발파소음은 발파조건에 따라 주파수 및 음압의 변화가 발생하며, 그 지속시간은 짧은 편이고, 일반적으로 음압레벨의 단위는 dB(L), 소음레벨의 단위는 dB(A)를 적용한다.

2) 발파소음의 감소방안

① 완전 전색이 이루어지도록 한다.

② 벤치 높이를 줄이거나 천공 지름을 작게 하는 등의 방법으로 지발당 장약량을 감소시킨다.

③ 발파 폭풍압의 경우 기후, 기압, 기온, 바람 등에 민감한 반응을 보이며, 전파경로를 차단하는 방법이 효과적이다.

④ 방음벽을 설치함으로써 소리의 전파를 차단한다.

⑤ 뇌관은 MS전기뇌관을 이용하여 지발발파를 실시하는 등 지연시간을 조절해준다.

⑥ 기폭방법에서 정기폭보다는 역기폭을 사용한다.

⑦ 도폭선 사용을 피하고, 소할발파 시 붙이기 발파를 하지 않는다.

⑧ 온도나 바람 등의 기후 조건이 발파 폭풍압을 초래할 가능성이 있는 장소에서는 발파를 연기하거나 피해야 한다.

⑨ 불량한 암질, 풍화암 등에서 폭발가스가 새어 발파풍압이 발생되는 것에 주의하며 전색효과가 좋은 전색물을 사용한다.

3) 생활 · 건설 소음 규제기준

(단위 : dB(A))

대상지역	시간별 대상소음		아침, 저녁 (05:00~07:00, 18:00~22:00)	낮 (07:00 ~18:00)	밤 (22:00 ~05:00)
주거지역, 녹지지역, 관리지역 중 취락지구 · 주거개발진흥지구 및 관광 · 휴양개발 진흥지구, 자연환경보전지역, 그 밖의 지역에 있는 학교, 병원, 공공도서관	확성기	옥외설치	60 이하	65 이하	60 이하
		옥내에서 옥외로 소음이 나오는 경우	50 이하	55 이하	45 이하
		공장	50 이하	55 이하	45 이하
	사업장	동일건물	45 이하	50 이하	40 이하
		기타	50 이하	55 이하	45 이하
	공사장		60 이하	65 이하	50 이하
그 밖의 지역	확성기	옥외설치	65 이하	70 이하	60 이하
		옥내에서 옥외로 소음이 나오는 경우	60 이하	65 이하	55 이하
		공장	60 이하	65 이하	55 이하
	사업장	동일건물	50 이하	55 이하	45 이하
		기타	60 이하	65 이하	55 이하
	공사장		65 이하	70 이하	50 이하

① 소음의 측정 및 평가기준은 「환경분야 시험 · 검사 등에 관한 법률」 제6조제1항제2호에 해당하는 분야에 따른 「환경오염공정시험기준」에서 정하는 바에 따른다.

② 대상지역의 구분은 「국토의 계획 및 이용에 관한 법률」에 의한다.

③ 규제기준치는 생활소음의 영향이 미치는 대상지역을 기준으로 하여 적용한다.

④ 공사장의 소음규제기준은 주간의 경우 특정공사 사전신고 대상 기계 · 장비를 사용하는 작업시간이 1일 3시간 이하일 때는 +10dB을, 3시간 초과 6시간 이하일 때는 +5dB을 규제기준치에 보정한다.

⑤ 발파소음의 경우 주간에만 규제기준치(광산의 경우 사업장 규제기준)에 +10dB을 보정한다.

가축에 대한 진동·소음 규제기준은 중앙환경분쟁조정위원회에 따라 진동레벨 57dB(V)와 소음레벨 60dB(A)가 권고기준이다.

4 발파비산

1) 비산의 발생원인

① 단층, 균열, 연약면 등에 의한 암석의 강도 저하
② 천공오차에 의한 국부적인 장약공의 집중현상
③ 점화순서와 뇌관시차 선택의 착오에 의한 지나친 기폭시차 지연
④ 과장약에 의한 충격에너지 효과를 초과하여 자유면 전면으로 암편 비산
⑤ 불완전 전색에 의한 장약공 입구의 가스 분출
⑥ 암반 내 불연속면·파쇄대 존재로 연약면 가스 분출
⑦ 약장약에 의한 공발로 인한 공구방향으로의 암편 비산

2) 비산의 방지대책

① 암석에 균열이 많거나 벤치가 높을 경우 비석의 위험이 크며, 과장약은 지나친 파쇄효과, 약장약은 공발의 원인이 되므로 천공경, 천공장, 저항선, 공간거리 등 발파제원에 부합되는 표준 체적당 장약량으로 발파작업을 시행한다.
② 천공의 오차로 인한 국부적인 장약공 집중을 유발하므로 천공의 정확성을 유지한다.
③ 암반 내 단층, 불연속면, 연약층의 파쇄대가 존재하여 강도가 급격히 변화하는 경우 연약면을 따라 가스 분출로 암편이 비산될 수 있으므로 국부적으로 이들 방향을 고려하여 천공하며, 이때 공구부와 최소저항선의 방향이 주변 구조물 방향과 일치되지 않도록 한다.
④ 불완전 전색에 의하여 암석이 파괴하지 못하고 장약공 입구로 암편이 비산되어 비석의 원인이 되므로 완전 전색을 하여 원인요소를 제거한다. 다만, 천공 후 발생되는 암분만으로 전색할 경우 공벽과의 마찰이 적어 비산의 위험이 증대되므로, 전색제의 종류로는 부적절하다.
⑤ 지나치게 지연된 기폭시차는 비산의 원인이 되므로 17~25ms 지연 기폭시스템 뇌관을 사용한다. 이때 MS기폭시차는 초시간격이 짧기 때문에 전열발파에 의한 파쇄암석이 비상 중이어서 다음 열 발파 시 이것이 Curtain 역할을 도모하여 비석을 억제한다. 지발시차(100ms 이상)가 너무 길면 전열발파에 의한 암석 이동이 이미 종료되었기 때문에 다음 열의 방호벽 기대효과는 어려워진다.

⑥ 장약공의 공저부분(계단높이 1/3 정도)에 파쇄암을 방치하여 취약한 공저부분의 전방 비석을 방지하며, 특히 45° 이하 예각 천공에 의한 발파작업은 금한다.

⑦ 천공 지름을 작게 하거나 장약 집중도를 저하시켜 집중장약이 되지 않도록 하고 발파공 내에 암분 삽입 등에 의한 거칠음 정도가 심하여 제대로 장전하지 못할 경우 비석 발생의 근본적인 원인이 되므로 공 내 청소를 충분히 한 후 장약한다.

⑧ 비석 방지대책의 가장 효과적인 방법으로서 보안물건 인접구간에서 공구부 또는 비석을 방지하고자 하는 방향의 암반에 방호매트로 직접 방호한다. 이때 부도체의 방호용 기재(Rubber Plate, 폐타이어, 복토 등)를 사용하며, 2자유면 발파 시 Bench 높이가 높을 경우 전방 비산이 우려되므로 발파작업 전 Bench 전방에 버력을 쌓아 전방 비산을 방지한다.

발파소음 · 진동 계측

작업형 시험에서 사용되는 발파소음 · 진동 계측기는 별도로 지정되어 있지 않고, 실제 산업현장에서 주로 사용되고 있는 모델들로 시험이 진행되고 있습니다. 그래서 작업형 시험장이 위치하는 지역별로, 혹은 연도별로 조금씩 상이할 수 있으나, 최근에는 독일의 인스탄텔사의 블라스트메이트 시리즈와 국산 에스브이에스사의 SV – 1 모델이 주로 취급되고 있습니다. 따라서 본 수험서에서는 2가지 모델의 작동 방법과 측정 기록지의 해석에 대해서 소개해 드리오니 이 점 참고하시기 바랍니다. 아울러 본 수험서에서 안내해 드리는 작동 방법 및 순서는 계측기를 다루는 기본적인 내용으로 구성되어 있으니, 각 모델별 자세한 작동 방법에 대해서 궁금하신 분들께서는 각 회사에서 배포하는 매뉴얼을 참고해주시기 바랍니다.

▲ SV-1 계측기

▲ BlastMate 계측기

📱 계측기 작동 방법

1) SV-1 계측기 작동 방법

① 계측기 본체 케이스를 열고 좌측의 센서 보관함에서 소음센서(Microphone)와 진동센서 (Geophone)를 꺼내서 본체 우측 하단에 있는 커넥터에 케이블을 각각 연결 후, 케이스 뚜껑 안쪽에 있는 소음센서 폴(Pole)대를 연결한다.

② 계측기 화면 우측 상단의 전원(On/Off)을 누르면 아래와 같이 바탕화면이 나타난다.

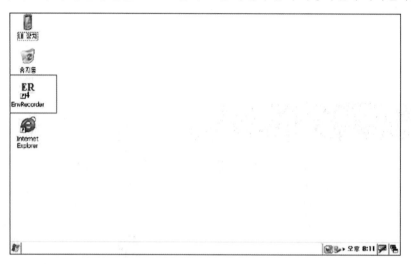

③ 여기서 EnvRecorder 아이콘을 더블 클릭한다.

④ 아래 그림과 같이 측정 화면이 나타나면 좌측 하단부에서 BLS 아이콘을 선택한다.

Sound (dB):			
LeqIn	LeqAv	Lmax	Lmin
0.0	0.0	0.0	0.0
Vibro (mm/sec):			
	X	Y	Z
VelPeak (Inst)	0.0	0.0	0.0
VelPeak (Hold)	0.0	0.0	0.0

Time: 0.000 s:
File:

⑤ 측정 창의 아이콘을 클릭한다.

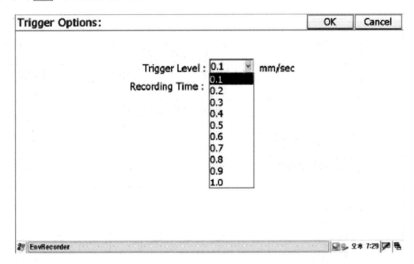

㉠ Trigger Level : 계측기가 감지할 수 있는 최소 기준을 설정한다. 이때 Trigger Level은 발파 진동보다는 작아야 하며, 배경진동보다는 크게 설정하는 것이 좋다.

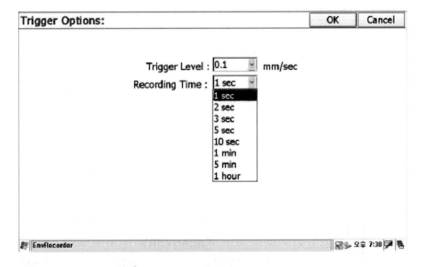

㉡ Recording Time : 데이터의 기록 시간을 설정한다. 보통 발파패턴(규모)에 따라서, MS뇌 관을 주로 사용하는 도심지나 노천발파 시에는 발파 지속시간이 1초를 넘지 않고 종료되 므로 최소 단위인 1초로 설정하는 것이 일반적이며, 터널과 같이 MS뇌관뿐만 아니라 LP 뇌관을 같이 사용하는 경우에는 발파 지속시간이 수초에 해당하므로, 사용하는 뇌관 패턴 에 따라 달리 설정한다.

㉢ 설정이 끝나면, 우측 상단의 OK 버튼을 눌러 다시 측정 화면으로 돌아온다.

⑥ 소음(Sound) 및 진동(Vibro)의 측정과 데이터 저장을 위해 하단의 아이콘 중 적색 버튼을 클릭한다.

File View			
Sound (dB):			
LeqIn	LeqAv	Lmax	Lmin
0.0	0.0	0.0	0.0
Vibro (mm/sec):			
	X	Y	Z
VelPeak (Inst)	0.0	0.0	0.0
VelPeak (Hold)	0.0	0.0	0.0

Time: 0.000 s:
File:

EVS BLS 📋 ⌐ ●ₕ ●ₗ ●ₒ ■ ▮▶ ✕

EnvRecorder   🖥📢▸ 오후 8:52 📼🔲

㉠ Ⓜ : Manual 저장 옵션으로, 버튼 클릭 후 우측의 ■ 버튼을 눌러서 정지하기 전까지의 데이터를 측정, 저장하여, 그 시간 동안의 데이터 중 최댓값을 표시한다.

㉡ Ⓢ : Single－Shot 저장 옵션으로, Trigger Level 이상의 최초 1회 데이터가 측정되면 저장하고 중지된다.

㉢ Ⓒ : Continue 저장 옵션으로, Trigger Level 이상의 진동이 감지될 때마다 데이터를 측정하여 저장하며, 다시 Trigger Level 이상의 진동이 감지되면 계속해서 데이터를 측정, 저장한다.

⑦ 측정된 데이터는 SD 메모리에 저장되며, 계측기 내에서 측정된 데이터 값을 확인하기 위해서는 먼저, 측정 중인 화면에서 ■ 버튼을 선택하여 측정을 중지시키고, 좌측 상단의 File을 누르고, 첫 번째 칸의 Open을 선택한다.

File View			
Open...	**Sound (dB):**		
Save As...			
Export...	LeqAv	Lmax	Lmin
Delete...	0.0	0.0	0.0
Select Part...			
Properties...	**Vibro (mm/sec):**		
Transducer Options...	X	Y	Z
Configuration Open...			
Configuration Save As...			
Recording Options... t)	0.0	0.0	0.0
Recording Information... d)	0.0	0.0	0.0
About...			
Exit			

Time: 0.000 s:
File:

EVS BLS 📋 ⌐ ●ₕ ●ₗ ●ₒ ■ ▮▶ ✕

EnvRecorder   🖥📢▸ 오후 8:52 📼🔲

⑧ 그 후, 확인할 데이터 파일명을 선택하고 우측 상단의 Open을 누른다.

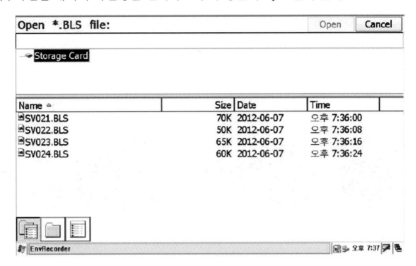

⑨ 다시 측정 화면으로 돌아오면, 모든 데이터 값이 000으로 되어 있는 것을 확인한 후에, 하단 아이콘 중, ▶ 플레이 버튼을 선택하면, 저장된 데이터 값을 확인할 수 있다.

⑩ SD 메모리에 저장된 데이터는 PC로 옮겨서 PC용 Blast 분석 소프트웨어를 사용하여 분석한다.

⑪ 진동의 단위를 진동레벨[dB(V)]로 측정하기 위해서는 ④에서 BLS 모드 대신 EVS 모드로 측정하면 되고, 나머지 측정 방법은 BLS 모드와 동일하다.

2) BlastMate Series III 계측기 작동 방법

① 계측기 케이스를 열고, 본체 안쪽의 센서 보관함에서 소음센서(Microphone)와 진동센서 (Geophone), 소음센서 폴(Pole)대를 꺼내어, 각각의 센서 케이블을 장비 정면 하단의 커넥 터에 연결한다.(GEO에 진동센서를, MIC에 소음센서를 연결하고, AUX는 PC 연결용 케이블, PWR은 충전 케이블이다.)

② 키보드 자판 우측에 있는 On/Off 버튼을 "삐" 소리(부저음)가 날 때까지 눌러 계측기를 실행 한다.

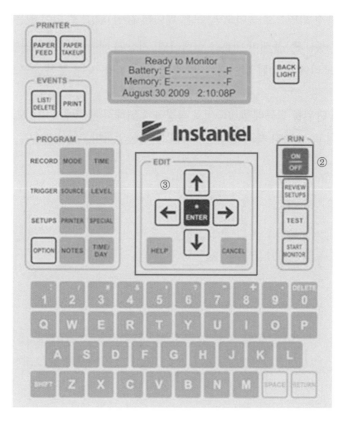

③ 키보드 자판 중앙에 위치한 EDIT 칸에서, 각 설정의 저장은 Enter 버튼, 설정 변경은 상하좌 우 화살표, 취소 혹은 나가기는 Cancel 버튼이다.(BlastMate II의 경우 취소 혹은 나가기는 Abort 버튼이다.)

④ 자판 좌측의 PROGRAM 칸을 확인한다. (BlastMate II의 경우 자판의 순서만 조금 다를 뿐 거의 유사하다.)

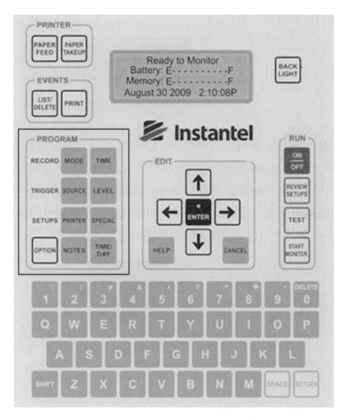

- ㉠ Record Mode : 측정 방법을 설정하며, Continuous, Manual, Single Shot 등이 있으며, 일반 적으로 Continuous로 설정한다.
- ㉡ Record Time : Fixed를 선택 후, 화살표를 통해 측정 시간(SV－1과 동일)을 설정한다. 이 후에, Standard 1024를 선택 후, Save All Data로 설정한다.
- ㉢ Trigger Source : 계측 기준 센서를 Geo로 설정한다.
- ㉣ Trigger Level : 계측기가 감지할 수 있는 최소 기준(SV－1과 동일)을 설정한다.

⑤ 설정이 완료되면, 자판 우측의 Test 버튼을 눌러서 센서의 설치 상태를 체크하고, 화면에 "All Channels Working Unit OK"가 나타나면 정상적으로 설치 및 동작이 된다는 것을 의미한다. (BlastMate II의 경우, Test 버튼이 따로 없으며, 하단 자판부에서 S버튼을 누르면 된다.)

⑥ TEST 버튼 하단의 Start Monitor 버튼을 누르면, 잠시 후 "System Monitor"라는 문구와 함께 측정이 시작되고, Trigger Level 이상의 진동이 감지되면 "삐" 소리와 함께 데이터가 측정·저장된다. (BlastMate II의 경우, Start Monitor 버튼이 따로 없으며, 하단 자판부에서 M버튼을 누르면 된다.)

⑦ BlastMate III의 경우, 마지막 측정 기록이 화면에 표시되며, 이전 기록을 확인하고자 하는 경우에는 아래와 같이 자판 좌측 상단의 "List/Delete" 버튼을 눌러, View Event를 선택하여 저장된 데이터를 확인한다.

⑧ 데이터를 삭제하고자 하는 경우, View Event에서 ↑↓화살표를 누르면 나오는 Delete All Event를 선택 후 Enter 버튼을 5초간 누르면 모든 데이터가 삭제된다.(다만, BlastMate III에서는 선택적으로 데이터를 지우는 것이 아니라, 메모리에 저장된 데이터가 모두 지워진다.)
⑨ 측정된 데이터를 장비 내에서 인쇄하기 위해서는 아래와 같이 "Print" 버튼을 눌러, Print Last Event를 선택하면 가장 최근의 데이터를 출력할 수 있다.

❷ 기록지 해석 방법

1) SV-1 Model

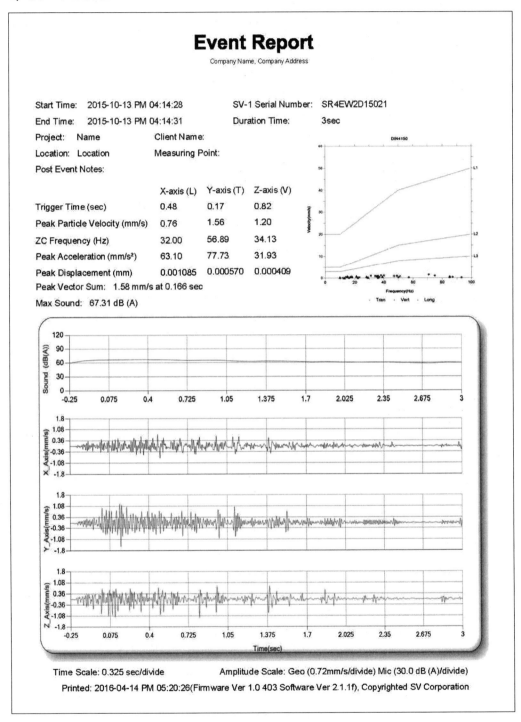

구분	항목	해석
①	Start Time	계측 시작 시간(설정된 Trigger Level 이상의 진동이 감지되어 측정을 시작한 시간)
②	End Time	계측 종료 시간(설정된 Record Time이 경과되어 측정을 종료한 시간)
③	SV-1 Serial Number	계측기의 고유 번호
④	Duration Time	Record Time과 동일
⑤	Project	공사명 등을 기록
⑥	Client Name	시공사 등을 기록
⑦	Location	측정 장소를 기록
⑧	Measuring Point	계측기 설치 위치를 기록
⑨	Post Event Notes	그 외의 추가 정보를 기록
⑩	Trigger Time(sec)	설정된 Trigger Level 이상의 진동이 감지되어 측정을 시작한 후 각 성분별 최대입자속도가 측정된 시간
⑪	Peak Particle Velocity(mm/s)	각 성분별 최대입자속도
⑫	ZC Frequency(Hz)	각 성분별 최대입자속도에 대응되는 주파수
⑬	Peak Acceleration (mm/s^2)	각 성분별 최대입자속도에 대응되는 입자 가속도
⑭	Peak Displacement (mm)	각 성분별 최대입자속도에 대응되는 입자 변위
⑮	Peak Vector Sum	최대실벡터합
⑯	Max Sound	최대소음
⑰	소음 이력곡선	진동이 감지되어 측정을 시작한 후 Record Time 동안 측정된 소음의 이력곡선
⑱	진동(진행방향) 이력곡선	진동이 감지되어 측정을 시작한 후 Record Time 동안 측정된 진동(진행방향)의 이력곡선
⑲	진동(접선방향) 이력곡선	진동이 감지되어 측정을 시작한 후 Record Time 동안 측정된 진동(접선방향)의 이력곡선
⑳	진동(수직방향) 이력곡선	진동이 감지되어 측정을 시작한 후 Record Time 동안 측정된 진동(수직방향)의 이력곡선
㉑	진동속도와 주파수와의 관계(DIN 4150)	독일 공업표준규격을 의미하는 Deutsche Industrie Norm에서 구조물의 종류별 대응되는 진동속도와 주파수와의 관계를 나타낸다. 그래프에서 L1이 의미하는 것은 상업빌딩, L2는 주택, L3는 문화재이다. 즉, 주파수 대역별로 허용진동속도를 달리 나타낸 것을 의미한다.
㉒	Time Scale	이력곡선의 수평축 한 칸당의 시간
㉓	Amplitude Scale	소음 이력곡선 및 진동 이력곡선의 수직축 한 칸당의 값
㉔	Printed	해당 Event Report가 출력된 시간 및 소프트웨어 버전

2) BM Ⅲ Model

Instantel

Event Report

Date/Time   Vert at 12:34:23 April 7, 2015
Trigger Source   Geo: 0.200 mm/s
Range   Geo :31.7 mm/s
Record Time   1.0 sec at 1024 sps

Serial Number BA12911 V 8.12-8.0 BlastMate III
Battery Level   6.2 Volts
Calibration   January 3, 2014 by Baytech Korea Inc.
File Name   N911FSLH.LB0

Notes
Location:
Client:
User Name:
General:

Extended Notes

Post Event Notes

Microphone   'A' Weight
PSPL   71.2 dB(A) at 0.160 sec
ZC Freq   N/A
Channel Test   Passed (Freq = 4.3 Hz Amp = 802 mv)

	Tran	Vert	Long	
PPV	0.825	1.22	1.06	mm/s
ZC Freq	47	43	27	Hz
Time (Rel. to Trig)	0.057	0.018	0.041	sec
Peak Acceleration	0.0265	0.0795	0.0414	g
Peak Displacement	0.00252	0.00447	0.00503	mm
Sensorcheck	Passed	Passed	Passed	
Frequency	7.6	7.4	7.4	Hz
Overswing Ratio	3.6	3.6	3.9	

Peak Vector Sum 1.38 mm/s at 0.021 sec

N/A: Not Applicable

Time Scale:0.10 sec/div   Amplitude Scale:Geo: 0.500 mm/s/div Mic: 10.00 dB(A)/div
Trigger = ▶——— ◀

Sensorcheck

Printed: April 16, 2016 (V 8.01 - 8.01)   Format Copyrighted 1996-2004 Instantel Inc.

구분	항목	해석
①	Date/Time	계측 시작 시간(설정된 Trigger Level 이상의 수직방향 진동이 감지되어 측정을 시작한 시간)
②	Trigger Source	계측 센서 기준으로 Geo(진동센서)를 선택하여 Trigger Level은 0.200 mm/sec이다.
③	Range	진동센서의 Trigger Level 설정 범위(Sensitive Mode : 최대 31.7mm/sec, Standard Mode : 최대 254mm/sec)
④	Record Time	측정 시간(1초)
⑤	Serial Number	계측기의 고유 번호
⑥	Battery Level	계측기 내장 배터리 정보
⑦	Calibration	계측기 검교정 날짜 및 발급 기관
⑧	File Name	데이터가 저장된 파일명
⑨	Notes(Location, Client, User Name, General)	측정 장소, 시공사, 사용자 등의 정보를 기록할 수 있다.
⑩	Microphone	소음센서의 측정 단위(A특성)
⑪	PSPL	최대음압레벨(Peak Sound Pressure Level)의 약자로, 발생된 최대소음을 의미한다.
⑫	ZC Freq	ZC Frequency(Hz)를 나타내는 부분이나, 소음에는 해당되지 않는다.
⑬	Channel Test	소음센서 테스트 통과 유무
⑭	PPV	각 성분별 최대입자속도[Peak Particle Velocity(mm/s)]
⑮	ZC Freq	각 성분별 최대입자속도에 대응되는 주파수[ZC Frequency(Hz)]
⑯	Time(Rel. to Trig)	설정된 Trigger Level 이상의 진동이 감지되어 측정을 시작한 후 각 성분별 최대입자속도가 측정된 시간
⑰	Peak Acceleration	각 성분별 최대입자속도에 대응되는 입자 가속도(여기서, 가속도의 단위는 중력 가속도에 해당하는 m/s^2)
⑱	Peak Displacement	각 성분별 최대입자속도에 대응되는 입자 변위(mm)
⑲	Sensorcheck (Frequency, Overswing Ratio)	각 성분별 진동센서 테스트 통과 유무(센서 체크 시 센서 고유의 주파수 대역과 Overswing Ratio의 범위를 통해서 센서가 정상 작동하는지를 확인한다.)
⑳	Peak Vector Sum	최대실벡터합
㉑	소음 이력곡선	진동이 감지되어 측정을 시작한 후 Record Time 동안 측정된 소음의 이력곡선
㉒	진동(진행방향) 이력곡선	진동이 감지되어 측정을 시작한 후 Record Time 동안 측정된 진동(진행방향)의 이력곡선
㉓	진동(수직방향) 이력곡선	진동이 감지되어 측정을 시작한 후 Record Time 동안 측정된 진동(수직방향)의 이력곡선
㉔	진동(접선방향) 이력곡선	진동이 감지되어 측정을 시작한 후 Record Time 동안 측정된 진동(접선방향)의 이력곡선

구분	항목	해석
㉕	진동속도와 주파수와의 관계 (DIN 4150)	독일 공업표준규격을 의미하는 Deutsche Industrie Norm에서 구조물의 종류별 대응되는 진동속도와 주파수와의 관계를 나타낸다. 그래프에서 L1이 의미하는 것은 상업빌딩, L2는 주택, L3는 문화재이다. 즉, 주파수 대역별로 허용진동속도를 달리 나타낸 것을 의미한다.
㉖	Time Scale	이력곡선의 수평축 한 칸당의 시간
㉗	Amplitude Scale	소음 이력곡선 및 진동 이력곡선의 수직축 한 칸당의 값
㉘	Trigger = ▶─◀	화살표 지점(0.0sec)부터 설정된 Trigger Level 이상의 진동이 감지되어 측정을 시작한 것을 의미한다.
㉙	Printed	해당 Event Report가 출력된 시간 및 소프트웨어 버전

❸ 발파진동 및 발파소음 측정조건(「소음·진동공정시험기준」)

1) 발파진동 측정조건

① 측정점은 피해가 예상되는 사람의 부지경계선 중 진동레벨이 높을 것으로 예상되는 지점을 택하여야 한다.

② 진동픽업(Pick–up)의 설치장소는 옥외지표를 원칙으로 하고 복잡한 반사, 회절현상이 예상되는 지점은 피한다.

③ 진동픽업의 설치장소는 완충물이 없고, 충분히 다져서 단단히 굳은 장소로 한다.

④ 진동픽업의 설치장소는 경사 또는 요철이 없는 장소로 하고, 수평면을 충분히 확보할 수 있는 장소로 한다.

⑤ 진동픽업은 수직방향 진동레벨을 측정할 수 있도록 설치한다.

⑥ 진동픽업 및 진동레벨계는 온도, 자기, 전기 등의 외부 영향을 받지 않는 장소에 설치한다.

⑦ 측정진동레벨은 발파진동이 지속되는 기간 동안에 측정하여야 한다.

⑧ 배경진동레벨은 대상진동(발파진동)이 없을 때 측정하여야 한다.

2) 발파소음 측정조건

① 측정점은 피해가 예상되는 자의 부지경계선 중 소음도가 높을 것으로 예상되는 지점에서 지면 위 1.2~1.5m 높이로 한다.

② 배경소음도는 측정소음도의 측정점과 동일한 장소에서 측정함을 원칙으로 한다.

③ 소음계의 마이크로폰은 측정위치에 받침장치를 설치하여 측정하는 것을 원칙으로 한다.

④ 손으로 소음계를 잡고 측정할 경우 소음계는 측정자의 몸으로부터 0.5m 이상 떨어져야 한다.

⑤ 소음계의 마이크로폰은 주 소음원 방향으로 향하도록 하여야 한다.

⑥ 풍속이 2m/s 이상일 때에는 반드시 마이크로폰에 방풍망을 부착하여야 하며, 풍속이 5m/s를 초과할 때에는 측정하여서는 안 된다.

⑦ 측정소음도는 발파소음이 지속되는 기간 동안에 측정하여야 한다.

⑧ 배경소음도는 대상소음(발파소음)이 없을 때 측정하여야 한다.

＋ Reference

배경소음

한 장소에 있어서의 특정의 음을 대상으로 생각할 경우 대상소음이 없을 때 그 장소의 소음을 대상소음에 대한 배경소음이라 한다.

배경진동

한 장소에 있어서의 특정의 진동을 대상으로 생각할 경우 대상진동이 없을 때 그 장소의 진동을 대상진동에 대한 배경진동이라 한다.

대상소음

배경소음 이외에 측정하고자 하는 특정의 소음을 말한다.

대상진동

배경진동 이외에 측정하고자 하는 특정의 진동을 말한다.

발파소음 보정 방법

대상소음도에 시간대별 보정발파횟수(N)에 따른 보정량($+10 \log N$; $N > 1$)을 보정하여 평가소음도를 구한다. 이 경우, 지발발파는 보정발파횟수를 1회로 간주한다. 시간대별 보정발파횟수는 발파소음 측정 당일의 발파소음 중 소음도가 60dB(A) 이상인 횟수(N)를 말한다.

발파진동 보정 방법

대상진동레벨에 시간대별 보정발파횟수(N)에 따른 보정량($+10 \log N$; $N > 1$)을 보정하여 평가진동레벨을 구한다. 이 경우, 지발발파는 보정발파횟수를 1회로 간주한다. 시간대별 보정발파횟수는 발파진동 측정 당일의 발파진동 중 진동레벨이 60dB(V) 이상인 횟수(N)를 말한다.

---

3) 배경진동 및 배경소음 보정(공통사항)

① 측정레벨에 배경레벨을 보정하여 대상레벨로 한다.

② 측정레벨이 배경레벨보다 10dB 이상 크면 배경의 영향이 극히 작기 때문에 배경 보정 없이 측정레벨을 대상레벨로 한다.

③ 측정레벨이 배경레벨보다 3.0~9.9dB 차이로 크면 배경의 영향이 있기 때문에 측정레벨에 보정치를 보정하여 대상레벨을 구한다.

④ 측정레벨이 배경레벨보다 3dB 미만으로 크면 배경레벨이 대상레벨보다 크므로 재측정하여 대상레벨을 구하여야 한다.

＋ Reference

배경진동 및 배경소음 보정치 계산식

$$보정치 = -10 \log(1 - 10^{-0.1d})$$

여기서, d = 측정레벨 - 배경레벨

청감보정회로

소음측정신호를 사람의 청감에 유사하게 변환시키는 장치로 A, B, C 특성이 있으며 A특성이 사람 청감에 가장 적합해 국내의 경우 자동차의 경적음을 제외하고 모두 A특성으로 측정토록 규정되어 있다.

정도검사 주기

환경부 고시에 따라서 진동 및 소음 측정기는 최초 2년, 1차 검사 시 2년, 그 이후 진동센서는 1년마다, 소음센서는 2년마다 정도검사를 받아야 한다.

진동레벨과 발파진동의 환산식(Ejima 식)

$$VL[\mathrm{dB(V)}] = 20\log PPV + 71$$

진동가속도레벨과 진동레벨의 차이

진동가속도레벨은 물체나 지반이 떠는 임의의 진동가속도를 비교단위인 데시벨로 나타내는 물리량의 크기이다. 진동레벨은 진동의 감각을 나타내는 양으로서 가속도레벨을 주파수에 따라 진동감각보정특성으로 보정한 값[dB(V)]이다.

데시벨(dB)

음압을 힘의 단위로 나타낼 경우 너무 커서 표현에 어려움이 있으므로 이것을 사람이 느끼는 감각을 기준으로 하여 일정 크기로 단순화한 소음레벨이다. 데시벨(dB)은 음압을 로그로 표현하여 수치화한 것으로, 0dB을 기준으로 10dB 증가하면 소리의 세기는 10배씩 강해진다. 즉, 20dB의 소리는 10dB의 소리보다 10배 강하며, 20dB의 소리는 0dB의 소리보다 100배 강하다.

수중소음과 대기소음의 차이

수중에서 소음의 단위는 dB Peak, 즉 dB로 측정된 수치값 그대로 적용하며, 실효치를 사용한다. 예를 들어 일상 소음의 경우 청감보정회로를 통해 인체에 맞게 보정된 dB(A)를 적용한다면, 수중에서는 보정 없이 dB Peak 값 그 자체에 실효치를 적용하여 사용하며, 추가적으로 압력의 단위인 1마이크로파스칼, 또는 kg/cm² 을 적용하기도 한다. 그 이유는 수중에서는 충격압에 의한 영향으로 수중생물에 피해를 야기하기 때문이다. 지반에서의 소음 측정은 마이크로폰(Microphone)을 이용하여 장비, 발파, 차량 등의 소음을 측정하는 반면, 수중에서의 소음 측정은 실제 수중에 소음 측정기를 삽입하여 측정하게 되는데, 이때 포괄적인 의미에서의 장비 명칭은 하이드로폰(Hydrophone)이라고 부른다.

시험발파 및 회귀분석

1 시험발파의 목적

시험발파를 실시하는 목적은 실시설계한 발파공법을 적용하여 현장의 지반조건 및 지형적 특성에 맞는 현장 발파진동 추정식을 산출하여, 이격거리별 지발당 허용장약량을 계산하고, 발파공법 적용구간 설정 및 발파패턴을 설계하는 데 있다. 이 외에도, 사용 화약류의 판단, 발파공해 허용기준치 설정 등도 포함된다.

2 발파진동 추정식

① 발파진동 추정식(예측식)은 시험발파 등을 통하여 결정되나 설계단계에서 이러한 절차수행에 적용하기에는 현실적으로 무리가 있으므로, 효율적인 설계 추진을 위하여 진동 예측을 위한 설계단계에서의 발파진동 추정식 결정이 필요하며, 그 식은 다음과 같다.

$$V = K \left(\frac{D}{W^b} \right)^n$$

여기서, V : 진동속도(cm/sec) D : 폭원으로부터 이격거리(m)
W : 지발당 최대장약량(kg) K : 발파진동 입지상수
n : 감쇠지수 b : 장약지수

② 위 식에서 K와 n은 정량적으로 평가할 수 없는 인자의 영향을 대표하는 값으로서 지반의 진동 감쇠특성을 나타내며, 지질조건, 발파 방법, 화약류의 종류에 따라 변화하나, 일반적으로 연암에서 경암으로 갈수록 더 증가하는 경향을 보이며, 시험발파에 의한 계측 결과를 분석하여 그 현장에 적합한 발파진동 추정식을 구해야 한다.

③ 거리와 지발당 장약량의 관계로부터 D/W^b를 환산거리(SD : Scaled Distance)라고 하며, 지발당 장약량과 거리가 변화할 때 최대입자속도를 예측하는 데 필요하다. 가장 보편적인 두 가지 환산거리는 자승근 환산거리 $D/W^{\frac{1}{2}}$와 삼승근 환산거리 $D/W^{\frac{1}{3}}$이다. 여기서 장약지수 b는 폭약의 모양에 따른 값으로서, 자승근인 경우 장약이 긴 봉상 또는 주상으로 분포된 것에 기초한 것이며, 폭원으로부터 근거리에서는 삼승근 환산식이 자승근 환산식보다 보수적인(안전한) 결과를 가져오는 것으로 알려져 있다.

④ 국토교통부의 「도로공사 노천발파 설계 · 시공 요령 및 지침」에는 $K = 200$, $n = -1.6$, $b = \frac{1}{2}$로 제안하고 있으며, 시험발파 이후 계측 결과를 통해 현장에 맞는 현장 발파진동 추정식을 산출해야 한다.

⑤ 신뢰성 있는 분석이 되기 위하여 최소 30측점 이상의 계측 결과로부터 얻어진 발파진동 추정식은 안전성과 정확도를 높이기 위해 신뢰도 95% 수준의 추정식을 구해야 하며, 이는 회귀분석에 의해 얻어진 50% 신뢰 수준의 추정식에 표준편차(SE)와 t – 분포도에 따른 t값을 통해 계산된다.

$$K_{95\%} = K_{50\%} \times 10^{(t \times SE)}$$

＋ Reference

발파진동 상수식

$$K = E_i(R_i \times S_c + Q_i)$$

여기서, E_i : 화약보정률(다이너마이트 : 1.0, 함수폭약 : 0.8, ANFO : 0.65)

R_i : 암종에 따른 발파상수(서울 화강암 : 0.0371, 서울 편마암 : 0.0206)

S_c : 압축강도(kg/cm²)

Q_i : 발파 방법에 따른 보정값

❸ 회귀분석 및 결과의 해석

① 회귀분석은 단순회귀분석과 다중회귀분석으로 나눌 수 있다. 그중에서도 진동상수를 추정하기 위하여 주로 사용되는 분석법은 단순회귀분석으로 한 개의 독립 및 종속변수 간의 선형관계(Linear Relation)에 관한 분석법을 말한다.

② 발파진동 추정식을 도출하기 위하여 계측자료의 진동속도 V와 환산거리 SD를 log 값으로 취하면 $\log V = \log K + n \log(SD)$ 의 형태가 된다.

③ 여기서, $\log V = Y$, $\log K = a$, $\log(SD) = X$, $n = b$라 하면, $Y = a + nX$ 형태의 직선식이 되어 a와 n값이 산출되는데, 일반적으로 $a > 0$, $n < 0$이다. SD가 1일 때 V는 K이다.

④ 입지상수는 log – log Scale로 좌표상에 도시하였을 때 기울기(n)와 절편($\log K$)으로부터 결정한다.

⑤ 자료를 분석하여 추정식을 도출함에 있어서 일반적으로 분석자료에 대한 결정계수와 상관계수의 언급이 필요하다. 결정계수란 회귀분석에서 회귀직선의 유의성 검정과 더불어, 회귀분석에 의한 종속변수가 설명되어지는 정도를 나타내는 것이다. 결정계수 값이 0에 가까울수록 추정된 회귀직선은 신뢰성이 낮고, 1에 가까울수록 신뢰성이 높은 회귀직선이 된다.

⑥ 결정계수는 자료로부터 추정한 회귀식의 적합도를 결정하는 데 사용된다. 즉, 자료의 각 분산점들이 추정한 회귀선에 얼마나 가깝게 접근해 있는가를 나타내주는 계수를 말한다.

⑦ 상관계수는 상호 자료들의 상관의 강도를 양적으로 표시한 자료를 말하는데, 결정계수의 평방근으로 얻어진다.

⑧ 진동속도와 환산거리와의 관계는 역상관($R < 0$)의 관계를 가지며, 결정계수가 최소한 $R^2 \geq 0.7$ 정도 되어야 비교적 균일한 지반에서 정상적인 발파가 이루어진 것으로 판단할 수 있다.

⑨ 발파진동 추정식의 신뢰도는 측정 자료의 비율을 말하는데, 예를 들면 신뢰도가 50%인 경우로 발파를 하면 발파진동속도의 50%는 이 발파진동식에서 예측된 진동속도보다 작고 50%는 크다는 것을 의미한다. 따라서 시험발파 후 본 설계구간에 적합한 신뢰도 95%의 진동추정식을 산출하는 것은 시험발파의 큰 목적이라 할 수 있다.

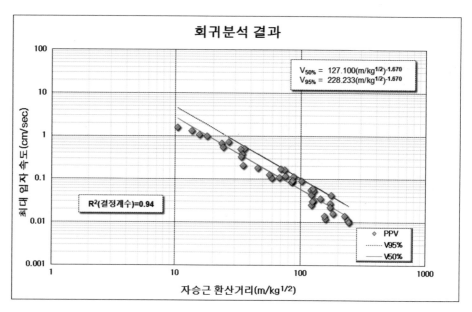

→ 자승근 환산거리를 적용한 회귀분석 결과로, 50%와 95% 신뢰수준의 발파진동식이 결정되고, 결정계수가 0.7 이상이므로 비교적 균일한 지반에서 정상적인 발파가 이루어진 것으로 판단할 수 있다.

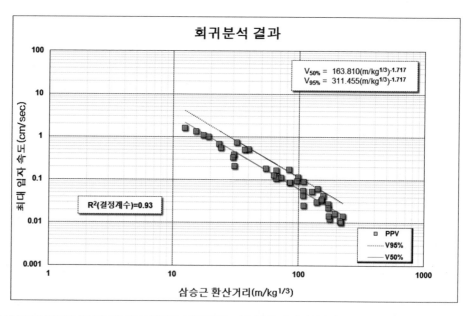

→ 삼승근 환산거리를 적용한 회귀분석 결과로, 50%와 95% 신뢰수준의 발파진동식이 결정되고, 결정계수가 0.7 이상이므로 비교적 균일한 지반에서 정상적인 발파가 이루어진 것으로 판단할 수 있다.

이격거리(m)	지발당 허용장약량(kg/Delays)	
	0.3cm/sec(자승근 환산거리)	0.3cm/sec(삼승근 환산거리)
10	0.035	0.005
15	0.080	0.018
20	0.142	0.043
25	0.221	0.084
30	0.319	0.145
35	0.434	0.230
40	0.567	0.344
45	0.717	0.489
50	0.886	0.671
55	1.072	0.893
60	1.276	1.160
65	1.497	1.474
70	**1.736**	**1.841**
75	1.993	2.265
80	2.268	2.749
85	2.560	3.297
90	2.870	3.914
95	3.198	4.603
100	3.543	5.369

→ 회귀분석 결과로부터 도출된 발파진동 추정식으로부터 허용진동기준에 따른 자승근 환산거리와 삼승근 환산거리
식을 통해서 이격거리별 지발당 허용장약량을 산출할 수 있다. 여기서, 자승근 환산거리식을 통해 얻어진 지발당
장약량과 삼승근 환산거리식을 통해서 얻어진 지발당 장약량이 어느 한 지점을 기준으로 서로 역전됨을 알 수 있으
며, 통상 이 거리를 변곡점(임계거리)이라 부른다.

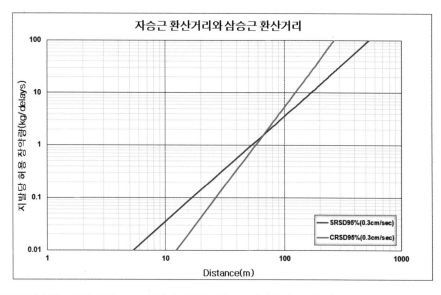

→ 회귀분석에 의해 도출된 신뢰도 95%의 발파진동 추정식으로 임의의 진동 허용기준 $V=0.3$cm/sec 적용 시, 자승
근 환산거리와 삼승근 환산거리의 변곡점을 분석할 수 있으며, 안전을 감안할 경우 이 변곡점보다 근거리에서는
삼승근 환산거리식이, 원거리에서는 자승근 환산거리식이 더 유리함을 나타내나, 국토교통부에서는 자승근 환산
거리를 적용함을 권고하고 있는 실정이다.

Explosives Handling

부록

과년도
기출문제

※ 수험생의 기억을 토대로 복원한 것으로 실제 출제된 문제와 다를 수 있습니다.

01 Langerfors 식을 이용하여 최대저항선 B_{max}를 구하시오.(단, 사용폭약은 ANFO이고, 공경은 75mm, 공경사는 5 : 1, 암석계수 $C = 0.3\text{kg/m}^3$, 장약밀도 $P = 0.8\text{kg/L}$이다.)

풀이

$$I_b = 7.85 \times d^2 \times P = 7.85 \times (0.75\text{dm})^2 \times 0.8\text{kg/L} = 3.53\text{kg/m}$$
$$B_{max} = 1.36 \times \sqrt{I_b} \times R_1 \times R_2 = 1.36 \times \sqrt{3.53\text{kg/m}} \times 0.98 \times 1.15 = 2.88\text{m}$$

02 수중발파의 방법 중에서, 장약방법에 따른 3종류에 대하여 쓰고 간단히 설명하시오.

풀이

① 수중현수발파 : 수중에 폭약을 매단 형태로 발파하는 방법으로, 물이 그 압력에 의해 응축되는 성질을 이용하여 사물의 파괴나 변형을 일으킨다(기뢰, 폭뢰, 어뢰 등이 이에 속한다).
② 수중부착발파 : 수중의 암석이나 구조물(피파괴체) 표면에 폭약을 부착한 상태로 발파하는 방법으로, 천공을 하지 않으며, 발파 효율이 낮다.
③ 수중천공발파 : 수중의 암석이나 구조물(피파괴체) 내부에 천공하여 천공부에 폭약을 장전해서 발파하는 방법이다.

03 $V(\text{mm/sec}) = 1,350 \left(\dfrac{D}{\sqrt{W}}\right)^{-1.6}$ 이고 폭원으로부터의 거리가 44.5m이다. $V = 2\text{mm/sec}$ 일 때 저계단식 지발발파패턴으로 $H = 3B$, $U = 0.3B$, 경사가 70°, 비장약량이 0.3kg/m^3일 때 B(최소저항선), S(공간격), H(계단높이), L(천공길이)을 소수점 2자리까지 구하시오.

풀이

장약량 $W = \left(\dfrac{D}{\left(\dfrac{V}{K}\right)^{\frac{1}{n}}}\right)^b = \left(\dfrac{44.5\text{m}}{\left(\dfrac{2}{1,350}\right)^{\frac{1}{-1.6}}}\right)^2 = 0.58\text{kg}$

비장약량 $S_c = 0.30\text{kg/m}^3 = \dfrac{W}{B \times S \times H} = \dfrac{W}{B \times \dfrac{H + 7B}{8} \times 3B} = \dfrac{0.58\text{kg}}{3.75B^3}$

즉, 최소저항선 $B = 0.80\text{m}$, 공간격 $S = \dfrac{H + 7B}{8} = 1.00\text{m}$, 벤치높이 $H = 3B = 2.40\text{m}$

초과천공장 $U = 0.3B = 0.24\text{m}$, 천공장 $L = \dfrac{H + U}{\sin\theta} = 2.81\text{m}$

04 다음과 같은 사면의 상부에 암석 블록이 있고 사면의 경사각이 20°, 암석 블록의 폭이 5m이다. H가 얼마 이상일 때 전도파괴가 발생하겠는가?(단, 내부마찰각은 30°이다.)

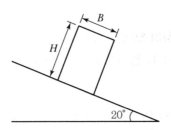

> **풀이**
>
> 블록 전도파괴의 발생 조건에 따라, $B/H < \tan\psi$의 조건에 만족하는 사면의 높이를 계산한다.
>
> $\dfrac{B}{H} < \tan\psi$, $\dfrac{5\mathrm{m}}{H} < \tan 20°$이므로, $H \geq \dfrac{5\mathrm{m}}{\tan 20°} = 13.74\mathrm{m}$
>
> 즉, H가 13.74m 이상일 때 전도파괴가 발생한다.

05 직경 40mm, 두께 30mm인 코어 시험편에 대해 축방향 점하중 강도 시험을 실시한 결과 10kN에서 파괴가 발생하였다. 이 시험편의 압축강도와 인장강도를 추정하시오.

> **풀이**
>
> ① 환산직경 $D_e = \sqrt{\dfrac{4A}{\pi}} = \sqrt{\dfrac{4WD}{\pi}} = 0.039\mathrm{m}$
>
> ② 점하중지수 $I_s = \dfrac{P}{D_e^2} = \dfrac{10\mathrm{kN}}{(0.039\mathrm{m})^2} = 6{,}574.62\mathrm{kN/m^2}$
>
> ③ 크기 보정한 점하중지수
>
> $I_{s(50)} = F \cdot I_s = \left(\dfrac{39}{50}\right)^{0.45} \times 6{,}574.62\mathrm{kN/m^2} = 5{,}879.13\mathrm{kN/m^2}$
>
> ④ 압축강도
>
> $\sigma_c = 24 \cdot I_{s(50)} = 24 \times 5{,}879.13\mathrm{kN/m^2} = 141{,}099.12\mathrm{kN/m^2} = 141.1\mathrm{MPa}$
>
> ⑤ 인장강도
>
> $\sigma_t = 0.8 \cdot I_{s(50)} = 0.8 \times 5{,}879.13\mathrm{kN/m^2} = 4{,}703.3\mathrm{kN/m^2} = 4.7\mathrm{MPa}$

06 어떤 셰일이 녹니석 30%, 황철석 70%로 구성되어 있으며, 공극률은 36%이다. 이 셰일의 겉보기 밀도를 구하시오.(단, 녹니석의 입자 밀도는 $2.8\mathrm{g/cm^3}$이고 황철석의 입자 밀도는 $5.05\mathrm{g/cm^3}$이다.)

풀이

셰일의 밀도 $\rho_s = (0.3 \times 2.8\text{g/cm}^3) + (0.7 \times 5.05\text{g/cm}^3) = 4.38\text{g/cm}^3$

셰일의 겉보기 밀도=체적×밀도이므로,

$\rho = (100 - 36)\% \times 4.38\text{g/cm}^3 = 2.8\text{g/cm}^3$

07 PPV에 의한 미 광무국(USBM)과 OSMRE의 발파진동규제는 발파지점과의 거리가 멀어질수록 허용최대입자속도를 낮게 경감한다. 발파지점과의 거리가 멀수록 허용최대입자속도를 낮게 하는 이유 2가지를 적으시오.

풀이

① 거리가 멀어질수록 고주파는 지반 내로 흡수되고, 저주파는 에너지 손실 거의 없이 멀리까지 전파되어 구조물의 진동을 확대시키고 변위를 일으킨다.

② 구조물의 고유 진동수는 5~20Hz로서, 고유 주파수 대역에서 공진을 일으키고 저주파 대역에서 취약성을 보인다.

08 다음은 소음·진동공정시험기준에서 제시한 배경소음 보정 방법이다. 빈칸을 채우시오.

측정소음도가 배경소음도보다 (①) 이상 크면 배경소음의 영향이 극히 작기 때문에 배경소음의 보정 없이 측정소음도를 대상소음도로 하고, 측정소음도가 배경소음도보다 (②) 미만으로 크면 배경소음이 대상소음보다 크므로 재측정하여 대상소음도를 구하여야 한다.

풀이

① 10dB   ② 3dB

09 탄동구포시험 시 블라스팅 젤라틴을 기준 폭약으로 하여 진자가 움직인 각도가 $18°$이고, 시료 폭약이 진자를 움직인 각도가 $14°$이었다면 이 폭약의 탄동구포비는 얼마인가?

풀이

탄동구포비 $= 1.6 \times RWS(\%)$

$RWS(\%) = \dfrac{1 - \cos\theta}{1 - \cos\theta'} \times 100 = \dfrac{1 - \cos 14°}{1 - \cos 18°} \times 100 = 60.69\%$

따라서, 탄동구포비 $= 97.1\%$

10 니트로셀룰로오스의 자동산화에 대하여 기술하시오.

풀이

니트로셀룰로오스 분해 시 생성되는 NO는 공기 중의 산소에 의해 산화되어 NO_2가 되고, 이것은 물이 존재할 때 HNO_3(질산)가 된다. 이 HNO_3(질산)는 다시 니트로셀룰로오스에 산화작용을 일으키며, 이와 같이 산소가 있는 한 이러한 반응은 계속된다. 이것을 니트로셀룰로오스의 자동산화라고 한다.

11 에멀전 폭약에 알루미늄 첨가 시 2차 폭발이 발생하므로 사용하지 않는다. 2차 폭발을 일으키는 이유를 간단히 서술하시오.

풀이

에멀전 폭약의 폭력 향상을 위해 알루미늄 분말을 첨가할 때 초기 폭발에서 불완전 연소가 일어나 일부는 Al_2O_3가 되고, 일부는 Al로 남아 반응이 완결되지 않는다. 이후 뒤늦게 발연대(Fume Zone)에서 반응되지 않은 알루미늄이 H_2, CO 등의 인화성 가스로 인해 2차 폭발을 발생시킨다.

12 뇌관 12개를 결선(도시)하시오. (단, 3개를 직렬 결선으로 한다.)

풀이

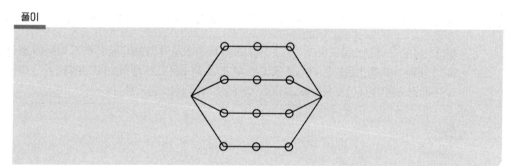

13 인장강도가 10MPa인 암반에 선균열(Pre – splitting)발파를 실시하고자 직경 75mm로 천공을 하였다. 이때 균열반경은 얼마인가?(단, 공내 작용압력 P_s = 90MPa이다.)

풀이

$$r = \frac{\phi}{2}\left[1 + 3\left(\frac{P_s}{\sigma_t}\right)^{0.5}\right] = \frac{7.5\text{cm}}{2}\left[1 + 3\left(\frac{90\text{MPa}}{10\text{MPa}}\right)^{0.5}\right] = 37.5\text{cm}$$

14 충격감도시험 중 낙추시험에서 완폭점과 불폭점에 대해 설명하시오.

풀이

① 완폭점 : 동일한 높이에서 10회 연속적으로 5kg의 추를 떨어뜨려 폭약의 충격에 대한 감도를 반복 시험했을 때 전부가 폭발하는 최소높이

② 불폭점 : 동일한 높이에서 10회 연속적으로 5kg의 추를 떨어뜨려 폭약의 충격에 대한 감도를 반복 시험했을 때 1회도 폭발하지 않는 최대높이

15 장대터널에서 σ_x = 100MPa, σ_y = 50MPa, τ_{xy} = 4MPa일 때 수평방향 변형률을 구하여라. (단, x축 방향을 수평방향으로 하고, 영률은 20GPa, 포아송비는 0.3이다.)

풀이

터널의 경우 평면변형률 조건을 적용한다.

$$\varepsilon_x = \frac{1}{E}\left[(1-\nu^2)\sigma_x - \nu(1+\nu)\sigma_y\right]$$

$$= \frac{1}{20,000\text{MPa}}\left[(1-0.3^2)\times 100\text{MPa} - 0.3\times(1+0.3)\times 50\text{MPa}\right] = 3.58\times 10^{-3}$$

화약류관리산업기사 (2019년 제1회)

01 충격감도시험 중 순폭시험에서 순폭도를 구하는 공식을 적고, 순폭도에 영향을 미치는 인자 2가지를 쓰시오.

풀이

순폭도 $n = \dfrac{S}{d}$

여기서, S : 순폭거리, d : 폭약지름

02 암반 분류법인 RMR 분류법에 의해 터널의 안정성을 판단하고자 한다. RMR 값이 80인 경우 암반의 점착력과 마찰각의 범위를 쓰시오.

풀이

① 분류평점 합계에 의한 암반 등급

평점	100~81	80~61	60~41	40~21	<21
암반 등급	I	II	III	IV	V
암반 상태	매우 양호	양호	보통	불량	매우 불량

② 점착력과 마찰각의 범위

암반 등급	I	II	III	IV	V
평균 자립시간	15m 폭 20년	10m 폭 1년	5m 폭 1주일	2.5m 폭 10시간	1m 폭 30분
암반의 점착력(kPa)	>400	300~400	200~300	100~200	<100
암반의 마찰각	>45	35~45	25~35	15~25	<15

03 다음은 소음·진동공정시험기준에서 제시한 발파소음의 측정조건이다. 빈칸을 채우시오.

풍속이 (①) 이상일 때에는 반드시 마이크로폰에 방풍망을 부착하여야 하며, 풍속이 (②)를 초과할 때에는 측정하여서는 안 된다.

풀이

① 2m/sec

② 5m/sec

04 음압레벨(SPL : Sound Pressure Level)이 134dB인 경우 Peak 값은 얼마이겠는가?(단, 기준 음압은 2×10^{-5}Pa로 하며, Peak 값의 단위는 Pa로 한다.)

풀이

$$SPL = 20\log\left(\frac{P}{P_o}\right)$$

$$134\text{dB} = 20\log\left(\frac{P}{P_o}\right)$$

$$10^{\left(\frac{134\text{dB}}{20}\right)} = \left(\frac{P}{2 \times 10^{-5}\text{Pa}}\right)$$

$$P = 100.24\text{Pa}$$

05 다음 그림과 같이 암석이 판상으로 깨지는 이론은?

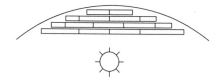

풀이

홉킨슨 효과에 의한 인장파괴이론

06 다음 빈칸에 알맞은 화약류저장소의 최대저장량을 쓰시오.

화약류 종류 ＼ 저장소 종류	1급 저장소
공업뇌관 및 전기뇌관	①
도폭선	②
신관 및 화관	③
미진동파쇄기	④
총용뇌관	⑤

풀이

① 4,000만 개 ② 2,000km
③ 200만 개 ④ 400만 개
⑤ 5,000만 개

07 탄동구포시험 시 블라스팅 젤라틴을 기준 폭약으로 하여 진자가 움직인 각도가 18°이고, 시료 폭약이 진자를 움직인 각도가 14°이었다면 이 폭약의 RWS는 얼마인가?

풀이

$$RWS(\%) = \frac{1-\cos\theta}{1-\cos\theta'} \times 100 = \frac{1-\cos 14°}{1-\cos 18°} \times 100 = 60.69\%$$

08 어떤 암석 시험편의 부피가 200cm^3, 건조질량은 500g, 포화질량은 508g인 경우 공극률과 입자밀도, 함수비를 구하여라. (단, 물의 밀도는 1g/cm^3으로 한다.)

풀이

① 공극률 $n = \dfrac{V_v}{V} \times 100\% = \dfrac{\dfrac{(M_s - M_d)}{\rho_w}}{V} \times 100\% = \dfrac{\dfrac{(508\text{g} - 500\text{g})}{1\text{g/cm}^3}}{200\text{cm}^3} \times 100\% = 4\%$

② 입자밀도 $\rho_g = \dfrac{M_d}{V_g} = \dfrac{500\text{g}}{(200-8)\text{g/cm}^3} = 2.6\text{g/cm}^3$

③ 함수비 $W = \dfrac{M_s - M_d}{M_d} \times 100\% = \dfrac{8\text{g}}{500\text{g}} \times 100\% = 1.6\%$

09 동적 효과를 이용한 폭약의 폭속시험법 중 도트리쉬법에 의한 폭약의 폭속을 구하는 공식과 그 인자들을 설명하시오.

풀이

폭속 $D = \dfrac{VL}{2X}$

여기서, V : 도폭선의 폭속

L : 폭약 2점 간의 거리

X : 도폭선의 중심과 폭발 흔적 간의 거리

10 발파 시 폭풍압의 저감대책 3가지를 쓰시오. (단, 발파패턴상에서 가능한 대책에 한한다.)

풀이

① 벤치 높이를 줄이거나 천공 지름을 작게 하는 등의 방법으로 지발당 장약량을 감소시킨다.

② 뇌관은 MS전기뇌관을 이용하여 지발발파를 실시하는 등 지연시간을 조절해준다.

③ 기폭방법에서 정기폭보다는 역기폭을 사용한다.

CHAPTER 03 화약류관리기사(2019년 제4회)

01 허용진동속도를 3mm/sec로 제한할 때 자승근 발파진동식과 삼승근 발파진동식의 지발당 장약량이 같아지는 거리를 구하고, 그때의 최대지발당 장약량을 구하여라.(단, 자승근의 입지상수 $K = 2{,}500$, 감쇠지수 $n = -1.65$, 삼승근의 입지상수 $K = 2{,}050$, 감쇠지수 $n = -1.75$이다.)

풀이

① 교차점 거리

$W_1 = \left(\dfrac{D}{\left(\dfrac{V}{K}\right)^{\frac{1}{n}}}\right)^2$ 이고 $W_2 = \left(\dfrac{D}{\left(\dfrac{V}{K}\right)^{\frac{1}{n}}}\right)^3$ 에서, $W_1 = W_2$이므로,

$D = \dfrac{\left(\left(\dfrac{V}{K}\right)^{\frac{1}{n}}\right)^3}{\left(\left(\dfrac{V}{K}\right)^{\frac{1}{n}}\right)^2} = \dfrac{\left(\left(\dfrac{3}{2{,}050}\right)^{-\frac{1}{1.75}}\right)^3}{\left(\left(\dfrac{3}{2{,}500}\right)^{-\frac{1}{1.65}}\right)^2} = 20.84\text{m}$

② 교차점 거리에서의 지발당 장약량은 자승근 발파진동식과 삼승근 발파진동식이 같으므로, 하나의 식을 선택하여 계산한다.

$V = 3\text{mm/sec} = 2{,}050\left(\dfrac{20.84\text{m}}{\sqrt[3]{W}}\right)^{-1.75}$ 에서,

$W = \left(\dfrac{20.84\text{m}}{\left(\dfrac{3\text{mm/sec}}{2{,}050}\right)^{-\frac{1}{1.75}}}\right)^3 = 0.13\text{kg/delay}$

02 절리면에 작용하는 수직응력이 10MPa이고, 초기강성 $K_{ni} = 10\text{MPa/mm}$일 때 수직강성 K_n은 얼마인가?(단, 최대닫힘변위는 1mm이다.)

풀이

수직강성

$K_n = K_{ni} \times \left(1 - \dfrac{\sigma}{\Delta V_{\max} \times K_{ni} + \sigma}\right)^{-2}$

$K_n = 10\text{MPa/mm} \times \left(1 - \dfrac{10\text{MPa}}{1\text{mm} \times 10\text{MPa/mm} + 10\text{MPa}}\right)^{-2}$

$K_n = 40\text{MPa/mm} = 40{,}000\text{MPa/m} = 40\text{GPa/m}$

03 탄동구포시험 시 TNT를 기준 폭약으로 하여 진자가 후퇴한 각도가 14°이고, 시료 폭약에 의해 진자가 후퇴한 각도가 16°일 때 RWS는 얼마인가?

> **풀이**
>
> $$\text{탄동구포비} = \frac{1-\cos\theta}{1-\cos\theta'} = \frac{1-\cos 16°}{1-\cos 14°} = 1.30$$
>
> $$RWS = \frac{\text{탄동구포비}}{1.6} = 81.25\%$$

04 다음은 소음 · 진동공정시험기준에서 제시한 발파소음의 측정조건이다. 빈칸을 채우시오.

> 소음계의 청감보정회로는 (①)에 고정하여 측정하고, 동특성은 원칙적으로 (②) 모드로 하여 측정하여야 한다.

> **풀이**
>
> ① A특성
> ② 빠름(Fast)

05 1kg의 지발당 장약량으로 발파 시 50m에서 진동속도가 6mm/sec, 100m에서 진동속도가 2mm/sec로 측정되었다면 환산거리와 진동속도 간의 그래프의 기울기 값을 구하시오.

> **풀이**
>
> 최대지발당 장약량 W=1kg이므로
>
> $$\text{기울기(감쇠지수) } n = \frac{\log\left(\frac{V_1}{V_2}\right)}{\log\left(\frac{SD_1}{SD_2}\right)} = \frac{\log\left(\frac{V_1}{V_2}\right)}{\log\left(\frac{D_1}{D_2}\right)} = \frac{\log\left(\frac{6\text{mm/sec}}{2\text{mm/sec}}\right)}{\log\left(\frac{50\text{m}}{100\text{m}}\right)} = -1.58$$

06 천공비용은 단위체적당 소비에너지와 직결되며, 천공속도 R = 50cm/min이고, 비트의 직경 D = 32mm, 일률 P = 600cm · kg/min인 경우 착암기의 단위체적당 소비에너지를 구하여라.

> **풀이**
>
> $$E_v = \frac{4P}{\pi D^2 R} = \frac{4 \times 600\text{cm} \cdot \text{kg/min}}{\pi \times (3.2\text{cm})^2 \times 50\text{cm/min}} = 1.49\text{cm} \cdot \text{kg/cm}^3$$

07 시험발파를 실시하여 얻은 지반진동속도 자료를 회귀분석한 결과 중앙값에 대한 발파진동 추정식이 $V = 1,500 \left(D/W^{1/2} \right)^{-1.65}$ 로 도출되었다. 이 식을 95%의 상부신뢰수준에 대한 식으로 변환하여라. (단, 식의 표준오차는 0.1, 95% 신뢰도와 자유도에 해당하는 t값은 1.96이다.)

풀이

$K_{95\%} = K_{50\%} \times 10^{(t \times SE)} = 1,500 \times 10^{(1.96 \times 0.1)} = 2,355.54$

$V = 2,355.54 \left(D/W^{1/2} \right)^{-1.65}$

08 운반 신고를 하지 않고 운반할 수 있는 화약류의 수량을 쓰시오.

총용뇌관	도폭선	미진동파쇄기	폭발천공기	장난감용 꽃불류
①	②	③	④	⑤

풀이

① 10만 개
② 1,500m
③ 5,000개
④ 600개
⑤ 500kg

09 소음의 지향계수와 지향지수에 대해 설명하시오.

풀이

① 지향계수 Q : 특정 방향에 대한 음의 지향도를 나타내며, 특정 방향 에너지와 평균 에너지의 비를 의미한다.

$Q = \log^{-1} \left(\dfrac{SPL_\theta - \overline{SPL}}{10} \right)$

② 지향지수 DI : 지향성이 큰 경우, 특정 방향 음압레벨과 평균 음압레벨의 차를 의미한다.

$DI = SPL_\theta - \overline{SPL} = 10 \log Q$

10 암석의 파괴기준식이 $\tau = \sigma \tan 40° + 1 (MPa)$로 나타난 암석에 5MPa의 봉압을 가하여 삼축압축시험을 실시하였다. 이 암석에 대한 파괴 시의 최대주응력과, 최대주응력과 파괴면이 이루는 각도를 구하여라.

풀이

Mohr−Coulomb 이론에 의해 파괴 시의 최대주응력을 구하면,

$$\sigma_1 = 2 \cdot c \cdot \tan\left(45° + \frac{\phi}{2}\right) + \sigma_3 \cdot \tan^2\left(45° + \frac{\phi}{2}\right)$$

$$= 2 \cdot 1\text{MPa} \cdot \tan\left(45° + \frac{40°}{2}\right) + 5\text{MPa} \cdot \tan^2\left(45° + \frac{40°}{2}\right) = 27.28\text{MPa}$$

최대주응력과 파괴면이 이루는 각도 $\theta = \left(45° + \frac{\phi}{2}\right) = \left(45° + \frac{40°}{2}\right) = 65°$

11 다음 그림의 Prism−cut 심빼기 발파에서 최대비산거리를 구하시오. (단, 암석의 단위중량은 2.5t/m^3, 공당 장약량은 0.9kg/공, 심빼기 위치높이는 2m, 중력가속도는 9.8m/sec^2, Dupont社 제안식을 적용하고 수평방향의 비산으로 한다.)

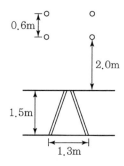

풀이

전체 파쇄량 $= \frac{1}{2} \times 1.5\text{m} \times 1.3\text{m} \times 0.6\text{m} \times 2.5\text{t/m}^3 = 1.46\text{t}$

$LD = \dfrac{1.46\text{t}}{0.9\text{kg} \times 4\text{공}} = 0.41\text{t/kg}$

$V_o = 34(LD)^{-0.5} = 53.10\text{m/sec}$

$L_{\max} = V_o \times \sqrt{\dfrac{2H}{g}} = 53.10\text{m/sec} \times \sqrt{\dfrac{2 \times 2\text{m}}{9.8\text{m/sec}^2}} = 33.92\text{m}$

12 니트로글리콜의 폭발온도는 5,100K이고, 반응식은 아래와 같다. 니트로글리콜 1kg당 가스비용과 비에너지를 구하여라.

$$C_2H_4N_2O_6 \rightarrow 2CO_2 + 2H_2O + N_2$$

풀이

① 가스비용(생성가스가 1기압이고 0℃인 표준상태의 용적)

$$V_o = \frac{22.4 \times 5 \text{mol} \times 1{,}000\text{g}}{152\text{g}} = 736.84\text{L}$$

② 비에너지(화약의 힘)

$$f = V_o \times \left(\frac{T}{273\text{K}}\right) = 736.84\text{L} \times \left(\frac{5{,}100\text{K}}{273\text{K}}\right) = 13{,}765.14\,\text{atm} \cdot \text{L/kg}$$

13 수중발파 시 비장약량 1.15kg/m³로 하여 수심 18m에 위치한 벤치높이 7m의 암반에 천공경 54mm로 수직천공 시 무장약부분의 길이는 얼마인가?(단, 기계식 장전이며 Gustaffson 식을 이용한다.)

풀이

① 비장약량 : 1.15kg/m³

② 장약밀도 : $I_b = \dfrac{d^2}{1{,}000} = 2.92$kg/m

③ 공당 면적 : $A = \dfrac{I_b}{S_c} = \dfrac{2.92}{1.15} = 2.54$m²

④ 공간격 : $S = \sqrt{A} = 1.59$m $= B$

⑤ 무장약부분의 길이 : $h_o = \dfrac{B}{3} = 0.53$m

14 공저깊이(Sub-drilling) 1m, 최소저항선 3m, 공간격 3m의 패턴으로 천공하여 길이 18m, 폭 9m, 높이 10m인 수직벤치를 절취하려고 한다. 이 패턴의 비천공장은 얼마인가?

풀이

천공장 $L = H + U = 10\text{m} + 1\text{m} = 11\text{m}$

공수 $n = \left(\dfrac{W}{S} + 1\right) \times \left(\dfrac{l}{B}\right) = \left(\dfrac{18\text{m}}{3\text{m}} + 1\right) \times \left(\dfrac{9\text{m}}{3\text{m}}\right) = 21$공

비천공장 $Q_l = \dfrac{n \times L}{H \times l \times W} = \dfrac{21 \times 11\text{m}}{10\text{m} \times 9\text{m} \times 18\text{m}} = 0.14\text{m/m}^3$

15 야외에서 Point Load 실험에 의하여 압축강도를 측정하고자 한다. 본 작업에 앞서 동종의 NX코어 54mm를 가지고 20개씩 Point Load 실험과 일축압축강도 시험을 실시하였다. 실험결과에 의해 회귀분석 결과 지수 값과 압축강도 사이에는 $\sigma_p = 0.05\sigma_c - 2.5(\text{kg}/\text{cm}^2, r^2 = 0.99)$ 관계가 성립하였다. 야외에서 NX코어의 직경방향으로 Point Load 실험에 의한 파괴하중이 2.91ton이었다면 이 암석의 압축강도는 얼마인가?

풀이

① 점하중지수 $I_s = 0.05\sigma_c - 2.5(\text{kg}/\text{cm}^2) = \dfrac{P}{D_e^2} = \dfrac{2{,}910\text{kg}}{(5.4\text{cm})^2} = 99.79\text{kg}/\text{cm}^2$

② 압축강도 $\sigma_c = \dfrac{I_s + 2.5\text{kg}/\text{cm}^2}{0.05} = \dfrac{99.79\text{kg}/\text{cm}^2 + 2.5\text{kg}/\text{cm}^2}{0.05} = 2{,}045.8\text{kg}/\text{cm}^2$

화약류관리기사(2020년 제1회)

01 다음 그림과 같은 정육면체에 x, y, z축 방향으로 200N, 80N, 50N의 힘이 작용할 때, 체적변형률은 얼마인가?(단, 탄성계수 $E = 25\text{GPa}$, $\nu = 0.25$)

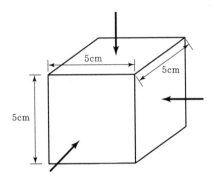

풀이

$$\varepsilon = \frac{1-2\nu}{E}(\sigma_x + \sigma_y + \sigma_z)$$

$$\sigma_x = \frac{P}{A} = \frac{200\text{N}}{5\text{cm} \times 5\text{cm}} = 80\text{kPa}$$

$$\sigma_y = \frac{P}{A} = \frac{80\text{N}}{5\text{cm} \times 5\text{cm}} = 32\text{kPa}$$

$$\sigma_z = \frac{P}{A} = \frac{50\text{N}}{5\text{cm} \times 5\text{cm}} = 20\text{kPa}$$

$$\varepsilon = \frac{1-2(0.25)}{25 \times 10^6 \text{kPa}}(80 + 32 + 20) = 2.64 \times 10^{-6}$$

02 운반표지 없이 운반 가능한 화약류의 수량을 쓰시오.

① 폭약
② 뇌관
③ 미진동파쇄기
④ 총용뇌관

풀이

① 5kg
② 100개
③ 1천 개
④ 1만 개

03 터널발파에서 직경 76mm의 무장약공 2개를 사용하여 평행공 심빼기 발파를 수행하고자 할 때 적절한 천공장은 얼마인가?(단, 무장약공과 심빼기공의 천공장은 동일하고, 굴진율은 약 95%이다.)

풀이

$$\phi = d\sqrt{n} = 76\text{mm} \times \sqrt{2} = 107.48\text{mm}$$
$$L = 0.15 + 34.1\phi - 39.4\phi^2 = 0.15 + 34.1(0.10748\text{m}) - 39.4(0.10748\text{m})^2 = 3.36\text{m}$$

04 무교란 암반에서 RMR이 80이고 $\sigma_c = 100$MPa, $\sigma_3 = 10$MPa일 때 Hoek−Brown 식으로 현지 암반의 일축압축강도와 일축인장강도를 구하여라.(단, 신선암의 강도정수 m은 10이다.)

풀이

$$\sigma_1 = \sigma_3 + \sqrt{m_b \cdot \sigma_c \cdot \sigma_3 + s\sigma_c^2}$$
$$m_b = m_i \times \exp\left(\frac{RMR - 100}{28}\right) = 4.9$$
$$s = \exp\left(\frac{RMR - 100}{9}\right) = 0.11 \text{이므로},$$

일축압축강도 $\Rightarrow \sigma_3 = 0$일 때, $\sigma_1 = S_c = \sigma_c \times \sqrt{s} = 100\text{MPa} \times \sqrt{0.11} = 33.17\text{MPa}$

일축인장강도 $\Rightarrow \sigma_1 = 0$일 때, $\sigma_3 = S_t = \frac{1}{2} \times \sigma_c \times \left(\sqrt{m^2 + 4s} - m\right) = 2.23\text{MPa}$

05 지발당 장약량을 0.25kg으로 하여 거리 10m에서 진동속도가 15mm/sec, 거리 50m에서 진동속도가 1mm/sec이었다. 이때의 진동속도 추정식을 계산하시오.(단, 자승근 환산거리를 적용하며, K는 소수점 1자리까지, 감쇠지수는 소수점 4자리까지 표기하시오.)

풀이

① $SD_1 = \dfrac{D_1}{\sqrt{W}} = \dfrac{10\text{m}}{\sqrt{0.25\text{kg}}} = 20\text{m}/\sqrt{\text{kg}}$

② $SD_2 = \dfrac{D_2}{\sqrt{W}} = \dfrac{50\text{m}}{\sqrt{0.25\text{kg}}} = 100\text{m}/\sqrt{\text{kg}}$

③ 감쇠지수 $n = \dfrac{\log\left(\dfrac{V_1}{V_2}\right)}{\log\left(\dfrac{SD_1}{SD_2}\right)} = \dfrac{\log\left(\dfrac{15\text{mm/sec}}{1\text{mm/sec}}\right)}{\log\left(\dfrac{20}{100}\right)} = -1.6826$

④ 입지상수 $K = \dfrac{V}{SD^n} = \dfrac{15\text{mm/sec}}{20^{-1.6826}} = 2,318.5$

⑤ 진동속도 추정식 $V = 2,318.5\left(\dfrac{D}{\sqrt{W}}\right)^{-1.6826}$

06 보안물건과의 이격거리가 200m에서 100m로 줄었을 때 허용진동속도를 동일하게 하려면 장약량은 200m일 때의 몇 %인지 계산하시오.(단, 진동추정식 $V = 70(SD)^{-1.6}$을 적용한다.)

풀이

① 허용진동속도가 주어지지 않았으므로, 0.3cm/sec로 가정

② $V = 0.3 = 70\left(\dfrac{200}{\sqrt{W_1}}\right)^{-1.6}$

③ $V = 0.3 = 70\left(\dfrac{100}{\sqrt{W_2}}\right)^{-1.6}$

④ $W_1 = \left(\dfrac{D}{\left(\dfrac{V}{K}\right)^{\frac{1}{n}}}\right)^2 = \left(\dfrac{200}{\left(\dfrac{0.3}{70}\right)^{\frac{1}{-1.6}}}\right)^2 = 43.86\text{kg}$

⑤ $W_2 = \left(\dfrac{D}{\left(\dfrac{V}{K}\right)^{\frac{1}{n}}}\right)^2 = \left(\dfrac{100}{\left(\dfrac{0.3}{70}\right)^{\frac{1}{-1.6}}}\right)^2 = 10.97\text{kg}$

⑥ $\dfrac{W_2}{W_1} \times 100\% = \dfrac{10.97\text{kg}}{43.86\text{kg}} \times 100\% = 25\%$

07 도트리쉬법에 의해 함수폭약의 폭속을 측정하였을 때의 폭속은 몇 m/s인가?(단, 표준 도폭선의 폭속은 5,600m/s, 도폭선의 중심과 폭발 흔적 간의 거리는 8cm이고, 폭약 2점 간의 거리는 10cm이다.)

풀이

$D = \dfrac{VL}{2X} = \dfrac{5{,}600\text{m/s} \times 10\text{cm}}{2 \times 8\text{cm}} = 3{,}500\text{m/s}$

08 발파현장에서 100m 떨어진 곳에서 연속해서 60분간 소음을 계측한 결과, 평가보정을 한 소음레벨이 다음과 같을 때 등가소음도를 구하시오.

순서	측정소음	측정시간	순서	측정소음	측정시간
1	65dB	24분	3	75dB	14분
2	70dB	10분	4	80dB	12분

풀이

$L_{eq} = 10\log\left(\dfrac{T_1}{T_o} \times 10^{\frac{L_1}{10}} + \dfrac{T_2}{T_o} \times 10^{\frac{L_2}{10}} + \dfrac{T_3}{T_o} \times 10^{\frac{L_3}{10}} + \dfrac{T_4}{T_o} \times 10^{\frac{L_4}{10}}\right)$

$= 10\log\left(\dfrac{24}{60} \times 10^{\frac{65}{10}} + \dfrac{10}{60} \times 10^{\frac{70}{10}} + \dfrac{14}{60} \times 10^{\frac{75}{10}} + \dfrac{12}{60} \times 10^{\frac{80}{10}}\right) = 74.82\text{dB}$

09 폭약의 위력을 측정하기 위한 탄동구포시험에서 위력비교값을 RWS로 나타내고 있다. 이 RWS를 구하는 식을 설명하고, 기준 폭약을 적으시오.

> **풀이**
>
> $$RWS(\%) = \frac{1 - \cos\theta}{1 - \cos\theta'} \times 100$$
>
> 여기서, θ : 시료 폭약이 움직인 각도
>
> θ' : 기준 폭약이 움직인 각도
>
> 기준 폭약 : 블라스팅 젤라틴(NG=92%, NC=8%, 시료 10g)

10 암반의 단위중량이 $27kN/m^3$이고 지하 100m 지점에서 수압파쇄시험을 실시하였다. 5MPa 의 수압에서 파쇄 균열이 발생하였고 폐구압이 3MPa로 나타났다면, 이 구간에서의 최대수 평응력과 평균 측압계수를 구하여라. (단, 인장강도는 고려하지 않는다.)

> **풀이**
>
> $\sigma_H = 3P_s - P_c - P_o = (3 \times 3MPa) - 5MPa - 0 = 4MPa$이고
>
> $\sigma_h = P_s = 3MPa, \sigma_v = \gamma \times z = 27kN/m^3 \times 100m = 2.7MPa$이므로,
>
> $$\overline{K} = \frac{\dfrac{\sigma_H + \sigma_h}{2}}{\sigma_v} = \frac{\dfrac{4MPa + 3MPa}{2}}{2.7MPa} = 1.3$$

11 진동의 원인을 규명하는 데 있어서 주파수의 분석이 유용하게 사용된다. FFT(Fast Fourier Transform) 분석과 관련한 다음 용어를 설명하시오.

① FFS(Fourier Frequency Spectrum)
② ZCA(Zero Cross Analysis)

> **풀이**
>
> ① FFS : 진동속도와 주파수의 변화를 상대진동속도 대 주파수 그래프로 도시하는 주파수 스펙트럼을 작성하여 가장 큰 진동속도 대의 주파수 범위를 분석하는 방법이다.
>
> ② ZCA : 주 주파수의 대역을 결정하기 위해 발파진동의 파형을 측정 기록하여 이로부터 최대진동속도 가 나타나는 부분의 주파수를 직접 계산하는 방법이다.

12 심발공의 저항선이 1.5m, 저항선과 이루는 각도가 15°, 확대 발파공에서 신자유면에 대한 저항선이 67cm, 구멍 지름은 32mm로 하여 20공을 배치하였을 때의 장약량과 심발공수를 계산하여라. (단, 장약길이는 구멍 지름의 12배로 하고, 다이너마이트의 비중은 1.5이다.)

풀이

공당 장약량 $L = \dfrac{\pi d^2}{4} \times m \times g = \dfrac{\pi \times (3.2\text{cm})^2}{4} \times 12 \times 3.2\text{cm} \times 1.5\text{g/cm}^3 = 463.25\text{g}$

총 장약량 $L = $ 총 공수 $\times$ 공당 장약량 $= 20 \times 463.25\text{g} = 9,265\text{g} = 9.27\text{kg}$

심발공수 $G = \dfrac{12 + \operatorname{cosec} b}{13} \times \dfrac{W_1}{W}$

$\operatorname{cosec} b = \operatorname{cosec} 15° = \dfrac{1}{\sin 15°} = 3.86$

$\therefore G = \dfrac{12 + 3.86}{13} \times \dfrac{150\text{cm}}{67\text{cm}} = 2.73 \approx 3$공

13 전기뇌관을 이용한 발파 시 영향을 미치는 위험요소 중 외부 유입전류 4가지를 적으시오.

풀이

① 번개, 낙뢰에 의한 발화
② 정전기에 의한 발화
③ 무선주파에너지에 의한 발화
④ 미주전류에 의한 발화
⑤ 전지작용에 의한 발화
⑥ 송전선에 의한 폭발

14 화약류는 자연분해에 저항하는 성질이 있으며, 이 성질을 화약류의 안정도라고 한다. 총포ㆍ도검ㆍ화약류 등의 안전관리에 관한 법률에서 정하고 있는 화약류의 안정도 시험 종류 3가지를 적으시오.

풀이

① 유리산시험
② 가열시험
③ 내열시험

15 전달응력파 σ_T의 크기는 입사응력파 σ_I의 몇 배인가?(단, $C_1 = 3.5\text{km/sec}$, $\rho_1 = 2.0\text{t/m}^3$, $C_2 = 2.5\text{km/sec}$, $\rho_2 = 1.2\text{t/m}^3$)

풀이

전달응력파 $\sigma_T = \dfrac{2a}{1+a} \cdot \sigma_I$

여기서, a : 임피던스비 $a = \dfrac{\rho_2 \cdot C_2}{\rho_1 \cdot C_1}$

ρ_1 : 매질 1의 밀도, ρ_2 : 매질 2의 밀도

C_1 : 매질 1의 전달속도, C_2 : 매질 2의 전달속도

임피던스비 $a = \dfrac{1.2\text{t/m}^3 \cdot 2.5\text{km/sec}}{2.0\text{t/m}^3 \cdot 3.5\text{km/sec}} = 0.43$

따라서, 전달응력파 $\sigma_T = \dfrac{2 \times 0.43}{1 + 0.43} \cdot \sigma_I = 0.60 \cdot \sigma_I$이므로,

전달응력파 σ_T는 입사응력파 σ_I의 0.6배이다.

01 밀도가 $2.72\mathrm{g/cm^3}$이고, 직경이 5cm, 길이 10cm인 원주형 암석 시험편에 대하여 탄성파 속도 시험을 한 결과 P파의 도달 시간은 $1.27\times10^{-5}\mathrm{sec}$이고, S파의 도달 시간은 $3.5\times10^{-5}\mathrm{sec}$이었다. 이때의 동포아송비와 동탄성계수를 구하여라.

> **풀이**
>
> 밀도 $\rho = 2.72\mathrm{g/cm^3} = 2{,}720\mathrm{kg/m^3}$
>
> P파 속도 $V_p = \dfrac{d}{t_p} = \dfrac{0.1\mathrm{m}}{1.27\times10^{-5}\mathrm{sec}} = 7{,}874.02\mathrm{m/sec}$
>
> S파 속도 $V_s = \dfrac{d}{t_s} = \dfrac{0.1\mathrm{m}}{3.5\times10^{-5}\mathrm{sec}} = 2{,}857.14\mathrm{m/sec}$
>
> 동포아송비 $v_D = \dfrac{\left(\dfrac{V_p}{V_s}\right)^2 - 2}{2\left[\left(\dfrac{V_p}{V_s}\right)^2 - 1\right]} = 0.424$
>
> 동탄성계수 $E_D = 2(1 + v_D) \times \rho \times V_s^{\,2}$
>
> $E_D = 2(1 + 0.424) \times 2{,}720\mathrm{kg/m^3} \times (2{,}857.14\mathrm{m/sec})^2$
>
> $\quad = 6.324\times10^{10}\mathrm{kg/m^3} \times \mathrm{m^2/sec^2} = 6.324\times10^{10}\mathrm{Pa} = 63.24\mathrm{GPa}$

02 순폭도 시험에서 약경 $d = 32\mathrm{mm}$, 약량 120g인 다이너마이트의 순폭도가 6으로 나타났다. 얼마 후 동일한 조건에서 다시 시험하였더니 최대순폭거리 $S = 128\mathrm{mm}$이었다면, 순폭도는 얼마나 감소되었는지 구하시오.

> **풀이**
>
> 순폭도 $n = \dfrac{\text{최대순폭거리 } S}{\text{약경 } d}$
>
> 재시험한 순폭도 $n = \dfrac{128\mathrm{mm}}{32\mathrm{mm}} = 4$
>
> 순폭도의 차이 $= 6 - 4 = 2$

03 현장 절리의 길이가 4m이고, 실험실 시험편의 길이가 1m일 때 현장에서의 JRC를 구하라. (단, 실험실에서의 JRC = 24이다.)

> **풀이**
>
> 현장 절리의 길이 $L_n = 4\text{m}$, 실험실 시험편의 길이 $L_o = 1\text{m}$, 실험실에서의 $JRC_o = 24$
>
> $$JRC_n = JRC_o \times \left(\frac{L_n}{L_o}\right)^{-0.02 \times JRC_o} = 24 \times \left(\frac{4\text{m}}{1\text{m}}\right)^{-0.02 \times 24} = 12.34$$

04 다음은 천공심도와 장약장의 관계 그림이다. 2자유면의 암반을 천공하여 발파할 때의 최소저항선을 구하시오.

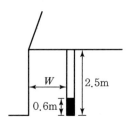

> **풀이**
>
> 천공심도 $D = W + \dfrac{m}{2}$
>
> 최소저항선 $W = D - \dfrac{m}{2} = 2.5\text{m} - \dfrac{0.6\text{m}}{2} = 2.2\text{m}$

05 폭풍압은 발파에 의해 생성되는 공기압력파로, 저주파수를 동반한 폭풍압이 구조물 피해의 주요 원인이 된다. 이러한 폭풍압의 생성원인 4가지를 분류하시오.

> **풀이**
>
> ① 발파지점의 직접적인 암반 변형으로 인한 공기압력파(APP)
>
> ② 지반 진동으로 인한 반압파(RPP)
>
> ③ 발파공으로 방출되는 가스파(GRP)
>
> ④ 불완전 전색에 의해 분출되는 가스파(SRP)

06 3축응력상태에서 3개의 수직응력이 각각 $\sigma_x = 800\text{kg/cm}^2$, $\sigma_y = 1,300\text{kg/cm}^2$, $\sigma_z = 1,500$ kg/cm^2일 때 σ_z에 대한 편차응력의 크기를 구하여라.

풀이

$$\sigma_z' = \sigma_z - \sigma_m = \sigma_z - \frac{\sigma_x + \sigma_y + \sigma_z}{3}$$

$$= 1,500\text{kg/cm}^2 - \frac{800\text{kg/cm}^2 + 1,300\text{kg/cm}^2 + 1,500\text{kg/cm}^2}{3} = 300\text{kg/cm}^2$$

07 다음의 주어진 주향과 경사를 경사방향과 경사로 나타내시오.

N45E, 40NW

풀이

$\text{N45E}/40\text{NW} \Rightarrow 315/40$

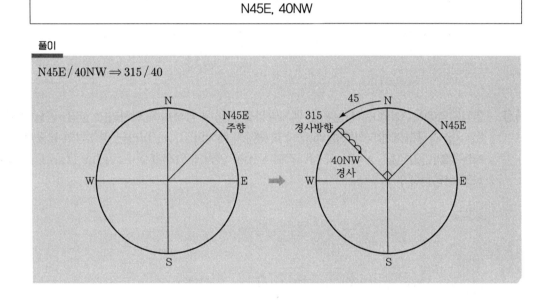

08 총 시추길이가 3m이고, 코어의 총 회수 길이가 216cm이다. 다음 시추 코어 모식도를 보고 RQD와 TCR을 구하여라.

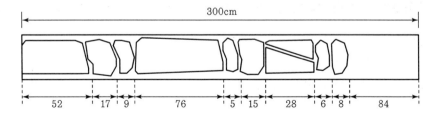

풀이

$$RQD = \frac{52+17+76+15+28}{300} \times 100\% = 62.67\%$$

$$TCR = \frac{52+17+9+76+5+15+28+6+8}{300} \times 100\% = 72\%$$

09 점착력이 15MPa이고, 마찰각이 45°인 사암으로 시료를 제작하여 10MPa의 봉압을 가할 경우, 시료가 파괴되기 위한 축방향 응력의 크기를 Mohr 파괴조건식을 이용하여 구하여라.

풀이

$$\sigma_1 = 2 \cdot c \cdot \tan\left(45° + \frac{\phi}{2}\right) + \sigma_3 \cdot \tan^2\left(45° + \frac{\phi}{2}\right)$$

$$= 2 \cdot 15\text{MPa} \cdot \tan\left(45° + \frac{45°}{2}\right) + 10\text{MPa} \cdot \tan^2\left(45° + \frac{45°}{2}\right) = 130.71\text{MPa}$$

10 연암지역에서 ANFO를 사용하는 벤치발파를 이용해 암석을 파쇄하려고 한다. 공당 장약량 32kg을 사용하여 발파하였을 때 공당 파쇄암의 체적이 100m³이라면 파쇄암의 평균 입자 크기는 얼마인가?(단, ANFO의 상대강도 = 100, 연암의 암석계수 = 4kg/m³, Cunningham 식을 이용한다.)

풀이

$$\overline{x}\,(\text{cm}) = C \times V^{0.8} \times \left(Q \times \frac{E}{115}\right)^{-0.633}$$

$$= 4\text{kg/m}^3 \times (100\text{m}^3)^{0.8} \times \left(32\text{kg} \times \frac{100}{115}\right)^{-0.633} = 19.4\text{cm}$$

11 발파현장 주변의 보안물건에서 진동을 계측한 결과, 최대진동속도가 0.25cm/sec이고 이때 주파수가 30Hz이었다면, 예상되는 변위는 얼마인가?(단, 발파진동은 정현파로 간주한다.)

풀이

$$V = 2 \times \pi \times f \times D$$

$$D = \frac{V}{2\pi f} = \frac{0.25\text{cm/sec}}{2 \times \pi \times 30\text{Hz}} = 1.33 \times 10^{-3}\text{cm}$$

12 소음의 지향성과 지향계수에 대해 설명하시오.

풀이

① 지향성 : 음원에서 방사되는 음의 강도 또는 마이크로폰의 감도가 방향에 변화하는 상태
② 지향계수 Q : 특정 방향에 대한 음의 지향도를 나타내며, 특정 방향 에너지와 평균 에너지의 비를 의미한다.

$$Q = \log^{-1}\left(\frac{SPL_\theta - \overline{SPL}}{10}\right)$$

13 암반의 공학적 분류 방법인 RMR 평가 인자 중 비율이 가장 큰 것은 무엇인가?

풀이

절리상태(30%)

14 다음을 보고 Look – out의 목적을 적으시오.

외향각(Look – out) : 터널 굴진 시 천반공, 측벽공 및 바닥공과 같은 주변 윤곽공들은 착암기로 천공할 때 윤곽 밖으로 경사지게 천공해야 하며, 이것을 Look – out이라 한다.

풀이

계획단면을 확보하기 위하여(터널의 설계 면적을 보유하기 위하여)

15 다음 괄호 안에 알맞은 숫자를 적으시오.

Griffith 파괴이론에 의하면 압축강도는 인장강도의 (①)배가 되고, 전단강도는 인장강도의 (②)배가 된다.

풀이

① 8
② 2

16 배경소음과 측정소음의 차이가 15dB인 곳에서 소음을 보정하는 방법에 대하여 간단히 서술하시오.

> **풀이**
>
> 측정소음도가 배경소음도보다 10dB 이상 크면 배경소음의 영향이 극히 작기 때문에 배경소음의 보정 없이 측정소음도를 대상소음도로 한다.

17 폭약의 폭속에 영향을 주는 요인 3가지를 적으시오.

> **풀이**
>
> ① 폭약의 지름
> ② 장전비중, 밀도
> ③ 용기의 강도 및 견고성
> ④ 온도
> ⑤ 흡습

화약류관리기사(2020년 제2회)

01 다음 그림과 같이 평행공 심빼기 Burn Cut 발파에서 두 번째 사각형의 주상장약밀도는 얼마인가?(단, $V = 265mm$, $B = 270mm$이다.)

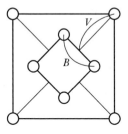

풀이

$$L = \frac{0.35\,V}{(\sin\theta)^{1.5}}$$

$$\theta = \tan^{-1}\left(\frac{0.5B}{V}\right) = 27°$$

$$L = \frac{0.35 \times 0.265m}{(\sin 27°)^{1.5}} = 0.3kg/m$$

02 발파작업 시 질산암모늄(NH_4NO_3)은 가격이 저렴하여 많이 사용되며, 질산암모늄은 250 ~260℃에서 폭발 분해반응이 일어나기 시작한다. 질산암모늄이 불완전 폭발 반응을 했을 때의 반응식과, 반응으로 인해 발생하는 열량을 적으시오.

풀이

불완전 폭발 반응식 : $2NH_4NO_3 \rightarrow 2NO + N_2 + 4H_2O + 13.9kcal$

03 다음의 도폭선 결선에 관한 물음에 답하시오.

① 두 도폭선을 연결할 때 몇 cm 이상 겹쳐야 하는가?

② 도폭선을 연결할 때 테이프는 몇 cm 이상 감아야 하는가?

풀이

① 10cm

② 5cm

04 소음이 청력에 미치는 영향 중 일시역변위와 영구역변위에 대해 서술하시오.

풀이

① 일시역변위 : 일시적 난청 또는 일시적 청력손실이라 하며, 일시적인 청력저하로 수초 내지 수일 후 정상 청력으로 복원된다.
② 영구역변위 : 영구적 난청 또는 영구적 청력손실이라 하며, 주로 직업병, 상습적 장기간 큰 소음에 노출 시 수일, 수주 후에도 영구적으로 청력 회복이 없다.

05 에멀젼 폭약의 무기질 중공구체(GMB)의 역할에 대하여 간단히 적으시오.

풀이

에멀젼 폭약의 미소중공구체(GMB)는 함수폭약 중에 미소 기포를 분산시켜 뇌관의 기폭 충격을 받았을 때 급속히 단열, 압축되면서 고온, 고압상태를 만들어 폭발 분해를 촉진시킨다. 또한, 기폭감도를 높여주고, 전폭성을 확보하며, 내동압성 및 내정압성이 우수하여 사압에 대한 저항성을 높여준다.

06 수심 20m에 위치한 높이 10m의 암반을 계단식으로 발파하고자 한다. 천공은 수직, 공경은 51mm로 하고 기계식 장전할 때, 공당 장약량을 구하시오. (단, Gustafsson 식을 이용하고, 수직천공에 따른 비장약량은 1.0kg/m^3, 무장약길이는 공간격의 1/3이다.)

풀이

① 비장약량 : $S_c = 1.0 + (0.01 \times 20\text{m}) + (0.03 \times 10\text{m}) = 1.50\text{kg/m}^3$

② 장약밀도 : $I_b = \dfrac{d^2}{1,000} = 2.60\text{kg/m}$

③ 공당 면적 : $A = \dfrac{I_b}{S_c} = \dfrac{2.60}{1.50} = 1.73\text{m}^2$

④ 공간격 : $S = \sqrt{A} = 1.32\text{m} = B$

⑤ 초과천공장 : $U = S = 1.32\text{m}$

⑥ 전색장 : $h_o = \dfrac{S}{3} = 0.44\text{m} \rightarrow 0.50\text{m}$

⑦ 천공장 : $L = H + U = 11.32\text{m}$

⑧ 공당 장약량 : $W = I_b \times (L - h_o) = 28.13\text{kg}$

07 시험발파를 실시하여 얻은 지반진동속도 자료를 회귀분석한 결과 발파진동 추정식이 $V=45.3\left(\dfrac{D}{\sqrt{W}}\right)^{-1.6}$ 로 도출되었다. 발파 시 총 장약량이 250kg이고, 발파지점으로부터 측정지점까지의 거리가 100m일 때 예상되는 진동속도(cm/sec)를 구하여라.

풀이

$$V=45.3\left(\frac{D}{\sqrt{W}}\right)^{-1.6}=45.3\left(\frac{100m}{\sqrt{250kg}}\right)^{-1.6}=2.37cm/sec$$

08 소음원으로 10m 지점에서의 음압레벨이 90dB인 착암기 1대, 70dB인 덤프트럭 1대를 동시 간 작동함으로 인해 소음원에서 50m 지점에서 소음으로 인한 문제점이 발생하여 방음벽을 설치하였다. 방음벽의 투과손실치는 15dB, 회절감쇠치는 10dB인 경우 50m 지점에서의 음압레벨은 얼마인가?(단, 착암기 및 덤프트럭은 점음원으로 판단한다.)

풀이

$$SPL_1=10\log\left(10^{\frac{90}{10}}+10^{\frac{70}{10}}\right)=90.04dB$$

$$-\Delta L_i=-10\log\left(10^{-\frac{10}{10}}+10^{-\frac{15}{10}}\right)=8.81dB$$

$$SPL_f=SPL_1-20\log\left(\frac{r}{r_o}\right)+\Delta L_i=90.04dB-20\log\left(\frac{50m}{10m}\right)-8.81dB=67.25dB$$

09 프리스플리팅에 의한 파단면을 형성한 경우 파단면의 균열이나 도랑을 에어갭이라 생각하고 암반을 통해 전파되는 지반진동을 정현파라 하면, 지반진동의 피크치를 감소시키기 위해 필요한 에어갭의 폭(D_c)은 얼마 이상이어야 하는가?(단, 파단면 부근에서의 주파수는 220Hz이고, 그 부분의 파동의 전파속도는 1,700m/sec이다.)

풀이

$$D_c\geq\frac{C}{\pi\times f}=\frac{1,700m/sec}{\pi\times220Hz}=2.46m$$

10 니트로글리세린 1mol(227.1g) 폭발반응 시 0.25mol의 산소가 발생한다. 이때의 산소평형 반응식을 적고, 산소평형(Oxygen Balance)을 구하시오. (단, 소수점 셋째 자리까지 적으시오.)

풀이

① 산소평형 반응식 : $C_3H_5N_3O_9 \rightarrow 3CO_2 + 2.5H_2O + 1.5N_2 + 0.25O_2$

② 산소평형 : $OB = \dfrac{32 \times \left(\dfrac{z}{2} - x - \dfrac{y}{4}\right)}{분자량} = \dfrac{32 \times (0.25)}{227.1g} = +0.035$

11 다음의 변수를 가지고 지질강도지수(GSI : Geological Strength Index)를 구하시오. (RQD = 70%, J_n = 2, J_r = 2, J_a = 1, J_w = 1, SRF = 1)

풀이

$GSI = 9\ln Q' + 44$

$Q' = \dfrac{RQD}{J_n} \times \dfrac{J_r}{J_a} = \dfrac{70}{2} \times \dfrac{2}{1} = 70$

즉, $GSI = 9\ln 70 + 44 = 82.24$

12 지름이 4m인 지하 터널에 대해서 압력터널시험을 실시하였다. 시험 시 터널 주위의 수압이 200kPa 만큼 증가하였을 때 터널의 반경 변위가 0.5mm 발생되었다면, 이 암반의 변형계수는 얼마인가?(단, 포아송비는 0.25이다.)

풀이

$E = (1 + \nu) \times R \times \dfrac{P}{\Delta r} = (1 + 0.25) \times 200cm \times \dfrac{200kPa}{0.05cm} = 1,000,000kPa = 1GPa$

13 내열시험에서 화약 종류에 따라 시료를 만드는 방법 3가지를 쓰시오.

풀이

① 젤라틴 다이너마이트는 3.5g을 유리판 위에서 쌀알 크기로 잘라, 자기 막자사발에서 정제 활석가루 7g과 혼합하여 시료로 한다.

② 무연화약의 경우 알갱이 모양 그대로, 그 밖의 것은 잘게 끊어서 시료로 하되, 시험관 높이의 1/3까지 채운다.

③ 그 밖의 화약으로서 건조한 것은 그대로, 흡습한 것은 60℃에서 약 5시간 건조한 것을 시료로 하되, 시험관 높이의 1/3까지 채운다.

14 유리산시험, 내열시험 및 가열시험의 안전성 판단 기준을 적으시오.

1) 유리산시험
    ① 질산에스테르 및 그 성분이 있는 화약
    ② 폭약
2) 내열시험
3) 가열시험

> **풀이**
>
> 1) 유리산시험
>   ① 질산에스테르 및 그 성분이 있는 화약 : 6시간 이상
>   ② 폭약 : 4시간 이상
> 2) 내열시험 : 8분 이상
> 3) 가열시험 : 1/100(0.01) 이하

15 스무스월 트렌치 발파와 전통적인 트렌치 발파 비교 시 스무스월 트렌치 발파의 장단점을 2가지씩 설명하라.

> **풀이**
>
> ① 대칭적 천공패턴으로 천공이 쉽다. 여굴이 감소된다.
> ② 중간공의 장약량이 많아 지반 진동이 크다. 전색장이 짧아 비석이 발생할 수 있다.

01 공저깊이(Sub-drilling) 1m, 최소저항선 3m, 공간격 4m의 패턴으로 천공하여 길이 24m, 폭 12m, 높이 9m인 수직벤치를 절취하려고 한다. 공당 장약량이 30kg이라면, 이 패턴의 비장약량은 얼마인가?

풀이

$$\text{공수 } n = \left(\frac{W}{S}+1\right) \times \left(\frac{l}{B}\right) = \left(\frac{24\text{m}}{4\text{m}}+1\right) \times \left(\frac{12\text{m}}{3\text{m}}\right) = 28\text{공}$$

$$\text{비장약량 } Q_w = \frac{n \times Q}{H \times l \times W} = \frac{28 \times 30\text{kg}}{9\text{m} \times 12\text{m} \times 24\text{m}} = 0.32\text{kg/m}^3$$

※ 문제에서 벤치의 폭과 길이가 같이 주어지는 경우, 두 값 중에서 큰 값을 W에 대입한다.

02 화약류취급소의 정체량을 각각 적으시오. (단, 1일 사용예정량 이하)

화약	전기뇌관	도폭선
①	②	③

풀이

① 300kg   ② 3,000개   ③ 6km

03 폭약의 한계약경에 대해 설명하시오.

풀이

폭약의 폭굉이 전파하지 않는 최소약경으로, 임계약경이라고도 한다.

04 구멍 지름이 32mm인 두 발파공을 자유면에 대하여 수직으로 천공하고 제발발파를 실시하였을 때의 두 발파공 간의 최대거리를 구하여라. (단, 암석계수 $Ca = 0.02$, $m = 12d$)

풀이

① 최소저항선 $W = \dfrac{0.46d}{Ca} = \dfrac{0.46 \times 3.2\text{cm}}{0.02} = 73.6\text{cm}$

② 약실주변길이 $s = 2d(n+1) = 2 \times 3.2\text{cm} \times (12+1) = 83.2\text{cm}$

③ 공간거리계수 $e = \sqrt{\dfrac{s}{W} \times 2.84} = \sqrt{\dfrac{83.2\text{cm}}{73.6\text{cm}} \times 2.84} = 1.79$

④ 공간격 $S = eW = 1.79 \times 73.6\text{cm} = 131.74\text{cm}$

05 시험발파 결과를 분석한 결과 삼승근 환산거리 및 진동속도와의 $\log - \log$ 그래프에서 A(20, 10), B(60, 2) 두 점을 지나는 것으로 확인되었다. 발파진동 추정식에서 진동 허용기준을 2mm/sec로 관리하고자 한다면 지발당 장약량 0.500kg을 사용할 수 있는 거리는 얼마가 되겠는가?

풀이

계측자료를 통해 회귀분석 과정을 거치면 중앙치에 해당하는 직선식을 다음과 같은 형태로 도출할 수 있다.

$$V = K\left(\frac{D}{\sqrt{W}}\right)^n = K(SD)^n$$

이때 양변에 $\log$를 취하면,

$$\log V = \log K + n \cdot \log(SD)$$

$Y = \alpha + \beta \cdot X$ 형태(일차함수)의 직선식이 되어 a와 n 값이 산출된다.

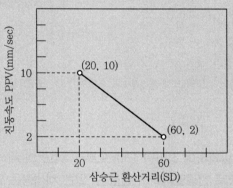

직선식에서 n은 그래프의 기울기를 의미하므로,

$$n = \frac{Y_1 - Y_2}{X_1 - X_2} = \frac{\log(2) - \log(10)}{\log(60) - \log(20)} = -1.465$$

$$n = \frac{Y_1 - Y_2}{X_1 - X_2} = \frac{Y_2 - Y_3}{X_2 - X_3} = \frac{\log(10) - \log(K)}{\log(20) - \log(1)} = -1.465$$

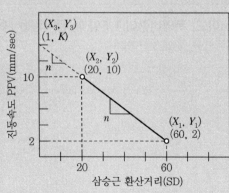

따라서, $\log(K)$에 관한 식으로 변환하면,

$\log(K) = a = 1.465 \times (\log(20) - \log(1)) + \log(10) = 2.906$

$K = 10^a = 10^{2.906} = 805.38$

문제에서 진동 관리기준 2mm/sec에서 지발당 장약량 0.5kg을 사용할 수 있는 이격거리는

$$D = \left(\left(\frac{V}{K} \right)^{-\frac{1}{n}} \right) \times \sqrt[3]{W} = \left(\left(\frac{2\,\mathrm{mm/s}}{805.38} \right)^{-\frac{1}{1.465}} \right) \times \sqrt[3]{0.5\mathrm{kg}} = 47.62\mathrm{m}$$

06 폭약의 위력을 측정하기 위한 탄동구포시험에서 위력비교값을 RWS로 나타내고 있다. 이 RWS를 구하는 식을 설명하고, 기준 폭약을 적으시오.

풀이

$$RWS(\%) = \frac{1 - \cos\theta}{1 - \cos\theta'} \times 100$$

여기서, θ : 시료 폭약이 움직인 각도

θ' : 기준 폭약이 움직인 각도

기준 폭약 : 블라스팅 젤라틴(NG=92%, NC=8%, 시료 10g)

07 어떤 암석을 천공발파하여 장약량 100g으로 $1.84\mathrm{m}^3$의 채석량을 얻었다면, 동일한 조건에서 장약량 200g으로 천공발파하여 얻을 수 있는 채석량은 얼마인가?

풀이

$$V_2 = \frac{L_2}{L_1} \times V_1 = \frac{200\mathrm{g}}{100\mathrm{g}} \times 1.84\mathrm{m}^3 = 3.68\mathrm{m}^3$$

08 공의 지름이 32mm이고, 폭약비중이 1.5일 때 장약량을 계산하시오. (단, $m = 12d$이다.)

풀이

$$L = \frac{\pi d^2}{4} \times m \times g = \frac{\pi (3.2\mathrm{cm})^2}{4} \times 12 \times 3.2\mathrm{cm} \times 1.5\mathrm{g/cm}^3 = 463.2\mathrm{g}$$

09 체적 $V = 10\text{m}^3$의 비정형 시험편에 대하여 일축압축강도 시험을 실시한 결과, 일축압축강도 값이 $1,400\text{kgf}/\text{m}^2$이었다면 예상되는 파괴하중(kgf)은 얼마인가?

풀이

파괴하중$(P) \fallingdotseq \sigma' \times V^{\frac{2}{3}}$

비례상수$(\sigma') \fallingdotseq 0.19 \times S_c$

$\therefore$ 파괴하중$(P) = 266\text{kgf}/\text{m}^2 \times (10\text{m}^3)^{\frac{2}{3}} = 1,234.66\text{kgf}$

10 다음은 어느 발파현장에서 발파진동을 측정한 결과이다. 최대벡터합(PVS)은 얼마인가?(단, 진동속도의 측정 단위는 cm/sec이다.)

측정시간(sec)	T 성분	L 성분	V 성분
0.01	0.27	0.19	0.41
0.02	0.26	0.21	0.37
0.03	0.28	0.20	0.43
0.04	0.30	0.23	0.35
0.05	0.31	0.22	0.38

풀이

① 0.01초에 해당하는 PVS

$$PVS = \sqrt{V_T^2 + V_L^2 + V_V^2} = \sqrt{0.27^2 + 0.19^2 + 0.41^2} = 0.53\text{cm}/\text{sec}$$

② 0.02초에 해당하는 PVS

$$PVS = \sqrt{V_T^2 + V_L^2 + V_V^2} = \sqrt{0.26^2 + 0.21^2 + 0.37^2} = 0.5\text{cm}/\text{sec}$$

③ 0.03초에 해당하는 PVS

$$PVS = \sqrt{V_T^2 + V_L^2 + V_V^2} = \sqrt{0.28^2 + 0.20^2 + 0.43^2} = 0.55\text{cm}/\text{sec}$$

④ 0.04초에 해당하는 PVS

$$PVS \fallingdotseq \sqrt{V_T^2 + V_L^2 + V_V^2} = \sqrt{0.30^2 + 0.23^2 + 0.35^2} = 0.52\text{cm}/\text{sec}$$

⑤ 0.05초에 해당하는 PVS

$$PVS = \sqrt{V_T^2 + V_L^2 + V_V^2} = \sqrt{0.31^2 + 0.22^2 + 0.38^2} = 0.54\text{cm}/\text{sec}$$

따라서, 최대벡터합(PVS) = 0.55cm/sec

11 음압의 표시방법과 소음의 단위를 적으시오.

풀이

① SPL

② dB

12 어떤 암반에 대하여 천공경 30mm, 최소저항선 1.4m일 때 표준발파가 되었다. 만약 동일한 조건에서 천공경을 40mm로 한다면 최소저항선은 얼마이겠는가?(단, 암석계수 $Ca = 0.01$)

풀이

$$W_2 = W_1 \times \frac{d_2}{d_1} = 1.4\text{m} \times \frac{40\text{mm}}{30\text{mm}} = 1.87\text{m}$$

13 다음은 ANFO의 산소평형 반응식이다. 괄호 안에 해당하는 것을 적으시오.

$$3NH_4NO_3 + (\ ① \ ) \rightarrow (\ ② \ ) + 7H_2O + (\ ③ \ ) + 340\text{kJ}$$

풀이

① CH_2

② $3N_2$

③ CO_2

14 도트리쉬법에서 표준 도폭선의 폭속을 V, 시료 폭약에서 도폭선 시작점과 끝점 간의 거리가 L이라고 할 때 시험 폭약의 폭속(VOD : Velocity of Detonation)을 구하려면 어떤 변수를 고려해야 하는가?

풀이

도폭선의 중심과 폭발 흔적 간의 거리

15 초유폭약(ANFO)의 폭속에 영향을 주는 인자 3가지를 적으시오.

풀이

① 연료유와 초안의 혼합비 ② 초안의 입도(크기) ③ 장전비중
④ 수분의 흡습 ⑤ 뇌관의 기폭감도 ⑥ 초안의 종류
⑦ 안포의 약경

16 다음의 응력 – 변형률 곡선에서 B지점에서의 접선탄성계수(E_t)와 할선탄성계수(E_s)를 구하시오.

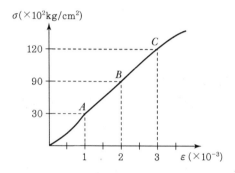

풀이

① 접선탄성계수

$$E_t = \frac{(90-30)\times 10^2 \text{kg/cm}^2}{(2-1)\times 10^{-3}} = 6,000,000 \text{kg/cm}^2 = 6.0 \times 10^6 \text{kg/cm}^2$$

② 할선탄성계수

$$E_s = \frac{(90-0)\times 10^2 \text{kg/cm}^2}{(2-0)\times 10^{-3}} = 4,500,000 \text{kg/cm}^2 = 4.5 \times 10^6 \text{kg/cm}^2$$

17 순폭도 시험에서 약경 d = 32mm, 약량 120g인 다이너마이트의 순폭도가 6으로 나타났다. 얼마 후 동일한 조건에서 다시 시험하였더니 최대순폭거리 S = 128mm이었다면, 순폭도는 얼마나 감소되었는지 구하시오.

풀이

순폭도 $n = \dfrac{\text{최대순폭거리 } S}{\text{약경 } d}$

재시험한 순폭도 $n = \dfrac{128\text{mm}}{32\text{mm}} = 4$

순폭도의 차이 = 6 − 4 = 2

01 팽창성 파쇄제의 암반파쇄 원리를 재료적 측면에서 설명하시오.

풀이

$$CaO + H_2O \rightarrow Ca(OH)_2$$

(생석회 + 물 → 소석회)

파쇄제는 생석회와 물이 반응하여 소석회가 되고, 이 소석회는 시간에 따라 2중 또는 3중의 육각판상으로 팽창되어, 2~3배의 부피팽창과 수화반응이 일어난다. 이때 팽창압이 $300kg/cm^2$까지 증가하며, 이 압력이 암반 자체의 인장강도보다 크게 되면 균열이 발생한다.

02 소음으로 문제가 되는 지역에 투과손실이 20dB인 반무한 방음벽을 설치한 경우 삽입손실치는 얼마인가?(단, 방음벽에 의한 회절감쇠치는 16dB이다.)

풀이

$$\Delta L_i = -10\log\left(10^{-\frac{\Delta L_d}{10}} + 10^{-\frac{TL}{10}}\right) = -10\log\left(10^{-\frac{16}{10}} + 10^{-\frac{20}{10}}\right) = 14.54dB$$

03 $V(cm/sec) = 185\left(\dfrac{D}{\sqrt{W}}\right)^{-1.55}$ 이고, 거리가 43.5m이다. $V = 0.3cm/sec$일 때 고계단식 지발발파 시 $H/B = 4.5$, $U = 0.3B$, 경사 70°이고, 비장약량 $0.35kg/m^3$일 때, 저항선, 공간격, 계단높이, 천공장을 구하여라.

풀이

장약량 $W = \left(\dfrac{D}{\left(\dfrac{V}{K}\right)^{\frac{1}{n}}}\right)^b = \left(\dfrac{43.5m}{\left(\dfrac{0.3}{185}\right)^{\frac{1}{-1.55}}}\right)^2 = 0.48kg$

비장약량 $S_c = 0.35kg/m^3 = \dfrac{W}{B \times S \times H} = \dfrac{W}{B \times 1.4B \times 4.5B} = \dfrac{0.48kg}{6.3B^3}$

즉, 저항선 $B = 0.60m$, 공간격 $S = 1.4B = 0.84m$, 계단높이 $H = 4.5B = 2.70m$

초과천공장 $U = 0.3B = 0.18m$, 천공장 $L = \dfrac{H+U}{\sin\theta} = 3.06m$

04 저항 1.4Ω /개의 전기뇌관 20개를 직렬로 결선하고, 저항 0.02Ω /m인 총연장 200m의 발파모선을 연결하여 발파하고자 할 때 소요전압(V)을 구하시오. (단, 소요전류는 1.2A, 발파기의 내부저항은 20Ω 이다.)

풀이

$$V = I(R_1 + aR_2 + R_3) = 1.2\text{A} \times ((200\text{m} \times 0.02\Omega/\text{m}) + (20\text{개} \times 1.4\Omega/\text{개}) + 20\Omega) = 62.4\text{V}$$

05 탄성파 전파속도가 3,500m/s이고, 주파수가 250Hz인 균질한 암반에 에어갭(균열이나 도랑)을 무한한 길이로 형성하여 에어갭을 형성하기 전 지표면을 통하여 전달되는 진동속도의 50%를 감소시키고자 한다. 이때 필요한 에어갭의 깊이를 구하시오.

풀이

$$D_a = \left(\frac{V_D}{30}\right)^{-\frac{1}{0.369}} \times \lambda = \left(\frac{50}{30}\right)^{-\frac{1}{0.369}} \times \frac{3,500\text{m/sec}}{250\text{Hz}} = 3.51\text{m}$$

06 터널 막장면에서 절리빈도(λ)는 5개/m이고, $J_n = 4$, $J_r = 2$, $J_a = 4$, $J_w = 2$, SRF = 1로 평가되었다면, Q값은 얼마인가?

풀이

$$RQD = 100e^{-0.1\lambda}(0.1\lambda + 1) = 100e^{-0.1 \times 5}(0.1 \times 5 + 1) = 90.98\%$$

$$Q = \frac{RQD}{J_n} \times \frac{J_r}{J_a} \times \frac{J_w}{SRF} = \frac{90.98}{4} \times \frac{2}{4} \times \frac{2}{1} = 22.75$$

07 평행공 심빼기의 하나인 번 컷 발파에서 사압현상 또는 폭약의 유폭현상은 어느 경우에 발생할 수 있는지 적으시오.

풀이

천공이 비교적 근접된 경우 장약이 유폭되거나 어떤 것은 사압현상으로 불발 잔류를 일으키는 수가 있다.

08 평행심발에서 발생할 수 있는 소결현상의 발생조건을 설명하시오.

풀이

소결현상은 강력한 폭약을 사용하거나 장약밀도가 너무 높을 때 발생한다.

09 어떤 암반의 RMR 분류평점이 30점이라면, 이 암반에 대한 지질강도지수(GSI)는 얼마이겠는가?(단, Bieniawski(1989)의 관계식을 적용한다.)

풀이

$$RMR_{89} > 23 \Rightarrow GSI = RMR_{89} - 5 = 25$$

10 발파진동식 $V = 200\left(\dfrac{D}{\sqrt[3]{W}}\right)^{-1.6}$ 인 현장에서 발파원으로부터 계측지점까지의 거리가 50m일 때 지발당 장약량을 절반으로 적용할 경우 진동감쇠율은 얼마인가?

풀이

① 지발당 장약량이 주어지지 않았으므로, W를 1.0kg과 0.5kg으로 가정하여 거리 50m에서의 진동속도를 계산, 비교한다.

$$V_1 = 200\left(\frac{50\text{m}}{\sqrt[3]{1.0\text{kg}}}\right)^{-1.6} = 0.38\text{cm/s}$$

$$V_2 = 200\left(\frac{50\text{m}}{\sqrt[3]{0.5\text{kg}}}\right)^{-1.6} = 0.26\text{cm/s}$$

② 각각의 진동속도값을 통해 진동감쇠율을 계산한다.

$$\frac{V_2}{V_1} \times 100 = \frac{0.26\text{cm/s}}{0.38\text{cm/s}} \times 100 = 68.42\%$$

∴ 진동감쇠율 $= 100\% - 68.42\% = 31.58\%$

11 폭약의 위력 표현 방식 중 시료 폭약의 AWS(Absolute Weight Strength)는 680cal/g, ABS(Absolute Bulk Strength)는 850cal/cc일 때 RWS(Relative Weight Strength)와 RBS(Relative Bulk Strength)를 각각 구하여라.(단, 기준 폭약은 ANFO이고, ANFO의 AWS는 912cal/g, ABS는 739cal/cc이다.)

풀이

① $RWS = \dfrac{\text{시료 폭약의 } AWS}{\text{기준 폭약의 } AWS} \times 100 = \dfrac{680\text{cal/g}}{912\text{cal/g}} \times 100 = 74.56\%$

② $RBS = \dfrac{\text{시료 폭약의 } ABS}{\text{기준 폭약의 } ABS} \times 100 = \dfrac{850\text{cal/cc}}{739\text{cal/cc}} \times 100 = 115.02\%$

12 다음 괄호 안에 알맞은 내용을 적으시오.

> 안정도시험은 다음의 방법에 의해 추출한 표본의 화약류에 대하여 실시한다.
> 1) 제조소·제조일 및 종류가 동일한 화약 또는 폭약으로서 제조일로부터 (①)년이 지나지 아니한 것은 (②)상자마다 1상자 이상의 상자에서 뽑아낼 것
> 2) 제조소·제조일 및 종류가 동일한 화약 또는 폭약으로서 제조일로부터 (③)년이 지난 것은 (④)상자마다 1상자 이상의 상자에서 뽑아낼 것

풀이

① 2   ② 25   ③ 2   ④ 10

13 운반신고를 하지 않고 화약류를 운반할 경우 미진동파쇄기 2,500개, 총용뇌관 2만 개를 운반한다면 동일 차량에 함께 운반할 수 있는 도폭선의 운반수량은 얼마인가?

풀이

다른 종류의 화약류를 동시에 운반할 경우의 수량은 각 화약류의 운반하려는 수량을 최대수량으로 나눈 수를 합한 수가 1이 되는 수량으로 한다.

$$1 = \frac{2{,}500개}{5{,}000개} + \frac{20{,}000개}{100{,}000개} + \frac{x}{1{,}500\text{m}} = \frac{1}{2} + \frac{1}{5} + \frac{x}{1{,}500\text{m}} = \frac{7}{10} + \frac{x}{1{,}500\text{m}}$$

즉, $\dfrac{x}{1{,}500\text{m}}$ 가 $\dfrac{3}{10}$ 이 되어야 하므로, $x = 450\text{m}$

14 지표로부터 100m인 곳에 직경 10m의 원형 터널 굴착 후 1m의 라이닝을 타설했다. 원형공동 외측 표면에 발생하는 접선방향응력을 구하시오. (단, 정수압상태이고, 암반의 단위중량은 25kN/m³이다.)

풀이

내경의 반지름 $a = 4\text{m}$, 외경의 반지름 $b = 5\text{m}$

외압 $P_b = \gamma \times Z = 25\text{kN/m}^3 \times 100\text{m} = 2{,}500\text{kN/m}^2 = 2.5\text{MPa}$, 내압 $P_a = 0$

공동 외측인 경우 $b = r$이므로,

$$접선방향응력 \ \sigma_\theta = \frac{b^2 \cdot P_b - a^2 \cdot P_a}{b^2 - a^2} + \frac{P_b - P_a}{b^2 - a^2} \times \frac{a^2 \cdot b^2}{r^2} = \frac{b^2 \cdot P_b + a^2 \cdot P_b}{b^2 - a^2}$$

$$= \frac{\left((5\text{m})^2 \cdot 2.5\text{MPa}\right) + \left((4\text{m})^2 \cdot 2.5\text{MPa}\right)}{(5\text{m})^2 - (4\text{m})^2} = 11.39\text{MPa}$$

15 허용진동속도를 3mm/sec로 제한할 때 자승근과 삼승근 발파진동 예측식의 교차점 거리를 구하고, 보안물건과의 거리가 30m일 때, 안전을 고려하여 사용 가능한 최대지발당 장약량을 산정하라. (단, 자승근의 입지상수 K = 1,500, 감쇠지수 n = -1.55, 삼승근의 입지상수 K = 1,700, 감쇠지수 n = -1.66이다.)

풀이

① 교차점 거리(자승근 환산식과 삼승근 환산식의 장약량이 동일해지는 거리)

$$W_1 = \left(\frac{D}{\left(\frac{V}{K}\right)^{\frac{1}{n}}} \right)^2 \text{이고, } W_2 = \left(\frac{D}{\left(\frac{V}{K}\right)^{\frac{1}{n}}} \right)^3 \text{에서, } W_1 = W_2 \text{이므로,}$$

$$D = \frac{\left(\left(\frac{V}{K}\right)^{\frac{1}{n}} \right)^3}{\left(\left(\frac{V}{K}\right)^{\frac{1}{n}} \right)^2} = \frac{\left(\left(\frac{3}{1,700}\right)^{-\frac{1}{1.66}} \right)^3}{\left(\left(\frac{3}{1,500}\right)^{-\frac{1}{1.55}} \right)^2} = 31.14 \text{m}$$

② 보안물건과의 거리가 30m이면, 교차점보다 거리가 짧으므로 안전을 고려하여 사용 가능한 최대지발당 장약량은 삼승근 환산식을 적용하여 계산한다. (교차점 이내에서는 삼승근 환산식이 안전에 유리하며, 교차점 이상에서는 자승근 환산식이 안전에 유리하다.)

$$V = \frac{3\text{mm}}{\text{sec}} = 1,700 \left(\frac{30\text{m}}{\sqrt[3]{W}} \right)^{-1.66} \text{에서,}$$

$$W = \left(\frac{30\text{m}}{\left(\frac{3\text{mm/sec}}{1,700} \right)^{-\frac{1}{1.66}}} \right)^3 = 0.29 \text{kg/delay}$$

16 높이 9m인 벤치에서 공경 76mm인 발파공으로 Trim Blasting을 실시한 경우 다음에 답하시오.

① 단위길이당 장약량
② 저항선

풀이

① 단위길이당 장약량

$$L = \frac{d^2}{0.12} = \frac{(7.6\text{cm})^2}{0.12} = 481.33 \text{g/m}$$

② 저항선

$$B = 1.3S = 1.3 \times 16D = 1.58 \text{m}$$

CHAPTER 09 화약류관리기사(2021년 제1회)

01 시험발파를 실시하여 얻은 지반진동속도 자료를 회귀분석한 결과 중앙값에 대한 발파진동 추정식이 자승근 $V = 2,500(D/W^{1/2})^{-1.65}$, 삼승근 $V = 2,050(D/W^{1/3})^{-1.65}$로 도출되었다. 이 식을 95%의 상부신뢰수준에 대한 식으로 변환하여라.(단, 자승근식과 삼승근식의 표준오차는 각각 0.1, 0.15이며, 95% 신뢰도와 자유도에 해당하는 t값은 1.96이다.)

풀이

① 자승근

$K_{95\%} = K_{50\%} \times 10^{(t \times SE)} = 2,500 \times 10^{(1.96 \times 0.1)} = 3,925.91$

$V = 3,925.91(D/W^{1/2})^{-1.65}$

② 삼승근

$K_{95\%} = K_{50\%} \times 10^{(t \times SE)} = 2,050 \times 10^{(1.96 \times 0.15)} = 4,034.17$

$V = 4,034.17(D/W^{1/3})^{-1.65}$

02 니트로글리세린 폭발 시 생성기체 4가지를 적으시오(단, 불완전 연소는 제외).

풀이

CO_2, H_2O, N_2, O_2

03 탄성계수 $E = 20$GPa, 포아송비 $\nu = 0.25$, 전단응력 $\tau_{xy} = 25$MPa일 때 전단응력에 의한 직각으로부터의 각의 변화량을 구하여라.

풀이

$\gamma_{xy} = \dfrac{\tau_{xy}}{G}$

$G = \dfrac{E}{2(1+\nu)} = \dfrac{20\text{GPa}}{2(1+0.25)} = 8\text{GPa}$

$\gamma_{xy} = \dfrac{25\text{MPa}}{8,000\text{MPa}} = 3.13 \times 10^{-3}$

04 다음 빈칸에 알맞은 화약류저장소의 최대저장량을 쓰시오.

저장소 종류 / 화약류 종류	2급 저장소	3급 저장소	간이 저장소
도폭선	500km	1,500m	①
실탄 및 공포탄	②	6만 개	③
미진동파쇄기	100만 개	④	300개

풀이

① 1,000m

② 2,000만 개

③ 3만 개

④ 1만 개

05 현장 절리의 길이가 3m이고, 실험실 시험편의 길이가 1m일 때 현장에서의 JRC와 JCS를 구하라. (단, 실험실에서의 JRC = 16이고, JCS = 96MPa이다.)

풀이

현장 절리의 길이 $L_n = 3m$, 실험실 시험편의 길이 $L_o = 1m$
실험실에서의 $JRC_o = 16$, 실험실에서의 $JCS_o = 96MPa$일 때

① $JRC_n = JRC_o \times \left(\dfrac{L_n}{L_o}\right)^{-0.02 \times JRC_o} = 16 \times \left(\dfrac{3m}{1m}\right)^{-0.02 \times 16} = 11.26$

② $JCS_n = JCS_o \times \left(\dfrac{L_n}{L_o}\right)^{-0.03 \times JRC_o} = 96MPa \times \left(\dfrac{3m}{1m}\right)^{-0.03 \times 16} = 56.66MPa$

06 저항 1.66Ω/개의 전기뇌관 40개를 10개씩 4열로 직병렬 결선하고, 거리 100m에서 저항 0.012Ω/m인 발파모선을 연결하여 제발발파하고자 할 때 소요전압(V)을 구하시오. (단, 소요전류는 1.2A, 발파기의 내부저항은 0이다.)

풀이

$V = b \times I \times \left(R_1 + \dfrac{a}{b} R_2 + R_3\right)$

$= 4 \times 1.2A \times \left((100m \times 2 \times 0.012\Omega/m) + (\dfrac{10}{4} \text{개} \times 1.66\Omega/\text{개}) + 0\right) = 31.44V$

※ 거리가 주어지는 경우 모선의 총 연장은 거리의 2배이다.

07 총포 · 도검 · 화약류 등의 안전관리에 관한 법률에서 정하는 제1종, 제3종 보안물건을 각 2가지씩 적으시오.

> **풀이**
>
> ① 제1종 보안물건 : 국보로 지정된 건조물, 시가지의 주택, 학교, 보육기관, 병원, 사찰, 교회 및 경기장
> ② 제3종 보안물건 : 제1종 보안물건 및 제2종 보안물건에 속하지 않는 주택, 철도, 궤도, 선박의 항로 또는 계류소, 석유저장시설, 고압가스제조 · 저장시설(충전소 포함), 발전소, 변전소 및 공장

08 유리산시험에 대하여 설명하고, 빈칸에 알맞은 것을 적으시오.

1) 시험방법
2) 합격기준 : 질산에스텔 및 그 성분이 들어 있는 화약에 있어서는 유리산 시험시간이 (①) 이상인 것, 폭약에 있어서는 유리산 시험시간이 (②) 이상인 것

> **풀이**
>
> 1) 시험하고자 하는 화약류의 포장지를 제거하고 유리산 시험기에 그 용적의 5분의 3이 되도록 시료를 넣은 후, 청색리트머스시험지를 시료 위에 매달고 마개를 봉한 후, 청색리트머스시험지가 전면 적색으로 변하는 시간을 유리산 시험시간으로 하여 이를 측정할 것
> 2) ① 6시간   ② 4시간

09 Lilly의 발파지수(BI) 계산을 위한 평가요소 5가지를 적으시오.

> **풀이**
>
> ① RMD(암반형태) ② JPO(절리방향) ③ JPS(절리간격) ④ SGI(비중지수) ⑤ HD(암반경도)

10 폭약의 위력 표현 방식 중 절대무게강도(AWS)와 절대부피강도(ABS)를 설명하시오.

> **풀이**
>
> ① AWS(Absolute Weight Strength) : 폭약의 절대적 세기를 표현하며, 폭약 g당 유효한 절대 에너지의 총계를 측정, 평가하는 것으로, 단위는 cal/g을 사용한다.
> ② ABS(Absolute Bulk Strength) : 폭약의 절대적 세기를 표현하며, 폭약 m^3당 유효한 절대 에너지의 총계를 측정, 평가하는 것이며 AWS에 폭약의 밀도(비중)를 곱하여 구할 수 있고, 단위는 cal/cc를 사용한다.

11 KS(M 4802)에서 규정하고 있는 화약류의 성능 시험방법 중 감도시험 3가지를 적으시오.

풀이

① 낙추감도시험   ② 순폭시험   ③ 마찰감도시험

12 발파진동식 $V = 170\left(\dfrac{D}{\sqrt[3]{W}}\right)^{-1.66}$ 인 현장에서 발파원으로부터 계측지점까지의 거리가 2배 증가하여 지발당 장약량을 2배로 증가시킬 경우 진동속도의 변화량을 구하시오.(단, 증가 또는 감소될 수 있다.)

풀이

① 이격거리와 지발당 장약량이 주어지지 않았으므로, D_1, D_2를 각각 10m, 20m로 가정하고, W_1, W_2를 각각 1kg, 2kg으로 가정하여 진동속도를 계산, 비교한다.

$$V_1 = 170\left(\frac{D_1}{\sqrt[3]{W_1}}\right)^{-1.66} = 170\left(\frac{10\text{m}}{\sqrt[3]{1\text{kg}}}\right)^{-1.66} = 3.72\text{cm/s}$$

$$V_2 = 170\left(\frac{D_2}{\sqrt[3]{W_2}}\right)^{-1.66} = 170\left(\frac{20\text{m}}{\sqrt[3]{2\text{kg}}}\right)^{-1.66} = 1.73\text{cm/s}$$

② 각각의 진동속도값을 통해 진동속도 변화량을 계산한다.

$$\frac{V_2}{V_1} \times 100 = \frac{1.73\text{cm/s}}{3.72\text{cm/s}} \times 100 = 46.51\%$$

∴ 진동변화량 $= 100\% - 46.51\% = 53.49\%$ 감소

13 거리가 70m일 때 진동속도 7mm/sec, 130m일 때 진동속도 3mm/sec라면 자승근 환산거리에서 지발당 최대장약량이 4kg일 때 n값을 구하여라.

풀이

감쇠지수 $n = \dfrac{\log\left(\dfrac{V_1}{V_2}\right)}{\log\left(\dfrac{SD_1}{SD_2}\right)}$ 에서,

$SD = \dfrac{D}{\sqrt{W}}$ 이고, 지발당 최대장약량이 4kg이므로 $SD = D$로 볼 수 있다.

따라서, $n = \dfrac{\log\left(\dfrac{V_1}{V_2}\right)}{\log\left(\dfrac{D_1}{D_2}\right)} = \dfrac{\log\left(\dfrac{7}{3}\right)}{\log\left(\dfrac{70}{130}\right)} = -1.37$

14 벤치높이 10m, 저항선 2.5m, 벤치폭이 20m인 계단식 발파에서 열과 열 사이의 파쇄암을 제거하지 않았을 때 팽창을 고려한 비장약량은 얼마인가?(단, 파쇄암을 제거한 후 정상적인 비장약량은 0.5kg/m^3이다.)

풀이

$$S_{c \cdot swell} = S_{c \cdot normal} + 0.03(H - 2B_{\max}) + \frac{0.4}{W}$$

$$= 0.5\text{kg/m}^3 + 0.03(10\text{m} - 2 \times 2.5\text{m}) + \frac{0.4}{20\text{m}} = 0.67\text{kg/m}^3$$

15 건설생활 진동규제 기준의 진동레벨이 75dB인 지역에서 단차가 20ms인 전기뇌관을 1~5번까지 사용하여 발파하였다. 진동 계속시간에 따른 정현진동 크기의 상대치를 고려하여 이 지역에서의 허용진동속도를 구하시오.

풀이

$VR = 2.09 - 6.95\log T = 2.09 - 6.95\log(0.08) = 9.71\text{dB}$

$VL = 75\text{dB} + VR = 84.71\text{dB}$

$VL = 84.71\text{dB} = 20.9\log V + 69.4$

$V = 5.4\text{mm/sec}$

01 충격감도시험 중 낙추시험에서 폭발을 일으키는 데 필요한 평균 높이, 즉 폭발과 불폭이 각각 50%일 때를 무엇이라 하는가?

풀이

임계폭점

02 Bieniawski의 RMR에 대한 변형계수와 관련하여 다음에 답하시오.

① RMR이 65인 경우 적용할 수 있는 변형계수 산정식을 적으시오.
② 해당 변형계수 식을 적용할 수 없는 범위를 적으시오.
③ 위의 적용할 수 없는 범위에 RMR에 대하여 사용하는 변형계수식을 적으시오.

풀이

① $E_n = 2RMR - 100 \,(\text{GPa})$

② $RMR \leq 50$

③ $E_n = 10^{\left(\frac{RMR-10}{40}\right)} \,(\text{GPa})$

03 벤치발파에서 열과 열 사이의 지연시차를 짧게 하였을 때 나타나는 발파결과 2가지를 적으시오.

풀이

① 자유면에 대해 더 큰 암괴를 발생시킨다.
② 하부가 발파되지 않을 수 있다.
③ 더 많은 폭풍압, 지반진동, 비산을 야기한다.

04 암석의 표면에 부착된 스트레인 로제트(Strain Rosette)를 사용하여 변형률을 측정한 결과 $\varepsilon_0 = 400 \times 10^{-6}$, $\varepsilon_{45} = 100 \times 10^{-6}$, $\varepsilon_{90} = 200 \times 10^{-6}$ 으로 확인되었다. 측정점의 최대주변형률을 구하시오.

풀이

$$\varepsilon_x = \varepsilon_0$$

$$\varepsilon_y = \varepsilon_{90}$$

$$\gamma_{xy} = 2\varepsilon_{45} - \varepsilon_0 - \varepsilon_{90} = -4 \times 10^{-4}$$

$$\varepsilon_1 = \frac{(\varepsilon_x + \varepsilon_y)}{2} + \sqrt{\left(\frac{\varepsilon_x - \varepsilon_y}{2}\right)^2 + \left(\frac{\gamma_{xy}}{2}\right)^2}$$

$$= \frac{400 \times 10^{-6} + 200 \times 10^{-6}}{2} + \sqrt{\left(\frac{400 \times 10^{-6} - 200 \times 10^{-6}}{2}\right)^2 + \left(\frac{-4 \times 10^{-4}}{2}\right)^2} = 5.24 \times 10^{-4}$$

05 다음 그림과 같이 유효자유면의 거리가 0.84m이고, 자유면까지의 거리가 0.6m인 경우 주상장약밀도는 얼마인가?

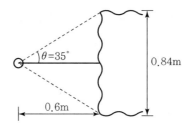

풀이

$$L = \frac{0.35\,V}{(\sin\theta)^{1.5}} = \frac{0.35 \times 0.6\text{m}}{(\sin 35°)^{1.5}} = 0.48\text{kg/m}$$

06 니트로글리세린 1mol(227.1g) 폭발반응 시 0.25mol의 산소가 발생한다. 이때의 산소평형 반응식을 적고, 산소평형(Oxygen Balance)을 구하시오.(단, 소수점 셋째 자리까지 적으시오.)

풀이

① 산소평형 반응식 : $C_3H_5N_3O_9 \rightarrow 3CO_2 + 2.5H_2O + 1.5N_2 + 0.25O_2$

② 산소평형 : $OB = \dfrac{32 \times \left(\dfrac{z}{2} - x - \dfrac{y}{4}\right)}{\text{분자량}} = \dfrac{32 \times (0.25)}{227.1\text{g}} = +0.035$

07 TNT를 이용한 발파현장과 50m 떨어진 거리에서 폭풍압이 160dB로 측정되었다면, 이때 사용된 장약량은 얼마인가?(단, $P(\text{mbar}) = 700\left(\dfrac{Q^{\frac{1}{3}}}{R}\right)$을 적용한다.)

풀이

$$160\text{dB} = 20\log\frac{P}{P_o} = 20\log\frac{P}{2 \times 10^{-5}\text{Pa}}$$

$$P = 10^{\frac{160}{20}} \times 2 \times 10^{-5}\text{Pa} = 2{,}000\text{Pa} = 20\text{mbar} = 700\left(\frac{Q^{\frac{1}{3}}}{R}\right)$$

$$\therefore\ Q = \left[\left(\frac{P}{700}\right) \times R\right]^3 = \left[\left(\frac{20\text{mbar}}{700}\right) \times 50\text{m}\right]^3 = 2.92\text{kg}$$

08 V-cut 심발발파에서 공당 1kg의 장약량을 사용하여 천공길이가 2.5m, 천공 수는 12공, 심발공의 단면적이 4m²일 때, 이 심발발파의 비장약량을 구하여라.(단, 굴진율은 95%로 적용한다.)

풀이

총 장약량=12공 × 1kg=12kg

파쇄체적 V=단면적 × 굴진장=4m² × 2.5m × 0.95=9.5m³

따라서, 비장약량 $Q_c = \dfrac{\text{총 장약량}}{\text{파쇄체적}} = \dfrac{Q}{V} = \dfrac{12\text{kg}}{9.5\text{m}^3} = 1.26\text{kg/m}^3$

09 다음 괄호 안에 해당되는 단위를 적으시오.

① 일반적인 진동수준의 측정 단위
② 공해진동 규제기준에 따른 진동레벨 단위

풀이

① cm/sec=kine

② dB(V)

10 100g의 장약량으로 시험발파를 실시한 결과, 누두지수가 1.4로 나타났다. 표준발파일 때의 장약량은 얼마인가?(단, Dambrun 식을 사용한다.)

풀이

$$L_1 = f(n_1)CW^3$$

$$f(n_1) = \left(\sqrt{1+n^2} - 0.41\right)^3 = \left(\sqrt{1+1.4^2} - 0.41\right)^3 = 2.25$$

$$L_2 = \frac{f(n_2)}{f(n_1)} \times L_1 = \frac{1.0}{2.25} \times 100\text{g} = 44.44\text{g}$$

11 탄동구포시험 시 블라스팅 젤라틴을 기준 폭약으로 하여 진자가 움직인 각도가 18°이고, 시료 폭약이 진자를 움직인 각도가 14°이었다면 이 폭약의 RWS는 얼마인가?

풀이

$$RWS(\%) = \frac{1-\cos\theta}{1-\cos\theta'} \times 100 = \frac{1-\cos 14°}{1-\cos 18°} \times 100 = 60.69\%$$

12 생활진동 규제기준의 진동레벨이 70dB인 건설현장에서 발파작업을 실시하고자 한다. 작업시간이나 진동노출시간을 고려하지 않을 경우 허용진동속도는?(단, 발파진동의 주파수는 8Hz 이상이며, 연속 정현진동으로 간주한다.)

풀이

$$VL = 20.9\log V + 69.4$$

$$V = 10^{\left(\frac{VL-69.4}{20.9}\right)} = 10^{\left(\frac{70\text{dB}-69.4}{20.9}\right)} = 1.07\text{mm/sec}$$

13 폭약을 제조할 때 감열소염제로 성분에 배합되는 것을 2가지 적으시오.

풀이

① 염화나트륨($NaCl$, 식염, 소금)
② 염화칼륨(KCl)
③ 붕사($Na_2B_4O_7 \cdot 10H_2O$)

14 평균 음압이 $4,000\text{N/m}^2$이고, 특정 방향 음압이 $6,000\text{N/m}^2$일 때, 지향지수는 얼마인가?

풀이

$$DI = SPL_\theta - \overline{SPL} = 20\log\left(\frac{6,000\text{N/m}^2}{2\times10^{-5}\text{Pa}}\right) - 20\log\left(\frac{4,000\text{N/m}^2}{2\times10^{-5}\text{Pa}}\right) = 3.52\text{dB}$$

15 트라우즐 연주시험과 관련하여 다음 물음에 답하시오.

① 화약 폭발 전에 해야 되는 일
② 화약 폭발 후에 해야 되는 일
③ 측정공식

풀이

① 높이와 지름 각 200mm인 납기둥의 중심에 구멍(61ml)을 뚫고, 여기에 10g의 폭약을 넣는다. 시료 폭약은 24.5mm의 약포로 성형한 다음, 주석 종이($80\sim100\text{g/m}^2$)로 싸고, 그 끝에 도화선을 붙인 8호 뇌관을 끼워 놓는다. 그리고 구멍 끝까지 건조모래로 채워 폭발시킨다.
② 폭발 후 납기둥을 거꾸로 세워 모래를 떨어내고 바로 세워 냉각한 후에 구멍에 물을 부어 확대된 부피를 측정한다. 측정된 부피 V'로부터 최초의 구멍 부피 61ml를 뺀 V값을 시료 폭약의 위력을 나타내는 비교값으로 한다.
③ $V = V' - 61(\text{ml})$

16 비전기식 System의 주요 구성요소 3가지를 적으시오.

풀이

① 비전기식 Tube   ② 비전기 Connector   ③ 비전기식 뇌관

17 운반신고를 하지 않고 화약류를 운반할 경우 미진동파쇄기 2,500개, 총용뇌관 2만 개를 운반한다면 동일 차량에 함께 운반할 수 있는 도폭선의 운반수량은 얼마인가?

풀이

다른 종류의 화약류를 동시에 운반할 경우의 수량은 각 화약류의 운반하려는 수량을 최대수량으로 나눈 수를 합한 수가 1이 되는 수량으로 한다.

$$1 = \frac{2,500개}{5,000개} + \frac{20,000개}{100,000개} + \frac{x}{1,500\text{m}} = \frac{1}{2} + \frac{1}{5} + \frac{x}{1,500\text{m}} = \frac{7}{10} + \frac{x}{1,500\text{m}}$$

즉, $\dfrac{x}{1,500\text{m}}$가 $\dfrac{3}{10}$이 되어야 하므로, $x = 450\text{m}$

01 Hoek-Brown 공식이 다음과 같을 때 암석의 단위중량이 25kN/m³, 포아송비가 0.2이고, 지표 내 200m 지점에 터널 굴착 시 최대주응력은 얼마인가?(단, 단축압축강도는 100MPa, 강도정수 m_i는 20, GSI는 70, 교란계수는 0.5이다.)

$$\sigma_1 = \sigma_3 + \sigma_{ci}\left(m_b\frac{\sigma_3}{\sigma_{ci}} + s\right)^a$$

풀이

$m_b = m_i \times \exp\left(\dfrac{GSI-100}{28-14D}\right) = 4.79$

$s = \exp\left(\dfrac{GSI-100}{9-3D}\right) = 0.02$

$a = \dfrac{1}{2} + \dfrac{1}{6}\left(e^{-\frac{GSI}{15}} - e^{-\frac{20}{3}}\right) = 0.5$

$\sigma_v = \gamma \times z = 25\text{kN/m}^3 \times 200\text{m} = 5\text{MPa}$

측압계수 $K = \dfrac{\sigma_h}{\sigma_v} = \dfrac{\nu}{1-\nu}$에서, $\sigma_h = K \times \sigma_v = 1.25\text{MPa} = \sigma_3$

따라서, 최대주응력은 다음과 같다.

$\sigma_1 = 1.25\text{MPa} + 100\text{MPa} \times \left(4.79 \times \dfrac{1.25\text{MPa}}{100\text{MPa}} + 0.02\right)^{0.5} = 29.51\text{MPa}$

02 다음 괄호 안에 들어갈 알맞은 내용을 적으시오.

기계적 충격에 대한 감도는 타격감도로서 (①)으로 측정하고, 폭발충격에 대한 감도는 감응감도로서 (②)으로 측정한다.

풀이

① 낙추감도시험
② 순폭시험

03 다음 그림은 발파진동의 어느 한 파형이다. 최대입자속도(cm/sec)는 얼마인가?(단, 소수점 셋째 자리까지 적으시오.)

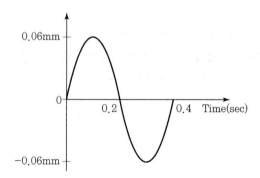

풀이

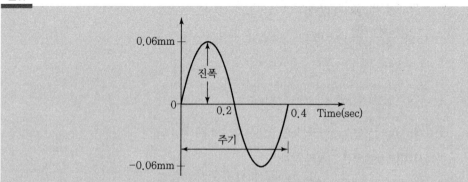

그림으로부터 진폭 $D=0.06\text{mm}$, 주기 $T=0.4\text{sec}$임을 알 수 있다.

주기는 주파수의 역수이므로, 주파수 $f=\dfrac{1}{T}=\dfrac{1}{0.4\text{sec}}=2.5\text{Hz}$

따라서, 최대입자속도 $V=2\pi f D=2\times\pi\times2.5\text{Hz}\times0.006\text{cm}=0.094\text{cm/sec}$

04 니트로글리세린의 폭발 반응식은 아래와 같다. 니트로글리세린 1kg당 가스비용을 구하여라.(단, 생성가스가 1기압이고 0℃인 표준상태로 가정한다.)

$$C_3H_5N_3O_9 \rightarrow 3CO_2+2.5H_2O+1.5N_2+0.25O_2$$

풀이

분자량 : $(12\times3)+(1\times5)+(14\times3)+(16\times9)=227\text{g}$

몰수 : $3+2.5+1.5+0.25=7.25\text{mol}$

가스비용 $V_o=\dfrac{22.4\times7.25\text{mol}\times1,000\text{g}}{227\text{g}}=715.42\text{L}$

05 소음이 청력에 미치는 영향 중 일시역변위와 영구역변위에 대해 서술하시오.

> **풀이**
>
> ① 일시역변위 : 일시적 난청 또는 일시적 청력손실이라 하며, 일시적인 청력저하로 수초 내지 수일 후 정상 청력으로 복원된다.
> ② 영구역변위 : 영구적 난청 또는 영구적 청력손실이라 하며, 주로 직업병, 상습적 장기간 큰 소음에 노출 시 수일, 수주 후에도 영구적으로 청력 회복이 없다.

06 어떤 지역의 발파진동 계측 결과 자승근 환산거리에 의한 K 값은 45.3, n값은 -1.73이었다. 지발당 장약량 300kg을 사용하여 진동값이 2cm/sec로 측정되었다면 발파지점과 계측지점 간의 이격거리는 얼마이겠는가?

> **풀이**
>
> $$V = K\left(\frac{D}{\sqrt{W}}\right)^n = 45.3\left(\frac{D}{\sqrt{300\text{kg}}}\right)^{-1.73}$$
>
> $$D = \left(\frac{V}{K}\right)^{\frac{1}{n}} \times \sqrt{W} = \left(\frac{2\text{cm/s}}{45.3}\right)^{-\frac{1}{1.73}} \times \sqrt{300\text{kg}} = 105.16\text{m}$$

07 중경암인 화강암에 대한 시험발파에서 천공경을 28mm로 하고 장약길이를 천공경의 12배로 하였을 때 장약량은 몇 kg인가?(단, 암석계수는 0.025이며, 폭약비중은 1.5이다.)

> **풀이**
>
> $$L = \frac{\pi d^2}{4} \times m \times g = \frac{\pi d^2}{4} \times 12d \times g$$
>
> $$= \frac{\pi \times (2.8\text{cm})^2}{4} \times 12 \times 2.8\text{cm} \times 1.5\text{g/cm}^3 = 0.31\text{kg}$$

08 저항 $1.5\,\Omega$ 인 전기뇌관 80개를 20개씩 4열로 직병렬 연결한 경우 뇌관의 총저항은 몇 Ω 인가?(단, 기타 조건은 무시한다.)

> **풀이**
>
> 직병렬 결선 시 소요전압 $V = b \times I \times \left(R_1 + \dfrac{a}{b}R_2 + R_3\right)$에서, 뇌관의 총저항은 다음과 같다.
>
> $$\frac{a}{b}R_2 = \frac{20}{4} \times 1.5\,\Omega = 7.5\,\Omega$$

09 폭약의 발파효과 중 동적 효과와 정적 효과에 대해 설명하시오.

풀이

① 동적 효과 : 폭굉에 의해 발생한 충격파로 물체를 파괴하는 효과로서 파괴효과라고도 부른다.

② 정적 효과 : 폭발 반응 시 생성가스가 단열팽창에 의해 외부에 대해 하는 일의 효과로서 추진효과라고도 부른다.

10 갱도굴착 단면적이 15m^2이고, 천공장이 1.5m, 암석항력계수가 1인 암석갱도를 굴진하려고 한다. 1발파당 굴진장을 천공장의 90%로 보았을 때 1발파당 폭약량과 단위부피당 폭약량은 얼마인가?(단, 폭약위력계수 $e = 1$, 전색계수 $d = 1$이다.)

풀이

① 1발파당 폭약량

$$L = \frac{(n+1)^2}{n^2} \times f(w) \times C \times A \times W$$

$$n = \frac{\sqrt{A}}{W} = \frac{\sqrt{15\text{m}^2}}{1.5\text{m} \times 0.9} = 2.87$$

$$f(w) = \left(\sqrt{1 + \frac{1}{W}} - 0.41 \right)^3 = \left(\sqrt{1 + \frac{1}{1.5\text{m} \times 0.9}} - 0.41 \right)^3 = 0.75$$

즉, $L = \dfrac{(2.87+1)^2}{2.87^2} \times 0.75 \times 1 \times 15\text{m}^2 \times 1.35\text{m} = 27.61\text{kg}$

② 단위부피당 폭약량

$$L = \frac{(n+1)^2}{n^2} \times f(w) \times C$$

$$= \frac{(2.87+1)^2}{2.87^2} \times 0.75 \times 1 = 1.36\text{kg/m}^3$$

11 동적 효과를 이용한 폭약의 폭속시험법 중 도트리쉬법에 의한 폭약의 폭속을 구하는 공식과 그 인자들을 설명하시오.

풀이

폭속 $D = \dfrac{VL}{2X}$

여기서, V : 도폭선의 폭속

L : 폭약 2점 간의 거리

X : 도폭선의 중심과 폭발 흔적 간의 거리

12 20개의 전기뇌관을 직렬 결선하여 발파모선(길이 100m)을 접속하여 발파하는 경우 이를 완폭시키는 데 필요한 발파기의 기전력은?(단, 점화에 필요한 전류 1.5A, 뇌관 1개당 표준저항 1.2Ω, 발파모선 1m당 표준저항 0.021Ω, 발파기의 내부저항 22Ω이다.)

풀이

$$V = I \times (R_1 + aR_2 + R_3)$$
$$= 1.5A \times ((100m \times 0.021\Omega/m) + (20개 \times 1.2\Omega/개) + 22\Omega) = 72.15V$$

13 시험발파를 실시하여 얻은 지반진동속도 자료를 회귀분석한 결과 중앙값에 대한 발파진동 추정식이 $V = 1,500(D/W^{1/2})^{-1.65}$로 도출되었다. 이 식을 95%의 상부신뢰수준에 대한 식으로 변환하여라.(단, 식의 표준오차는 0.1, 95% 신뢰도와 자유도에 해당하는 t값은 1.96이다.)

풀이

$$K_{95\%} = K_{50\%} \times 10^{(t \times SE)} = 1,500 \times 10^{(1.96 \times 0.1)} = 2,355.54$$
$$V = 2,355.54(D/W^{1/2})^{-1.65}$$

14 터널에서 일상의 시공관리를 위해 반드시 실시하는 일상계측 2가지를 적으시오.

풀이

① 내공변위 측정
② 천단침하 측정
③ 갱내 관찰조사
④ 록볼트 인발 시험

01 암석 시료에 탄성파 속도 시험을 실시한 결과 S파 속도가 $2,500\text{m/sec}$로 나타났다. 암석의 동포아송비가 0.33이고 동탄성계수가 40GPa이라면, 이 암석 시료의 밀도는 얼마이겠는가?

풀이

$V_s = 2,500\text{m/sec},\ \nu_D = 0.33,\ E_D = 40\text{GPa}$

$E_D = 2(1+\nu_D) \cdot \rho \cdot V_s^2$ 에서,

$\rho = \dfrac{E_D}{2(1+\nu_D) \cdot V_s^2} = \dfrac{4 \times 10^{10}\text{Pa}}{2(1+0.33) \cdot (2,500\text{m/s})^2} = 2,406.02\text{kg/m}^3$

02 장약공의 직경이 33mm인 경우 실린더 컷의 단위길이당 장약량을 구하시오.(단, 무장약공의 직경은 100mm이고, 무장약공과 장약공 중심 간의 거리는 150mm이며, 소수점 셋째 자리까지 표기하시오.)

풀이

$I_b = 1.5 \times 10^{-3} \times \left(\dfrac{\alpha}{\phi}\right)^{1.5} \times \left(\alpha - \dfrac{\phi}{2}\right)$

$\quad = 1.5 \times 10^{-3} \times \left(\dfrac{150\text{mm}}{100\text{mm}}\right)^{1.5} \times \left(150\text{mm} - \dfrac{100\text{mm}}{2}\right) = 0.276\text{kg/m}$

03 연약대의 폭은 1m, 연약대의 Q값은 0.1, 연약대 주변 암반의 Q값은 10인 경우 연약대와 주변 암반의 평균 Q값은 얼마인가?

풀이

$\log Q_m = \dfrac{b \cdot \log Q_{wz} + \log Q_{sr}}{b+1} = \dfrac{1\text{m} \cdot \log 0.1 + \log 10}{1\text{m} + 1} = 0$

$Q_m = 10^0 = 1$

04 높이 9m인 암반계단에 105mm 발파공을 천공하여 ANFO 폭약 장전 후 지발발파를 시행할 때, Konya 식을 이용하여 최대저항선($B_{\max}$)을 구하고, 계단높이에 대한 저항선의 비(H/B)를 고려하여 공간격(S)을 구하시오.(단, ANFO의 비중은 0.8, 암석의 비중은 2.5이다.)

$$B_{\max} = 11.8 \times \left[2\left(\frac{SG_e}{SG_r}\right)+1.5\right] \times D_e = 11.8 \times \left[2\left(\frac{0.8}{2.5}\right)+1.5\right] \times 10.5\text{cm} = 265.15\text{cm}$$

벤치높이 H와 저항선 B의 비, 즉 H/B의 값이 4보다 크거나 같을 경우 고계단식이라 하며, H/B의 값이 4보다 작을 경우 저계단식이라 한다.

$$\frac{H}{B} = \frac{9\text{m}}{2.6515\text{m}} < 4 \rightarrow \text{저계단}$$

저계단식 지발발파 : $S = \dfrac{H+7B}{8} = \dfrac{9\text{m}+7\times2.6515\text{m}}{8} = 3.45\text{m}$

※ Konya 식에서 D_e는 약경을 의미하나, ANFO의 경우 알갱이 형태이므로 풀이 시 D_e를 공경으로 대입한다.

---

05 수중 현수발파의 실시에 따른 피크압 $P_{\max} = 60\text{kg/cm}^2$이고, 충격파 시정수($\theta$)가 6.7초이며 수압 $P_o = 3\text{kg/cm}^2$으로 정수압상태일 때 발파 후 2초가 지난 후의 수중 충격압의 크기는 얼마인가?

$$P = P_{\max} \times e^{-\frac{t}{\theta}} + P_o = 60\text{kg/cm}^2 \times e^{-\frac{2}{6.7}} + 3\text{kg/cm}^2 = 47.52\text{kg/cm}^2$$

---

06 경암을 대상으로 한 계단식 발파에서 공경 76mm로 천공하여 발파를 하였을 경우, 예상되는 최대비산거리는 얼마인가?(단, 스웨덴 SVEDEFO의 최대비산거리 식을 이용한다.)

$$L_{\max} = 260\left(\frac{d}{25}\right)^{\frac{2}{3}} = 260\left(\frac{76}{25}\right)^{\frac{2}{3}} = 545.62\text{m}$$

---

07 화약류저장소와 135m 이격된 거리에 제3종 보안물건이 있는 경우 저장할 수 있는 최대저장량은 얼마인가?(단, 화약류저장소와 60m 이격된 거리에 제3종 보안물건이 있는 경우의 최대저장량은 약 420kg이다.)

$$D = K \times \sqrt[3]{W} \text{에서}, \ W = \left(\frac{D}{K}\right)^3 = \left(\frac{135\text{m}}{8}\right)^3 = 4,805.42\text{kg}$$

구분	제1종 보안물건	제2종 보안물건	제3종 보안물건	제4종 보안물건
기본 K	16	14	8	5
흙둑을 쌓은 때 K	16	10	5	4

08 다음 물음에 답하시오.

① 배경소음과 측정소음의 차이가 11dB인 곳에서 소음을 보정하는 방법에 대하여 간단히 서술하시오.

② 배경소음과 측정소음의 차이가 (   ) 미만이면 재측정을 한다.

① 측정소음도가 배경소음도보다 10dB 이상 크면 배경소음의 영향이 극히 작기 때문에 배경소음의 보정 없이 측정소음도를 대상소음도로 한다.

② 3dB

09 에멀젼 폭약에 알루미늄 첨가 시 2차 폭발이 발생하므로 사용하지 않는다. 2차 폭발을 일으키는 이유를 간단히 서술하시오.

에멀젼 폭약의 폭력 향상을 위해 알루미늄 분말을 첨가할 때 초기 폭발에서 불완전 연소가 일어나 일부는 Al_2O_3가 되고, 일부는 Al로 남아 반응이 완결되지 않는다. 이후 뒤늦게 발연대(Fume Zone)에서 반응되지 않은 알루미늄이 H_2, CO 등의 인화성 가스로 인해 2차 폭발을 발생시킨다.

10 순폭도 시험에서 약경 $d = 32\text{mm}$, 약량 112.5g인 다이너마이트의 순폭도가 6으로 나타났다. 얼마 후 동일한 조건에서 다시 시험하였더니 최대순폭거리 $S = 128\text{mm}$이었다면, 순폭도는 얼마나 감소되었는지 구하시오.

$$\text{순폭도 } n = \frac{\text{최대순폭거리 } S}{\text{약경 } d}$$

$$\text{재시험한 순폭도 } n = \frac{128\text{mm}}{32\text{mm}} = 4$$

순폭도의 차이 = 6 − 4 = 2

11 어떤 지역의 발파진동 계측 결과 자승근 환산거리에 의한 K값은 900, n값은 −1.6이었다. 발파지점과 계측지점 간의 이격거리가 500m일 때 진동속도값이 0.2cm/sec로 측정되었다면 사용된 지발당 장약량은 얼마이겠는가?

> **풀이**
>
> $$V = K \left(\frac{D}{\sqrt{W}} \right)^n = 900 \left(\frac{500\text{m}}{\sqrt{W}} \right)^{-1.6} \text{ 에서 } W = \left(\frac{D}{\left(\frac{V}{K} \right)^{\frac{1}{n}}} \right)^2 = \left(\frac{500}{\left(\frac{0.2}{900} \right)^{\frac{1}{-1.6}}} \right)^2 = 6.78\text{kg}$$

12 충격감도시험 중 낙추시험에서 완폭점과 불폭점에 대해 설명하시오.

> **풀이**
>
> ① 완폭점 : 동일한 높이에서 10회 연속적으로 5kg의 추를 떨어뜨려 폭약의 충격에 대한 감도를 반복시험했을 때 전부가 폭발하는 최소높이
> ② 불폭점 : 동일한 높이에서 10회 연속적으로 5kg의 추를 떨어뜨려 폭약의 충격에 대한 감도를 반복시험했을 때 1회도 폭발하지 않는 최대높이

13 노천발파 현장에서 착암기 1대, 덤프트럭 1대를 사용하여 작업하고 있다. 착암기 1대의 음향파워레벨은 125dB이며, 덤프트럭 1대의 음향파워레벨은 135dB인 경우 소음원과 수음점이 100m 이격된 거리에서의 음압레벨을 구하면 얼마나 되겠는가?(단, 착암기 및 덤프트럭은 점음원으로서 반구면파 전파로 간주한다.)

> **풀이**
>
> $$PWL_{plus} = 10\log \left(10^{\frac{L_1}{10}} + 10^{\frac{L_2}{10}} \right) = 10\log \left(10^{\frac{125}{10}} + 10^{\frac{135}{10}} \right) = 135.41\text{dB}$$
> $$SPL = PWL - 20\log(r) - 8 = 135.41\text{dB} - 20\log(100\text{m}) - 8 = 87.41\text{dB}$$

14 전기뇌관 20개를 4개씩 5열로 직병렬 연결한 경우 뇌관의 총저항은 몇 Ω 인가?(단, 뇌관 전선의 길이는 4.2m이고 전선을 포함한 뇌관 1개의 저항은 1.3Ω 이다.)

> **풀이**
>
> 직병렬 결선 시 소요전압 $V = b \times I \times \left(R_1 + \frac{a}{b} R_2 + R_3 \right)$ 에서, 뇌관의 총저항은 다음과 같다.
>
> $$\frac{a}{b} R_2 = \frac{4}{5} \times 1.3\Omega = 1.04\Omega$$

01 수음점의 소음도가 80dB인 상황에서 방음벽을 설치하여 직접음의 회절감쇠치가 17dB이라 하고, 지면 반사에 의한 반사음의 회절감쇠치를 21dB이라 하면 방음벽에 의한 평균 회절감 쇠치와 수음점의 합성음은 얼마인가?

풀이

$$SPL_1 = 80\text{dB}$$

$$\Delta L_d = -10\log\left(10^{-\frac{L_d}{10}} + 10^{-\frac{L_d{'}}{10}}\right) = 15.54\text{dB}$$

$$SPL_2 = SPL_1 + \Delta L_d = 80\text{dB} - 15.54\text{dB} = 64.46\text{dB}$$

02 다음 조건을 이용하여 벤치발파 시의 실제 저항선 길이를 계산하시오. (장약밀도 : 4.5kg/m, 수평면과 70° 경사(3 : 1), 암석계수 : 0.3kg/m³, 계단높이 : 18m, 사용폭약 : 에멀전, 발파공 지름 : 76mm)

풀이

$$B_{\max} = 1.45 \times \sqrt{I_b} \times R_1 \times R_2 = 1.45 \times \sqrt{4.5\text{kg/m}} \times 1.0 \times 1.15 = 3.54\text{m}$$

$$U = 0.3B_{\max} = 1.06\text{m}$$

$$L = \frac{H+U}{\sin\theta}\text{에서 } \theta = 70°\text{이므로, } L = 20.28\text{m}$$

$$E = \frac{d}{1,000} + 0.03L = \frac{76\text{mm}}{1,000} + 0.03(20.28\text{m}) = 0.68\text{m}$$

$$B = B_{\max} - E = 2.86\text{m}$$

03 일축압축강도가 100MPa, 압열인장시험에 의한 인장강도가 10MPa인 경우 압열인장시험의 원판형 시험편 중심에 발생하는 응력상태를 고려하여 전단강도를 구하여라.

풀이

$$\tau_s = \frac{S_c \times S_t}{2\sqrt{S_t(S_c - 3S_t)}} = \frac{100\text{MPa} \times 10\text{MPa}}{2\sqrt{10\text{MPa}(100\text{MPa} - 3 \times 10\text{MPa})}} = 18.9\text{MPa}$$

04 Scaled Distance가 100과 10인 경우, 진동속도 V가 0.1cm/sec와 1.0cm/sec인 경우 K와 n을 구하여, $V(\text{cm/sec}) = K(SD)^n$의 형태로 표기하시오.

> **풀이**
>
> 감쇄지수 $n = \dfrac{\log\left(\dfrac{V_1}{V_2}\right)}{\log\left(\dfrac{SD_1}{SD_2}\right)} = \dfrac{\log\left(\dfrac{0.1}{1.0}\right)}{\log\left(\dfrac{100}{10}\right)} = -1$
>
> 입지상수 $K = \dfrac{V}{(SD)^n} = \dfrac{0.1}{100^{-1}} = 10$
>
> 즉, $V(\text{cm/sec}) = 10(SD)^{-1}$

05 Lilly의 발파지수(BI)를 구성하는 분류값이 아래와 같은 경우 ANFO로 표시된 Power Factor(kg/ton)를 구하시오. [단, 암반형태(RMD) = 20, 절리간격(JPS) = 20, 절리방향(JPO) = 30, 비중(SG) = 2.5, 경도(HD) = 6]

> **풀이**
>
> 비중지수 $SGI = 25SG - 50 = (25 \times 2.5) - 50 = 12.5$
> 발파지수 $BI = 0.5 \times (20 + 20 + 30 + 12.5 + 6) = 44.25$
> 따라서, $PF = 0.004 \times BI = 0.004 \times 44.25 = 0.18\text{kg/ton}$

06 화약류저장소 주위에 설치하는 흙둑의 역할 2가지를 적으시오.

> **풀이**
>
> ① 방화성
> ② 방폭성

07 비전기식 뇌관을 햇빛에 노출시킨 후 발파를 실시하였더니 불폭된 뇌관이 여러 개가 발견되었다. 그 이유는 무엇이겠는가?(단, 직사광선에 의한 표면온도는 약 70℃ 이상이다.)

> **풀이**
>
> $$(CH_2)_4(NNO_2)_4 + Al \longrightarrow H_2(65℃ \uparrow) + O_2 \longrightarrow H_2O$$
> 비전기식 뇌관을 이루고 있는 튜브는 주로 HMX와 Al로 되어 있으며, 햇빛에 65℃ 이상 장시간 노출되면 이 튜브 안에 열이 집적되어 HMX와 Al이 반응을 일으킨다. 이때 수소가스가 발생하고 HMX 내 산소와 반응하여 H_2O가 된다. 결국 튜브에 고인 물이 화염의 전파를 방해하여 불폭된다.

08 음원으로부터 30m 지점의 평균 음압레벨이 105dB이고, 특정 지향 음압레벨이 114dB일 때, 지향계수와 음향파워레벨을 구하여라. (단, 점음원이며 구면파로 간주한다.)

풀이

① $Q = 10^{\frac{DI}{10}}$, $DI = SPL_\theta - \overline{SPL} = 114 - 105 = 9\text{dB}$이므로, $Q = 7.94$

② $PWL = SPL_\theta + 20\log(r) + 11 - DI = 114 + 20\log(30) + 11 - 9 = 145.54\text{dB}$

09 구조물의 발파해체공법이 종래의 기계식 해체작업에 비해 갖는 장점 4가지를 적으시오.

풀이

① 공사기간 및 공사비를 줄인다.
② 기후조건에 영향이 적다.
③ 지속적 소음, 진동, 분진 등 환경요인이 없다.
④ 시공대상이 다양하다.

10 수평응력은 2.5kg/cm^2, 수직응력은 5kg/cm^2, 포아송비는 0.25, 탄성계수는 $3.0 \times 10^4\text{kg/cm}^2$이고, 터널의 직경이 5m인 경우 천반에서의 반경방향 변위는 얼마인가? (단, 평면변형률상태로 가정한다.)

풀이

평면변형률상태에서의 반경방향 변위(천반에서 $\theta = 90°$, 반경 $a = 2.5\text{m}$)

$$U_r = \frac{1-\nu^2}{E}\left[a(\sigma_h + \sigma_v) + 2a(\sigma_h - \sigma_v) \cdot \cos 2\theta\right]$$

$$= \frac{1-0.25^2}{3 \times 10^4\text{kg/cm}^2}\left[250 \times (2.5+5) + 500 \times (2.5-5) \cdot \cos 180°\right]$$

$$= 0.098\text{cm} \fallingdotseq 0.10\text{cm}$$

11 도심지에서 1차 발파 시 측정한 음의 세기레벨이 80dB이고, 동일 지역에서 2차 발파 시 83dB로 증가하였다면, 음의 세기레벨 변화는 몇 %인가?

풀이

$$SIL_1 = 10\log\left(\frac{I_1}{I_o}\right) = 80\text{dB}$$

$$I_1 = I_o \times 10^{\frac{80}{10}}, \quad I_2 = I_o \times 10^{\frac{83}{10}}$$

$$I_2 = I_1 \times 10^{\frac{3}{10}} \approx 2I_1\text{이므로, 100\% 증가한 것}$$

12 다음 조건에서 프리스플리팅에 의한 파단면의 균열반경을 구하시오.

- 공경 = 65mm
- 폭약비중 = 1.2kg/L
- 화약력 = 9,000L · kg/cm²/kg
- 약경 = 25mm
- 암반의 인장강도 = 100kg/cm²

풀이

디커플링 지수 $DI = \dfrac{65\text{mm}}{25\text{mm}} = 2.6$

코볼륨 $\alpha = \dfrac{1.5}{1.33 + 1.26\rho_e} = 0.53$

작용압력 $P_s = \dfrac{f}{\left[(DI)^2 \times \left(\dfrac{1}{\rho_e} \right) - \alpha \right]} = 1{,}763.55\text{kg/cm}^2$

$r = \dfrac{\phi}{2} \left[1 + 3\left(\dfrac{P_s}{\sigma_t} \right)^{0.5} \right] = \dfrac{6.5\text{cm}}{2} \left[1 + 3\left(\dfrac{1{,}763.55\text{kg/cm}^2}{100\text{kg/cm}^2} \right)^{0.5} \right] = 44.2\text{cm}$

13 펜트리트(PETN)의 분자식이 다음과 같을 때, 폭발 반응식을 쓰고, 산소평형 값을 구하시오.

$$C(CH_2NO_3)_4$$

풀이

① 폭발 반응식

$C(CH_2NO_3)_4 \rightarrow C_5H_8N_4O_{12} \rightarrow xCO_2 + \dfrac{y}{2}H_2O + \dfrac{u}{2}N_2 + \left(\dfrac{z}{2} - x - \dfrac{y}{4} \right)O_2$

$\rightarrow 5CO_2 + \dfrac{8}{2}H_2O + \dfrac{4}{2}N_2 + \left(\dfrac{12}{2} - 5 - \dfrac{8}{4} \right)O_2$

② 산소평형

$OB = \dfrac{32 \times \left(\dfrac{z}{2} - x - \dfrac{y}{4} \right)}{\text{분자량}} = \dfrac{32 \times \left(\dfrac{12}{2} - 5 - \dfrac{8}{4} \right)}{316\text{g}} = -0.10$

14 다음 그래프는 평행심발법에서 무장약공과 장약공의 중심 간 거리 α와 무장약공의 직경 ϕ의 관계를 나타낸 것이다. 그래프에서 A, B, C의 상태를 기술하라.

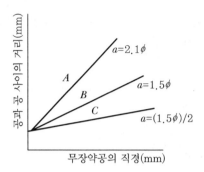

풀이

① A : 소성변형
② B : 파괴 및 균열 발생
③ C : 완전 파쇄

15 구조물에서 200m 떨어진 위치에 노천발파를 계획하였다. 전체 암반 물량이 $1,000\text{m}^3$이고, 비장약량을 0.5kg/m^3으로 발파를 실시한다면 필요한 발파공수는 몇 개인가?(단, $SD = 40$ $\text{m}/\sqrt{\text{kg}}$을 적용한다.)

풀이

총 장약량 $=$ 비장약량 $\times$ 물량 $= 0.5\text{kg/m}^3 \times 1,000\text{m}^3 = 500\text{kg}$

$SD = 40\text{m}/\sqrt{\text{kg}} \rightarrow 40 = 200\text{m}/\sqrt{W}$이므로, $W = 25\text{kg}$

따라서, 발파공수 $n = \dfrac{500\text{kg}}{25\text{kg}} = 20$공

01 1kg의 지발당 장약량으로 발파 시 50m에서 진동속도가 6mm/sec, 100m에서 2mm/sec로 측정되었다면 환산거리와 진동속도 간의 그래프의 기울기 값을 구하시오.

풀이

최대지발당 장약량 $W = 1\text{kg}$이므로

$$\text{기울기(감쇠지수)} \ n = \frac{\log\left(\dfrac{V_1}{V_2}\right)}{\log\left(\dfrac{SD_1}{SD_2}\right)} = \frac{\log\left(\dfrac{V_1}{V_2}\right)}{\log\left(\dfrac{D_1}{D_2}\right)} = \frac{\log\left(\dfrac{6\text{mm/sec}}{2\text{mm/sec}}\right)}{\log\left(\dfrac{50\text{m}}{100\text{m}}\right)} = -1.58$$

02 도트리쉬법에 의해 함수폭약의 폭속을 측정하였을 때의 폭속은 몇 m/s인가?(단, 표준 도폭선의 폭속은 5,000m/s, 도폭선의 중심과 폭발 흔적 간의 거리는 10cm이고, 폭약 2점 간의 거리는 15cm이다.)

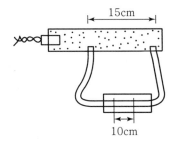

풀이

$$D = \frac{VL}{2X} = \frac{5{,}000\text{m/s} \times 15\text{cm}}{2 \times 10\text{cm}} = 3{,}750\text{m/s}$$

03 계단식 발파에서 공경 45mm로 천공하여 발파를 하였을 경우, 예상되는 최대비산거리는 얼마인가?(단, Svedefo의 최대비산거리 식을 이용한다.)

풀이

$$L_{\max} = 260\left(\frac{d}{25}\right)^{\frac{2}{3}} = 260\left(\frac{45}{25}\right)^{\frac{2}{3}} = 384.73\text{m}$$

04 탄동구포시험 시 블라스팅 젤라틴을 기준 폭약으로 하여 진자가 움직인 각도가 18°이고, 시료 폭약이 진자를 움직인 각도가 14°이었다면 이 폭약의 탄동구포비는 얼마인가?

풀이

탄동구포비 $= 1.6 \times RWS(\%)$

$$RWS(\%) = \frac{1-\cos\theta}{1-\cos\theta'} \times 100 = \frac{1-\cos 14°}{1-\cos 18°} \times 100 = 60.69\%$$

따라서, 탄동구포비 $= 97.11\%$

05 C–J면을 도시하고 설명하시오.

풀이

㉠ B : 폭발반응이 끝난 직후(샤프만 쥬계면)

㉡ BC : 폭발반응구간

㉢ CD : 미분해층, 충격파만 전달

㉣ AB : 폭발반응에 의한 가스팽창유동

㉤ AO : 가스유동 완료 후의 정적 압력상태

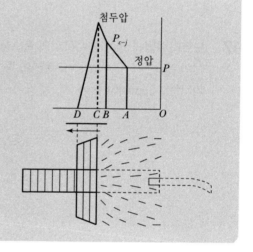

06 천공비용은 단위체적당 소비에너지와 직결되며, 천공속도 $R = 50\text{cm/min}$이고, 비트의 직경 $D = 32\text{mm}$, 일률 $P = 600\text{cm} \cdot \text{kg/min}$인 경우 착암기의 단위체적당 소비에너지를 구하여라.

풀이

$$E_v = \frac{4P}{\pi D^2 R} = \frac{4 \times 600\text{cm} \cdot \text{kg/min}}{\pi \times (3.2\text{cm})^2 \times 50\text{cm/min}} = 1.49\text{cm} \cdot \text{kg/cm}^3$$

07 소음원으로 10m 지점에서의 음압레벨이 90dB인 착암기 1대, 70dB인 덤프트럭 1대를 동시간 작동함으로 인해 소음원에서 50m 지점에서 소음으로 인한 문제점이 발생하여 방음벽을 설치하였다. 방음벽의 투과손실치는 15dB, 회절감쇠치는 10dB인 경우 50m 지점에서의 음압레벨은 얼마인가?(단, 착암기 및 덤프트럭은 점음원으로 판단한다.)

풀이

$$SPL_1 = 10\log\left(10^{\frac{90}{10}} + 10^{\frac{70}{10}}\right) = 90.04\text{dB}$$

$$\triangle L_i = -10\log\left(10^{\frac{-10}{10}} + 10^{\frac{-15}{10}}\right) = 8.81\text{dB}$$

$$SPL_f = SPL_1 - 20\log\left(\frac{r}{r_o}\right) + \triangle L_i = 90.04\text{dB} - 20\log\left(\frac{50\text{m}}{10\text{m}}\right) - 8.81\text{dB} = 67.25\text{dB}$$

08 갱도굴착 단면적이 15m^2이고, 천공장이 1.5m인 암석갱도를 굴진하려고 한다. 1발파당 굴진장을 천공장의 85%로 보았을 때 1발파당 폭약량과 단위부피당 폭약량은 얼마인가?(단, 암석항력계수 $g=1$, 폭약위력계수 $e=1$, 전색계수 $d=1$이다.)

풀이

① 1발파당 폭약량

$$L = \frac{(n+1)^2}{n^2} \times f(w) \times C \times A \times W$$

$$n = \frac{\sqrt{A}}{W} = \frac{\sqrt{15m^2}}{1.5m \times 0.85} = 3.04$$

$$f(w) = \left(\sqrt{1 + \frac{1}{W}} - 0.41\right)^3 = \left(\sqrt{1 + \frac{1}{1.5\text{m} \times 0.85}} - 0.41\right)^3 = 0.79$$

즉, $L = \dfrac{(3.04+1)^2}{3.04^2} \times 0.79 \times 1 \times 15\text{m}^2 \times (1.5\text{m} \times 0.85) = 26.68\text{kg}$

② 단위부피당 폭약량

$$L = \frac{(n+1)^2}{n^2} \times f(w) \times C$$

즉, $L = \dfrac{(3.04+1)^2}{3.04^2} \times 0.79 \times 1 = 1.40\text{kg/m}^3$

09 다음의 경우 RMR을 이용하여 변형계수를 구하시오.

① RMR이 60일 때의 변형계수(Bieniawski 식 이용)

② RMR이 40일 때의 변형계수(Serafin and Peraira 식 이용)

풀이

① $E_n = 2\text{RMR} - 100[\text{GPa}] = 2 \times 60 - 100 = 20\text{GPa}$

② $E_n = 10^{\left(\frac{\text{RMR}-10}{40}\right)}[\text{GPa}] = 10^{\left(\frac{40-10}{40}\right)} = 5.62\text{GPa}$

10 화약류취급소의 정체량을 각각 적으시오. (단, 1일 사용예정량 이하)

화약	전기뇌관	도포선
①	②	③

풀이

① 300kg   ② 3,000개   ③ 6km

11 비전기뇌관으로 뇌관의 점화 순서를 조절하는 방법에 대하여 적으시오. (단, 튜브의 길이를 이용하는 방법은 제외로 한다.)

풀이

표면뇌관, 번치커넥터, 공저뇌관을 이용하여 시차를 지연시킨다.

12 화약류의 운반에 있어 운반표지에 대한 내용 중 빈칸을 채우시오.

> 1. 주간에는 가로·세로 각 (①)센티미터 이상의 붉은색 바탕에 (②)라고 희게 쓴 표지를 차량의 앞뒤와 양옆의 보기 쉬운 곳에 붙일 것. 다만, 부득이한 경우에는 허가관청의 승인을 얻어 위장표지를 할 수 있다.
> 2. 야간에는 제1호의 규정에 의한 표지를 붙이되 그 표지를 (③)로 하고, (④)미터 이상의 거리에서 명확히 확인할 수 있는 광도의 붉은 색등을 차량의 앞뒤의 보기 쉬운 곳에 달 것

풀이

① 35   ② 화   ③ 반사체   ④ 150

13 다음 조건을 통해 암반 분류법인 SMR의 점수를 구하시오.

① Basic RMR = 60
② 절리의 주향과 사면의 주향에 대한 보정 : 0.7
③ 절리의 경사각에 대한 보정 : 0.4
④ 사면의 경사각과 절리의 경사각에 대한 보정 : -50
⑤ 사면의 굴착법에 대한 보정 : 8

풀이

$$SMR = \text{RMR}_{basic} + (F_1 \times F_2 \times F_3) + F_4 = 60 + (0.7 \times 0.4 \times (-50)) + 8 = 54$$

14 발파 진동식 $V = 70\left(\dfrac{D}{\sqrt{W}}\right)^{-1.66}$ 인 현장에서 발파원으로부터 계측지점까지의 거리가 100m에서 200m로 증가할 경우 지발당 장약량의 변화량을 구하시오. (단, 증가 또는 감소될 수 있다.)

풀이

① 진동속도가 주어지지 않았으므로, V는 0.1cm/sec로 가정하고, 거리가 100m에서 200m로 증가할 때의 지발당 장약량을 계산, 비교한다.

$$V = 0.1\text{cm/s} = 70\left(\frac{D_1}{\sqrt{W_1}}\right)^{-1.66} = 70\left(\frac{100\text{m}}{\sqrt{W_1}}\right)^{-1.66}$$

$$V = 0.1\text{cm/s} = 70\left(\frac{D_2}{\sqrt{W_2}}\right)^{-1.66} = 70\left(\frac{200\text{m}}{\sqrt{W_2}}\right)^{-1.66}$$

$$W_1 = \left(\frac{D_1}{\left(\frac{V}{K}\right)^{\frac{1}{n}}}\right)^2 \text{이고, } W_2 = \left(\frac{D_2}{\left(\frac{V}{K}\right)^{\frac{1}{n}}}\right)^2 \text{에서}$$

$$W_1 = \left(\frac{100\text{m}}{\left(\frac{0.1}{70}\right)^{-\frac{1}{1.66}}}\right)^2 = 3.734\text{kg}\text{이고, } W_2 = \left(\frac{200\text{m}}{\left(\frac{0.1}{70}\right)^{-\frac{1}{1.66}}}\right)^2 = 14.936\text{kg}$$

② 지발당 장약량의 변화량을 계산한다.

$$\frac{W_2}{W_1} \times 100\% = \frac{14.936\text{kg}}{3.734\text{kg}} \times 100\% = 400\%$$

∴ 거리가 2배 증가할 때 지발당 장약량은 4배 증가한다.

01 다음 빈칸에 알맞은 화약류저장소의 최대저장량을 쓰시오.

화약류 종류 \ 저장소 종류	3급 저장소
폭약	①
전기뇌관	②
도폭선	③

풀이

① 25kg

② 1만 개

③ 1,500m

02 니트로글리세린의 폭발온도는 4,960K이고, 폭발 반응식은 아래와 같다. 니트로글리세린 1kg당 가스비용과 비에너지를 구하여라.(단, 생성가스가 1기압이고 0℃인 표준상태로 가정한다.)

$$C_3H_5N_3O_9 \rightarrow 3CO_2 + 2.5H_2O + 1.5N_2 + 0.25O_2$$

풀이

- 분자량 : $(12 \times 3) + (1 \times 5) + (14 \times 3) + (16 \times 9) = 227g$
- 몰수 : $3 + 2.5 + 1.5 + 0.25 = 7.25mol$

(1) 가스비용(생성가스가 1기압이고 0℃인 표준상태의 용적)

$$V_o = \frac{22.4 \times 7.25mol \times 1,000g}{227g} = 715.42L$$

(2) 비에너지(화약의 힘)

$$f = V_o \times \left(\frac{T}{273K} \right) = 715.42L \times \left(\frac{4,960K}{273K} \right) = 12,998.11(atm \cdot L/kg)$$

03 시험발파 결과를 분석한 결과 삼승근 환산거리 및 진동속도와의 $\log-\log$ 그래프에서 A(20, 10), B(60, 2) 두 점을 지나는 것으로 확인되었다. 발파진동 추정식을 통해 보안물건과 50m 이격된 지점에서 지발당 장약량 0.500kg 사용 시 예측되는 진동속도는 얼마가 되겠는가?

풀이

계측자료를 통해 회귀분석 과정을 거치면 중앙치에 해당하는 직선식을 다음과 같은 형태로 도출할 수 있다.

$$V = K\left(\frac{D}{\sqrt{W}}\right)^n = K(SD)^n$$

이때 양변에 log를 취하면,

$$\log V = \log K + n \cdot \log(SD)$$

$Y = \alpha + \beta \cdot X$ 형태(일차함수)의 직선식이 되어 a와 n 값이 산출된다.

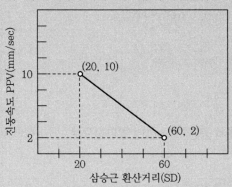

직선식에서 n은 그래프의 기울기를 의미하므로,

$$n = \frac{Y_1 - Y_2}{X_1 - X_2} = \frac{\log(2) - \log(10)}{\log(60) - \log(20)} = -1.465$$

$$n = \frac{Y_1 - Y_2}{X_1 - X_2} = \frac{Y_2 - Y_3}{X_2 - X_3} = \frac{\log(10) - \log(K)}{\log(20) - \log(1)} = -1.465$$

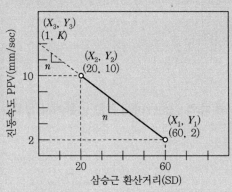

따라서, $\log(K)$에 관한 식으로 변환하면,

$\log(K) = a = 1.465 \times (\log(20) - \log(1)) + \log(10) = 2.906$

$K = 10^a = 10^{2.906} = 805.38$

문제에서 50m 이격거리에서 지발당 장약량 0.5kg 사용 시 예측되는 진동속도는

$$V = K\left(\frac{D}{\sqrt{W}}\right)^n = 805.38 \times \left(\frac{50\text{m}}{\sqrt{0.5\text{kg}}}\right)^{-1.465} = 1.57\text{mm/sec}$$

04 현지암반의 RMR 값이 88일 때, 암반의 변형계수를 구하기 위한 감쇄지수(MRF)를 구하여라.

풀이

$$\text{MRF}(\%) = \frac{E_d}{E_r} = 0.0028 \times \text{RMR}^2 + 0.9\exp^{\left(\frac{\text{RMR}}{22.82}\right)}$$

$$= 0.0028 \times 88^2 + 0.9\exp^{\left(\frac{88}{22.82}\right)} = 64.24\%$$

05 높이 9m인 벤치에서 공경 76mm인 발파공으로 Trim-blasting을 실시한 경우 다음에 답하시오.

① 단위길이당 장약량
② 저항선

풀이

① 단위길이당 장약량

$$L = \frac{d^2}{0.12} = \frac{(7.6\text{cm})^2}{0.12} = 481.33\text{g/m}$$

② 저항선

$$B = 1.3S = 1.3 \times 16D = 1.59\text{m}$$

06 총포 · 도검 · 화약류 등의 안전관리에 관한 법률에서 정하는 제1종, 제3종 보안물건을 각 2가지씩 적으시오.

풀이

① 제1종 보안물건 : 국보로 지정된 건조물, 시가지의 주택, 학교, 보육기관, 병원, 사찰, 교회 및 경기장
② 제3종 보안물건 : 제1종 보안물건 및 제2종 보안물건에 속하지 않는 주택, 철도, 궤도, 선박의 항로 또는 계류소, 석유저장시설, 고압가스제조 · 저장시설(충전소 포함), 발전소, 변전소 및 공장

07 점착력이 0이고 내부마찰각이 30°인 모래지반에 높이 5m의 수직옹벽이 설치되어 있는 경우 Rankine의 주동토압계수와 수동토압계수를 구하시오.

> **풀이**
>
> ① 주동토압계수
> $$K_a = \frac{1-\sin\phi}{1+\sin\phi} = \tan^2\left(45 - \frac{\phi}{2}\right) = 0.33$$
> ② 수동토압계수
> $$K_p = \frac{1+\sin\phi}{1-\sin\phi} = \tan^2\left(45 + \frac{\phi}{2}\right) = 3$$

08 저항 1.4[Ω/개]의 전기뇌관 20개를 직렬로 결선하고, 저항 0.02[Ω/m]인 총연장 200m의 발파모선을 연결하여 발파하고자 할 때 소요전압(V)을 구하시오.(단, 소요전류는 1.2A, 발파기의 내부저항은 20Ω이다.)

> **풀이**
>
> $$V = I(R_1 + aR_2 + R_3) = 1.2\text{A} \times \{(200 \times 0.02) + (20 \times 1.4) + (20)\} = 62.4\text{V}$$

09 암반형태변수가 20, 절리간격변수가 30, 절리방향변수가 10, 비중지수가 15, 암반경도가 5인 경우 Lilly가 제안한 발파지수는 얼마인가?

> **풀이**
>
> $$BI = 0.5 \times (\text{RMD} + \text{JPS} + \text{JPO} + \text{SGI} + \text{HD}) = 0.5 \times (20 + 30 + 10 + 15 + 5) = 40$$

10 소음으로 문제가 되는 지역에 투과손실이 20dB인 반무한 방음벽을 설치한 경우 삽입 손실치는 얼마인가?(단, 방음벽에 의한 회절감쇠치는 16dB이다.)

> **풀이**
>
> $$-\triangle L_{in} = 10\log\left(10^{\frac{-L_1}{10}} + 10^{\frac{-L_2}{10}}\right) = 10\log\left(10^{\frac{-20}{10}} + 10^{\frac{-16}{10}}\right) = 14.54\text{dB}$$

11 탄동구포시험 시 TNT를 기준 폭약으로 하여 진자가 후퇴한 각도가 14°이고, 시료 폭약에 의해 진자가 후퇴한 각도가 16°일 때 RWS는 얼마인가?

> **풀이**
>
> $$탄동구포비 = \frac{1 - \cos\theta}{1 - \cos\theta'} = \frac{1 - \cos 16°}{1 - \cos 14°} = 1.30$$
>
> $$RWS = \frac{탄동구포비}{1.6} = 81.51\%$$

12 유리산시험, 내열시험 및 가열시험의 안전성 판단 기준을 적으시오.

가. 유리산시험
  1) 질산에스테르 및 그 성분이 있는 화약
  2) 폭약
나. 내열시험
다. 가열시험

> **풀이**
>
> 가. 유리산시험
>   1) 질산에스테르 및 그 성분이 있는 화약 : <u>6시간 이상</u>
>   2) 폭약 : <u>4시간 이상</u>
> 나. 내열시험 : <u>8분 이상</u>
> 다. 가열시험 : <u>1/100 (0.01) 이하</u>

13 거리가 70m일 때 진동속도 7mm/sec, 130m일 때 3mm/sec라면 자승근 환산거리에서 지발당 최대 장약량이 4kg일 때 n값을 구하여라.

> **풀이**
>
> $$감쇠지수\ n = \frac{\log\left(\dfrac{V_1}{V_2}\right)}{\log\left(\dfrac{SD_1}{SD_2}\right)} 에서,$$
>
> $SD = \dfrac{D}{\sqrt{W}}$ 이고, 지발당 최대 장약량이 4kg이므로 $SD = D$로 놓을 수 있다.
>
> $$따라서,\ n = \frac{\log\left(\dfrac{V_1}{V_2}\right)}{\log\left(\dfrac{D_1}{D_2}\right)} = \frac{\log\left(\dfrac{7}{3}\right)}{\log\left(\dfrac{70}{130}\right)} = -1.37$$

01 파쇄암석의 평균 입자크기를 예측하기 위해서 열극이 거의 없는 암반에 발파공당 TNT 10kg 을 사용하여 30m³의 파쇄암석을 얻었다면, 평균입자의 크기는 얼마이겠는가?(단, 암석계수 C = 5kg/m³이고, Kuznetsov식을 이용하라.)

> **풀이**
>
> $$\bar{x}(\text{cm}) = C \times \left(\frac{V}{Q}\right)^{0.8} \times Q^{0.167} = C \times V^{0.8} \times Q^{-0.633}$$
>
> $$\bar{x}(\text{cm}) = 5\text{kg/m}^3 \times (30\text{m}^3)^{0.8} \times (10\text{kg})^{-0.633} = 17.69\text{cm}$$

02 화약류 제조·수입 후 대통령령이 정하는 기간이 지난 화약류를 소지한 사람은 대통령령에 의해 그 안정도 시험을 실시해야 하는데 안정도시험의 결과보고에 포함되어야 할 것 3가지는 무엇인가?(단, 법률에 포함된 내용으로 적을 것)

> **풀이**
>
> ① 시험을 실시한 화약류 종류·수량 및 제조일
> ② 시험실시 연월일
> ③ 시험방법 및 시험성적

03 암석의 초기응력이 각각 수직응력(σ_v), 최대수평응력(σ_H), 최소수평응력(σ_h)이라 할 때, 역 단층일 때 응력의 방향을 그림으로 나타내어라. 또한 내부마찰각이 30°일 때 파괴면의 경사 각을 구하여라.

> **풀이**
>
>
> 역단층 : $\sigma_H > \sigma_h > \sigma_v$
>
> 파괴면의 경사각 : $2\theta = 90° + \phi$이므로, $\theta = 45° + \dfrac{\phi}{2} = 45° + \dfrac{30°}{2} = 60°$

04 암석 코어의 직경이 40mm, 두께가 30mm일 때, 축방향의 점하중강도 시험을 실시한 결과 15kN에서 파괴가 발생하였다. 이 시험편의 크기 보정한 점하중 지수는 얼마인가?

풀이

① 환산직경 $D_e = \sqrt{\dfrac{4A}{\pi}} = \sqrt{\dfrac{4 \times W \times D}{\pi}} = \sqrt{\dfrac{4 \times 0.03\text{m} \times 0.04\text{m}}{\pi}} = 0.039\text{m}$

② 점하중지수 $I_s = \dfrac{P}{D_e^2} = \dfrac{15\text{kN}}{(0.039\text{m})^2} = 9,861.93\text{kN/m}^2 = 9.86\text{MPa}$

③ 크기 보정한 점하중지수 $I_{s(50)} = I_s \times F = 9.86\text{MPa} \times \left(\dfrac{D_e}{50}\right)^{0.45} = 8.82\text{MPa}$

05 벤치 높이가 6m, 폭이 12m일 때 천공경 65mm 발파 시 Langefors식을 이용하여 최대 저항 선을 구하여라.(단, 암석의 장전밀도 1.2kg/L, 수직공의 구속정도 $f = 0.95$, 공간격과 저항 선의 비 $S/B = 1.25$, 암석계수 $c = 0.4\text{kg/m}^3$, 폭약의 상대강도 $S_r = 1.27$이다.)

풀이

$B_{\max} = \dfrac{d}{33} \sqrt{\dfrac{P \times S_r}{\overline{c} \times f \times \left(\dfrac{S}{B}\right)}} = \dfrac{65\text{mm}}{33} \sqrt{\dfrac{1.2\text{kg/L} \times 1.27}{0.45\text{kg/m}^3 \times 0.95 \times 1.25}} = 3.33\text{m}$

06 착암기로부터 100m 이격된 거리에서 음압레벨이 85dB로 측정되었다면, 200m 이격된 거리에서의 음압레벨은 얼마이겠는가?

풀이

$SPL_1 = SPL_o - 20\log\left(\dfrac{r}{r_o}\right) = 85dB - 20\log\left(\dfrac{200\text{m}}{100\text{m}}\right) = 78.98\text{dB}$

07 막장관찰을 통해 지배적인 절리군이 4개인 것으로 나타났고, 각 절리군의 절리 발생빈도가 각각 6개/10m³, 5개/5m³, 24개/10m³, 10개/5m³일 경우 단위체적당 절리군 수를 평가하여 RQD를 구하여라.

풀이

$J_v = \dfrac{6\text{개}}{10\text{m}^3} + \dfrac{5\text{개}}{5\text{m}^3} + \dfrac{24\text{개}}{10\text{m}^3} + \dfrac{10\text{개}}{5\text{m}^3} = 0.6 + 1 + 2.4 + 2 = 6\text{개/m}^3$

즉, $\text{RQD} = 115 - 3.3 \times (6\text{개/m}^3) = 95.2(\%)$

08 폭약 발파효과 중 정적효과에 대해 설명하고, 그 시험의 종류 4가지를 적으시오.

풀이

① 정적효과 : 폭발 반응 시 생성가스가 단열팽창에 의해 외부에 대해 하는 일의 효과

② 정적시험 종류 : 탄동구포시험, 탄동진자시험, 트라우즐연주시험, 구포시험

09 다음 조건에서 프리스플리팅에 의한 파단면의 균열반경을 구하시오.

- 공경 = 65mm
- 약경 = 25mm
- 폭약비중 = 1.2kg/L
- 암반의 인장강도 = 100kg/cm²
- 화약력 = 9,000L × kg/cm²/kg

풀이

디커플링지수 $DI = \left(\dfrac{65\text{mm}}{25\text{mm}}\right) = 2.6$, 코볼륨 $\alpha = \left(\dfrac{1.5}{1.33 + 1.26\rho_e}\right) = 0.53$

작용압력 $P_s = \dfrac{f}{\left[(DI)^2 \times \left(\dfrac{1}{\rho_e}\right) - \alpha\right]} = 1763.55\text{kg/cm}^2$

$r = \dfrac{\phi}{2}\left[1 + 3\left(\dfrac{P_s}{\sigma_t}\right)^{0.5}\right] = \dfrac{6.5\text{cm}}{2}\left[1 + 3\left(\dfrac{1763.55\text{kg/cm}^2}{100\text{kg/cm}^2}\right)^{0.5}\right] = 44.20\text{cm}$

10 비전기식 뇌관을 햇빛에 노출시킨 후 발파를 실시하였더니 불폭된 뇌관이 여러 개가 발견되었다. 그 이유는 무엇이겠는가?(단, 직사광선에 의한 표면온도는 약 70℃ 이상이다.)

풀이

$(CH_2)_4(HNO_4) + Al \rightarrow H_2(65℃\uparrow) + O_2 \rightarrow H_2O$

비전기식 뇌관을 이루고 있는 튜브는 주로 HMX와 Al로 되어 있으며, 햇빛에 65℃ 이상 장시간 노출되면 이 튜브 안에 열이 집적되어 HMX와 Al이 반응을 일으킨다. 이때 수소가스가 발생하고 HMX 내 산소와 반응하여 H_2O가 된다. 결국 튜브에 고인 물이 화염의 전파를 방해하여 불폭된다.

11 충격감도시험 중 순폭시험에서 순폭도를 구하는 공식을 적고, 순폭도에 영향을 미치는 인자 2가지를 쓰시오.

풀이

순폭도 $n = \dfrac{S}{d}$　　　　　여기서, S : 순폭거리, d : 폭약지름

12 노천발파 시 비석의 초속도가 30m/sec이고 비석의 경사각이 각각 45°와 30°일 때 수평면상에서의 두 비산거리의 차이를 구하시오. (단, 중력가속도 $g = 9.8\text{m/sec}^2$)

풀이

① $L_{\max} = \dfrac{(V_o)^2}{g} \times \sin 2\theta = \dfrac{(30\text{m/sec})^2}{9.8\text{m/sec}^2} \times \sin 90 = 91.84\text{m}$

② $L_{\max} = \dfrac{(V_o)^2}{g} \times \sin 2\theta = \dfrac{(30\text{m/sec})^2}{9.8\text{m/sec}^2} \times \sin 60 = 79.53\text{m}$

따라서, 두 비산거리의 차이는 ① $-$ ② $= 12.31\text{m}$

13 최소저항선 1.5m로 발파하였을 때 표준장약량은 1.0kg이 소요되었다면, 동일한 암반에서 최소저항선이 3.5m이었다면 장약량은 얼마나 되겠는가?

풀이

$L = CW^3$

$C = \dfrac{L}{W^3} = \dfrac{1.0}{(1.5\text{m})^3} = 0.296 \cdots$

$L_2 = CW_2{}^3 = 0.296 \cdots \times (3.5\text{m})^3 = 12.70\text{kg}$

14 운반신고를 하지 않고 화약류를 운반할 경우 총용뇌관 4만 개, 도폭선 750m를 운반한다면 동일 차량에 함께 운반할 수 있는 미진동파쇄기의 운반수량은 얼마인가?

풀이

다른 종류의 화약류를 동시에 운반할 경우의 수량은 각 화약류의 운반하려는 수량을 최대 수량으로 나눈 수를 합한 수가 1이 되는 수량으로 한다.

$1 = \dfrac{40,000\text{개}}{100,000\text{개}} + \dfrac{750\text{m}}{1,500\text{m}} + \dfrac{x}{5,000\text{개}} = \dfrac{2}{5} + \dfrac{1}{2} + \dfrac{x}{5,000\text{개}} = \dfrac{9}{10} + \dfrac{x}{5,000\text{개}}$

즉, $\dfrac{x}{5,000\text{개}}$ 가 $\dfrac{1}{10}$ 이 되어야 하므로, $x = 500$개

15 지표로부터 1,000m 심부에 반경 a인 원형갱도를 굴착했을 때 갱도의 벽면에 작용하는 접선 방향응력(σ_θ)은?(단, 상반암석의 단위중량은 2.5t/m³이고, 수평응력은 고려하지 않는다.)

풀이

수직응력 : $\sigma_v = \gamma \times z = 2.5\text{t/m}^3 \times 1{,}000\text{m} = 2{,}500\text{t/m}^2$, 수평응력 $\sigma_h = 0$, $a = r$, $\theta = 0$이므로,

접선방향응력 : $\sigma_\theta = \dfrac{\sigma_h + \sigma_v}{2}\left(1 + \dfrac{a^2}{r^2}\right) - \dfrac{\sigma_h - \sigma_v}{2}\left(1 + \dfrac{3a^4}{r^4}\right)\cos 2\theta = 7{,}500\text{t/m}^2$

16 수심 15m에 길이 24m, 폭 12m, 벤치높이 6m의 계단식 발파를 실시하려고 한다. 천공은 수직으로 하며 공경은 75mm로 하고 장전은 기계식으로 하였을 때 비장약량을 계산하여라. (단, Gustaffson식을 이용하고 서브드릴링은 1m, 공당 장약량은 30kg이다.)

풀이

비장약량 : $S_c = 1.0\text{kg/m}^3 + (0.01 \times 15\text{m}) + (0.03 \times 6\text{m}) = 1.33\text{kg/m}^3$

01 운반신고를 하지 아니하고 운반할 수 있는 화약류 종류의 수량을 쓰시오.

화약류 구분	수량
총용뇌관	①
도폭선	②
폭발천공기	③
미진동파쇄기	④
장난감용 꽃불류	⑤

풀이

① 10만 개   ② 1,500m   ③ 600개   ④ 5,000개   ⑤ 500kg

02 내열시험에서 화약의 종류에 따라 시료를 만드는 방법 중 괄호 안에 알맞은 것을 적으시오.

가. 아교질 다이너마이트는 (①)을 유리판 위에서 쌀알 크기로 잘라, 자기 막자사발에서 정제 활석가루 (②)과 혼합하여 시료로 한다.

나. 그 밖의 폭약에 있어서는 건조한 것은 그 상태로, 습기가 흡수되어 있는 것은 (③)에서 (④)에 의하여 충분히 건조하여 시험관 높이의 (⑤)에 해당하는 양

풀이

① 3.5g   ② 7g   ③ 평상온도   ④ 진공건조기   ⑤ 3분의 1

03 직경이 5cm인 공에 고무튜브를 사용하여 공내변형시험을 하였다. 가해진 압력이 10MPa일 때 시추공의 직경이 1mm만큼 증가하였다면 변형계수는 얼마인가?(단, 포아송비는 0.25이다.)

풀이

$1\text{MPa} = $ 약 10.2kg/cm^2이므로,

$$E = (1+\nu) \times R \times \frac{\Delta P}{\Delta r} = (1+0.25) \times 2.5\text{cm} \times \frac{102\text{kg/cm}^2}{0.05\text{cm}} = 6{,}375\text{kg/cm}^2$$

04 다음 그림의 Prism-cut 심빼기 발파에서 최대비산거리를 구하시오.(단, 암석의 단위중량은 2.5ton/m³, 공당장약량은 0.9kg/공, 심빼기 위치높이는 2m, 중력가속도는 9.8m/sec², Dupont社 제안식을 적용하고 수평방향의 비산으로 한다.)

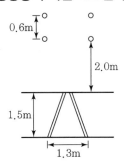

풀이

전체 파쇄량 : $\dfrac{1}{2} \times 1.5\text{m} \times 1.3\text{m} \times 0.6\text{m} \times 2.5\text{t/m}^3 = 1.46\text{t}$

$LD = \dfrac{1.46\text{t}}{(0.9\text{kg} \times 4\text{공})} = 0.41\text{t/kg}$

$V_o = 34(LD)^{-0.5} = 53.10\text{m/sec}$

$L_{\max} = V_o \times \sqrt{\dfrac{2H}{g}} = 53.10\text{m/sec} \times \sqrt{\dfrac{2 \times 2\text{m}}{9.8\text{m/sec}^2}} = 33.92\text{m}$

05 다음 그림과 같이 Burn cut 발파에서 두 번째 공의 주상 장약밀도는 얼마인가?(단, V = 265mm, B = 270mm이다.)

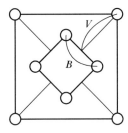

풀이

$L = \dfrac{0.35\,V}{(\sin\theta)^{1.5}}$

$\theta = \tan^{-1}\left(\dfrac{0.5B}{V}\right) = 27.0$

$L = \dfrac{0.35 \times 0.265\text{m}}{(\sin 27.0)^{1.5}} = 0.30\text{kg/m}$

06 니트로글리세린(227.1g) 분해반응식에서 산소의 몰수는 0.25mol이다. 산소평형 반응식을 이용하여 산소평형(Oxygen Balance)을 구하시오.

> **풀이**
>
> ① 산소평형 반응식 : $C_3H_5N_3O_9 \rightarrow 3CO_2 + 2.5H_2O + 1.5N_2 + 0.25O_2$
>
> ② 산소평형 : $OB = \dfrac{32 \times (\text{산소의 mol수})}{\text{분자량}} = \dfrac{32 \times (0.25\text{mol})}{227.1\text{g}} = +0.04$

07 환산거리(Scaled Distance)가 100과 10인 경우, 진동속도(V)가 각각 0.1cm/sec, 1.0cm/sec인 경우 발파진동식 $V(\text{cm/sec}) = K(SD)^n$ 의 형태로 나타내시오.

> **풀이**
>
> 감쇠지수 $n = \dfrac{\log\left(\dfrac{V_1}{V_2}\right)}{\log\left(\dfrac{SD_1}{SD_2}\right)} = \dfrac{\log\left(\dfrac{0.1}{1.0}\right)}{\log\left(\dfrac{100}{10}\right)} = -1$
>
> 입지상수 $K = \dfrac{V}{SD^n} = \dfrac{0.1}{100^{-1}} = 10$
>
> 즉, $V(\text{cm/sec}) = 10(SD)^{-1}$

08 RMR이 30일 때 Serafim and Pereira(1983) 식을 이용하여 탄성계수(암반변형계수)를 계산하시오.

> **풀이**
>
> $RMR \leq 50 \Rightarrow E_n = 10^{\left(\frac{RMR - 10}{40}\right)} = 3.16\text{GPa}$

09 모선저항 0.033[Ω/m]의 총연장 100m, 저항 0.079[Ω/개]의 전기뇌관 100개를 직렬로 결선하여 제발발파하고자 할 때 총 전압(V)은 얼마인가?(단, 소요전류는 2A, 발파기의 내부저항은 6.05Ω이다.)

> **풀이**
>
> 직렬결선 시 소요전압 $V = I(R_1 + aR_2 + R_3)$
>
> $V = 2A \times \{(100\text{m} \times 0.033\Omega) + (100 \times 0.079\Omega) + (6.05\Omega)\} = 34.5V$

10 발파지점과 100m 거리에서 허용진동속도가 0.3cm/sec인 현장의 발파진동식이 $V(\mathrm{mm/sec}) = 2,750\left(D/\sqrt{W}\right)^{-1.75}$일 때, 다음 조건에서 저항선, 공간격, 벤치높이, 천공장을 구하시오.(단, 지발당 장약량과 공당 장약량은 같다고 본다.)

[조건]
저계단식 지발발파로, 수평면과 70°의 경사로 천공, 벤치높이는 저항선의 3배이며, 초과 천공장은 저항선의 0.3배, 비장약량은 0.35kg/m³이다.

풀이

발파진동 추정식으로 부터

장약량 $W = \left(\dfrac{D}{\left(\dfrac{V}{K}\right)^{\frac{1}{n}}}\right)^{b} = \left(\dfrac{100\mathrm{m}}{\left(\dfrac{3}{2,750}\right)^{\frac{1}{-1.75}}}\right)^{2} = 4.12\mathrm{kg}$

비장약량 $S_c = 0.35\mathrm{kg/m^3} = \dfrac{w}{B \times S \times H} = \dfrac{w}{B \times \dfrac{H + 7B}{8} \times 3B} = \dfrac{4.12\mathrm{kg}}{3.75B^3}$

즉, 저항선 $B = 1.46\mathrm{m}$, 공간격 $S = \dfrac{H + 7B}{8} = 1.83\mathrm{m}$, 벤치높이 $H = 3B = 4.38\mathrm{m}$

초과천공장 $U = 0.3B = 0.44\mathrm{m}$, 천공장 $L = \dfrac{H + U}{\sin\theta} = 5.13\mathrm{m}$

11 12개의 순발 전기뇌관을 이용하여 직렬은 3개씩하여 직병렬 배치를 결선(도시)하시오.

풀이

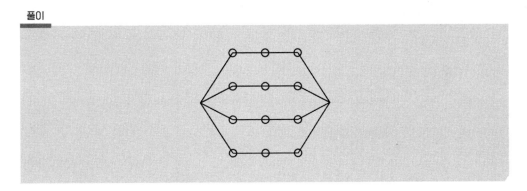

12 탄성파 전파속도는 3,500m/sec이고, 주파수 250Hz이다. A지점에서 발파진동속도가 10cm/sec인 경우 B지점 진동속도를 50% 감소하기 위한 에어갭의 깊이를 구하시오.

풀이

$$D_a = \left(\frac{V_D}{30}\right)^{-\frac{1}{0.369}} \times \lambda = \left(\frac{50}{30}\right)^{-\frac{1}{0.369}} \times \frac{3,500\text{m/sec}}{250\text{Hz}} = 3.51\text{m}$$

13 Lilly의 발파지수(BI) 계산을 위한 평가요소 5가지를 적으시오.

풀이

① RMD(암반형태)   ② JPO(절리방향)   ③ JPS(절리간격)
④ SGI(비중지수)   ⑤ HD(암반경도)

14 도폭선의 결선은 일반적으로 접속 2가지와 분기 3가지 방법이 있다. 접속방법 중 8자 접속이 아닌 1자 접속의 경우 두 도폭선의 총 결합길이와 테이핑 길이는 얼마로 감아야 하는가?

① 두 도폭선을 연결할 때 몇 cm 이상 겹쳐야 하는가?
② 도폭선을 연결할 때 테이프는 몇 cm 이상 감아야 하는가?

풀이

① 10cm
② 5cm

CHAPTER **18** 화약류관리기사(2024년 제1회)

01 10Hz의 공진주파수를 갖는 가옥이 그림과 같이 위치하고 있다. 전단파의 진행속도는 토양층에서 600m/sec이고 암반층에서는 3,000m/sec라면, 4개의 가옥 중, 발파진동으로 인한 피해가 가장 클 것으로 예상되는 가옥을 고르시오.

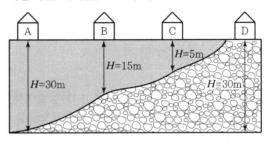

풀이

공진주파수 $f = \dfrac{C}{4H}$와 같은, 혹은 유사한 대역의 주파수가 가장 위험하다.

$A = \dfrac{600\text{m/sec}}{4 \times 30\text{m}} = 5\text{Hz}$ $\qquad$ $B = \dfrac{600\text{m/sec}}{4 \times 15\text{m}} = 10\text{Hz}$

$C = \dfrac{600\text{m/sec}}{4 \times 5\text{m}} = 30\text{Hz}$ $\qquad$ $D = \dfrac{3,000\text{m/sec}}{4 \times 30\text{m}} = 25\text{Hz}$

따라서 답은 B가옥이다.

02 1급 화약류저장소에 폭약 12톤을 저장하고자 한다. 저장소 주위에 제3종 보안물건이 있을 경우 보안거리는 얼마 이상 두어야 하는가?

풀이

보안거리 $D = K \times \sqrt[3]{W}$에서 $K = 8$이므로

$D = 8 \times \sqrt[3]{12,000\text{kg}} = 183.15\text{m}$

구분	1종 보안물건	2종 보안물건	3종 보안물건	4종 보안물건
기본 K	16	14	8	5
흙둑을 쌓은 때 K	16	10	5	4

03 Lilly의 발파지수(BI)를 구성하는 분류값이 아래와 같은 경우 ANFO로 표시된 Power Factor(kg/ton)를 구하시오.[단, 암반형태(RMD) = 20, 절리간격(JPS) = 20, 절리방향(JPO) = 30, 비중(SG) = 2.5, 경도(HD) = 6]

풀이

비중지수 $SGI = 25SG - 50 = (25 \times 2.5) - 50 = 12.5$

발파지수 $BI = 0.5 \times (20 + 20 + 30 + 12.5 + 6) = 44.25$

따라서, $PF = 0.004 \times BI = 0.004 \times 44.25 = 0.18 kg/ton$

04 니트로글리세린의 폭발 반응식은 아래와 같다. 니트로글리세린 1kg당 가스비용을 구하여라.(단, 생성가스가 1기압이고 0℃인 표준상태로 가정하며, 니트로글리세린의 분자량은 227g, mol수는 7.25mol이다.)

$$C_3H_5N_3O_9 \rightarrow 3CO_2 + 2.5H_2O + 1.5N_2 + 0.25O_2$$

풀이

가스비용 $V_o = \dfrac{22.4 \times 7.25 mol \times 1,000g}{227g} = 715.42L$

05 저항 1.2Ω/개의 전기뇌관 10개를 직렬로 결선하고, 저항 0.021Ω/m인 총연장 100m의 발파모선을 연결하여 발파하고자 할 때 소요전압(V)을 구하시오.(단, 소요전류는 2A, 발파기의 내부저항은 0이다.)

풀이

$V = I(R_1 + aR_2 + R_3) = 2A \times \{(100 \times 0.021) + (10 \times 1.2) + (0)\} = 28.2V$

06 다음 괄호 안에 들어갈 알맞은 내용을 적으시오.

기계적 충격에 대한 감도는 타격감도로서 (①)으로 측정하고, 폭발충격에 대한 감도는 감응감도로서 (②)으로 측정한다.

풀이

① 낙추감도시험

② 순폭시험

07 벤치높이 10m, 저항선 2.5m, 벤치폭이 20m인 계단식 발파에서 열과 열 사이의 파쇄암을 제거하지 않았을 때 팽창을 고려한 비장약량은 얼마인가?(단, 파쇄암을 제거한 후 정상적인 비장약량은 0.5kg/m³이다.)

풀이

$$S_{c \cdot swell} = S_{c \cdot normal} + 0.03(H - 2B_{max}) + \frac{0.4}{W}$$

$$S_{c \cdot swell} = 0.5\text{kg/m}^3 + 0.03(10\text{m} - 2 \times 2.5\text{m}) + \frac{0.4}{20\text{m}} = 0.67\text{kg/m}^3$$

08 건설현장 생활진동 규제기준의 진동레벨이 75dB인 지역에서 단차가 20ms인 전기뇌관 1~5번까지 사용하여 발파하였다. 진동 계속시간에 따른 정현진동 크기의 상대치를 고려하여 이 지역에서의 허용진동속도(cm/sec, kine)를 구하시오.

풀이

$$VR = 2.09 - 6.95\log T = 2.09 - 6.95\log(0.08) = 9.71\text{dB}$$
$$VL = 75\text{dB} + VR = 84.71\text{dB} = 20.9\log V + 69.4$$
$$V = 5.40\text{mm/sec} = 0.54\text{cm/sec}$$

09 다음 보기를 이용하여 터널에서의 발파작업 시공순서를 나열하시오.

[보기]   발파, 버력처리, 장전, 천공, 환기, 부석제거

풀이

① 천공   ② 장전   ③ 발파
④ 환기   ⑤ 버력처리   ⑥ 부석제거

10 직경 54mm, 길이 100mm인 원주형 암석 시험편에 직경방향으로 점하중강도 시험을 실시하여 8kN의 하중에서 시험편이 파괴되었다. 이 시험편의 크기 보정한 점하중 지수는 얼마인가?

풀이

① 환산직경 $D_e = \sqrt{\dfrac{4A}{\pi}} = \sqrt{\dfrac{4\dfrac{\pi D^2}{4}}{\pi}} = \sqrt{\dfrac{4\dfrac{\pi \cdot (0.054\text{m})^2}{4}}{\pi}} = 0.054\text{m}$

② 점하중지수 $I_s = \dfrac{P}{D_e^2} = \dfrac{8\text{kN}}{(0.054\text{m})^2} = 2,743.48\text{kN/m}^2$

③ 크기 보정한 점하중지수 $I_{s(50)} = I_s \times F = 2,743.48\text{kN/m}^2 \times \left(\dfrac{D_e}{50}\right)^{0.45} = 2,840.16\text{kN/m}^2$

11 시험발파 결과를 분석한 결과 삼승근 환산거리 및 진동속도와의 $\log - \log$ 그래프에서 A(10, 20), B(60, 2) 두 점을 지나는 것으로 확인되었다. 발파진동 추정식에서 진동 허용기준을 2mm/sec로 관리하고자 한다면 지발당 장약량 0.500kg을 사용할 수 있는 거리는 얼마가 되겠는가?

풀이

계측자료를 통해 회귀분석 과정을 거치면 중앙치에 해당하는 직선식을 다음과 같은 형태로 도출할 수 있다.

$V = K\left(\dfrac{D}{\sqrt{W}}\right)^n = K(SD)^n$

이때 양변에 $\log$를 취하면,

$\log V = \log K + n \cdot \log(SD)$

$Y = a + \beta \cdot X$ 형태(일차함수)의 직선식이 되어 a와 n 값이 산출된다.

직선식에서의 n은 그래프 기울기를 의미하므로,

$n = \dfrac{Y_1 - Y_2}{X_1 - X_2} = \dfrac{\log(2) - \log(20)}{\log(60) - \log(10)} = -1.285$

$n = \dfrac{Y_1 - Y_2}{X_1 - X_2} = \dfrac{Y_2 - Y_3}{X_2 - X_3} = \dfrac{\log(20) - \log(K)}{\log(10) - \log(1)} = -1.285$

따라서, $\log(K)$에 관한 식으로 변환하면,

$\log(K) = a = 1.285 \times \{\log(10) - \log(1)) + \log(20)\} = 2.586$

$K = 10^a = 10^{2.586} = 385.48$

문제에서 진동관리기준 2mm/sec에서 지발당 장약량 0.5kg을 사용할 수 있는 이격거리는

$D = \left(\dfrac{V}{K}\right)^{-\frac{1}{n}} \times \sqrt[3]{W} = \left(\dfrac{2\text{mm/s}}{385.48}\right)^{-\frac{1}{1.285}} \times \sqrt[3]{0.5\text{kg}} = 47.63\text{m}$

12 허용진동속도를 3mm/sec로 제한할 때 자승근 발파진동식과 삼승근 발파진동식의 지발당 장약량이 같아지는 거리를 구하고, 그때의 최대 지발당 장약량을 구하여라. (단, 자승근의 입지상수 $K = 2,500$, 감쇠지수 $n = -1.65$, 삼승근의 입지상수 $K = 2,050$, 감쇠지수 $n = -1.75$이다.)

풀이

① 교차점 거리

$W_1 = \left(\dfrac{D}{\left(\frac{V}{K}\right)^{\frac{1}{n}}}\right)^2$ 이고, $W_2 = \left(\dfrac{D}{\left(\frac{V}{K}\right)^{\frac{1}{n}}}\right)^3$ 에서, $W_1 = W_2$이므로,

$D = \dfrac{\left(\left(\frac{V}{K}\right)^{\frac{1}{n}}\right)^3}{\left(\left(\frac{V}{K}\right)^{\frac{1}{n}}\right)^2} = \dfrac{\left(\left(\frac{3}{2,050}\right)^{-\frac{1}{1.75}}\right)^3}{\left(\left(\frac{3}{2,500}\right)^{-\frac{1}{1.65}}\right)^2} = 20.84\text{m}$

② 교차점 거리에서의 지발당 장약량은 자승근 발파진동식과 삼승근 발파진동식이 같으므로, 하나의 식을 선택하여 계산한다.

$V = 3\text{mm/sec} = 2,050\left(\dfrac{20.84\text{m}}{\sqrt[3]{W}}\right)^{-1.75}$ 에서,

$W = \left(\dfrac{20.84\text{m}}{\left(\frac{3\text{mm/sec}}{2,050}\right)^{-\frac{1}{1.75}}}\right)^3 = 0.125 \approx 0.13\text{kg/delay}$

13 다음 괄호 안에 알맞은 내용을 적으시오.

안정도시험은 다음의 방법에 의해 추출한 표본의 화약류에 대하여 실시한다.

(1) 제조소·제조일 및 종류가 동일한 화약 또는 폭약으로서 제조일로부터 (①)년이 지나지 아니한 것은 (②)상자마다 1상자 이상의 상자에서 뽑아낼 것

(2) 제조소·제조일 및 종류가 동일한 화약 또는 폭약으로서 제조일로부터 (③)년이 지난 것은 (④)상자마다 1상자 이상의 상자에서 뽑아낼 것

풀이

① 2   ② 25   ③ 2   ④ 10

14 암반의 단위중량이 27kN/m³이고 지하 100m 지점에서 수압파쇄 시험을 실시하였다. 균열 개구압력(re-opening pressure, P_r)은 12MPa, 균열폐구압력(shut-in pressure, P_s)은 7MPa로 나타났다면, 이 구간에서의 최대수평응력과 평균 측압계수를 구하여라.[단, 시추공 10m 지점까지 물이 차 있었고, 공극수압(P_o)은 0.9MPa이다.]

풀이

$\sigma_H = 3P_s - P_r - P_o = (3 \times 7\text{MPa}) - 12\text{MPa} - 0.9\text{MPa} = 8.1\text{MPa}$

$\sigma_h = P_s = 7\text{MPa}$

$\overline{k} = \dfrac{\dfrac{\sigma_H + \sigma_h}{2}}{\sigma_v} = \dfrac{\dfrac{8.1\text{MPa} + 7\text{MPa}}{2}}{2.7\text{MPa}} = 2.8$

01 노천발파 작업장에서 천공기 1대, 브레이커 1대를 사용하여 천공작업과 소할작업을 실시하려고 한다. 작업 지점으로부터 거리 100m인 지점에서 천공기 1대의 음압레벨은 135dB이고, 브레이커의 음압레벨은 125dB일 때 모든 장비를 동시에 작동할 경우 동일 지점에서 음압레벨은 얼마인가?

풀이

$$L_{plus} = 10\log\left(\left(10^{\frac{135}{10}}\right) + \left(10^{\frac{125}{10}}\right)\right) = 135.41 \text{dB}$$

02 니트로글리세린의 폭발 반응식은 아래와 같다. 니트로글리세린 1kg당 가스비용을 구하여라.(단, 생성가스가 1기압이고 0℃인 표준상태로 가정하며, 니트로글리세린의 분자량은 227g, mol수는 7.25mol이다.)

$$C_3H_5N_3O_9 \rightarrow 3CO_2 + 2.5H_2O + 1.5N_2 + 0.25O_2$$

풀이

$$가스비용\ V_o = \frac{22.4 \times 7.25\text{mol} \times 1,000\text{g}}{227\text{g}} = 715.42\text{L}$$

03 유리산시험, 내열시험 및 가열시험의 안전성 판단 기준을 적으시오.

가. 유리산시험
   1) 질산에스테르 및 그 성분이 있는 화약
   2) 폭약
나. 내열시험
다. 가열시험

풀이

가. 유리산시험
   1) 질산에스테르 및 그 성분이 있는 화약 : 6시간 이상
   2) 폭약 : 4시간 이상
나. 내열시험 : 8분 이상
다. 가열시험 : 1/100(0.01) 이하

04 도트리쉬법에서 표준 도폭선의 폭속을 V, 시료 폭약에서 도폭선 시작점과 끝점 간의 거리가 L이라고 할 때 시험 폭약의 폭속(VOD = Velocity Of Detonation)을 구하려면 어떤 변수를 고려해야 하는가?

풀이

도폭선의 중심과 폭발 흔적 간의 거리

05 폭약의 위력을 측정하기 위한 탄동구포시험에서 위력비교값을 RWS로 나타내고 있다. 이 RWS를 구하는 식을 설명하고, 기준 폭약을 적으시오.

풀이

$$\text{RWS}(\%) = \frac{1 - \cos\theta}{1 - \cos\theta'} \times 100$$

  θ : 시료 폭약이 움직인 각도

  θ' : 기준 폭약이 움직인 각도

기준 폭약 : 블라스팅 젤라틴(NG=92%, NC=8%, 시료 10g)

06 시험발파에서 장약량 L_1에 의해 형성된 누두공의 누두지수가 1.3 정도의 과장약이었다고 할 때 표준발파가 되기 위한 장약량 L_2는 시험발파 시 장약량 L_1보다 몇 % 변화시켜야 하는가? (단, Dambrun식을 사용하며, 기타 조건은 동일하다.)

풀이

$L = f(n)\,CW^3$에서, Dambrun식을 이용하여 장약량 L_1과 L_2의 변화량을 비교하면,

$$\frac{L_2}{L_1} = \frac{f(n_2)}{f(n_1)} = \frac{f(1.0)}{f(1.3)} = \frac{\left(\sqrt{1+1.0^2}-0.41\right)^3}{\left(\sqrt{1+1.3^2}-0.41\right)^3} = 0.544 \times 100\% = 54.4\%$$

따라서, 장약량의 변화량 : $100\% - 54.4\% = 45.6\%$ 감소시켜야 한다.

07 RMR을 이용한 변형계수 추정을 위한 그래프를 보고 다음 물음에 답하시오.

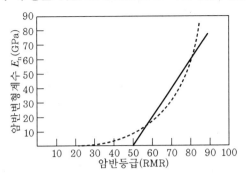

① 직선의 방정식[Bieniawski(1978)]을 쓰시오.
② 해당 변형계수 식을 적용할 수 없는 범위를 적으시오.
③ RMR＝47인 경우의 변형계수를 추정하시오.

풀이

① 직선의 방정식[Bieniawski(1978)]

$\text{RMR} > 50 \Rightarrow E_n = 2\text{RMR} - 100\text{GPa}$

② $\text{RMR} \leq 50$

③ 곡선의 방정식[Serafin and Peraira(1983)]을 적용하여 변형계수를 추정한다.

$\text{RMR} \leq 50 \Rightarrow E_n = 10^{\left(\frac{\text{RMR} - 10}{40}\right)}\ [\text{GPa}]$

$E_n = 10^{\left(\frac{47 - 10}{40}\right)} = 8.41\text{GPa}$

08 다음 빈칸에 알맞은 화약류 저장소의 최대 저장량을 적으시오. (단, 단위도 적을 것)

화약류 종류 \ 저장소 종류	3급 저장소
폭약	①
전기뇌관	②
도폭선	③

풀이

① 25kg   ② 1만 개   ③ 1,500m

09 응력 상태가 다음과 같을 때, 응력원의 중심과 반지름을 구하시오.

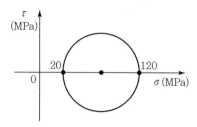

> **풀이**

$\sigma_1 = 120\text{MPa}, \; \sigma_3 = 20\text{MPa}$

Mohr 응력원의 중심 : $\dfrac{\sigma_1 + \sigma_3}{2} = \dfrac{120 + 20}{2} = 70\text{MPa}$

Mohr 응력원의 반지름 : $\dfrac{\sigma_1 - \sigma_3}{2} = \dfrac{120 - 20}{2} = 50\text{MPa}$

10 발파에 의한 진동 저감을 위하여 깊이 5m의 에어갭을 구축하였다. 에어갭 부근에서의 진동수가 8Hz이고, 탄성파 전파속도가 400m/sec라면, 에어갭으로 인한 진동전달률은 얼마이겠는가?(단, 지반진동은 정현파이다.)

> **풀이**

에어갭의 깊이 $D_a = \left(\dfrac{V_D}{30} \right)^{-\frac{1}{0.369}} \times \lambda$의 식을 통해 진동전달률을 계산할 수 있다.

$V_D = \left(\dfrac{D_a}{\lambda} \right)^{-0.369} \times 30 = \left(\dfrac{5\text{m}}{\dfrac{400\text{m/sec}}{8\text{Hz}}} \right)^{-0.369} \times 30 = 70.17\%$

11 공저깊이(Sub-Drilling) 1m, 최소저항선 3m, 공간격 4m의 패턴으로 천공하여 길이 24m, 폭 12m, 높이 9m인 수직벤치를 절취하려고 한다. 공당 장약량이 30kg이라면, 이 패턴의 비장약량은 얼마인가?

> **풀이**

공수 $n = \left(\dfrac{L}{S} + 1 \right) \times \left(\dfrac{W}{B} \right) = \left(\dfrac{24\text{m}}{4\text{m}} + 1 \right) \times \left(\dfrac{12\text{m}}{3\text{m}} \right) = 28$공

비장약량 $Q_w = \dfrac{n \times Q}{H \times l \times W} = \dfrac{28 \times 30\text{kg}}{9\text{m} \times 24\text{m} \times 12\text{m}} = 0.32\text{kg/m}^3$

12 청감보정회로 특성에 따라 A특성, B특성, C특성으로 구분하는데, 이중에서 주파수가 가장 낮은 대역의 특성을 1번에, 가장 높은 대역의 특성을 2번에 각각 적으시오.

> 풀이
>
> ① C특성
> ② A특성

13 어떤 암석 시험편의 부피가 $200cm^3$, 건조질량은 $500g$, 포화질량은 $510g$인 경우 흡수율을 구하여라. (단, 물의 밀도는 $1g/cm^3$으로 한다.)

> 풀이
>
> 흡수율(함수비)
>
> $$W = \frac{M_s - M_d}{M_d} \times 100\% = \frac{10g}{500g} \times 100\% = 2\%$$

14 생활진동 규제기준의 진동 레벨이 70dB인 건설현장에서 발파작업을 실시하고자 한다. 작업시간이나 진동노출시간을 고려하지 않을 경우 허용진동속도(cm/sec)는?(단, 발파진동의 주파수는 8Hz 이상이며, 연속 정현진동으로 간주한다.)

> 풀이
>
> $$VL = 20.9 \log V + 69.4$$
> $$V = 10^{\left(\frac{VL - 69.4}{20.9}\right)} = 10^{\left(\frac{70dB - 69.4}{20.9}\right)} = 1.07mm/sec = 0.11cm/sec$$

15 전기뇌관의 성능시험 중 단수가 낮은 것부터 순차적으로 기폭시키는 시험법은 무엇인가?

> 풀이
>
> 단발발화시험

16 건설현장 생활진동 규제기준의 진동레벨이 75dB인 지역에서 단차가 20ms인 전기뇌관 1~5번까지 사용하여 발파하였다. 진동 계속시간에 따른 정현진동 크기의 상대치를 고려하여 이 지역에서의 허용진동속도(cm/sec, kine)를 구하시오.

풀이

$VR = 2.09 - 6.95\log T = 2.09 - 6.95\log(0.08) = 9.71\text{dB}$

$VL = 75\text{dB} + VR = 84.71\text{dB}$

$VL = 84.71\text{dB} = 20.9\log V + 69.4$

$V = 5.40\text{mm/sec} = 0.54\text{cm/sec}$

17 계단식 발파에서 공경 32mm로 천공하여 발파를 하였을 경우, 예상되는 최대 비산 거리는 얼마인가?

풀이

$L_{\max} = 260\left(\dfrac{d}{25}\right)^{\frac{2}{3}} = 260\left(\dfrac{32}{25}\right)^{\frac{2}{3}} = 306.51\text{m}$

(스웨덴, SUEDEFO의 최대 비산 거리식)

≫ 참고문헌

1. 강추원, 「발파공학 A to Z」, 구미서관, 2009
2. 강추원, 「화약과 산업응용」, 구미서관, 2013
3. 기경철, 김일중, 「産·學人을 위한 발파공학」, 동화기술교역, 2002
4. 기경철, 김일중, 「지반굴착공학」, BM성안당, 2009
5. 기술시험연구회, 「화약류관리제조기사연습」, 원화, 2003
6. 김영달, 성일용, 「암석역학」, 선진문화사, 1992
7. 김재극, 「산업화약과 발파공학」, 서울대학교출판부, 1997
8. 김하근, 윤세철, 서동열, 「발파·진동·소음」, 도서출판 서우, 2003
9. 김홍택 외, 「토질역학」, 동화기술, 2016
10. 민병만, 「총단법과 함께 보는 산업화약개론」, 아이워크북, 2014
11. 박영태, 「신경향 토목기사실기」, 청운문화사, 2008
12. 발파기술연구회, 「화약류관리기사산업기사 1차, 2차 총설」, 도서출판 서우, 2012
13. 서동렬, 「발파실무」, 원기술, 1998
14. 서영민, 「소음·진동기사·산업기사」, 예문사, 2020
15. 선우춘, 박인준 외, 「터널공학-터널굴착과 터널역학」, 씨아이알, 2013
16. 양형식, 「발파진동학」, 구미서관, 1992
17. 윤지선, 「최신발파기술」, 구미서관, 1998
18. 윤철헌, 「최신 화약 발파해설」, 구미서관, 1994
19. 이부경, 「굴착공학의 원리」, 도서출판 대윤, 1998
20. 이부경, 「암석역학의 원리」, 도서출판 대윤, 1999
21. 이인모, 「암반역학의 원리」, 씨아이알, 2019
22. 이정인, 「암반사면공학」, 엔지니어즈, 2007
23. 조태진, 윤용균 외, 「21C 암반역학」, 건설정보사, 2015
24. 최인걸, 박영목, 「현장실무를 위한 지반공학」, 구미서관, 2018
25. 한국지반공학회, 「터널(지반공학시리즈 7)」, 구미서관, 1998
26. 한국지질자원연구원 국정 도서 편찬위원회, 「화약·발파」, 교육인적자원부, 2006
27. 허진, 「新火藥發破學」, 기전연구사, 1981
28. 허진, 「암석역학해설」, 기전연구사, 1986
29. 화약발파기술연구회, 「핵심 화약취급발파정해」, 구미서관, 1994
30. Stig O. Olofsson, 강대우, 심동수, 「건설기술자를 위한 응용발파기술」, 구미서관, 1998

≫ 참고자료

1. 강원대학교, 「암석역학 및 실험」
2. 고용노동부, 「발파작업표준안전작업지침」, 2020
3. 국립환경과학원, 「소음・진동공정시험기준」, 2020
4. 국토교통부, 「도로공사・노천발파 설계・시공 지침 및 요령」, 2007
5. 국토교통부, 「국도건설공사 설계실무 요령」, 2021
6. (주)한화, 「발파현장 특성을 고려한 발파설계 방법 및 화약류 안전관리」

≫ 저자약력

송진혁(songjh703@nate.com)

1. 강원대학교 에너지자원공학(공학사)
2. 화약류관리기사・산업기사
3. 화약류관리보안책임자 면허 1급
4. (전)(주)영원ENG 재직
5. (전)BETTERYOU 컨설팅 취업 & 경력직 부컨설턴트
6. (전)트러스트원 취업컨설팅 그룹 부컨설턴트
7. (전)온라인 교육기관 주경야독 화약류 분야 강의
8. 대한화약발파공학회 정회원

백성식(stechnol@naver.com)

1. 서울산업대학교 토목공학과(공학사)
2. 화약류관리기사・산업기사・기능사
3. 화약류관리보안책임자 면허 1급
4. (전)(주)명장ENG 재직
5. (전)(주)B&T 재직
6. (전)(주)영원ENG 재직
7. (현)온라인 교육기관 주경야독 화약류 분야 강의

화약류관리
기사 · 산업기사 실기

발행일 | 2022. 10. 1 초판발행
　　　　　 2025. 1. 10 개정 1판1쇄

저　자 | 송진혁 · 백성식
발행인 | 정용수
발행처 | 예문사

주　소 | 경기도 파주시 직지길 460(출판도시) 도서출판 예문사
T E L | 031) 955-0550
F A X | 031) 955-0660
등록번호 | 11-76호

정가 : 30,000원

ISBN 978-89-274-5477-9 13570